AF389190

THERMODYNAMIQUE
DES MOTEURS THERMIQUES
AUX STRUCTURES DISSIPATIVES

ILYA PRIGOGINE
DILIP KONDEPUDI

THERMODYNAMIQUE

DES MOTEURS THERMIQUES
AUX STRUCTURES DISSIPATIVES

Traduit de l'anglais par
Serge Pahaut

Nous dédions ce livre à la mémoire de Théophile De Donder
dont les travaux ont nourri notre intérêt pour la thermodynamique.

NOTE LIMINAIRE

Ce livre est le résultat d'efforts soutenus plusieurs décennies durant. Je suis un disciple de Théophile De Donder (1870-1957), qui était convaincu — à l'encontre de l'opinion reçue — que l'étude de la thermodynamique ne doit pas se limiter aux situations d'équilibre. Mais ses travaux eurent peu d'écho en dehors de l'École thermodynamique de Bruxelles.

Aujourd'hui la situation a changé : dans de nombreux domaines de la science, que ce soit en chimie, en mécanique des fluides, en optique ou en biologie, les chercheurs ont reconnu l'intérêt des processus irréversibles. L'utilité de la thermodynamique de non-équilibre est désormais reconnue.

Au cours de ma vie de chercheur j'ai publié plusieurs ouvrages de thermodynamique traitant des situations d'équilibre et de non-équilibre. Il était donc naturel de préparer un travail de synthèse qui retrace le parcours de la discipline depuis ses origines jusqu'à ses développements les plus récents, et qui présente les trois fronts de recherche qu'elle a su ouvrir : l'équilibre, le domaine linéaire au voisinage de l'équilibre, et le non-équilibre.

Dilip Kondepudi, chercheur déjà connu pour ses travaux sur la chiralité des biomolécules, et professeur à Wake Forest University, à Winston-Salem en Caroline du Nord, s'est chargé de rédiger un texte novateur, auquel il a apporté son savoir et son enthousiasme, et qu'il a pu soumettre à l'épreuve de l'enseignement. Nous sommes heureux de donner au lecteur le résultat d'un travail commun dont je tiens à dire qu'il fut extrêmement agréable de le mener à bien.

Ilya Prigogine

PRÉFACE

Pourquoi la thermodynamique ?

Depuis un demi siècle, notre vision de la nature a radicalement changé. Là où la science classique parlait d'équilibre et de stabilité, nous voyons désormais des fluctuations, des instabilités, des processus évolutifs, et ce à tous les niveaux, de la cosmologie à la biologie en passant par la chimie. Partout nous observons des processus irréversibles dont la symétrie temporelle est brisée. Passé et futur jouent désormais des rôles différents.

Cette distinction entre processus réversibles et irréversibles fut introduite en physique grâce à la notion d'entropie, la « flèche du temps » d'Eddington. Depuis, ce regard renouvelé sur la nature a conduit à un regain d'intérêt pour la thermodynamique.

Mais la plupart des manuels de thermodynamique se limitent aujourd'hui encore aux états d'équilibre, et réduisent cette discipline à la description de processus idéaux, réversibles et infiniment lents. Le lecteur n'y trouvera donc pas la relation entre la production d'entropie et des processus irréversibles naturels comme les réactions chimiques ou la conduction thermique.

Dans cet ouvrage, nous présentons une formulation de la thermodynamique où la relation entre production d'entropie et processus irréversibles est explicitée dès le point de départ. L'équilibre constitue sans aucun doute un domaine de recherche important ; mais en l'état actuel des connaissances, il est nécessaire d'inclure les processus irréversibles dans la présentation générale de la thermodynamique.

Le but de cet ouvrage est donc de présenter une introduction à la thermodynamique d'aujourd'hui, depuis ses débuts, liés comme on le sait à l'apparition des machines thermiques, jusqu'à l'étude des états éloignés de l'équilibre. On sait aujourd'hui que ces états conduisent à l'apparition de structures spatio-temporelles nouvelles. C'est pourquoi nous pensons que la restriction aux situations d'équilibres occulte des aspects essentiels du comportement de la matière.

L'étude des fluctuations donne un exemple instructif. La structure atomique de la matière conduit nécessairement à l'apparition de fluctuations. Mais dans les systèmes à l'équilibre ou proches de l'équilibre, ces fluctuations sont généralement sans effet.

On sait que la validité des principes d'extremum constitue un trait caractéristique de la thermodynamique d'équilibre : dans les systèmes isolés, l'entropie ne peut que croître, et elle atteint un maximum à l'équilibre. Dans d'autres situations, comme celle de systèmes maintenus à une température constante, il existe des fonctions, dites *potentiels thermodynamiques*, qui prennent une valeur extrémale (minimale ou maximale) à l'équilibre. Ce fait a d'importantes conséquences : une fluctuation qui écarte un système de l'équilibre sera suivie d'une réponse qui ramènera le système à l'état d'équilibre, caractérisé par une valeur extrémale du potentiel thermodynamique. Le monde de l'équilibre est un monde stable.

Ce n'est plus le cas des systèmes soumis à des conditions de non-équilibre. Ici les fluctuations peuvent s'amplifier par des processus dissipatifs, et conduire à de nouvelles structures spatio-temporelles que l'un de nous (Ilya Prigogine) a dénommé structures dissipatives, pour les distinguer des structures d'équilibre, par exemple les cristaux.

La distance à l'équilibre devient ainsi un paramètre essentiel pour la description des systèmes physiques, tout comme la température. Si nous abaissons la température d'un corps, il peut passer d'un état à l'autre, par exemple de l'état gazeux à l'état liquide, puis à l'état solide. Nous verrons plus loin que la variété des transitions entre états de non-équilibre est plus riche encore. L'exemple des réactions chimiques montre qu'un système hors d'équilibre peut présenter des structures spatiales, évoluer vers des réactions oscillantes, voire vers des successions d'états d'allure chaotique ; le comportement temporel du système peut alors devenir si irrégulier que des trajectoires d'abord voisines dans l'espace des états divergent exponentiellement avec le temps.

Un trait est commun aux situations de non-équilibre, c'est l'apparition d'une cohérence supramoléculaire. En revanche, dans les situations d'équilibre, la portée des corrélations est déterminée par les forces intermoléculaires. C'est pourquoi des structures impossibles dans des situations d'équilibre deviennent possibles hors d'équilibre. Ce fait a d'importantes conséquences dans de nombreux domaines. Nous pouvons par exemple produire des matériaux nouveaux dans des situations de non-équilibre, qui ne sont plus soumises aux restrictions qu'impose la règle des phases. La biologie a elle aussi rencontré des phénomènes de non-équilibre, et ce à tous les niveaux d'organisation (nous en donnerons quelques exemples dans les chapitres 19 et 20). Il est à présent admis que l'évolution biologique combine des mécanismes darwiniens de sélection et des processus d'auto-organisation, qui résultent eux-mêmes de phénomènes irréversibles.

Depuis la définition statistique proposée par Boltzmann, l'entropie a été associée au désordre. La croissance de l'entropie fut alors comprise comme une croissance du désordre : la destruction de toute cohérence initialement présente dans le système étudié. Souvent les conséquences du second principe de la thermodynamique sont présentées comme évidentes, voire triviales. Or, c'est loin d'être le cas, et ce même pour la thermodynamique d'équilibre, qui conduit déjà à des prédictions remarquables. De toute façon, la thermodynamique d'équilibre ne couvre qu'une faible part de ce que nous montre l'expérience quotidienne. Nous comprenons aujourd'hui qu'il est impossible de décrire notre environnement naturel sans tenir compte des situations de non-équilibre. Ainsi, la biosphère terrestre est maintenue dans des conditions de non-équilibre, et ce pour l'essentiel par le flux d'énergie qui lui vient du soleil ; ce flux est lui-même l'effet des conditions de non-équilibre qui prévalent dans notre univers.

Il est vrai que l'information que la thermodynamique nous fournit sur les situations d'équilibre et de non-équilibre se ramène à quelques énoncés généraux. Pour déterminer l'état d'un système, nous devons y ajouter des renseignements supplémentaires tels que l'équation d'état ou les lois de la cinétique chimique. Mais les renseignements thermodynamiques restent essentiels en raison même de leur généralité.

Plan de l'ouvrage

Ce livre est formé de cinq parties. La première, qui contient les quatre premiers chapitres, présente les racines historiques de la thermodynamique et les principes fondamentaux. Les systèmes que considère la thermodynamique sont de grands systèmes (la population des particules y est typiquement de l'ordre du nombre d'Avogadro, c'est-à-dire 10^{23}). Ces systèmes se décrivent à l'aide de deux types de variables. Les unes, comme la température ou la pression, ne font pas référence à la taille du système, et sont dites *intensives* ; les autres, comme l'énergie, sont proportionnelles au nombre total de particules en jeu, et sont dites *extensives*. La thermodynamique a pris son permier départ sur la base de l'observation de relations entre ces deux types de variables, comme la relation pression/volume (chapitre 1) ; elle a permis, comme l'on sait, deux innovations conceptuelles fondamentales, associées à la formulation du premier principe (la conservation de l'énergie, chapitre 2) et du second principe (la production d'entropie, chapitre 3).

Ignis mutat res : le feu transforme la matière, au travers des réactions chimiques ou de processus physiques comme la fusion ou l'évaporation. De ce savoir, la science du XIXe siècle a retenu que la combustion produit de la chaleur, et que la chaleur peut en retour produire un accroissement de volume, et donc un travail. Le feu a conduit ainsi à une nouvelle génération de machines, les moteurs thermiques, qui constituent l'innovation technique fondamentale sur laquelle la première révolution industrielle a pris son appui.

Mais quel est le lien entre chaleur et travail ? Cette question devait conduire à la formulation du principe de conservation de l'énergie. La chaleur est de même nature que l'énergie. Dans le moteur thermique, la chaleur est transformée en travail, mais l'énergie est conservée. L'histoire ne s'arrête pas là. En 1811 Fourier remporta le prix de l'Académie des Sciences pour sa description mathématique de la propagation de la chaleur dans les solides. Le résultat présenté était à la fois simple et élégant : le flux de chaleur est proportionnel au gradient de température. Il est remarquable que cette loi s'applique à tous les états de la matière : solide, liquide et gazeux ; de plus, elle conserve sa validité quelle que soit la composition chimique du corps considéré, qu'il s'agisse d'or ou de fer, puisque seul le coefficient de proportionnalité entre flux de chaleur et gradient de température est spécifique à chaque substance.

La loi de Fourier devait constituer le premier exemple connu de processus irréversible. Il apparut bientôt qu'elle impliquait une direction privilégiée du temps, celle où la chaleur s'écoule d'une région à température plus élevée vers une région à température plus basse. Ce trait s'oppose à la symétrie des lois de la dynamique newtonienne, dans laquelle le futur et le passé jouent le même rôle (le temps figurait déjà dans les lois de Newton, sous la forme d'une dérivée temporelle seconde ; cette loi est donc invariante par la transformation $t \rightarrow -t$). Nous pouvons retrouver dans la loi de Fourier le second principe de la thermodynamique, qui distingue processus réversibles et irréversibles. Les processus irréversibles produisent de l'entropie.

L'histoire des deux principes de la thermodynamique est remarquable. Formulés sur base de préoccupations d'ordre technique, ils acquirent très vite une portée cosmologique. Nous donnons ici la formulation qu'ils reçurent en 1865 de Clausius :

L'énergie de l'univers est constante. L'entropie de l'univers évolue vers un maximum.

C'était la première formulation d'une cosmologie évolutive ; c'était aussi un énoncé révolutionnaire, puisque l'existence même de processus irréversibles (et donc de l'entropie) peut entrer en conflit avec la description réversible de la dynamique classique. Bien sûr la théorie quantique et la relativité ont depuis complété la mécanique classique ; mais le conflit demeure, puisque la symétrie temporelle de la mécanique classique y est préservée.

La réponse traditionnelle à cette question revient à insister sur le fait que les systèmes étudiés par la thermodynamique sont très complexes, puisque composés d'un grand nombre de particules en interaction, et nous obligent à introduire des approximations dans la description mathématique. À suivre cette interprétation, le second principe proviendrait de ces approximations. Certains auteurs ne voient même dans le second principe que l'expression de notre ignorance.

Ici aussi l'extension de la thermodynamique au domaine du non-équilibre est essentielle. Nous l'avons déjà noté, les processus irréversibles peuvent dans ce domaine conduire à l'apparition de structures spatio-temporelles nouvelles. Ils jouent donc un rôle constructif fondamental (chapitre 19). Il semble absurde de conclure que des phénomènes irréversibles comme les processus biologiques seraient dus à nos approximations. Nous ne pouvons plus nier la réalité de l'entropie, et donc de la flèche du temps dans la nature. Nous sommes les enfants de l'évolution, et il est impossible de soutenir que nous introduirions la flèche du temps dans une nature qui sans nous l'ignorerait.

Les rapports entre entropie et dynamique soulèvent de nombreuses questions ; ils sont loin d'être élémentaires. Au reste, tous les processus dynamiques ne requièrent pas le concept d'entropie. Ainsi, la révolution de la terre autour du soleil constitue un exemple de processus dynamique dans lequel l'irréversibilité (liée par exemple à la friction due aux marées) peut être ignorée ; le mouvement est alors décrit par des équations symétriques par rapport à la direction du temps. Mais les récents développements de la dynamique non linéaire ont montré que de tels systèmes sont exceptionnels : la plupart des systèmes physiques concrets présentent un comportement irréversible.

Reprenons le plan de notre ouvrage. La production d'entropie jouera un rôle central dans notre exposé. La production d'entropie peut être exprimée en termes de « flux » et de « forces » thermodynamiques ; par exemple, la conduction thermique associe un flux de chaleur et une force, le gradient de température.

Nous pouvons donc distinguer trois domaines. Dans les systèmes d'équilibre, les flux et les forces s'annulent. C'est le *domaine de la thermodynamique classique*. Il correspond à nos chapitres 5-11. Le lecteur y trouvera les résultats familiers exposés dans les manuels de thermodynamique — nous insistons toutefois sur quelques points souvent négligés, comme la théorie de la stabilité thermodynamique, qui joue un rôle important dans les systèmes à l'équilibre et hors d'équilibre. C'est la seconde partie du livre.

La théorie thermodynamique de la stabilité et des fluctuations, inaugurée avec les travaux de Gibbs, fournit la matière des chapitres 12-14. Nous l'étudierons d'abord dans sa formulation classique, celle de Gibbs, qui est basée sur les potentiels thermodynamiques. Nous discuterons ensuite la stabilité en termes de production d'entropie. Nous obtiendrons ainsi une formulation plus générale, qui nous permet d'aborder la stabilité des systèmes de non-équilibre. Nous étudierons aussi la théorie thermodynamique des fluctuations, qui trouve son origine dans les relations d'Einstein reliant la probabilité d'une fluctuation à la décroissance de l'entropie. On obtiendra ainsi des résultats qui nous permettront d'établir les relations de réciprocité d'Onsager (chapitre 16). C'est la troisième partie du livre.

La quatrième partie, qui contient les chapitres 15-17, est consacrée au *domaine linéaire, proche de l'équilibre*, caractérisé par la prévalence de relations linéaires entre flux et forces, comme par exemple dans la loi de Fourier. Ces questions sont désormais mieux connues. Le domaine linéaire est dominé par les relations de réciprocité d'Onsager (1931), qui furent les premières relations générales de la thermodynamique de non-équilibre. En termes qualitatifs, les relations de réciprocité expriment que si une force « un » (qui peut correspondre, par exemple, à un gradient de température) est responsable d'un flux « deux » (par exemple un flux de diffusion), alors une force « deux » (par exemple un gradient de concentration) conduira aussi à un flux « un » (ici un flux de chaleur).

Il convient de souligner la généralité des relations d'Onsager, valables pour des processus irréversibles qui se produisent au sein d'un milieu gazeux, liquide ou solide. L'importance historique de ces relations provient de ce que c'était la première fois qu'un résultat de la thermodynamique des processus irréversibles montrait que le non-équilibre n'était pas un domaine mal défini, mais un domaine nouveau, dont la fécondité pouvait se mesurer à celle de la thermodynamique d'équilibre. Ce fut un tournant : la thermodynamique d'équilibre fut l'œuvre du XIXe siècle, tandis que la thermodynamique de non-équilibre aura été celle du XXe siècle.

Déjà dans le domaine linéaire l'irréversibilité ne peut plus être associée à une tendance au désordre. Un exemple très simple est la diffusion thermique. On prend deux boîtes reliées par un cylindre, on chauffe la première et on refroidit la seconde ; le système est rempli d'un mélange de deux gaz : de l'hydrogène et de l'azote. On observe qu'à l'état stationnaire la concentration d'hydrogène sera plus forte dans la boîte chaude, et celle d'azote dans l'autre. Les processus irréversibles, ici le flux de chaleur, produisent du désordre (le mouvement thermique) mais aussi de l'ordre (la séparation partielle des deux composants). Nous voyons ainsi qu'un système de non-équilibre peut évoluer spontanément vers un état caractérisé par une inhomogénéité, et donc une complexité croissante. Ce rôle constructif de l'irréversibilité est plus frappant encore loin de l'équilibre.

Le *domaine des systèmes éloignés de l'équilibre* est le troisième front ouvert par la thermodynamique. Il fait l'objet de la cinquième et dernière partie de notre ouvrage. Ici nous n'avons généralement plus de principe d'extremum : les fluctuations ne sont plus nécessairement amorties. La stabilité n'est donc plus la conséquence de lois générales ; tout au contraire, les fluctuations peuvent croître et envahir le système tout entier. Nous avons introduit l'expression de structures dissipatives pour les organisations spatio-temporelles nouvelles qui peuvent émerger dans de telles situations. Le non-équilibre rend ainsi manifestes des propriétés de la matière qui demeurent invisibles à l'équilibre.

Perspectives

Nous avons déjà noté le rôle constructif de l'irréversibilité et l'apparition de corrélations à longue portée. Ajoutons encore le caractère imprévisible des fluctuations loin de l'équilibre : les nouveaux états de non-équilibre apparaissent aux points de « bifurcation ». À ces points, le système est amené à choisir entre plusieurs états : nous sommes très loin alors de la description déterministe de la nature, présentée comme un automate.

C'est à cause de ces bifurcations que l'on parle d'auto-organisation. Il existe en effet généralement une multitude de structures dissipatives accessibles, et ce sont des fluctuations à l'échelle moléculaire qui déterminent lesquelles parmi ces structures seront observées. Nous commençons ainsi à comprendre la variété immense de structures que nous observons dans le monde naturel. Aujourd'hui les notions de structures dissipatives et d'auto-organisation s'introduisent dans une gamme très large de domaines de recherche, qui va de l'astrophysique aux sciences humaines. Nous prenons pour témoignage de cette prise de conscience un rapport rédigé pour la Commission de l'Union européenne (Biebricher *et alii* (1994) :

> Dans la nature, le maintien de l'ordre ne peut être assuré par les voies d'une organisation centralisée ; l'ordre ne peut être assuré que par l'auto-organisation. Les systèmes auto-organisateurs peuvent s'adapter à l'environnement, c'est-à-dire qu'ils peuvent réagir à des variations de leur milieu moyennant des réponses thermodynamiques, qui assurent flexibilité et robustesse en présence de perturbations des conditions externes. Nous voulons souligner ici la supériorité de ce type de système par rapport aux technologies humaines traditionnelles, qui évitent avec soin la complexité, et gèrent presque tous les processus techniques par voie hiérarchique. Par exemple, dans la chimie de synthèse, des voies réactionnelles différentes sont habituellement soigneusement séparées les unes des autres, et l'on évite l'apport dû à la diffusion des réactants en recourant à des techniques de mixage dans les réacteurs. Il faudra développer une technologie nouvelle pour atteindre le potentiel de régulation des systèmes auto-organisateurs. La supériorité de ces systèmes est bien illustrée par les systèmes biologiques, où des molécules complexes sont produites avec une spécificité, une efficacité et un rendement inégalés à ce jour par la technologie humaine.

Ce livre ne veut constituer qu'un texte d'introduction. Il ne présuppose aucune connaissance de la thermodynamique. Nous avons donc été amenés à exclure divers aspects intéressants, notamment ceux que l'on associe à la « thermodynamique généralisée ». Les lecteurs intéressés sont invités à consulter les ouvrages mentionnés dans la bibliographie. Ce sont en particulier les questions qui se rapportent aux gradients forts ou aux échelles de temps très longs, où il faut tenir compte d'effets de mémoire. Toute théorie est basée sur des idéalisations, qui ont un domaine de validité bien déterminé. Dans notre présentation, nous supposons que des grandeurs comme la température ou la pression prennent, au moins localement, des valeurs bien définies. C'est l'hypothèse dite d'*équilibre local*. Elle fournit une approximation raisonnable pour les phénomènes étudiés dans cet ouvrage.

La science s'éloigne aujourd'hui d'une vision géométrique de la nature, et se rapproche d'une description dans laquelle intervient la fonction narrative. Dans l'histoire naturelle qui reste à raconter, la thermodynamique jouera un rôle décisif. C'est le message que ce livre souhaite transmettre au lecteur.

REMERCIEMENTS

Nous tenons d'abord à remercier ici le Professeur Paul Glansdorff. Ses connaissances approfondies sur la thermodynamique et sur son histoire nous furent toujours précieuses.

Notre reconnaissance va aussi à nos collègues de l'Université Libre de Bruxelles. Nous tenons tout particulièrement à mentionner ici Florence Baras, Pierre Borckmans, Guy Dewel, Albert Goldbeter, René Lefever, Mamad Malek Mansour, Grégoire Nicolis et Daniel Walgraef, pour leurs nombreuses remarques et suggestions. Nous remercions aussi Isabelle Stengers, qui a écrit avec l'un d'entre nous la *Nouvelle alliance* ; nous renvoyons à cet ouvrage commun et à ses travaux personnels pour les dimensions philosophiques et historiques des questions traitées ici. Notre ami Serge Pahaut s'est chargé de la traduction du texte anglais en français. Enfin, nous remercions les collègues qui nous permettent de reproduire certaines illustrations graphiques.

Ce livre n'aurait pu être écrit sans le soutien des institutions suivantes : La Communauté française de Belgique, les Instituts Internationaux de Physique et de Chimie fondés par Ernest Solvay, le Department of Energy du gouvernement des États-Unis, la Welch Foundation of Texas, et l'University of Texas at Austin. Nous tenons aussi à remercier la Wake Forest University, qui a accordé à Dilip Kondepudi une bourse Reynolds pour lui permettre de mener à bien le travail entrepris.

Notre gratitude va enfin à Odile Jacob et ses collaborateurs, qui nous a encouragés à mener à bien l'édition française de cet ouvrage.

I

DES MACHINES THERMIQUES
À LA COSMOLOGIE

1 CONCEPTS FONDAMENTAUX

Introduction

C'est en 1776 que Smith publia son *Inquiry into the Nature and Causes of the Wealth of Nations*. Il y avait alors sept ans que Watt avait breveté sa version de la machine à vapeur. Ces deux hommes travaillaient à l'Université de Glasgow ; et pourtant, le texte du livre ne mentionne en fait d'usage du charbon que celui de combustible de chauffe pour les ouvriers [1]. Les machines du XVIIIe siècle étaient mues par la force motrice du vent, de l'eau ou des êtres vivants. Deux millénaires plus tôt, Héron d'Alexandrie montrait dans ses *Pneumatica* comment faire tourner une boule grâce à la poussée de la vapeur ; mais l'application de la puissance motrice du feu pour engendrer le mouvement et construire des machines demeura longtemps méconnue ; et Smith n'a pas su voir la nouvelle richesse que le charbon représentait pour la production industrielle.

Il apparut bientôt que la machine à vapeur révélait d'autres possibilités. En effet, les innovations qui permirent aux machines motrices de convertir efficacement la chaleur en mouvement firent plus que pousser en avant la première révolution industrielle, puisqu'elles donnèrent lieu à la naissance d'une science nouvelle : la thermodynamique. À la différence de la mécanique newtonienne, qui tirait ses origines de l'observation des mouvements des corps célestes, la thermodynamique naquit donc sur fond d'un intérêt plus pratique, lié à la puissance motrice du feu. Avec le temps, elle évolua, et développa une description générale des transformations entre les états de la matière — le mouvement engendré par la chaleur devenant ainsi un cas particulier d'application de ces transformations.

La thermodynamique se fonde pour l'essentiel sur deux lois fondamentales, dont l'une traite de l'*énergie*, et l'autre de l'*entropie*. Nous présenterons des définitions de l'énergie et de l'entropie dans les chapitres 2 et 3. Le premier chapitre a pour but de présenter un tableau général de la thermodynamique, et de familiariser le lecteur avec la terminologie et les concepts développés dans le reste du livre.

À tout système physique nous pouvons associer une énergie et une entropie. Lorsque la matière subit des transformations d'un état à un autre, l'énergie totale reste inchangée : on dit qu'elle est *conservée*. L'entropie, en revanche, croît — ou garde sa valeur dans certains cas limites. Ces deux énoncés d'allure simple sont riches de conséquences ; ils exercèrent une influence profonde sur Planck, qui devait en faire un usage magistral. Nous espérons que la lecture de ce livre aidera le lecteur à apprécier le jugement d'Einstein :

> Une théorie est d'autant plus influente qu'elle donne plus de simplicité à ses prémisses, qu'elle associe un grand nombre de types d'objets distincts, et que son domaine d'application est étendu. C'est de là que découle l'impression profonde qu'exerça sur moi la thermodynamique classique. C'est la seule théorie physique d'une portée universelle dont je sois convaincu que, dans le domaine d'application défini par ses concepts fondamentaux, elle ne sera jamais détrônée.

1.1 Systèmes thermodynamiques

La description thermodynamique comporte d'abord une division de l'univers en deux régions : le *système* et ce qui lui est *extérieur*, c'est-à-dire le reste du monde[1].

La définition d'un système thermodynamique implique donc celle de ses *frontières*. La nature des échanges du système avec son environnement est ici essentielle. C'est pourquoi nous classons les systèmes thermodynamiques en trois catégories, que distinguent leurs échanges avec l'extérieur :

- les systèmes isolés n'échangent ni matière ni énergie ;
- les systèmes fermés échangent de l'énergie, mais pas de matière ;
- les systèmes ouverts échangent matière et énergie.

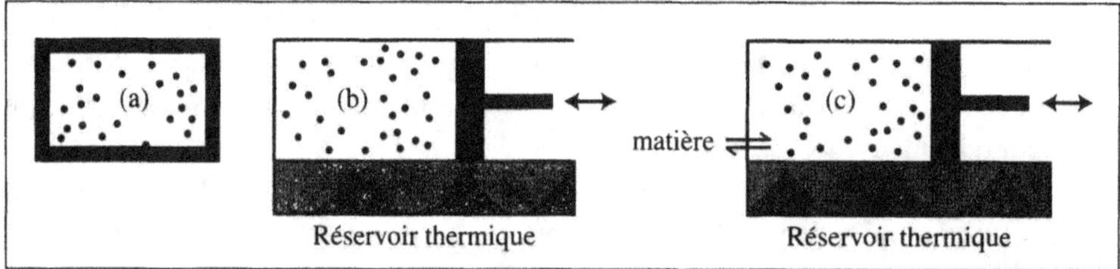

Figure 1.1 Systèmes thermodynamiques distingués par leurs échanges avec l'extérieur. Le système isolé (a) n'échange ni matière ni énergie ; le système fermé (b) échange de la chaleur et de l'énergie mécanique, mais pas de matière ; le système ouvert (c) échange matière et énergie.

L'*état* d'un système thermodynamique se décrit en termes de *variables d'état* macroscopiques comme le volume V, la pression p, la température T, et le nombre de moles des divers constituants chimiques N_k.

Les deux principes de la thermodynamique reposent sur les concepts d'énergie U et d'entropie S, qui, comme on le verra, sont des fonctions de ces variables[2]. L'énergie et l'entropie sont donc des *fonctions d'état*.

Il est commode de classer les variables thermodynamiques en deux catégories : les unes, comme le volume et le nombre de moles, sont associées à la taille du système, ce sont les variables *extensives* ; d'autres, comme la température et la pression, spécifient une propriété définie localement, indépendante de la taille du système : ce sont les variables *intensives*.

Si la température n'est pas uniforme, un flux de chaleur apparaît, qui persiste jusqu'au moment où le système atteint un état à température uniforme. C'est l'*équilibre thermique*, dont on donnera plus loin une définition plus précise.

À l'équilibre thermique, les valeurs de l'énergie U et de l'entropie S sont spécifiées par la température, le volume et le nombre de moles des constituants chimiques :

$$U = U(T, V, N_k) \quad \text{ou} \quad S = S(T, V, N_k) ; \tag{1.1.1}$$

---

1. Cette division n'est évidemment pas applicable à l'« univers tout entier ».
2. Il s'agit donc de fonctions de plusieurs variables ; cf. l'appendice 1.1.

on peut aussi exprimer les valeurs de variables extensives comme l'énergie U, ou l'entropie S en utilisant d'autres variables extensives ; nous pouvons ainsi écrire

$$U = U(S, V, N_k) \quad \text{ou} \quad S = S(U, V, N_k). \tag{1.1.2}$$

Nous verrons plus loin que les variables intensives peuvent s'exprimer par des dérivées d'une variable extensive par rapport à une autre variable extensive. Ainsi, la dérivée de l'énergie par rapport à l'entropie, à volume et composition constantes, donne la température : $T = (\partial U/\partial S)_{V,N_k}$.

1.2 Systèmes d'équilibre et de non-équilibre

L'expérience montre que si un système physique est isolé, son état suit une évolution *irréversible* qui le conduit à devenir *invariant par rapport au temps* (c'est-à-dire qu'il ne s'y produira plus aucun changement physique ou chimique notable). On a alors l'état *d'équilibre*, que nous étudierons plus loin. Cette évolution vers l'état d'équilibre est due aux *processus irréversibles*, qui s'annulent à l'équilibre. On parlera donc d'état de *non-équilibre* pour un état dans lequel se déroulent des processus irréversibles, qui *poussent* le système vers l'état d'équilibre.

Il peut arriver — surtout dans les systèmes chimiques — que la vitesse d'évolution due aux processus irréversibles soit très faible. Un tel système, s'il est isolé, peut sembler avoir atteint son état d'équilibre. En spécifiant les réactions qui s'y produisent, il est possible de déterminer s'il s'agit d'un système *d'équilibre* ou de *non-équilibre*.

Deux systèmes (ou plusieurs) qui échangent de l'énergie et/ou de la matière atteindront à terme l'état d'équilibre thermique, dans lequel leurs températures sont égales. Si un objet A est en équilibre thermique avec un objet B, lequel est lui-même en équilibre avec un objet C, il s'ensuit que A est en équilibre avec C. On donne parfois à cette transitivité de l'état d'équilibre thermique le nom de *principe zéro de la thermodynamique*. Ainsi, les systèmes d'équilibre présentent une température uniforme, et pour de tels systèmes, on peut définir une énergie et une entropie comme des fonctions d'état.

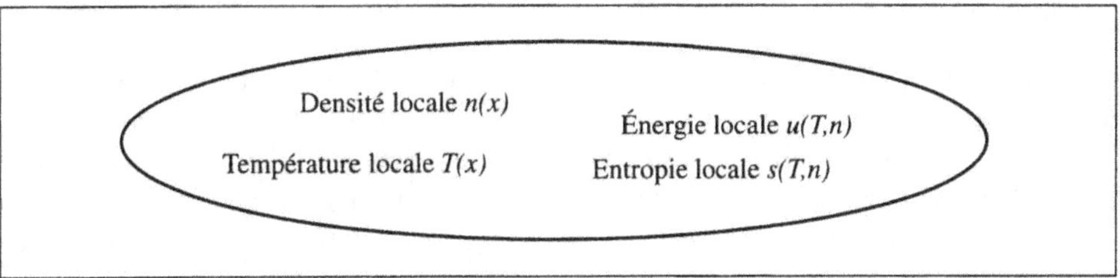

Figure 1.2 Dans un système de non-équilibre, la température et la densité peuvent varier avec la position. Nous pouvons alors introduire une densité d'entropie $s(T, n)$ et une densité d'énergie $u(T, n)$. Pour un tel système, l'entropie totale S n'est plus fonction de U, de N et du volume total V.

Mais il n'est pas nécessaire que la température d'un système soit uniforme pour que son entropie ou son énergie soient bien définies. C'est ainsi que pour des *systèmes de non-équilibre*, pour lesquels la température n'est pas uniforme, mais demeure bien définie localement, nous sommes amenés à introduire des *densités* pour des grandeurs thermodynamiques telles que l'énergie et l'entropie. Nous pouvons par exemple définir la densité d'énergie

$$u(T, n_k(x)) = \text{ énergie interne par unité de volume,} \qquad (1.2.1)$$

définie à l'aide de la température locale T, et des densités n_k de particules (moles par unité de volume)

$$n_k(x) = \text{ moles par unité de volume.} \qquad (1.2.2)$$

Nous pouvons de même définir une densité d'entropie $s(T, n_k)$. L'énergie totale U, l'entropie totale S et le nombre total de moles du systèmes N seront alors donnés par les intégrales suivantes :

$$S = \int_V s\left[T(x), n_k(x)\right]\, dV\,; \qquad (1.2.3)$$

$$U = \int_V u\left[T(x), n_k(x)\right]\, dV\,; \qquad (1.2.4)$$

$$N = \int_V n_k(x)\, dV. \qquad (1.2.5)$$

Dans les systèmes non uniformes, l'énergie totale U ne s'exprime plus comme une fonction d'autres variables extensives comme S, V et N (comme dans la relation 1.1.2), et on ne peut évidemment plus introduire une température unique pour l'ensemble du système. Mais ceci ne nous empêche nullement d'assigner une entropie à un système qui n'a pas atteint l'équilibre thermodynamique (pour autant que la température reste bien définie localement), moyennant la formule (1.2.3). De nombreux traités de thermodynamique classique affirment que l'entropie des systèmes de non-équilibre n'est pas bien définie. Il faut comprendre par là que S n'est plus fonction des variables U, V et N. Mais si la température du système est bien définie localement, l'entropie pourra encore être définie à l'aide de la densité d'entropie.

1.3 Température, chaleur et lois des gaz

Le XVIIe et le XVIIIe siècle ont connu un changement décisif dans la description de la nature. De nouvelles conceptions, basées sur l'expérimentation, renouvellent l'image du monde. Les chercheurs constatent que même en dehors de la mécanique newtonienne la nature obéit dans de nombreuses situations à des lois simples et universelles, susceptibles d'une expression mathématique précise. L'étude scientifique de la chaleur commece alors, avec l'aide du thermomètre — construit et utilisé dès le temps de Galilée —, dont l'apport s'avéra considérable [2,3]. Une remarque en témoigne, due à Davy : « Il n'est rien qui contribue plus au progrès des connaissances que la découverte d'un nouvel instrument. »

Il devait revenir à Black, professeur de médecine et de chimie à Glasgow, de tirer de l'emploi du thermomètre une conclusion décisive : il distingua la température (ou « degré de chaleur ») de la quantité de chaleur. Ses expériences, menées à l'aide de thermomètres récemment mis au point, établirent le fait fondamental qu'*à l'équilibre thermique les températures de toutes les substances sont égales*[3]. Le thermomètre permit ainsi d'établir la notion d'équilibre thermique et celle de *chaleur spécifique*, et donc de réfuter l'opinion alors dominante selon laquelle le montant de chaleur requis pour élever d'un certain nombre de degrés la température d'une substance est fonction de la masse seulement, et non pas du matériau. Black découvrit aussi les *chaleurs latentes* de fusion et d'évaporation de l'eau — cette dernière avec l'aide enthousiaste de son élève Watt [3, 4].

Les travaux entrepris sur cette base établirent ainsi une distinction nette entre température et chaleur ; mais la nature de cette dernière demeura longtemps mystérieuse. S'agissait-il d'une substance indestructible, le *fluide calorique*, capable de circuler d'un corps à l'autre ? Ou d'une forme de mouvement microscopique, comme nous le disons aujourd'hui ? Cette question devait rester ouverte jusqu'au XIXe siècle. Lorsqu'enfin on sut clairement que la chaleur était une forme d'énergie, susceptible de se transformer en d'autres formes, la théorie du calorique fut abandonnée — mais aujourd'hui encore nous mesurons la quantité de chaleur en *calories*.

Quant à la température, elle se mesure en notant les variations d'une propriété physique, comme le volume d'un fluide ou la pression d'un gaz. Ce n'est là qu'une définition *empirique* de la température : l'unité de température dépend alors de la variation de la propriété mesurée pendant l'échauffement. L'échelle Celsius, en usage depuis le XVIIIe siècle, a remplacé presque partout l'échelle Fahrenheit, qui remonte au XVIIe siècle.

Comme nous le verrons plus loin, le développement du deuxième principe de la thermodynamique au cours du XIXe siècle a permis la définition d'une *échelle absolue de température*, indépendante des propriétés d'un matériau donné. La thermodynamique utilise depuis cette température absolue, que l'on note T.

LES LOIS DES GAZ

L'une des premières lois des gaz est due à Boyle et à Mariotte. En 1660, Boyle publiait ses conclusions dans ses *New Experiments Physico-Mechanical Touching the Spring of the Air and its Effects* : pour une température donnée T, le volume V d'un gaz est inversement proportionnel à la pression

$$V = \frac{f(T)}{p} \quad \text{(où } f \text{ est une fonction).} \tag{1.3.1}$$

---

3. Cette idée mit quelque temps à faire son chemin, car elle semblait contredire l'expérience quotidienne du toucher, qui perçoit un bloc de métal comme plus froid qu'un bloc de bois.

Excursus 1.1 Pression, température, chaleur et chaleur spécifique

- La *pression* est une force par unité de surface. Dans le système d'unités SI, l'unité de pression est le pascal, noté Pa (1 Pa = 1 N m^{-2}).

- La pression exercée par une colonne de fluide de densité uniforme ϱ et de hauteur h vaut ($h\varrho g$), où g est l'accélération due à la gravité (9.806 m s^{-2}). La pression due à l'atmosphère terrestre varie, mais elle est souvent proche de 10^5 Pa ; on a donc défini une unité nommée le bar avec 1 bar = 10^5 Pa = 100 k Pa.

- La pression atmosphérique est proche de la pression exercée par une colonne de 760 mm de mercure ; on a donc défini les unités suivantes. Si 1 Torr est la pression exercée par une colonne d'1 mm de mercure, 1 atmosphère (atm) = 760 Torr = 101.325 k Pa.

- La *température* se mesure en degrés Celsius (°C), en degrés Fahrenheit (°F) ou en kelvin (K). Les échelles Celsius et Fahrenheit sont empiriques, tandis que l'échelle Kelvin est absolue, et se déduit du deuxième principe de la thermodynamique. La température la plus basse possible correspond au zéro absolu 0 K. Les relations entre ces échelles sont (T/K) = (T/°C) + 273.15 et (T/°C) = 5/9 [(T/°F) - 32].

- La *chaleur* fut d'abord associée au fluide calorique. Dans la théorie du calorique, l'écoulement de ce dernier d'un corps dans un autre provoquait les changements de température. Au XIXe siècle, il fut établi que la chaleur est une forme d'énergie (cf. chapitre 2) ; la chaleur est donc mesurée en unités d'*énergie*. Nous adopterons souvent ici le système d'unités SI qui mesure la chaleur en joules, et quelquefois l'usage ancien qui la mesure en calories. La calorie est la quantité de chaleur qui augmente de 14.5°C à 15.5°C la température d'un gramme d'eau ; 1 calorie = 4.188 joules.

- La *chaleur spécifique* d'une substance est la quantité de chaleur nécessaire pour augmenter d'1°C la température d'une unité de masse de cette substance.

La température de Boyle correspondait à une échelle empirique (cf. chapitre 3) ; mais nous utiliserons dès à présent la température absolue T pour éviter des notations trop lourdes[4].

Charles étudia la variation du volume avec la température à p constant ; il montra que le rapport V/T est une fonction de la pression :

$$\frac{V}{T} = f'(p) \quad \text{(où } f' \text{ est une fonction).} \tag{1.3.2}$$

Enfin, en 1811, Avogadro introduisit une hypothèse audacieuse : à température et pression égales, des volumes égaux d'un gaz quelconque contiennent des nombres égaux de molécules. Cette hypothèse contribua de manière significative à l'explication

---

4. Segrè observe que Boyle défendit aussi le point de vue selon lequel la chaleur n'est pas une substance indestructible capable de passer d'un corps à l'autre, comme le calorique, mais qu'elle consiste en un *mouvement intense des parties* [5, p. 188] ; Mariotte parlera de la *percussion des corps*.

des changements de pression dus à des réactions chimiques dans les gaz. Elle revenait à dire que sous des conditions de température et de pression égales, le volume d'un gaz est proportionnel au nombre de moles du gaz. Pour N moles d'un gaz on pouvait donc écrire

$$pV = N f(T). \tag{1.3.3}$$

La comparaison de cette relation avec les deux précédentes conduisit alors à l'équation que nous connaissons sous le nom de *loi des gaz parfaits*:

$$pV = NRT, \tag{1.3.4}$$

Les chimistes identifièrent et isolèrent un nombre croissant de gaz au cours des XVIIIe et XIXe siècles. Ils étudièrent leurs propriétés ; et on observa que nombre d'entre eux obéissaient approximativement à la loi des gaz parfaits. Cette loi décrit correctement le comportement observé pour des pressions de l'ordre de quelques atmosphères. Comme nous le verrons dans la section suivante, le comportement des gaz sous des pressions plus élevées exige que l'on tienne compte de la dimension des molécules et des forces intermoléculaires.

Passons au *mélange de gaz parfaits*. Ce mélange obéit à la *loi des pressions partielles*, due à Dalton : la pression exercée par chaque composant du mélange est indépendante des autres, et chaque pression partielle p_k obéit à la loi des gaz parfaits. On a donc

$$p_k V = N_k RT. \tag{1.3.5}$$

Gay-Lussac, qui apporta d'importants compléments à la loi des gaz parfaits, découvrit que la détente d'un gaz dilué dans le vide laisse constante sa température. Joule vérifia ce fait dans une série d'expériences qui établirent l'équivalence de l'énergie mécanique et de la chaleur. Nous discuterons en détail le principe de conservation de l'énergie au chapitre 2. Une fois mis au point le concept d'énergie et de sa conservation, la signification de ces observations devient claire. Puisque la détente d'un gaz dans le vide ne produit aucun travail, son énergie ne change pas. Le fait que la température ne change pas après la détente dans le vide, alors qu'ont changé le volume et la pression, conduit à conclure que l'énergie d'une quantité donnée d'un gaz parfait dépend de sa seule température, et non du volume ou de la pression. De plus, étant donné que la quantité d'énergie (chaleur) nécessaire pour accroître la température d'un gaz parfait est proportionnelle au nombre de moles de ce gaz, l'énergie est aussi proportionnelle à ce nombre de moles. En résumé, l'énergie d'un gaz parfait est fonction seulement de la température T et du nombre de moles N. Elle peut donc s'écrire

$$U(T, N) = N U_{\mathrm{m}}(T), \tag{1.3.6}$$

où U_{m} est l'énergie par mole. Pour un mélange de gaz parfaits, l'énergie sera la somme des énergies des composants

$$U(T, N) = \sum_k U_k(T, N_k) = \sum_k N_k U_{\mathrm{m}k}(T). \tag{1.3.7}$$

Des recherches ultérieures montrèrent qu'approximativement (à volume constant)

$$U_{\mathrm{m}} = cRT + U_0, \tag{1.3.8}$$

où U_0 est une constante. Pour des gaz monoatomiques comme l'hélium He et l'argon Ar, on a $c = 3/2$; pour des gaz diatomiques comme l'azote N_2 et l'oxygène O_2, on a $c = 5/2$; c'est la chaleur spécifique à volume constant.

Les expériences de Gay-Lussac montrèrent aussi qu'à pression constante le coefficient de dilatation des gaz dilués avait approximativement la même valeur par degré Celsius : $\alpha = 1/273$. Un thermomètre à gaz, où le volume d'un gaz à pression constante fournit une indication de la température t, obéit donc à la relation

$$V = V_0 \, (1 + \alpha t). \tag{1.3.9}$$

Nous établirons au chapitre 3 une relation entre cette température empirique t, mesurée par le thermomètre à gaz, et la température absolue T. Ces lois expérimentales ont joué un rôle important dans le développement de la thermodynamique.

Revenons à la loi des gaz parfaits. Pour les gaz communs, comme CO_2, N_2, O_2, elle donne une bonne description des relations observées entre p, V et T, et cela sous des pressions allant jusqu'à quelques atmosphères.

Mais il aura fallu que la physique dispose d'une description à l'échelle moléculaire pour qu'elle puisse apporter des améliorations significatives à la loi des gaz parfaits. En 1873, soit plus de 200 ans après les résultats de Boyle, van der Waals proposa une équation dans laquelle il incorporait l'effet des forces d'attraction entre molécules et celui de leurs dimensions.

Nous étudierons l'équation d'état de van der Waals dans la prochaine section ; mais nous voudrions dès à présent familiariser le lecteur avec son énoncé : les variables p, V N et T sont liées par la relation

$$\left(p + a \left(\frac{N}{V} \right)^2 \right) (V - Nb) = NRT. \tag{1.3.10}$$

La constante a (coefficient de cohésion) mesure les forces d'attraction entre molécules, et b est proportionnel à leurs dimensions : c'est le *covolume*. La Table 1.1 donne ces constantes pour quelques-uns des gaz les plus communs.

À la différence de la loi des gaz parfaits, l'équation de van der Waals introduit donc des paramètres d'origine moléculaire. Dans la prochaine section, nous montrerons comment van der Waals parvint à son équation. Notons que l'énergie d'un gaz est aussi modifiée par les forces intermoléculaires ; nous verrons au chapitre 6 que l'énergie U_{vw} d'un gaz de van der Waals peut s'écrire sous la forme

$$U_{\mathrm{vw}} = U_{\mathrm{parfait}} - a \left(\frac{N}{V} \right)^2 V. \tag{1.3.11}$$

L'équation de van der Waals apporte une amélioration majeure à la loi des gaz parfaits ; elle permet de décrire la liquéfaction des gaz, ainsi que le fait qu'au-dessus

Gaz	a	b
Acétylène (C_2H_2)	4.40	0.0514
Ammoniaque (NH_3)	4.18	0.0371
Argon (Ar)	1.34	0.0322
Dioxide de carbone (CO_2)	3.59	0.0427
Monoxide de carbone (CO)	1.49	0.0399
Chlorine (Cl_2)	6.51	0.0562
Éther d'éthyle (($CH_3)_2O$)	17.42	0.1344
Hélium (He)	0.034	0.0237
Hydrogène (H_2)	0.244	0.0266
Chloride d'hydrogène (HCl)	3.67	0.0408
Méthane (CH_4)	2.25	0.0428
Oxyde nitrique (NO)	1.34	0.0279
Azote (N_2)	1.39	0.0391
Dioxyde d'azote (NO_2)	5.28	0.0442
Oxygène (O_2)	1.36	0.0318
Dioxyde de soufre (SO_2)	6.71	0.0564
Eau (H_2O)	5.45	0.0305

Table 1.1 Constantes de van der Waals a (ℓ^2 atm mol^{-2}) et b (ℓ mol^{-1}) pour quelques gaz (Sources : On a consulté [B] pour les données présentées ici ; le lecteur trouvera des listes plus complètes dans [F]).

d'une température donnée, dite *température critique*, les gaz ne peuvent plus être liquéfiés, et ce quelle que soit la pression.

Mais cette équation perd sa validité pour de très hautes pressions. C'est la raison pour laquelle diverses reformulations (cf. l'ex. 1.9) [6] en ont été proposées par Clausius, Berthelot et d'autres (on notera que l'équation d'état de Clausius a précèdé celle de van der Waals.).

1.4   États de la matière et équation de van der Waals

La fusion des solides et la vaporisation des liquides comptent parmi les transformations les plus simples de la matière. En thermodynamique, ces divers états de la matière — solide, liquide, gazeux — sont désignés sous le nom de *phases*.

À pression donnée, il existe pour chaque corps une température de fusion bien définie, T_{fusion}, et une température d'ébullition bien définie, $T_{\text{ébullition}}$. Ces températures peuvent servir à l'identification d'un composé, ou à la séparation des constituants d'un mélange.

Le thermomètre permet aux chercheurs d'étudier ces phénomènes avec toute la précision utile à la mise en évidence de la chaleur de fusion ou d'ébullition.

Nous avons noté que Black et Watt avaient observé un phénomène remarquable associé aux changements de phase : aux températures de fusion ou d'ébullition, la chaleur fournie à un corps donné ne produit pas d'élévation de sa température ; elle a pour effet sa conversion d'une phase à l'autre. Cette chaleur est dite *latente* car

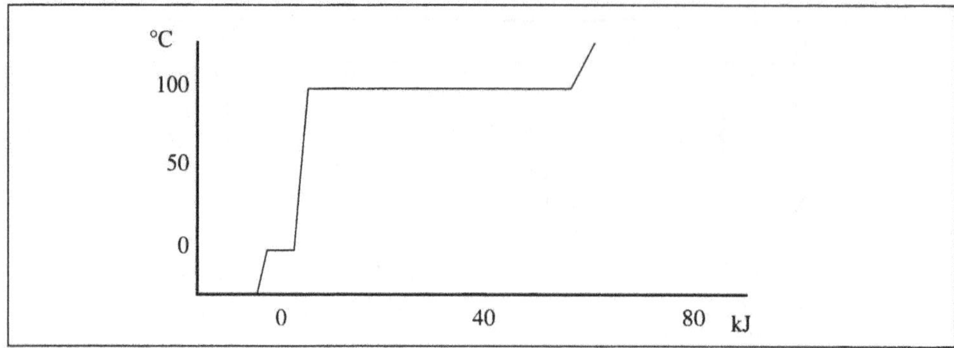

Figure 1.3 Variation de température d'une mole de H_2O en fonction de la chaleur introduite, à une pression d'1 atm. Au point de fusion, la température présente un palier qui marque l'absorption de chaleur dû au changement d'état. Ce palier se prolonge jusqu'à ce que toute la glace soit fondue. La fusion d'une mole de glace requiert environ 6 kJ : c'est la *chaleur latente* découverte par Black. La température s'élève ensuite à nouveau jusqu'au point d'ébullition. Elle marque alors un nouveau palier, jusqu'à ce que toute l'eau soit transformée en vapeur. La vaporisation d'une mole d'eau en vapeur requiert environ 40 kJ.

sans effet sur la température du corps. Inversement, lorsqu'un liquide se solidifie, la chaleur est donnée à l'environnement (cf. figure 1.3).

Il est évident que l'équation des gaz parfaits, aussi satisfaisante soit-elle pour la description de nombreuses propriétés des gaz, ne nous aide pas à comprendre la liquéfaction. Le gaz parfait ne peut que rester un gaz à toutes les températures, et son volume peut être réduit sans restrictions.

Or, il apparut au cours des XVIIIe et XIXe siècles que la matière est faite d'atomes et de molécules, et qu'il existe des forces d'interaction entre les molécules. C'est dans ce contexte que van der Waals s'attaqua pour sa thèse doctorale au problème de la formulation de l'équation d'état.

Il comprit que deux facteurs supplémentaires devaient entrer en jeu en plus de ceux déjà retenus dans l'équation des gaz parfaits : les effets de la dimension des molécules et ceux de leurs forces d'interaction. Ces dernières corrigent la pression, tandis que la dimension des molécules diminue le volume effectif.

Comme le montre la figure 1.4, l'attraction intermoléculaire donne à la pression une valeur inférieure à celle du gaz parfait. Si $p_{\text{réel}}$ est la pression d'un gaz réel, et p_{parfait} la pression du gaz parfait correspondant, c'est-à-dire la pression en l'absence de toute force d'interaction intermoléculaire, nous pouvons poser $p_{\text{parfait}} = p_{\text{réel}} + \delta p$ (où δp est la correction apportée par les forces intermoléculaires). Et puisque la pression est proportionnelle à la densité (N/V), comme on peut le voir dans l'équation des gaz parfaits, on s'attend à ce que δp soit proportionnel à (N/V). On écrit donc $\delta p = a(N/V)^2$.

D'un autre côté, dans l'hypothèse de van der Waals, la correction au volume apportée par la prise en compte de la dimension des molécules est simplement proportionnelle au nombre des molécules.

On obtient ainsi $p_{\text{parfait}} = V - bN$, où b est la correction par mole. Il suffit alors d'introduire ces corrections dans l'équation d'état des gaz parfaits

$$\left(p + a \left(\frac{N}{V} \right)^2 \right) (V - Nb) = NRT. \tag{1.4.1}$$

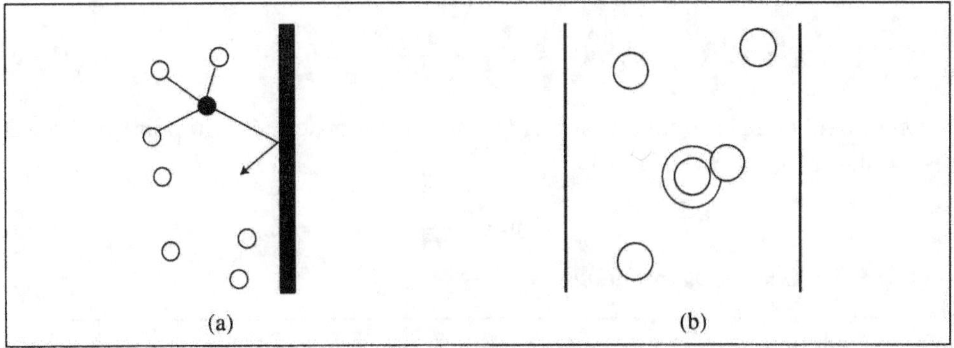

Figure 1.4 Corrections de van der Waals à l'équation des gaz parfaits. (a) La pression d'un gaz réel sur une paroi est inférieure à celle d'un gaz parfait, car l'attraction intermoléculaire diminue la vitesse des molécules qui s'approchent de cette paroi. (b) Le volume disponible pour les molécules est diminué en raison de leur taille finie.

Les courbes pression-volume à température fixe T, c'est-à-dire les *isothermes* $p(V)$, sont représentées sur la figure 1.5 pour un gaz de van der Waals. Ces courbes montrent la transition gaz-liquide dans la région où la courbe $p(V)$ présente plusieurs valeurs, ce qui revient à dire qu'à une pression donnée correspondent plusieurs volumes.

Cette région représente un état pour lequel les phases liquide et gazeuse sont à l'équilibre thermique. Dans cette région, la courbe de van der Waals conduit aussi à des états instables que nous définirons dans les chapitres ultérieurs.

L'équation de van der Waals introduit aussi une propriété supplémentaire fondamentale : l'existence d'une *température critique* T_c : si $T > T_c$, la courbe $p(V)$ n'aura jamais qu'une seule valeur, ce qui indique qu'il n'y a pas de transition vers l'état liquide. Il s'agit en effet d'une expression cubique (p est donnée par une équation du troisième degré en V), qui possède donc deux extrema pour $T < T_c$.

Pour T croissant, ces extrema se rapprochent et se confondent à $T = T_c$. Au-dessus de cette valeur, il n'y a plus de transition du gaz au liquide ; la distinction gaz-liquide disparaît. Ceci ne se produit pas dans la transition solide-liquide ; du point de vue moléculaire, le solide est plus *ordonné* que le liquide, et ces deux états demeurent distincts).

Les valeurs de la pression et du volume auxquelles se produit la température critique sont la *pression critique* p_c et le *volume critique* V_c.

Il est possible de relier ces paramètres critiques aux paramètres a et b de van der Waals. Si nous considérons $p(V, T)$ comme une fonction de V, alors pour $T < T_c$, la dérivée $(\partial p/\partial V)_T$ s'annule aux deux extrema A' et B' de la figure 1.5. Pour T croissant, au point où les deux extrema coïncident, c'est-à-dire au point critique défini par

$$T = T_c \qquad p = p_c \qquad \text{et} \qquad V = V_c, \tag{1.4.2}$$

nous avons un point d'inflexion horizontal, où la première et la seconde dérivée s'annulent toutes deux :

$$\left(\frac{\partial p}{\partial V}\right)_T = 0 \qquad \left(\frac{\partial^2 p}{\partial V^2}\right)_T = 0. \tag{1.4.3}$$

On obtient ainsi les relations suivantes entre les coordonnées du point critique et les constantes a et b (ex. 1.11)

$$T_c = \frac{8a}{27Rb} \qquad p_c = \frac{a}{27b^2} \qquad V_{\mathrm{mc}} = 3b. \tag{1.4.4}$$

où V_{mc} est le *volume molaire critique*.

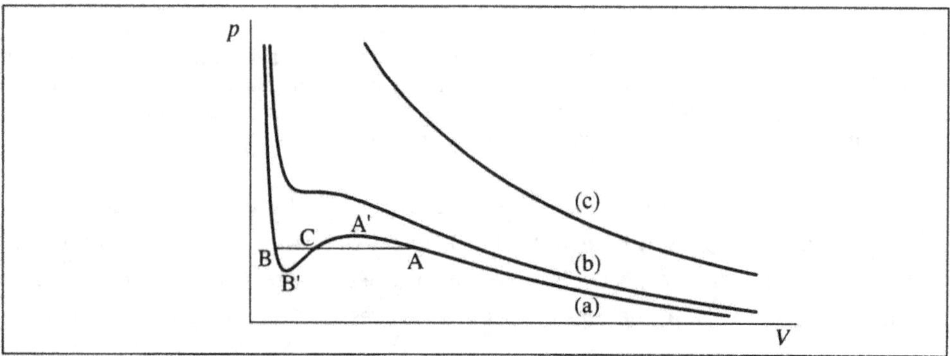

Figure 1.5 *Isothermes de van der Waals, J. D.*. Sur la courbe (a), où $T < T_c$, on trouve une région AA'CB'B où, pour une valeur donnée de p, le volume V peut prendre plus d'une valeur. Dans cette région (qui sera discutée au chapitre 7), le gaz se transforme en liquide, et les deux phases coexistent ; l'expérience montre que le gaz suit le parcours ACB. On a $T = T_c$ sur la courbe (b) ; et $T > T_c$ sur la courbe (c).

Chaque gaz a donc une température T_c, une pression p_c et un volume V_{mc} caractéristiques. Il devient ainsi possible d'introduire des *variables réduites* sans dimension, définies par les relations

$$T_r = \frac{T}{T_c} \qquad V_r = \frac{V_{\mathrm{m}}}{V_{\mathrm{mc}}} \qquad p_r = \frac{p}{p_c}. \tag{1.4.5}$$

Nous pouvons réécrire l'équation de van der Waals en termes de ces variables réduites ; on obtient ainsi une relation qui devrait être valable pour tous les gaz :

$$\left(p_r + \frac{3}{V_r^2}\right)\left(V_r - \frac{1}{3}\right) = \frac{8}{3}T_r. \tag{1.4.6}$$

C'est la *loi des états correspondants*. La pression réduite p_r a pour tous les gaz la même valeur si elle est prise pour une valeur donnée du volume réduit V_{mr} et de la température réduite T_r.

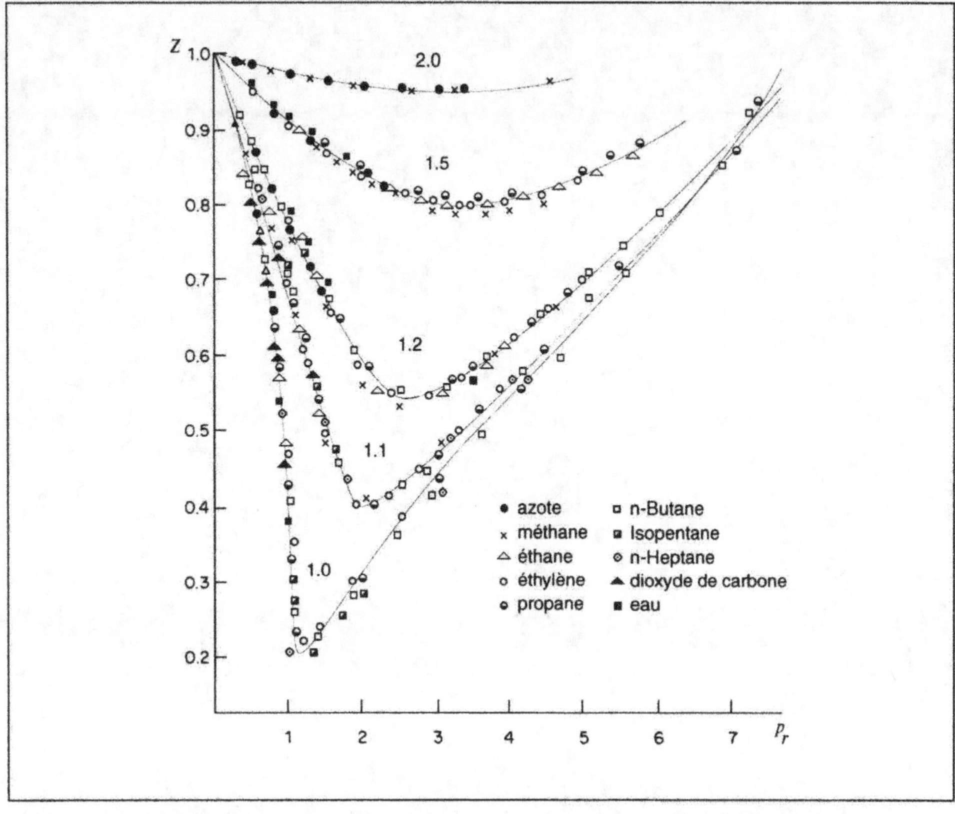

Figure 1.6 Mesures expérimentales et courbes théoriques pour la relation entre le facteur Z et la pression réduite p_r pour diverses valeurs de la température réduite T_r (2.0, 1.5, 1.2, 1.1, 1.0), d'après Su Goug-Jen, (*Industrial and Engineering Chemistry*, **38** (1946), 803. Copyright 1946, American Chemical Society).

La déviation par rapport au comportement des gaz parfaits est donnée par le facteur de compressibilité Z, avec $Z = (pV_\mathrm{m}/RT)$, qui est égal à 1 pour les gaz parfaits. La figure 1.6 montre la correspondance entre les données expérimentales et la relation théorique (1.4.6).

2 PREMIER PRINCIPE

Conservation de l'énergie et découvertes du XIXe siècle

Les concepts d'énergie cinétique (liée au mouvement) et d'énergie potentielle (liée à des forces conservatives telles que la gravitation) étaient déjà bien connus au début du XIXe siècle. Pour un corps en mouvement, la conservation de la somme de l'énergie cinétique et de l'énergie potentielle est une conséquence directe des lois de Newton (cf. exc. 2.1). Mais ces concepts ne semblaient pas s'appliquer aux nombreux phénomènes thermiques, chimiques et électriques dont l'étude était alors en plein essor.

Ainsi, le médecin italien Galvani découvre qu'un morceau de métal chargé peut provoquer des contractions de la patte d'une grenouille. Le public est captivé par l'idée que l'électricité peut générer la vie — idée dont Mary Shelley tirera l'argument de son *Frankenstein*. Dans le résumé de ses recherches qu'il publie en 1791, Galvani attribue l'origine de l'électricité au tissu animal. Mais c'est le physicien Volta qui reconnaîtra que l'effet Galvani est dû au passage d'un courant électrique : En 1800, il parvient à construire ce qu'on appellera ensuite la *pile de Volta*, la première batterie chimique. Il est désormais possible de produire de l'électricité à partir de réactions chimiques. L'effet inverse (la stimulation de réactions chimiques sous l'action de l'énergie électrique), sera mis en évidence par Faraday dans les années 1830.

À cette liste de phénomènes, Ørsted ajouta en 1819 la génération d'un champ magnétique par un courant électrique. En Allemagne en 1822, Seebeck, celui-là même qui aida Goethe dans ses explorations scientifiques, découvrit l'*effet thermoélectrique*, c'est-à-dire la génération d'électricité par la chaleur. L'induction d'un courant électrique par un champ magnétique variable fut découverte par Faraday en 1831. Ces découvertes confrontaient les scientifiques du XIXe siècle à tout un faisceau de phénomènes nouveaux qui associaient chaleur, électricité, magnétisme et chimie.

Bientôt se forma dans la communauté scientifique la conviction que tous ces effets représentaient les transformations d'une quantité commune indestructible, à savoir l'*énergie* [1]. La conservation de l'énergie constitue le premier principe de la thermodynamique. Nous étudierons sa formulation précise dans les sections suivantes.

La description mécanique de la nature suppose que l'énergie est en dernier ressort réductible à l'énergie cinétique et potentielle des particules en interaction. Dans ce contexte, le principe de conservation de l'énergie peut être considérée comme la loi de conservation de la somme des énergies cinétiques et potentielles de toutes les particules d'un système. Les expériences de Joule, brasseur de Manchester et scientifique amateur, devaient apporter la pierre angulaire à la théorie de la conservation de l'énergie. Voici sa formulation [2, 3] :

En fait, les phénomènes naturels, qu'ils soient mécaniques, chimiques ou vivants, consistent presqu'uniquement en conversions continuelles et réciproques entre l'attraction à travers l'espace [l'énergie potentielle], la force vive [l'énergie cinétique] et la chaleur. C'est ainsi que l'ordre est maintenu dans l'univers — rien n'est perturbé, rien n'est jamais perdu, mais toute la machine, si compliquée soit-elle, travaille de façon continue et harmonieuse. Et quoique, comme dans la vision terrifiante du prophète Ezéchiel, « il peut y avoir une roue au milieu de la roue », et tout peut apparaître compliqué dans la confusion et l'imbrication apparente d'une variété presque infinie de causes, d'effets, de conversions et d'arrangements ; pourtant tout est préservé avec la plus parfaite des régularités — le tout étant gouverné par la souveraine volonté de Dieu.

Il est vrai que l'énergie se présente sous de multiples formes : travail mécanique, chaleur, énergie chimique, et elle peut être associée à des champs électriques ou magnétiques. Les transformations de l'énergie sont au cœur de la thermodynamique.

2.1   Nature de la chaleur

Si la distinction entre la température et la chaleur fut reconnue dès le XVIIe siècle à la suite des travaux de Black et d'autres, cette dernière ne fut clairement définie qu'au milieu du XIXe siècle.

Boyle, Newton et d'autres pensaient déjà que la chaleur est associée au mouvement microscopique qui agite les particules. Mais un point de vue opposé, qui prévalait au sein de l'école française, revenait à dire que la chaleur était une substance indestructible, semblable à un fluide, qui circulait entre les corps matériels. Cette substance indestructible, dite *calorique*, était mesurée en calories (excursus 2.1). De grandes figures comme Lavoisier, Fourier, Laplace et Poisson soutinrent la théorie calorique de la chaleur. Même Sadi Carnot, dont les intuitions devaient conduire à l'énoncé du deuxième principe de la thermodynamique, recourut d'abord au concept de calorique, qu'il devait rejeter plus tard.

La vraie nature de la chaleur comme forme d'énergie susceptible de conversion avec d'autres formes d'énergie, ne fut établie qu'après des débats animés. L'une des démonstrations les plus spectaculaires de la conversion de l'énergie mécanique en chaleur fut fournie par Thompson un américain né à Woburn, dans le Massachusetts, que sa vie aventureuse devait entre autres conduire en Bavière où il devint Graf von Rumford [4]. Il plongea des cylindres de métal dans l'eau et y fora des trous : la chaleur due au frottement mécanique pouvait faire bouillir l'eau. Il conclut même que le transfert d'une calorie à l'eau demandait environ 5.5 joules [5].

Les expériences soigneuses de Joule, publiées en 1847, devaient confirmer le fait : la chaleur n'est pas une substance indestructible, et qu'elle peut être convertie en énergie mécanique [5, 6]. Joule confirma aussi l'équivalence entre l'énergie mécanique et chaleur : une quantité donnée d'énergie mécanique, quels que soient les moyens particuliers de conversion utilisés, produit toujours la même quantité de chaleur. La chaleur et l'énergie mécanique peuvent donc être considérées comme des manifestations différentes de la même quantité physique : l'énergie.

Mais qu'est-ce alors que la chaleur ? Dans la version classique du mouvement des particules, il s'agit d'une forme désordonnée d'énergie cinétique. Les molécules sont animées d'un mouvement incessant et entrent en collision, ce qui redistribue

---

Excursus 2.1 Définitions de la calorie, du travail, de la chaleur et de la chaleur spécifique

---

- La *calorie* fut d'abord définie comme la quantité de chaleur requise pout augmenter de 1°C la température d'un gramme d'eau. Quand on sut que cette quantité dépendait en fait de la température initiale de l'eau, la définition suivante fut adoptée : la calorie est la quantité de chaleur requise pour augmenter la température d'un gramme d'eau de 14.5°C à 15.5°C.

- *Travail et chaleur*. Pour la mécanique classique, lorsqu'une force $\mathbf{F}$ déplace un corps sur une distance $d\mathbf{r}$, le *travail* effectué est $dW = \mathbf{F} \cdot d\mathbf{r}$. Le travail se mesure en joules. Les forces dissipatives, comme la friction entre les solides en contact, ou les forces visqueuses dans les liquides, peuvent produire de la *chaleur* à partir d'un travail. Les expériences de Joule montrèrent qu'une quantité donnée de travail, indépendamment de la manière dont il est effectué, produit toujours la même quantité de chaleur. On établit ainsi l'équivalence entre travail et chaleur : 1 calorie vaut 4.184 joules

- *Chaleur spécifique C*. Comme on l'a dit au chapitre 1, la capacité calorifique C d'un corps est le rapport de la chaleur absorbée dQ à l'acroissement de température résultant dT : $C = dQ/dT$. On peut modifier la température en maintenant le corps à volume constant ou à pression constante ; les capacités calorifiques correspondantes sont notées C_V et C_p.

- *Capacité calorifique molaire c*. C'est la capacité calorifique d'une mole de la substance sous étude.

---

leur énergie cinétique. Lorsqu'un corps est chauffé ou refroidi, l'énergie cinétique moyenne de ses molécules change. Nous verrons au cours des chapitres suivants que dans la théorie classique l'énergie cinétique moyenne des molécules est directement proportionnelle à la température. Nous avons vu que la chaleur ne modifie pas la température des corps pendant les changements de phase : seul l'état physique est alors modifié.

Ce n'est pas tout. Outre la matière, nous devons introduire des champs. Par exemple, les champs électromagnétiques décrivent les interactions entre particules chargées. La physique classique avait déjà montré que le rayonnement électromagnétique est une quantité physique, qui véhicule de l'énergie et une quantité de mouvement. Ainsi, lorsque les particules gagnent ou perdent de l'énergie, cette énergie peut se transformer en énergie associée au champ. L'interaction matière-rayonnement conduit elle aussi à un état d'équilibre thermique dans lequel une température peut être associée au rayonnement. On dit que le rayonnement est *thermique* lorsqu'il est en équilibre thermique avec la matière (cf. chapitre 11).

Les représentations en termes de particules et de champs convergent à présent grâce à la théorie quantique des champs. Pour cette théorie, les particules sont des excitations de champs quantiques. Nous savons par exemple que le champ électromagnétique est associé à des particules dites *photons*. D'autres champs, comme

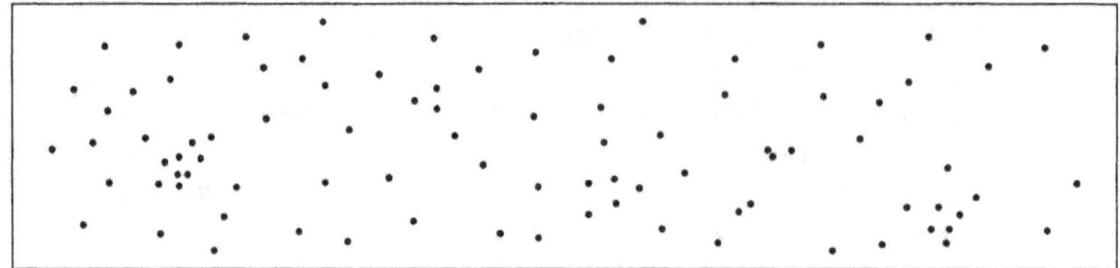

Figure 2.1 Représentation d'un gaz d'électrons à basse température en équilibre avec le rayonnement.

ceux qui sont liés aux forces nucléaires, sont associés à d'autres particules. Comme les photons sont émis ou absorbés par des molécules qui passent d'un état à un autre (figure 2.1) — événement qui dans la description classique correspond à l'émission ou à l'absorption d'un rayonnement —, les interactions entre particules à haute énergie, conduisent à l'émission ou à l'absorption d'autres particules. C'est le cas pour les électrons, les mésons ou les protons.

L'une des découvertes les plus remarquables de la physique moderne est qu'à toute particule est associée une antiparticule. Lorsqu'une particule rencontre cette antiparticule, elles s'annihilent l'une l'autre ou convertissent leur énergie en d'autres formes, par exemple les photons. Nous avons déjà vu que l'énergie cinétique moyenne des particules est proportionnelle à la température. Pour des températures voisines de notre expérience quotidienne, les collisions entre molécules ne peuvent avoir pour effet qu'une émission de photons, mais pas d'autres particules, ce qui demanderait trop d'énergie. Pour des températures plus élevées ($> 10^{10}$ K), d'autres particules peuvent aussi être émises par suite de collisions. La création de particules se produit souvent sous forme de paires de particules et d'antiparticules (figure 2.2). Ainsi, il existe des états de la matière dans lesquels se produisent sans relâche créations et annihilations de paires particule-antiparticule. Dans de telles situations, le nombre de particules ne reste pas constant. En termes de théorie quantique des champs, ces états de la matière correspondent à des champs excités. La notion d'équilibre thermique reste applicable à ces états.

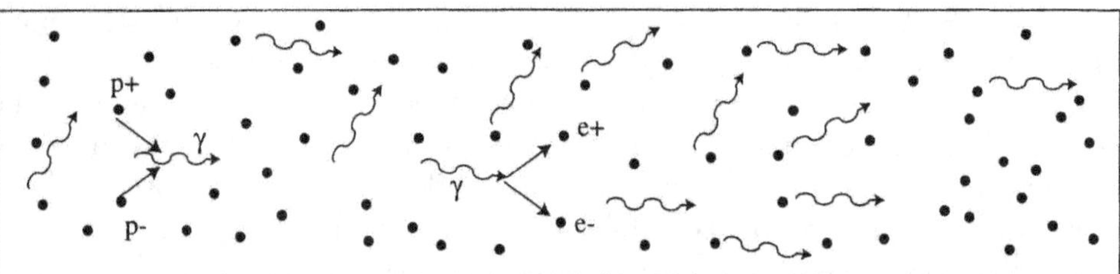

Figure 2.2 Un gaz d'électrons et de positrons en équilibre avec le rayonnement. Pour des températures supérieures à 10^{10} K, se produisent des créations et destructions de paires particule-antiparticule, et le nombre total de particules n'est plus constant. À ces températures, les électrons, positrons et photons forment le rayonnement thermique. Comme nous le verrons, la densité d'énergie du rayonnement thermique ne dépend que de la température.

De façon générale, on parle de rayonnement thermique pour décrire des champs à l'équilibre thermique. Une des caractéristiques du rayonnement thermique est que sa densité d'énergie est seulement fonction de la température. Cependant, à la différence du cas des gaz parfaits, le nombre de particules de chaque sorte dépend lui-même de la température. Le *rayonnement de corps noir*, dont l'étude devait conduire Planck à l'hypothèse des quanta, est le rayonnement thermique associé au champ électromagnétique. Pour des températures suffisamment élevées, toutes les particules — électrons et positrons, protons et anti-protons — peuvent exister sous la forme de rayonnement thermique. On estime généralement que pendant le temps qui suivit immédiatement le *Big Bang*, la température de l'univers était très élevée; la matière se trouvait alors sous la forme de rayonnement thermique. Pendant que l'univers se dilatait et se refroidissait, les photons (qui comptent pour plus de 99 % de l'énergie totale de l'univers) demeurèrent dans un état de rayonnement thermique auquel on peut associer une température bien définie, tandis que les protons, les électrons et les neutrons sortaient de l'équilibre thermique. Dans son état présent, le rayonnement associé aux photons qui emplit l'univers se trouve dans un équilibre thermique d'environ 3 K. En revanche, l'abondance observée des éléments dans l'univers diffère de celle qui serait prédite pour un univers à l'équilibre thermodynamique (pour une bonne description des aspects thermodynamiques de l'univers primitif, voir [7]). Insistons sur ce point capital: l'univers est un système de non-équilibre. Toute description de la nature doit tenir compte de cette constatation.

2.2 Premier principe et conservation de l'énergie

Nous avons rappelé au début de ce chapitre qu'avec les travaux de Newton et de Leibniz, l'énergie mécanique, somme des énergies cinétique et potentielle, fut étudiée et soumise à un principe de conservation. Ce n'est qu'au XIXe siècle que l'on reconnut l'énergie comme une quantité physique plus générale, englobant des phénomènes chimiques, électriques et autres [5, 8].

Par exemple, la *loi de conservation des chaleurs de réaction*, proposée dès 1840 par le chimiste russe Hess, exprime la conservation de l'énergie dans les réactions chimiques; nous y reviendrons plus loin. Les contributions les plus importantes à l'idée de conservation de l'énergie en tant que loi universelle de la nature vinrent de Mayer, Joule et Helmholtz. Les deux textes fondateurs sont celui de Mayer, *Bemerkungen über die Kräfte der unbelebten Natur*, publié en 1842, et celui de Helmholtz, *Über die Erhaltung von Kraft*, paru en 1847 [5, 6].

La conservation de l'énergie peut se formuler en termes de variables macroscopiques. Une transformation de l'état d'un système peut se produire sous l'effet d'un flux de chaleur, d'un travail ou d'une variation de la composition chimique. À chacun de ces processus est associé un changement d'énergie. Le premier principe de la thermodynamique exprime le fait que

> Quand un système subit une transformation, la somme algébrique des diverses variations d'énergie, du flux de chaleur, du travail effectué, etc., est indépendante du mécanisme de cette transformation. Elle ne dépend que de l'état initial et final du système.

Ainsi, comme on le voit sur la figure 2.3, une transformation conduisant à des changements de volume et de température de l'état initial O vers l'état final X peut se produire selon deux trajectoires distinctes, dont chacune dépend du mécanisme de la transformation. Les quantités respectivess de chaleur échangée et de travail effectué par le système seront eux aussi distinctes. Mais, et c'est ce qu'affirme le premier principe, la somme des deux sera identique pour l'ensemble des trajectoires qui conduisent de O vers X. Puisque la variation totale d'énergie est indépendante de la trajectoire suivie, la variation infinitésimale dU associée pendant un temps dt à chaque transformation le sera aussi. Une autre manière d'exprimer l'indépendance du chemin suivi est que dans tout processus cyclique consistant en un aller et retour entre O et X, la somme des variations dU est nulle. On aura dès lors

$$\oint dU = 0. \tag{2.2.1}$$

L'équation 2.2.1 est un des énoncés du premier principe. Puisque les variations de U sont indépendantes de la trajectoire, le passage d'un état donné O à un état final X (cf. figure 2.3) sera entièrement spécifié par le choix de ce dernier. Si nous convenons de noter U_0 la valeur de U à l'état O, U est une fonction d'état spécifiée par l'état X :

$$U = U(T, V, N_k) + U_0. \tag{2.2.2}$$

Notons que l'énergie U n'est définie qu'à une constante additive U_0 près.

Il est possible de donner une autre expression du premier principe sous la forme d'une *impossibilité*, une restriction que la nature impose aux processus physiques. Par exemple, dans le traité de Planck [6], le premier principe s'énonce sous la forme suivante :

Il n'est possible d'aucune manière, que ce soit par des procédés mécaniques, thermiques, chimiques ou autres, de réaliser un mouvement perpétuel. . . en d'autres termes, il est impossible de construire un moteur qui travaillerait selon un cycle et produirait du travail continu, ou de l'énergie cinétique, et cela à partir de rien.

On voit l'équivalence de cet énoncé avec l'équation 2.2.1. Notons qu'il est formulé en termes macroscopiques, et ne fait aucune référence à la structure microscopique de la matière.

Nous avons ainsi l'impossibilité du mouvement perpétuel dit *de première espèce*. Nous introduirons plus loin le mouvement perpétuel de seconde espèce.

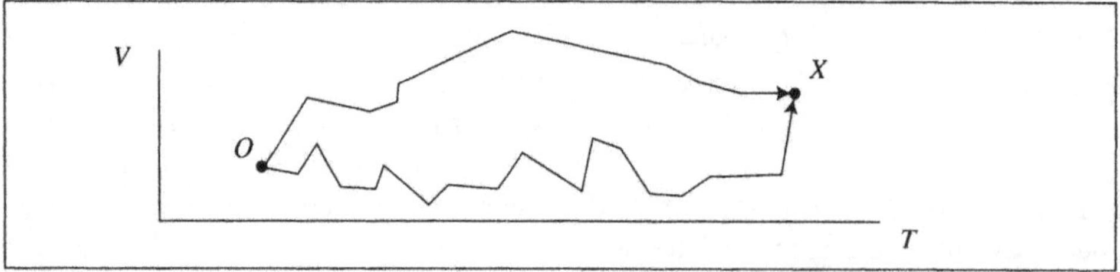

Figure 2.3 La variation de l'énergie U due au passage de l'état standard ou de référence O à l'état X est indépendante de la nature de la transformation. Sur la figure, l'état du système est défini par son volume V et sa température T.

Pour un système fermé, l'énergie échangée avec l'extérieur sur un temps dt peut se décomposer en deux parties : l'apport de chaleur dQ et la quantité d'énergie mécanique échangée dW. À la différence de l'énergie totale dU, les quantités dQ et dW ne sont pas indépendantes de la nature de la transformation ; nous ne pouvons pas spécifier dQ et dW par le seul choix des états initiaux et finaux. On ne peut donc définir de fonction Q ou W qui dépende uniquement de ces états. Par suite, la chaleur et le travail ne sont pas des *variables d'état*. Nous pouvons donc dire pour tout système que son énergie U a une valeur donnée ; nous ne pouvons faire de même pour la chaleur Q ou le travail W. En revanche, nous pouvons déterminer la quantité de chaleur échangée au cours d'une transformation. Dans un processus donné, dQ est la chaleur échangée durant l'intervalle de temps dt.

De nombreux manuels de thermodynamique excluent les processus irréversibles, et décrivent en fait toutes les transformations comme des processus idéaux : infiniment lents et réversibles. En ce cas, dQ ne peut être défini à l'aide d'un intervalle de temps dt parce que la transformation n'a pas lieu pendant un temps fini, et que l'on doit introduire les états initiaux et finaux pour spécifier dQ. Ceci conduit à une difficulté, puisque Q n'est pas une variable d'état. Pour éviter ce problème, on introduit une *différentielle imparfaite*, notée đ, pour représenter la chaleur échangée au cours d'une transformation : c'est donc une quantité qui dépend des états initial et final, ainsi que de la nature de la transformation. Nous éviterons de recourir à ces différentielles imparfaites. En effet, le flux de chaleur est associé à des processus irréversibles qui se produisent sur des temps finis et la chaleur échangée dQ pendant un temps dt est bien définie. Ceci reste vrai aussi pour le travail dW. Les processus idéalisés, infiniment lents et réversibles, ont sans doute leur utilité pédagogique ; mais notre exposé débordera le domaine des transformations réversibles.

La variation totale sur un temps dt d'énergie d'un système fermé est

$$dU = dQ + dW. \tag{2.2.3}$$

Les quantités dQ et dW peuvent être spécifiées en termes des mécanismes utilisés pour le transfert de chaleur et en spécifiant les forces qui effectuent le travail. Par exemple, la chaleur fournie sur un temps dt par un dispositif de chauffage constitué par une résistance R et transportant un courant I est donnée par l'expression

$$dQ = (I^2 R)dt = V I \, dt,$$

où V est la différence de voltage (moyennant la loi d'Ohm).

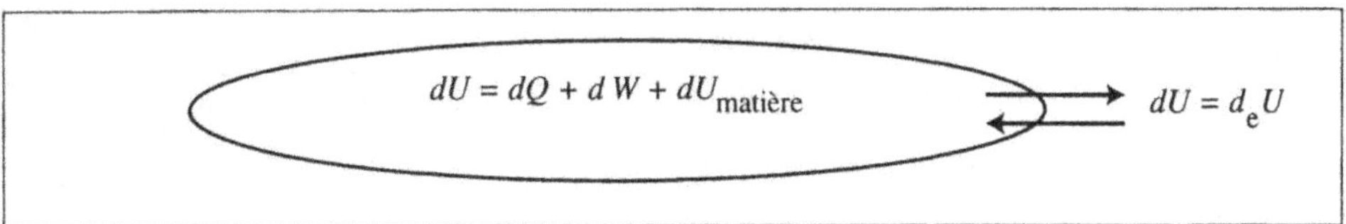

Figure 2.4 La loi de conservation de l'énergie dit que l'énergie totale d'un système isolé U est constante. La variation dU de l'énergie d'un système, pendant un temps dt, résulte d'échanges d'énergie avec l'extérieur sous la forme d'échanges de chaleur, de processus mécaniques associés au travail dW, ou d'échanges de matière $dU_{\text{matière}}$. La variation d'énergie du système est égale et opposée à celle du monde extérieur.

Pour un système ouvert, il apparaît une contribution additionnelle liée au flux de matière $dU_{\text{matière}}$:

$$dU = dQ + dW + dU_{\text{matière}}. \tag{2.2.4}$$

Notons que pour les systèmes ouverts, nous définissons le volume du système non pas comme le volume occupé par un nombre donné de moles, mais par la frontière géométrique du système, associée par exemple à une membrane. Puisque le flux de matière qui traverse le système peut être associé à un travail mécanique (pensons par exemple au flux de molécules qui pénètre dans le système à travers une membrane semi-perméable, et ce par suite de la pression externe), dW n'est plus nécessairement associé à des variations de volume du système. La variation d'énergie dU dans les systèmes ouverts n'introduit pas de difficulté particulière. La variation d'énergie dU peut être calculée pour des variations de T, V et N_k données. La variation totale d'énergie s'obtient alors en intégrant $U(T, V, N_k)$ de l'état initial à l'état final :

$$\int_A^B dU = U_B - U_A. \tag{2.2.5}$$

Puisque U est une fonction d'état, cette intégrale est indépendante de la trajectoire suivie. Considérons à présent quelques exemples spécifiques d'échanges d'énergie associés à des formes autres que la chaleur.

• Pour des systèmes fermés, si dW est le travail mécanique dû à une variation de volume, nous pouvons écrire

$$dW_{\text{mécanique}} = -pdV, \tag{2.2.6}$$

où p est la pression sur la surface mouvante et dV la variation de volume (voir l'excursus 2.1).

• Pour un transfert de charge dq soumis à une différence de potentiel,

$$dU_{\text{charge}} = \phi dq. \tag{2.2.7}$$

• Pour des systèmes diélectriques, la variation du moment dipolaire électrique dP en présence d'un champ électrique E est associée à une variation d'énergie :

$$dU_{\text{électrique}} = -EdP. \tag{2.2.8}$$

• Pour des systèmes magnétiques, le changement de moment de dipôle magnétique dM en présence d'un champ électrique B est associé à une variation d'énergie :

$$dU_{\text{magnétique}} = -BdM. \tag{2.2.9}$$

• Pour une variation de surface dA et une tension superficielle γ associée,

$$dU_{\text{surface}} = \gamma dA. \tag{2.2.10}$$

En général, la quantité dW est la somme de toutes ces formes de travail, chaque terme étant le produit d'une variable intensive et de la différentielle d'une variable extensive. La variation de l'énergie interne s'écrit en toute généralité :

$$dU = dQ - pdV + \phi dq - EdP + \dots. \tag{2.2.11}$$

Excursus 2.2 Travail mécanique et variation du volume

- *Travail mécanique.* On a la relation

$$dW = \mathbf{F}\, d\,\mathbf{r}.$$

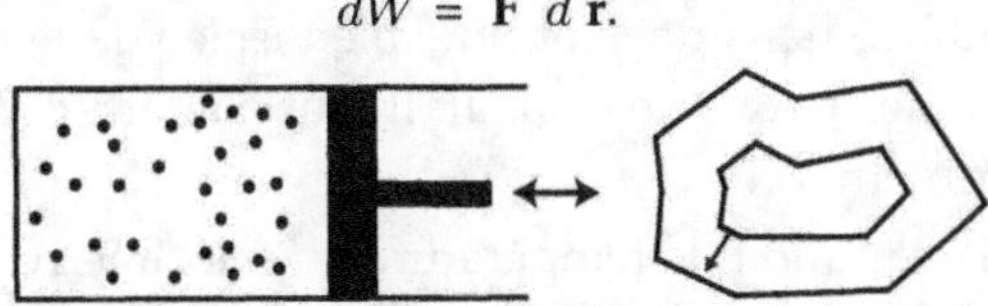

La force exercée sur le piston de surface A, due à la pression interne p, est pA. Le travail fourni par le gaz (qui entraîne une diminution de l'énergie du gaz) en déplaçant le piston dans le sens de la flèche sur une distance dx est

$$dW = -pA\,dx = -p\,dV,$$

où dV est la variation du volume du gaz (le signe est négatif parce que l'énergie est transférée vers l'extérieur quand le gaz se dilate). Cette expression reste valable si l'on considère de petits déplacements de la surface d'un corps à la pression p.

- *Expansion isotherme.* Si l'on maintient le gaz en contact avec un réservoir à la température T, il sera contraint de se dilater ou de se contracter sans variation de température. Pour une telle *transformation isotherme* on a pour le travail l'expression

$$\int_{V_1}^{V_2} -p\,dV = \int_{V_1}^{V_2} -\frac{NRT}{V}\,dV = -NRT \ln\left(\frac{V_2}{V_1}\right),$$

où le signe négatif indique un transfert d'énergie vers l'extérieur lors de l'expansion du gaz. Pour maintenir T constant, il faut maintenir un flux de chaleur d'un réservoir thermique vers le gaz.

Répétons encore que cette variation de l'énergie du système est une fonction de variables d'état comme T, V et N_k. La différentielle totale dU peut s'écrire sous la forme

$$dU = \left(\frac{\partial U}{\partial T}\right)_{V,N_k} dT + \left(\frac{\partial U}{\partial V}\right)_{T,N_k} dV + \sum_k \left(\frac{\partial U}{\partial N_k}\right)_{V,T,N_{i\neq k}} dN_k\,;$$

$$= dQ + dW + dU_{\text{matière}}. \tag{2.2.12}$$

Une manière d'obtenir la dépendance de U par rapport à la température est la mesure de la chaleur spécifique molaire à volume constant c_V, (l'excursus 2.1 donne les définitions élémentaires de la capacité calorifique et de la chaleur spécifique). Dans un système fermé et à volume et composition constants, aucun travail n'est produit. Dès lors, $dU = dQ$, et on a par mole à volume constant

$$c_V(T,V) \equiv \left(\frac{\partial Q}{\partial T}\right)_V = \left(\frac{\partial U}{\partial T}\right)_{V,N=1} dV. \tag{2.2.13}$$

Excursus 2.3 Calorimétrie

- *Calorimètre.* La chaleur produite ou absorbée lors d'une transformation, par exemple une réaction chimique, se mesure à l'aide du calorimètre. La transformation étudiée est confinée dans une enceinte bien isolée de l'environnement pour réduire au minimum les pertes de chaleur. Il faut d'abord déterminer la capacité calorifique du calorimètre.

On note pour cela la variation de température du calorimètre lors d'un processus dont on connaît la chaleur produite. On sait par exemple que la chaleur que produit une résistance parcourue par un courant est de $I^2 R$ joules par seconde (ici I est le courant en ampères et R la résistance en ohms). (Selon la loi d'Ohm, $V = IR$, où V est le voltage à travers la résistance en volts ; la chaleur produite par seconde peut aussi s'écrire VI). Si la capacité calorifique C_{cal} du calorimètre est connue, il n'y a plus qu'à noter ses variations de température durant un processus donné pour évaluer la variation de chaleur due à ce processus.

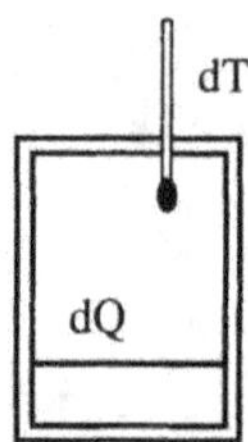

- *Chaleur de combustion.* On détermine la chaleur de combustion d'un produit à l'aide d'un calorimètre approprié. La combustion est confinée dans une chambre maintenue à une pression d'environ 20 atm et alimentée en oxygène pur, pour assurer une combustion complète.

Une fois c_V mesuré, l'énergie interne $U(T, V)$ s'obtient par intégration

$$U(T, V, N) - U(T_0, V, N) = N \int_{T_0}^{T} c_V(T, V)\, dT, \qquad (2.2.14)$$

où T_0 est à la température à un état de référence. Si par exemple c_V est indépendant de la température et du volume, comme c'est le cas pour un gaz parfait, on a

$$U_{\text{parfait}} = c_V NT + U_0, \qquad (2.2.15)$$

où U_0 est une constante additive arbitraire. Comme on l'a noté plus haut, U n'est défini en thermodynamique classique qu'à une constante additive près. Pour un gaz monoatomique parfait, $c_V = (3/2)R$, et pour les gaz diatomiques, $c_V = (5/2)R$.

La notion d'énergie U n'est pas limitée aux systèmes homogènes dans lesquels les quantités intensives comme la température sont uniformes. Pour de nombreux systèmes, la température reste localement bien définie mais elle varie avec la position x et le temps t. De plus, l'équation d'état peut garder sa validité dans un élément de volume V défini autour d'un point x. Les variables d'état seront alors spécifiées en termes de densités.

Par exemple, à partir de l'énergie $U(T, V, N_k)$ nous pouvons, comme nous l'avons vu au chapitre 1, introduire une densité d'énergie $u(x, t)$ égale à l'énergie par unité de volume, au point x et au temps t. Cette densité $u(x, t)$ peut s'exprimer en fonction de la température $T(x, t)$ et de la concentration molaire $n_k(x, t)$ (le nombre de moles par unité de volume)

$$u(x, t) = u\left(T(x, t), n_k(x, t)\right). \tag{2.2.16}$$

La loi de conservation de l'énergie est un principe de conservation local : la variation d'énergie dans un volume donné ne peut être due qu'à une entrée ou à une sortie d'énergie. Deux régions spatialement disjointes ne peuvent échanger de l'énergie que si celle-ci traverse la région qui les sépare. On pourrait demander pourquoi la conservation de l'énergie ne se manifeste pas sous la forme de processus de disparition-apparition en des lieux disjoints. Mais ce mode de conservation n'est pas compatible avec la théorie de la relativité[1].

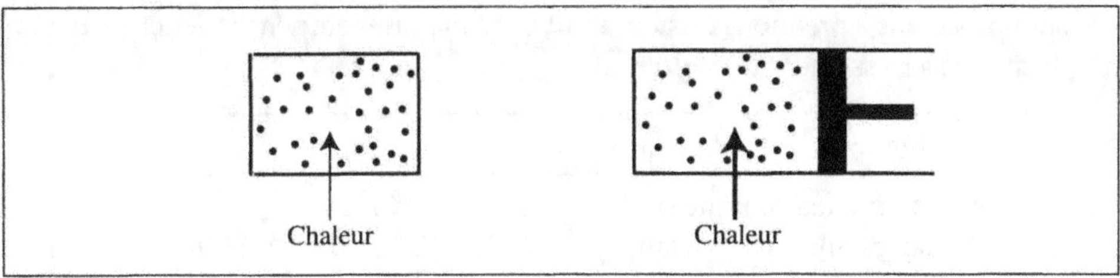

Figure 2.5 La chaleur molaire spécifique à pression constante c_p (à droite) est supérieure à la chaleur molaire spécifique à volume constant c_V (à gauche).

2.3 Applications élémentaires du premier principe

RELATION ENTRE c_P ET c_V

Le premier principe de la thermodynamique conduit à de nombreuses conclusions. Ainsi, il permet de déduire une relation entre la chaleur molaire spécifique à pression constante, c_p, et celle à volume constant, c_V (cf. figure 2.5). Considérons une mole d'un corps pur ($N = 1$). Dans ces conditions, puisque l'énergie U est une fonction du volume et de la température, la variation d'énergie dU peut s'écrire (cf. (2.2.2) et (2.2.6))

$$dU = dQ - pdV = \left(\frac{\partial U}{\partial T}\right)_V dT + \left(\frac{\partial U}{\partial V}\right)_T dV \, ; \tag{2.3.1}$$

---

1. Dans cette théorie, des événements qui sont simultanés mais se produisent en des lieux différents pour un observateur peuvent ne plus être simultanés pour un autre. Le phénomène de disparition et d'apparition simultanées tel qu'il apparaît à un observateur ne sera pas tel pour tous les observateurs. Pour certains, l'énergie aurait d'abord disparu en un point, pour apparaître après un certain temps ailleurs ; mais pendant ce laps de temps, la conservation de l'énergie ne serait pas respectée.

et la chaleur fournie est donc

$$dQ = \left(\frac{\partial U}{\partial T}\right)_V dT + \left[p + \left(\frac{\partial U}{\partial V}\right)_T\right] dV. \tag{2.3.2}$$

Si le gaz est chauffé à volume constant, et puisqu'aucun travail n'est alors effectué, la variation d'énergie du gaz est entièrement due à la chaleur fournie. On a donc (comme en 2.2.13)

$$c_V \equiv \left(\frac{\partial Q}{\partial T}\right)_V = \left(\frac{\partial U}{\partial T}\right)_V ; \tag{2.3.3}$$

d'autre part, si le gaz est chauffé à pression constante, on a à partir de (2.3.2)

$$c_p \equiv \left(\frac{\partial Q}{\partial T}\right)_p = \left(\frac{\partial U}{\partial T}\right)_V + \left[p + \left(\frac{\partial U}{\partial V}\right)_T\right] \left(\frac{\partial V}{\partial T}\right)_p. \tag{2.3.4}$$

En comparant (2.3.3) et (2.3.4), on obtient la relation générale

$$c_p - c_V = \left[p + \left(\frac{\partial U}{\partial V}\right)_T\right] \left(\frac{\partial V}{\partial T}\right)_p, \tag{2.3.5}$$

où le membre de droite représente la quantité supplémentaire de chaleur nécessaire dans un processus à pression constante (dit *isobare*) pour compenser l'énergie dépensée durant l'accroissement du volume.

Composé	c_p	c_V
Gaz monoatomique parfait	$2.5\,R$	$1.5\,R$
Gaz diatomique parfait	$3.5\,R$	$2.5\,R$
Gaz nobles*	20.79	12.47
$N_2(g)$	29.12	20.74
$O_2(g)$	29.36	20.95
$CO_2(g)$	37.11	28.46
$H_2(g)$	28.82	20.44
H_2O (l)	75.29	
C_2H_5OH (l)	111.5	
C_6H_6(l)	136.1	
Cu (s)	244.4	
Fe (s)	25.1	

Table 2.1 Chaleurs molaires spécifiques à volume constant c_V et à pression constante c_p (J mol^{-1} K^{-1}mole) pour divers composés (T = 298.15 K et p = 1 atm).
*(He, Ne, Ar, Kr, Xe)

La relation (2.3.5) est générale ; pour un gaz parfait, elle se réduit à une expression simple. Comme nous l'avons vu ci-dessus (cf. (1.3.6) et (3.3.8)), l'énergie U est alors fonction de la seule température, et indépendante du volume : $(\partial U/\partial V)_T = 0$. Puisque $pV = RT$, on a $p(\partial V/\partial T)_p = R$. Dans ces conditions, (2.3.5) s'écrit

$$c_p - c_V = R. \tag{2.3.6}$$

Gaz	γ	C_{son}
Ar (g)	1.667	308
CO_2(g)	1.304	259
H_2(g)	1.410	1284
He (g)	1.667	965
N_2(g)	1.404	334
O_2(g)	1.401	316

Table 2.2 Quelques valeurs du rapport γ des capacités calorifiques à température et à volume constant (pour 15°C et 1 atm) et de la vitesse du son C_{son} (pour 0°C et 1 atm, en m/s). On trouve ces valeurs dans les recueils [B] et [F].

PROCESSUS ADIABATIQUES DANS UN GAZ PARFAIT

Dans les processus adiabatiques, l'état d'un gaz se modifie sans échange de chaleur. Partant de la relation $dU = dQ - pdV$, nous pouvons écrire

$$dQ = dU + pdV = \left(\frac{\partial U}{\partial T}\right)_V + \left[\left(\frac{\partial U}{\partial V}\right)_T + p\right] dV = 0. \qquad (2.3.7)$$

Pour un gaz parfait, puisque U est une fonction de la température et non du volume, cette expression devient

$$c_V N dT + pdV = 0; \qquad (2.3.8)$$

on a donc

$$c_V dT + \frac{RT}{V} dV = 0. \qquad (2.3.9)$$

Puisqu'ici $R = c_p - c_V$, nous pouvons réécrire cette équation sous la forme

$$\frac{dT}{T} + \frac{(c_p - c_V)}{c_V\, V} dV = 0. \qquad (2.3.10)$$

L'intégration de (2.3.10) donne

$$TV^{\gamma-1} = \text{constante} \qquad \text{avec } \gamma = \frac{c_p}{c_V}; \qquad (2.3.11)$$

pour un gaz parfait, cette relation peut aussi s'écrire

$$pV^\gamma = \text{constante} \qquad \text{ou} \qquad T^\gamma\, p^{1-\gamma} = \text{constante}. \qquad (2.3.12)$$

Ces deux relations décrivent les processus adiabatiques dans un gaz parfait.

PROPAGATION DU SON

Un exemple de processus adiabatique est la variation rapide de la pression au cours de la propagation du son. Toutefois, ces variations liées à l'intensité du son sont faibles. On utilise p_{rmc}, qui est la racine carrée de la moyenne des carrés des écarts à la pression atmosphérique. L'intensité du son I se mesure en décibels (dB). Le décibel est une mesure logarithmique des variations de pression, définie par

$$I = 10\, \log_{10}\left(p_{\text{rmc}}^2\, (p_0^2)^{-1}\right), \qquad (2.3.13)$$

où la pression de référence $p_0 = 2 \times 10^{-8}$ kPa , soit 2×10^{-10} bar $= 1.974 \times 10^{-10}$ atm . Cette échelle logarithmique est utilisée parce qu'elle correspond globalement à la réponse de l'oreille. Les sons que nous rencontrons habituellement varient de 10 dB à 100 dB, ce qui correspond à des variations de pression d'un ordre de grandeur $6 \times 10^{-10} - 2 \times 10^{-5}$ bar. Ces petites variations de pression pour les sons audibles se produisent dans une plage de fréquences 20 Hz–20 KHz (les hauteurs musicales varient dans la plage 40 Hz–4000 Hz).

En raison de la vitesse des variations de pression, la chaleur échangée par le volume de l'air qui subit les variations de pression et son voisinage est pratiquement nulle. C'est donc essentiellement un processus adiabatique. En première approximation, nous pouvons supposer que la loi des gaz parfaits est valable pour ces variations rapides. Les manuels de physique élémentaire montrent que la vitesse du son, C_{son}, dans un milieu donné dépend du module de compression $B = -\delta p/(V/V)$ et de la densité ϱ

$$C_{\text{son}} = \left(\frac{B}{\varrho} \right)^{1/2} \tag{2.3.14}$$

où le module de compression B relie la variation relative du volume ($\delta V/V$) à la variation de pression p. (Le signe négatif indique que pour p positif la variation de volume V est négative.) Si la propagation du son est considérée comme un processus adiabatique, et si nous utilisons l'approximation des gaz parfaits, les variations de volume et de pression laissent pV^γ constant. En différentiant cette relation, on voit aisément que le module de compression B pour un processus adiabatique est

$$B = -V \frac{dp}{dV} = \gamma p. \tag{2.3.15}$$

Pour un gaz parfait de densité ϱ et de masse molaire M, on a

$$p = \frac{nRT}{V} = \frac{nM}{V} \ \frac{RT}{M} = \frac{\varrho RT}{M},$$

et donc

$$B = \frac{\gamma \varrho RT}{M}. \tag{2.3.16}$$

En introduisant cette relation dans (2.3.14), on obtient pour la vitesse du son

$$C_{\text{son}} = \left(\frac{\gamma RT}{M} \right)^{1/2}. \tag{2.3.17}$$

L'expérience confirme cette valeur à une approximation satisfaisante.

2.4 Conservation de l'énergie dans les réactions chimiques

Durant la première moitié du XIXe siècle, les chimistes s'attachèrent surtout à l'analyse des corps composés et à la description des réactions, et moins à la chaleur produite ou absorbée au cours de ces dernières. Le travail séminal de Lavoisier et de Laplace avait montré que la chaleur absorbée dans une réaction était égale à la chaleur produite dans la réaction inverse ; mais par la suite la relation entre chaleur et mécanismes de réaction ne fut guère explorée. De ce point de vue, Hess se distingue par l'intérêt qu'il porta aux échanges de chaleur au cours des réactions [9]. Il mena un ensemble de recherches où il neutralisait des acides et mesurait les chaleurs produites

---

Excursus 2.4 Expériences de Hess

Hess sut mener à bien une longue série de travaux. Il dilua d'abord de l'acide sulfurique dans diverses quantités d'eau, pour neutraliser ensuite l'acide en ajoutant une solution d'ammoniaque. Les deux étapes produisaient de la chaleur. Il trouva que, selon la quantité d'eau mise en œuvre, diverses quantités de chaleur étaient libérées durant la première phase et durant la phase de neutralisation ; mais que la somme des chaleurs libérées était constante [10]. L'exemple suivant, où ΔH est la chaleur produite, illustre ses expériences.

$$1 \, \ell \text{ de } 2 \, \text{M } H_2SO_4 \xrightarrow[\Delta H_1]{\text{Dilution}} 1.5 \, \text{M } H_2S\,O_4 \xrightarrow[\Delta H_2]{\text{Solution NH}_3} 3 \, \ell \text{ Solution neutre}$$

$$1 \, \ell \text{ de } 2 \, \text{M } H_2SO_4 \xrightarrow[\Delta H_1']{\text{Dilution}} 1.0 \, \text{M } H_2S\,O_4 \xrightarrow[\Delta H_2']{\text{Solution NH}_3} 3 \, \ell \text{ Solution neutre}$$

Hess observa que $(\Delta H_1 + \Delta H_2) = (\Delta H_1' + \Delta H_2')$ à une approximation raisonnable.

(voir l'excursus 2.4) ; ces expériences et d'autres le conduisirent à énoncer sa loi d' invariance, publiée en 1840, soit deux ans avant la parution du travail de Mayer sur la conservation de l'énergie. Cette loi s'énonce comme suit [10] :

> La quantité de chaleur produite durant la formation d'un composé donné est constante, et ne varie pas selon que le composé est formé directement ou moyennant une série d'étapes.

Le travail de Hess ne fut guère lu durant les décennies qui suivirent. Ce fut en fait le manuel d'Ostwald, publié en 1887, qui devait porter à la connaissance des chimistes cette contribution fondamentale à la thermochimie. L'énoncé qu'on vient de donner, connu sous le nom de *loi de Hess*, a reçu d'amples confirmations dans les travaux de Berthelot et de Thomsen [11]. Ainsi que nous le verrons, la loi de Hess découle de la loi de conservation de l'énergie, et s'exprime de manière très commode en termes de la fonction d'état connue sous le nom d'enthalpie.

La loi de Hess décrit la chaleur produite dans une réaction chimique à pression atmosphérique constante. Dans ces conditions, une partie de l'énergie libérée durant la réaction peut être convertie en travail

$$W = -\int_{V_1}^{V_2} p\,dV$$

durant une variation de volume $V_1 - V_2$. En raison du premier principe, la chaleur produite ΔQ_p durant une réaction à pression constante peut s'écrire

$$\Delta Q_p = \int_{U_1}^{U_2} dU + \int_{V_1}^{V_2} p\,dV = (U_2 - U_1) + p\,(V_2 - V_1). \tag{2.4.1}$$

On voit ainsi que la chaleur produite peut s'écrire sous la forme d'une différence entre deux termes dont l'un réfère à l'état initial $(U1, V1)$ et l'autre à l'état final (U_2, V_2) :

$$\Delta Q_p = (U_2 + pV_2) - (U_1 + pV_1). \tag{2.4.2}$$

Comme U, p et V sont déterminés par l'état du système, et indépendants des étapes par lesquelles le système a atteint cet état, la quantité $U + pV$ est une fonction d'état. Selon la relation (2.4.2) la chaleur produite $\Delta Q_p =$ est la différence entre les valeurs de la fonction $(U + pV)$ aux états initial et final. Cette fonction d'état $(U + pV)$ est par définition l'enthalpie H :

$$H \equiv U + pV. \tag{2.4.3}$$

La chaleur produite par une réaction chimique à pression constante devient $\Delta Q_p = H_2 - H_1$. Puisque ΔQ_p dépend seulement des valeurs de l'enthalpie aux états initial et final, elle ne dépend pas du parcours utilisé pour effectuer les transformations. Considérons par exemple la réaction

$$2\,P\,(s)\; + 5\,Cl_2(g)\; \rightarrow 2\,PCl_5(s), \tag{2.A}$$

où 2 moles de P réagissent avec 5 moles de Cl_2 pour produire 2 moles de PCl_5. Cette transformation dégage une chaleur de 886 kJ. Elle peut se produire directement ou moyennant deux étapes :

$$2\,P\,(s)\; + 3\,Cl_2(g)\; \rightarrow 2\,PCl_3(l)\,; \tag{2.B}$$

$$2\,PCl_3(g)\; + 2\,Cl_2(g)\; \rightarrow 2\,PCl_5(s). \tag{2.C}$$

Dans les réactions (B) et (C), pour les quantités molaires indiquées, les chaleurs produites sont 640 kJ et 246 kJ. Si on convient de noter les enthalpies des états initial et final de la réaction (A) sous la forme $\Delta H_{\text{réaction(A)}}$, et de même pour les deux autres réactions on a

$$\Delta H_{\text{réaction(A)}} = \Delta H_{\text{réaction(B)}} + \Delta H_{\text{réaction(C)}}. \tag{2.4.4}$$

On appelle *enthalpie de réaction* la chaleur produite dans une réaction à pression constante, et on la note $\Delta H_{\text{réaction}}$. Par définition, cette enthalpie de réaction est négative pour des réactions exothermiques, et positive pour des réactions endothermiques.

Le premier principe de la thermodynamique, appliqué aux réactions chimiques sous la forme de la loi de Hess, nous donne un outil très commode pour prédire la chaleur produite ou absorbée dans une réaction, si nous pouvons l'exprimer sous la forme d'une somme de réactions dont les enthalpies de reaction sont connues. En fait, si nous pouvons assigner une valeur à l'enthalpie d'une mole de chacun des composants, la chaleur de réaction peut s'écrire comme la différence entre la somme des enthalpies des divers réactifs initiaux et celle des produits finaux. Dans la réaction (2.C) ci-dessus, si nous pouvons donner l'enthalpie d'un mole de $PCl_3(g)$, de $Cl_2(g)$ et de $PCl_5(s)$, l'enthalpie de cette réaction sera la différence entre l'enthalpie du produit final $PCl_5(s)$ et la somme des enthalpies des réactifs $PCl_3(g)$ et $Cl_2(g)$. Mais il ressort de la définition de l'enthalpie (2.4.3) que l'on ne peut donner ces valeurs que par rapport à un état standard, puisque, comme nous l'avons vu, U n'est déterminé qu'à une constante additive près.

Excursus 2.5 Définitions élémentaires de Thermochimie

- Comme l'énergie U, l'enthalpie peut être déterminée par rapport à un *état standard*.

  L'état standard d'une substance pure à une température donnée est son état, gazeux, liquide ou solide, à la pression d'un bar.

Les notations pour l'état standard sont g pour gaz, l pour liquide, et s pour solide cristallin pur.

- Pour les solutions, l'état standard correspond à une solution de concentration (1 mol/kg de solvant) à la pression d'un bar. On note ai un électrolyte complètement dissous dans l'eau et ao un composé non dissocié dans l'eau.

- *L'enthalpie standard de réaction* à une température donnée est celle pour laquelle les réactifs et les produits sont à leur état standard.

- *L'enthalpie standard de formation molaire* $\Delta H_f^0[X]$ d'un composé X, à une température T, est l'enthalpie de formation de ce composé X à partir de ses éléments constituants à leur état normal.

Exemple : X= $CO_2(g)$: $C(s) + O_2(g) \xrightarrow{\Delta H_f^0[CO_2(g)]} CO2(g)$.

  Les enthalpies de formation des éléments à leur état normal sont par définition nulles pour toute température.

La cohérence de cette définition se base sur le fait que dans les réactions chimiques, les éléments ne se transforment pas entre eux : les réactions entre éléments ne conduisent pas à la formation d'autres éléments (bien que l'énergie puisse être conservée).

Ainsi, les enthalpies de formation $\Delta H_f^0[H_2]$, $\Delta H_f^0[O_2]$, $\Delta H_f^0[Fe]$ sont par définition nulles à toutes les températures.

Une manière commode pour trouver les enthalpies standard d'une réaction à une température donnée consiste à définir une enthalpie standard de formation molaire $\Delta H_f^0[X]$ pour chaque composant X comme décrit dans l'excursus 2.5.

Les enthalpies standard de formation des composants figurent dans les tables de données thermodynamiques [12]. À l'aide de ces tables et de la loi de Hess, les enthalpies des réactions se calculent en scindant la réaction en deux étapes : décomposition des réactifs en leurs éléments constitutifs, et recombinaison de ceux-ci en produits finaux. Ainsi, l'enthalpie de la réaction

$$a\,X + b\,Y \rightarrow c\,W + d\,Z \tag{2.4.5a}$$

peut s'écrire

$$\Delta H_{\text{réaction}}^0[X] = -a\Delta H_f^0[X] - b\Delta H_f^0[Y] + c\Delta H_f^0[W] + d\Delta H_f^0[Z]. \tag{2.4.5b}$$

Les traités de chimie physique discutent en détail les enthalpies de divers processus chimiques [13]. Cette fonction (que nous venons de définir en 2.4.3) n'est pas

	α	β	γ
$O_2(g)$	25.503	13.612	-42.553
$N_2(g)$	26.984	5.910	-3.376
$CO_2(g)$	26.648	42.262	-142.4
$HCl(g)$	28.166	1.809	15.465
$H_2O(g)$	30.206	9.936	11.14

Table 2.3 Valeurs de α (J K^{-1} mol^{-1}), β (J K^{-2} mol$^{-1}\times 10^{-3}$) et γ (J K^{-3} mol$^{-1}\times 10^{-7}$) dans (2.4.11) pour divers gaz. La plage de validité est de 300 à 1500 K (p=1 atm).

seulement utile aux thermochimistes. Puisqu'au cours d'un processus à pression constante la variation d'enthalpie correspond à la chaleur échangée, on a

$$dQ_p = dU + pdV = dH_p, \tag{2.4.6}$$

où l'indice p dénote un processus à pression constante. Si le système consiste en une mole d'une susbstance, et si on note dT la variation de température due à l'échange de chaleur, il suit que la chaleur spécifique à pression constante est donnée par

$$c_p \equiv \left(\frac{dQ}{dT}\right)_p = \left(\frac{dH}{dT}\right)_p. \tag{2.4.7}$$

De manière générale, la variation d'enthalpie due à une réaction peut s'écrire sous la forme

$$\Delta H_{\text{réaction}} = H_2 - H_1 = (U_2 - U_1) = (p_2 V_2 - p_1 V_1);$$
$$= \Delta U_{\text{réaction}} + (p_2 V_2 - p_1 V_1); \tag{2.4.8}$$

où les indices 1 et 2 dénotent les états initial et final. Considérons un processus isotherme, et supposons que tous les composants gazeux de la réaction peuvent être assimilés à des gaz parfaits. On peut souvent négliger alors les variations de volume des composants non gazeux. Dans ces conditions, les variations d'enthalpie et d'énergie sont liées par la relation

$$\Delta H_{\text{réaction}} = \Delta U_{\text{réaction}} + \Delta N_{\text{réaction}} RT, \tag{2.4.9}$$

où $\Delta N_{\text{réaction}}$ est la variation du nombre total de moles des réactifs gazeux ; cette relation est utilisée en calorimétrie pour obtenir les enthalpies de combustion.

VARIATION DE L'ENTHALPIE AVEC LA TEMPÉRATURE

Étudions à présent la variation de l'enthalpie avec la température. La relation (2.4.7) permet d'écrire la variation de l'enthalpie due à la température en termes de chaleur spécifique c_p :

$$H(T, P, N) - H(T_0, p, N) = N \int_{T_0}^{T} c_p(T)dT. \tag{2.4.10}$$

On utilise souvent une forme empirique de la relation

$$c_p = \alpha + \beta T + \gamma T^2. \tag{2.4.11}$$

La Table 2.3 donne des valeurs typiques pour α, β et γ. Si l'enthalpie de réaction pour l'état standard (p_0=1 atm) est connue à une température T_0, l'enthalpie de réaction pour toute température peut être calculée à partir de la relation (2.4.10), si on dispose des valeurs de c_p pour les réactifs et les produits. Les enthalpies des réactifs et des produits à la température désirée T sont données par (2.4.10), à savoir

$$H_x\,(T, p_0, N) - H_x\,(T_0, p_0, N) = N \int_{T_0}^{T} c_{p,x}(T)\, dT, \qquad (2.4.12)$$

où l'indice x dénote les réactifs et les produits. Si on soustrait la somme des enthalpies des réactifs de celle des enthalpies des produits (cf. (2.4.5b)), $\Delta H_{\text{réaction}}(T, p_0)$ peut s'écrire sous la forme

$$\Delta H_{\text{réaction}}(T, p_0) - \Delta H_{\text{réaction}}(T_0, p_0) = \int_{T_0}^{T} \Delta c_p(T)\, dT, \qquad (2.4.13)$$

où Δc_p est la différence de la capacité calorifique des produits et des réactifs. Les valeurs de la fonction $\Delta H_{\text{réaction}}(T, p_0)$ pour toute température T peuvent être obtenues à partir de sa valeur pour une température standard T_0. La relation (2.4.13) fut obtenue par Kirchhoff, et porte quelquefois le nom de loi de Kirchhoff. La variation de l'enthalpie de réaction avec la température est généralement faible, puisque seule y figure la différence des chaleurs spécifiques.

VARIATION DE L'ENTHALPIE AVEC LA PRESSION

Enfin, considérons la variation de H avec la pression à température constante. Les grandeurs H et U s'expriment en fonction de p, T et N (dans le cas d'un seul composé). Nous avons par définition, pour la variation d'enthalpie,

$$\Delta H = \Delta U + \Delta(pV). \qquad (2.4.14)$$

À T et N constants, et dans l'approximation des gaz parfaits, $\Delta H = 0$. Le produit (pV) et l'énergie U ne sont alors fonction que de la température (cf. le chapitre 1) : H devient indépendant de la pression. La variation de H avec la pression est due surtout aux forces intermoléculaires, et ne devient significative que pour de fortes densités ; on la calcule par exemple à l'aide de l'équation de van der Waals. Pour la plupart des solides et des liquides, à température constante, l'énergie totale U ne varie que faiblement avec la pression. La variation de l'enthalpie H due à une variation de pression p est alors donnée, en négligeant la variation de volume, par la relation (2.4.15).

On voit que le premier principe nous donne un outil puissant pour comprendre le rôle de la chaleur dans les réactions chimiques. Ainsi, les tables des chaleurs de formation des produits à température et pression standard nous permettent de calculer les chaleurs de réaction d'un grand nombre de réactions. On trouvera les chaleurs de formation standard des produits chimiques dans le recueil [12].

	H	C	N	O	F	Cl	Br	I	S	P	Si
H	436										
C (simple)	412	348									
C (double)		612									
C (triple)		811									
C (aromatique)		518									
N (simple)	388	305	163								
N (double)		613	409								
N (triple)		890	945								
O (simple)	463	360	157	146							
O (double)		743		497							
F	565	484	270	185	155						
Cl	431	338	200	203	254						
Br	366	276				219	193				
I	299	238				210	178	151			
S	338	259				250	212		264		
P	322									172	
Si	318		374								176

Table 2.4 Enthalpies de liaison moyennes (k J mol^{-1}). Source : [E].

Connaissant les chaleurs spécifiques et les compressibilités, les chaleurs de réaction à toute autre température et à toute pression peuvent être estimées.

CALCUL DE L'ENTHALPIE DE RÉACTION À L'AIDE DE L'ENTHALPIE DE LIAISON

Le concept de liaison chimique nous permet de mieux comprendre la nature de la réaction chimique. Celle-ci est faite de ruptures et de formations de liaisons entre atomes. La chaleur produite ou absorbée dans une réaction peut s'obtenir en ajoutant la chaleur absorbée lors de la dissociation des liaisons et la chaleur produite lors de la formation de liaisons. La chaleur ou enthalpie nécessaire pour dissocier une liaison est l'enthalpie de liaison. La réaction $2H_2(g) + O_2(g) \rightarrow 2H_2O$ (g) peut ainsi s'écrire sous forme explicite en indiquant les liaisons :

$$2(\text{H-H}) + \text{O-O} \longrightarrow 2(\text{H-O-H}).$$

On voit ainsi que la réaction implique la rupture de deux liaisons H-H et d'une liaison O-O, ainsi que la formation de quatre liaisons O-H.

Si on note l'enthalpie de liaison H-H ΔH[H-H] etc, l'enthalpie de réaction $\Delta H_{\text{réaction}}$ peut s'écrire

$$\Delta H_{\text{réaction}} = 2\Delta H \text{ [H-H]} + \Delta H \text{ [O-O]} - 4\Delta H \text{ [O-H]}.$$

L'enthalpie de liaison varie, mais on peut introduire une enthalpie de liaison moyenne. L'avantage est qu'on obtient une manière d'estimer l'enthalpie de réaction applicable à un grand nombre de réactions avec une bonne approximation, et cela en recourant à une liste relativement courte d'enthalpies moyennes de liaison ; la Table 2.4 donne quelques valeurs numériques.

2.5   Degré d'avancement des réactions chimiques

Dans une réaction chimique, les variations des nombres de moles dN_k sont liées par la stœchiométrie. En fait, un seul paramètre suffit pour spécifier les variations des nombres de moles. Ainsi, considérons la réaction élémentaire suivante

$$H_2(g) \; + \; I_2(g) \; \rightleftharpoons \; 2HI\,(g), \tag{2.5.1}$$

qui est de la forme

$$A + B \; \rightleftharpoons \; 2C. \tag{2.5.2}$$

Dans ce cas, les variations des nombres de moles dN_A, dN_B et dN_C des composants A, B et C sont liées par la relation

$$\frac{dN_A}{-1} = \frac{dN_B}{-1} = \frac{dN_C}{2} \equiv d\xi, \tag{2.5.3}$$

où nous avons introduit la nouvelle variable $d\xi$ à l'aide de laquelle nous pouvons exprimer tous les changements des nombres de moles dûs à la réaction. La variable ξ, introduite par De Donder [14, 15], joue un rôle essentiel dans la description thermodynamique des réactions chimiques. Elle porte le nom de *degré d'avancement de la réaction*.

$$\text{La dérivée temporelle } \frac{d\xi}{dt} \text{ est la vitesse de réaction } v. \tag{2.5.4}$$

Si les valeurs initiales de N_k sont N_{k_0}, les valeurs des N_k durant la réaction sont données par

$$N_k = N_{k_0} + \nu_k \xi, \tag{2.5.5}$$

où ν_k est le coefficient stœchiométrique du composant N_k ($\xi = 0$ à l'état initial).

Dans un système fermé, la variation des nombres de moles des composants d'un système est due aux réactions chimiques. L'énergie interne totale U d'un tel système peut alors s'exprimer en nombres de moles initiaux N_{k_0}, qui sont des constantes, et des degrés d'avancement ξ_i définis pour chacune des réactions. Considérons par exemple la réaction (2.5.2). Les nombres de moles sont donnés par $N_A = N_{A_0} - \xi$, $N_B = N_{B_0} - \xi$ et $N_C = N_{C_0} + 2\xi$. L'énergie U peut s'exprimer comme une fonction $U(T, V, \xi)$ en sachant que les nombres de moles initiaux N_{A_0}, N_{B_0} et N_{C_0} sont des constantes qui entrent dans la fonction U. Si plus d'une réaction est en jeu, on définit un degré d'avancement ξ_i pour chaque réaction indépendante indicée sur i, et chacun des nombres de moles sera spécifié par les degrés d'avancement de toutes les réactions impliquées. On observe que les ξ_i sont des variables d'état, et que l'énergie interne peut s'exprimer en fonction de T, V et de ξ_i.

Exprimée à l'aide des variables d'état T, V et ξ_i, la différentielle totale dU devient

$$dU = \left(\frac{\partial U}{\partial T}\right)_{V,\xi_k} dT + \left(\frac{\partial U}{\partial V}\right)_{T,\xi_k} dV + \sum_k \left(\frac{\partial U}{\partial \xi_k}\right)_{V,T,\xi_{i \neq k}} d\xi_k. \tag{2.5.6}$$

Grâce au premier principe, les dérivées partielles de U peuvent être rapportées aux coefficients thermiques qui caractérisent la réponse du système à la chaleur sous diverses conditions. Considérons un système avec une seule réaction, et dès lors un seul degré d'avancement ξ. Le premier principe nous donne

$$dU = dQ - pdV = \left(\frac{\partial U}{\partial T}\right)_{V,\xi} dT + \left(\frac{\partial U}{\partial V}\right)_{T,\xi} dV + \left(\frac{\partial U}{\partial \xi}\right)_{V,T} d\xi, \tag{2.5.7}$$

d'où l'expression de dQ :

$$dQ = \left(\frac{\partial U}{\partial T}\right)_{V,\xi} dT + \left[p + \left(\frac{\partial U}{\partial V}\right)_{T,\xi}\right] dV + \left(\frac{\partial U}{\partial \xi}\right)_{V,T} d\xi. \tag{2.5.8}$$

La dérivée partielle $(\partial U/\partial T)_V$ est la capacité calorifique à volume constant c_V. Les autres dérivées peuvent aussi être rapportées à des grandeurs mesurables. Par exemple, la dérivée $r_{T,V} \equiv (\partial U/\partial \xi)_{T,V}$ représente la chaleur dégagée dans une réaction chimique par suite du changement du degré d'avancement de la réaction à V et T constants. Si la dérivée $r_{T,V}$ est négative, la réaction est exothermique ; si elle est positive, la réaction est endothermique. Tout comme nous avons dérivé la relation (2.3.6) entre les coefficients thermiques c_p et c_V, on peut aussi dériver des relations intéressantes entre les autres coefficients thermiques ; ce sont toujours des conséquences du premier principe [16]. Enfin, l'enthalpie du système peut aussi s'exprimer en fonction du degré d'avancement de la réaction

$$H = H(p, V, \xi). \tag{2.5.9}$$

La chaleur de réaction (par mole) est la dérivée de H par rapport à ξ :

$$h_{p,T} = \left(\frac{\partial H}{\partial \xi}\right)_{p,T}. \tag{2.5.10}$$

2.6 Conservation de l'énergie dans les réactions nucléaires

Aux températures terrestres usuelles, les transformations des états de la matière résultent généralement des réactions chimiques et des changements de phase, la radioactivité constituant l'exception. À ces températures les molécules entrent en collision et subissent des réactions chimiques ; en revanche, aux très hautes températures caractéristiques de l'intérieur des étoiles (plus de 106 K), les noyaux atomiques entrent en collision et produisent des réactions nucléaires. À ces températures les électrons et les noyaux sont dissociés, et les transformations se produisent entre noyaux ; on parle donc alors de *chimie nucléaire*.

Tous les éléments plus lourds que l'hydrogène sont le résultat de ces réactions nucléaires : c'est la nucléosynthèse, qui se produit dans les étoiles [17]. Et tout comme nous avons des molécules instables qui se décomposent en autres molécules plus stables, certains noyaux synthétisés dans les étoiles sont instables et se disintègrent : ce sont les éléments radioactifs. Les énergies libérées par ces éléments radioactifs fournissent l'une des sources de chaleur observées sur Terre. Par exemple, la radioactivité naturelle que nous trouvons à l'oeuvre dans le granite, due aux éléments ^{238}U, ^{235}U, ^{232}Th et ^{40}K, produit environ 5 μcal par gramme et par an.

Les réactions nucléaires peuvent aussi se produire sur Terre. La fission nucléaire de l'uranium, et la fusion nucléaire de l'hydrogène en sont des exemples. Les réactions nucléaires libèrent beaucoup plus d'énergie que les réactions chimiques. Les énergies libérées dans une réaction nucléaire peuvent être calculées à partir de la différence entre les masses au repos des réactifs et des produits, grâce à la relation d'Einstein $E^2 = p^2c^2 + m_0^2c^4$, où p est la quantité de mouvement, m_0 la masse au repos et c la vitesse de la lumière. Si la masse au repos totale des produits est plus petite que la masse au repos totale des réactifs, la différence d'énergie due à la variation des masses au repos se transforme en énergie cinétique des produits. Cet excès d'énergie cinétique se transforme en chaleur au cours des collisions. Si les différences de l' énergie cinétique des réactifs et des produits est négligeable, la chaleur libérée est donnée par la relation $\Delta Q = \Delta m_0 c^2$, où Δm_0 est la différence des masses au repos des réactifs et des produits. Dans la fusion nucléaire, deux noyaux de deutérium 2H se combinent en un noyau d'Hélium, et un neutron est libéré :

$$^2\text{H} + {}^2\text{H} \rightarrow {}^3\text{He} + \text{n}.$$

Il est alors possible[2] de calculer Δm_0 :

$$\Delta m_0 = 2 \times \ (\text{masse de } {}^2\text{H}) - (\text{masse de } {}^3\text{He} + \text{masse de n}) ;$$
$$= \ 2 \, (2.0141) \ \text{uma} - (3.0160 + 1.0087) \ \text{uma} ;$$
$$= 0.0035 \ \text{uma}.$$

La chaleur libérée correspondante est

$$\Delta E = \Delta m_0 c^2 = 3.14 \times 10^8 \ \text{kJ/ mole}.$$

Si un processus nucléaire se produit à pression constante, la chaleur libérée est égale à l'enthalpie produite, et tout le formalisme thermodynamique développé pour les réactions chimiques peut s'appliquer aux réactions nucléaires. Il va sans dire que conformément au premier principe, la loi de Hess sur l'additivité des enthalpies de réaction reste aussi valide pour les réactions nucléaires.

Nous avons vu qu'en thermodynamique l'énergie n'est définie qu'à une constante additive près. Dans les processus physiques, nous ne pouvons mesurer que les variations de l'énergie (2.2.11). Cette situation change avec la théorie de la relativité, car comme nous venons de le voir, elle conduit à la relation $E^2 = p^2c^2 + m_0^2c^4$. La définition de l'énergie devient aussi univoque que celle de la masse. Dans les chapitres suivants, nous allons utiliser cette formule pour décrire la matière à l'état de rayonnement thermique.

La conservation de l'énergie reste un principe fondamental de la physique. Durant les premiers jours de la physique nucléaire, l'étude des rayons β, associés à la décomposition β, semblait suggérer que l'énergie des produits n'était *pas* égale à celle des noyaux de départ. Certains physiciens soulevèrent la question : la loi de conservation de l'énergie peut-elle être violée au cours de certains processus ?

---

2. On utilise ici l'unité de masse atomique (1 uma = 1.6605×10^{-27} kg), qui correspond aujourd'hui au douzième de la masse de l'isotope 12 du carbone.

Acceptant au contraire la validité de la conservation de l'énergie, Pauli suggéra en 1930 que l'énergie manquante était véhiculée par une particule nouvelle, qui interagissait très faiblement avec les autres, et dont la détection était donc difficile : c'était le neutrino. L'expérience devait lui donner raison un quart de siècle plus tard, puisque la confirmation de l'existence du neutrino ne survint qu'en 1956, à la suite des expériences de Reine et Cowan. Depuis, notre confiance dans le principe de conservation de l'énergie demeure plus forte que jamais[3].

3. Reines reçut le Prix Nobel de Physique en 1995 pour la découverte de ce neutrino [18].

3 SECOND PRINCIPE ET FLÈCHE DU TEMPS

3.1 Naissance du second principe

Watt fut le plus célèbre des élèves de Black. Il prit en 1769 un brevet pour ses modifications de la machine à vapeur de Newcomen. Cette invention mit en route une révolution. La production de mouvement à partir de la chaleur, pratiquée à l'échelle industrielle dans les îles britanniques, franchit bientôt la Manche, et se répandit à travers toute l'Europe.

Nicolas-Léonard-Sadi Carnot, brillant officier français et ingénieur, vivait dans cette Europe en cours d'industrialisation rapide. Il écrit dans ses *Réflexions sur la puissance motrice du feu.* ([1], p. 59) :

> Personne n'ignore que la chaleur peut être la cause du mouvement, qu'elle possède même une grande puissance motrice : les machines à vapeur, aujourd'hui si répandues, en sont une preuve parlante à tous les yeux.

Le père de Sadi Carnot, Lazare Carnot, avait occupé de nombreuses positions officielles pendant et après la révolution française ; on lui doit des contributions remarquables à la mécanique et aux mathématiques. Il exerça une forte influence sur son fils Sadi. Tous deux partaient de l'art de l'ingénieur — et tous deux s'intéressaient aux principes généraux de la science dans la tradition des Encyclopédistes.

C'est cet intérêt qui mena Carnot à son analyse de la machine à vapeur, dont il précisa les principes de fonctionnement. Il reconnut dans le *flux de chaleur* le processus fondamental nécessaire à la production de la « puissance motrice » (le *travail* dans la terminologie actuelle). Il analysa la quantité de travail produite par les moteurs thermiques, et constata l'existence d'une limitation fondamentale : le travail que l'on peut produire à partir d'une quantité de chaleur donnée est borné par une limite supérieure. Il démontra que cette limite ne dépend ni de la machine ni du mode de production du travail, mais seulement des températures dont l'écart est responsable du flux de chaleur. Nous verrons dans ce chapitre que le développement de ce principe conduisit tout naturellement à la formulation du second principe de la thermodynamique.

Les *Réflexions sur la puissance motrice du feu* seront l'unique publication scientifique de Sadi Carnot ; Il en publia six cents exemplaires en 1824, et cela à ses propres frais. Le nom des Carnot était bien connu dans la communauté scientifique française de l'époque, grâce à la réputation de Lazare. Mais cette publication n'attira d'abord guère l'attention. Il mourut du choléra huit ans plus tard ; un an après (1833), son collègue Clapeyron prit connaissance de ce travail, dont il reconnut immédiatement l'importance fondamentale. Il le fit connaître aussitôt aux milieux scientifiques.

LE THÉORÈME DE CARNOT

Voyons d'abord comment Carnot procède dans son travail. Il pose ([1], p. 74) que la puissance motrice est l'effet d'une mise à niveau des températures :

Partout où il existe une différence de température, il peut y avoir production de puissance motrice.

Toute machine thermique implique un flux de chaleur entre deux réservoirs à des températures différentes. Dans les processus de transport de chaleur du réservoir chaud au réservoir froid, la machine produit un travail mécanique (cf. figure 3.1). Carnot énonce alors la condition du *travail maximum* [1] (p. 81-82).

> La condition nécessaire du maximum est donc qu'il ne se fasse dans les corps employés à réaliser la puissance motrice de la chaleur aucun changement de température qui ne soit dû à un changement de volume. Réciproquement, toutes les fois que cette condition sera remplie, le maximum sera atteint. Ce principe ne doit jamais être perdu de vue dans la construction des machines à feu ; il en est la base fondamentale. Si l'on ne peut pas l'observer rigoureusement il faut du moins s'en écarter le moins possible.

Donc, pour produire le travail maximum, toutes les variations de volume, comme l'expansion du gaz qui pousse le piston, doivent se produire de manière telle que les variations de température soient entièrement dues à l'expansion du volume, et non pas au flux de chaleur causé par les inégalités de température. Cette condition est réalisée dans les machines thermiques qui absorbent et rejettent la chaleur durant des variations lentes de volume, de manière à maintenir la température interne aussi uniforme que possible.

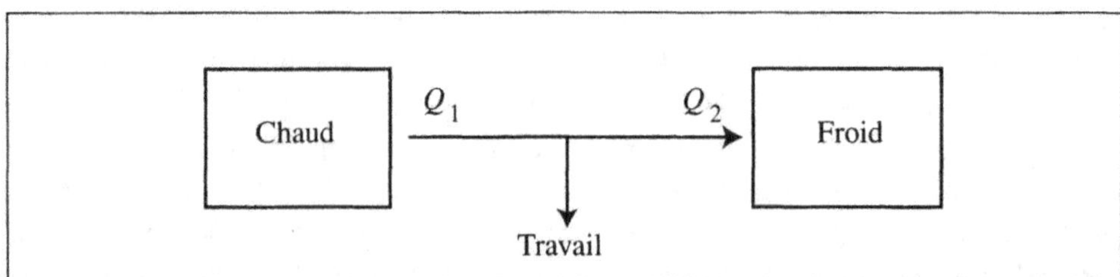

Figure 3.1 L'observation fondamentale de Sadi Carnot : « Là où il y a une différence de température, il est possible de produire de la force motrice ». La machine absorbe la chaleur Q_1 provenant du réservoir chaud, en convertit une partie en travail W, et transmet le reste de la chaleur au réservoir froid. L'efficacité η est définie par la relation $W = \eta Q_1$. (Selon la théorie du calorique admise par Carnot, la chaleur est conservée, et $Q_1 = Q_2$).

À la limite, nous pouvons considérer des transferts de chaleur infiniment lents opérant pendant les changements de volume, sous l'effet d'une différence infinitésimale de température entre la source de chaleur (le réservoir de chaleur) et le moteur. Ce sont alors des *processus réversibles*. Cela signifie que la suite des états franchis par le moteur et le monde extérieur peut aussi être parcourue dans le sens inverse. Un moteur réversible peut produire un travail mécanique en transférant de la chaleur d'une source chaude vers une source froide, ou transférer la même quantité de chaleur de la source froide à la source chaude en utilisant la même quantité de travail.

Carnot introduit ensuite l'idée d'un cycle : durant son opération, le moteur parcourt un cycle d'états en sorte qu'après avoir produit un travail à l'aide du flux de chaleur, il retourne à son état initial, prêt à recommencer un nouveau cycle. Le moteur réversible cyclique devait produire un travail maximum. Sa conclusion, formulée dans les termes de la théorie du calorique (la chaleur est une substance inaltérable), est que si un moteur peut produire une quantité de travail plus grande que celle produite par le moteur réversible cyclique, alors le mouvement perpétuel devient possible. Pour cela, on commence par déplacer la chaleur du réservoir chaud vers le réservoir froid en utilisant le moteur le plus efficace. Ensuite on ramène une quantité égale de chaleur vers le réservoir chaud en utilisant le moteur réversible. Et puisque le premier processus produit plus de travail qu'il n'en faut pour effectuer le second, on retire un bénéfice net en termes de travail. En répétant ce cycle, on obtiendra une quantité illimitée de travail. Mais cela est impossible (ibid., p. 78-79) :

> Or... s'il était possible... de faire produire... une quantité de puissance motrice plus grande que nous ne l'avons fait... il suffirait de distraire une portion de cette puissance... pour rétablir les choses dans leur état primitif et se mettre par là en mesure de recommencer une opération entièrement semblable à la première et ainsi de suite : ce serait là, non seulement le mouvement perpétuel, mais une création indéfinie de force motrice sans consommation ni de calorique ni de quelque autre agent que ce soit. Une semblable création est tout à fait contraire aux idées reçues jusqu'à présent, aux lois de la mécanique et de la saine physique ; elle est inadmissible.

Donc, les moteurs réversibles cycliques produisent la quantité maximum de travail possible. Un corollaire de cette conclusion est que tous les moteurs réversibles cycliques, quelle que soit leur construction, doivent produire le même travail. Enfin, et plus important, puisque tous les moteurs réversibles cycliques produisent le même travail pour une quantité de chaleur donnée, cette quantité est indépendante des propriétés matérielles du moteur ; elle ne dépend que des températures des réservoirs chaud et froid. C'est la thèse la plus importante de l'ouvrage (p. 96)

> La puissance motrice de la chaleur est indépendante des agents mis en oeuvre pour la réaliser ; sa quantité est fixée uniquement par les températures des corps entre lesquels se fait en dernier résultat le transport du calorique.

Carnot ne proposa pas l'expression mathématique du rendement maximum des moteurs réversibles en termes des températures entre lesquelles ce moteur opère. Cela devait être l'œuvre d'autres chercheurs. Toutefois, il calcula le maximum de travail qui pouvait être produit. Il conclut par exemple (p. 140) :

> Ainsi mille unités de chaleur, passant d'un corps maintenu à la température 1° à un autre corps maintenu à la température 0°, produiront, en agissant sur l'air, 1395 unités de puissance motrice.

La formulation de Sadi Carnot impliquait la théorie ancienne du calorique, mais ses notes ultérieures montrent qu'il comprit l'importance de l'équivalence mécanique de la chaleur ; il estima le facteur de conversion à 3.7 joules par calorie (une valeur plus précise est 4.18 J/Cal) [1-3].

Malheureusement, son frère Hippolyte Carnot, qui était en possession de ses notes dès sa mort en 1832, ne les publia qu'en 1878 [3], l'année même où Joule publiait son dernier travail. À ce moment, et suite aux publications de Joule, de Helmholtz, de Mayer, pour n'en mentionner que quelques-uns, l'équivalence chaleur-travail était bien connue, ainsi que le principe de conservation de l'énergie (1878 fut aussi l'année de publication du fameux mémoire de Gibbs *On the Equilibrium of Heterogeneous Substances*).

Nous avons vu que Clapeyron avait lu le travail de Carnot en 1833. Il en reprit les grandes idées dès 1834 dans un article du *Journal de l'École polytechnique*. Clapeyron représente le fonctionnement du moteur réversible par un diagramme pression-volume (que nous utilisons aujourd'hui encore), et décrit le cycle de manière quantitative. L'article de Clapeyron vint plus tard sous les yeux de Kelvin et d'autres chercheurs, qui comprirent le caractère fondamental des conclusions de Carnot et explorèrent ses conséquences. Tout cela conduisit à la formulation du deuxième principe de la thermodynamique tel que nous le connaissons aujourd'hui.

Pour évaluer le rendement d'un moteur thermique réversible, nous ne suivrons pas le raisonnement original de Carnot, basé sur la théorie du calorique, et nous utiliserons le premier principe. Pour le moteur thermique représenté sur la figure 3.1, le principe de conservation de l'énergie donne $W = Q_1 - Q_2$. Cela signifie qu'une fraction η de la chaleur Q_1 reçue du réservoir chaud est convertie en travail : $\eta = W/Q_1$. Le rapport η est par définition le rendement du moteur thermique. En remplaçant W par sa valeur dans l'énoncé du premier principe, on a $\eta = (Q_1 - Q_2)/Q_1 = (1 - Q_2/Q_1)$.

Conclure, comme le faisait Carnot, que le moteur réversible produit le travail maximum, revient à lui attribuer un rendement maximum. Ce rendement est fonction seulement des températures des deux sources θ_1 et θ_2 (l'échelle n'est pas spécifiée ici), comme le montre la formule suivante, qui exprime sa théorie :

$$\eta = 1 - \frac{Q_1}{Q_2} = 1 - f(\theta_1, \theta_2). \qquad (3.1.1)$$

RENDEMENT DU MOTEUR THERMIQUE RÉVERSIBLE

Considérons à présent le rendement des moteurs thermiques réversibles. Puisqu'il est maximal, il est le même pour tous ces moteurs. Un exemple bien décrit du cycle de Carnot suffira donc pour calculer son rendement général.

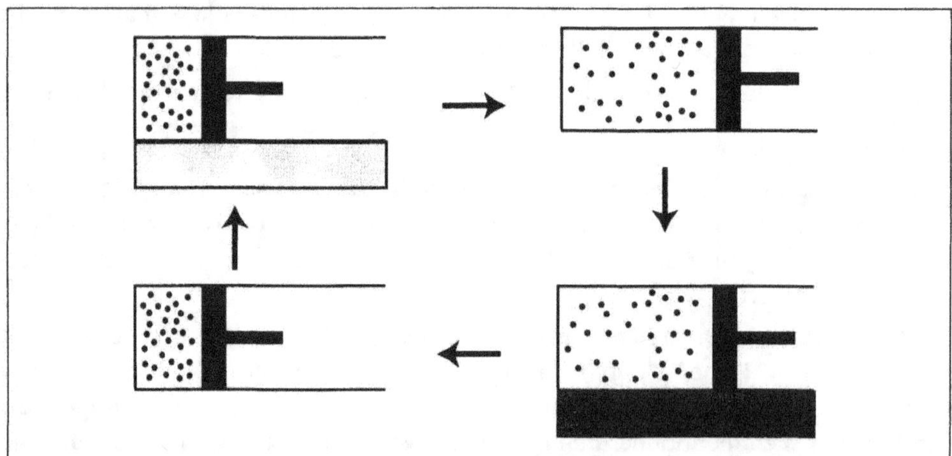

Figure 3.2 Les quatre étapes du cycle de Carnot : Au premier stade (en haut à gauche), la machine absorbe la chaleur du réservoir chaud, transmet la chaleur au réservoir froid et produit du travail.

Le moteur thermique de Carnot consiste en un gaz parfait qui travaille entre deux réservoirs maintenus à deux températures θ_1 et θ_2 respectivement. Nous distinguons ici la température θ, qui figure dans l'équation d'un gaz parfait, et la température absolue T qui, comme nous le verrons, se définit par le rendement d'un cycle réversible. L'équation du gaz parfait s'écrit donc ici $pV = NR\theta$, où θ est la température empirique mesurée par exemple grâce à l'observation du changement du volume ou de la pression. Le cycle de Carnot comprend les quatre étapes suivantes :

• Lors de la première étape, le gaz a un volume initial V_A et est en contact avec le réservoir chaud à la température θ_1. Pendant ce contact avec le réservoir, le gaz subit une *expansion réversible*, qui est donc infiniment lente (comme Carnot le précise), vers un état B de volume V_B. Durant ce processus, le travail effectué par le gaz est

$$W_{AB} = \int_{V_A}^{V_B} p\,dV = \int_{V_A}^{V_B} N\frac{R\theta_1}{V}\,dV = NR\theta_1 \ln\left(\frac{V_B}{V_A}\right). \tag{3.1.2}$$

Durant ce processus isotherme, le réservoir fournit de la chaleur. Puisque l'énergie interne d'un gaz parfait dépend seulement de la température, (voir (1.3.8) et (2.2.15)), il n'y a pas de variation dans l'énergie du gaz ; le travail effectué est donc égal à la chaleur absorbée :

$$Q_{AB} = W_{AB}. \tag{3.1.3}$$

• Lors de la deuxième étape, le gaz est thermiquement isolé du réservoir, et subit une *expansion adiabatique* de l'état B vers un état C, avec une baisse de la température de θ_1 vers θ_2. Durant ce processus adiabatique, le gaz fournit un travail. Puisque durant cette phase BC on a $pV^\gamma = p_B V_B^\gamma = p_C V_C^\gamma$, ce travail est donné par

$$W_{BC} = \int_{V_B}^{V_C} p\,dV = \int_{V_B}^{V_C} \frac{p_B V_B^\gamma}{V^\gamma}\,dV = \frac{p_C V_C^\gamma V_C^{1-\gamma} - p_B V_B^\gamma V_B^{1-\gamma}}{1-\gamma} \,;$$

$$= \frac{p_C V_C - p_B V_B}{1-\gamma}.$$

Grâce à la relation $pV = NR\theta$, cette expression se simplifie sous la forme suivante (θ_1 et θ_2 sont les températures initiale et finale de cette expansion adiabatique) :

$$W_{BC} = \frac{NR(\theta_1 - \theta_2)}{\gamma - 1}. \tag{3.1.4}$$

• Durant la troisième étape, le gaz est en contact avec le réservoir froid à température θ_2. Il subit une *compression isotherme* vers l'état D dont le volume V_D est tel qu'une compression adiabatique pourra le ramener à l'état A (V_D peut être déterminé en cherchant le point d'intersection de la courbe adiabatique qui passe par A et de la courbe isotherme à température θ_2). Durant ce processus, le travail est

$$W_{CD} = \int_{V_C}^{V_D} p\,dV = \int_{V_C}^{V_D} N\frac{R\theta_2}{V}\,dV = NR\theta_2 \ln\left(\frac{V_D}{V_C}\right) = Q_{CD}. \tag{3.1.5}$$

• Durant l'étape finale, une *compression adiabatique* conduit le gaz de l'état D vers l'état initial A. Puisque ce processus est semblable à l'étape (ii), nous pouvons écrire comme en (3.1.4)

$$W_{\mathrm{DA}} = \frac{NR(\theta_2 - \theta_1)}{\gamma - 1}. \tag{3.1.6}$$

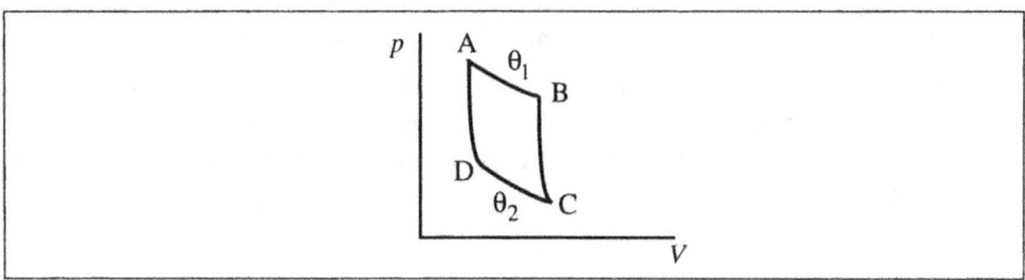

Figure 3.2a Représentation graphique du cycle de Carnot (diagramme $p - V$ de Clapeyron).

Le travail total au cours de ce cycle réversible de Carnot est

$$W = W_{\mathrm{AB}} + W_{\mathrm{BC}} + W_{\mathrm{CD}} + W_{\mathrm{DA}} = Q_{\mathrm{AB}} - Q_{\mathrm{CD}} ;$$
$$= NR\theta_1 \ln (V_{\mathrm{B}}/V_{\mathrm{A}}) - NR\theta_2 \ln (V_{\mathrm{C}}/V_{\mathrm{D}}). \tag{3.1.7}$$

Le rendement $\eta = W/Q_{\mathrm{AB}}$ peut à présent s'écrire moyennant (3.1.2), (3.1.3) et (3.1.7) :

$$\eta = \frac{W}{Q_{\mathrm{AB}}} = 1 - \frac{NR\theta_2 \ln (V_{\mathrm{C}}/V_{\mathrm{D}})}{NR\theta_1 \ln (V_{\mathrm{B}}/V_{\mathrm{A}})}. \tag{3.1.8}$$

Pour les processus isothermes nous avons $p_{\mathrm{A}}V_{\mathrm{A}} = p_{\mathrm{B}}V_{\mathrm{B}}$; $p_{\mathrm{C}}V_{\mathrm{C}} = p_{\mathrm{D}}V_{\mathrm{D}}$; et pour les processus adiabatiques $p_{\mathrm{B}}V_{\mathrm{B}}^{\gamma} = p_{\mathrm{C}}V_{\mathrm{C}}^{\gamma}$ et $p_{\mathrm{D}}V_{\mathrm{D}}^{\gamma} = p_{\mathrm{A}}V_{\mathrm{A}}^{\gamma}$. On voit ainsi aisément que $(V_{\mathrm{C}}/V_{\mathrm{D}}) = (V_{\mathrm{B}}/V_{\mathrm{A}})$. En introduisant cette relation dans (3.1.8) nous arrivons à une expression simple pour le rendement, à savoir

$$\eta = \frac{W}{Q_{\mathrm{AB}}} = 1 - \frac{\theta_2}{\theta_1}. \tag{3.1.9}$$

Comme on l'a déjà noté, θ est ici la température définie par une propriété particulière (comme la variation du volume à pression constante) et l'on suppose qu'elle satisfait à l'équation du gaz parfait. Toute température empirique t mesurée par une autre méthode, par exemple le volume du mercure, peut être liée à θ. Nous pouvons noter cette relation $\theta(t)$. Formulé à l'aide d'une autre température t, le rendement prend une forme plus élaborée ; mais moyennant la température θ, qui correspond à l'équation des gaz parfaits, il s'exprime par la formule simple (3.1.9). Voyons à présent le lien entre le rendement et la température absolue.

3.2   Échelle absolue des températures

Que le rendement d'un moteur thermique réversible soit indépendant de sa nature matérielle a d'importantes conséquences. Prolongeant le travail de Carnot, Kelvin introduisit l'échelle absolue de température.

Considérons deux moteurs de Carnot travaillant successivement l'un entre t_1 et t', et l'autre entre t' et t_2. Nous utilisons ici des températures empiriques arbitraires. Si Q' est la chaleur échangée à la température t', nous pouvons réécrire la relation (3.1.1) sous la forme

$$f(t_2, t_1) = \frac{Q_2}{Q_1} = \frac{(Q_2/Q')}{(Q'/Q_1)} = \frac{f(t_2, t')}{f(t', t_1)}. \tag{3.2.1}$$

Cette relation implique que la fonction $f(t_2, t')$ est de la forme $f(t_2)/f(t_1)$. Le rendement d'un moteur de Carnot réversible peut donc s'écrire

$$\eta = 1 - \frac{Q_2}{Q_1} = 1 - \frac{f(t_2)}{f(t_1)}. \tag{3.2.2}$$

Nous pouvons dès lors introduire la température absolue $T \equiv f(t)$, mesurée en degrés Kelvin. Formulé à l'aide de cette échelle, le rendement devient

$$\eta = 1 - \frac{Q_2}{Q_1} = 1 - \frac{T_2}{T_1}. \tag{3.2.3}$$

où T_1 et T_2 sont respectivement les températures absolues des réservoirs froid et chaud. Le rendement unité exige que $T_2 = 0$; c'est le *zéro absolu*. En comparant les expressions (3.2.3) et (3.1.9) du rendement maximum, on voit que la température du gaz parfait coïncide avec la température absolue; nous pouvons donc utiliser le même symbole T pour les deux[1]. En résumé, pour un moteur réversible idéal, qui absorbe de la chaleur Q_1 d'un réservoir chaud à température T_1 et qui donne de la chaleur Q_2 à un réservoir froid à température T_2, nous avons (3.2.3)

$$\frac{Q_1}{T_1} = \frac{Q_2}{T_2}. \tag{3.2.4}$$

Toutefois, tous les moteurs thermiques réels qui parcourent un cycle en un temps fini présentent des processus irréversibles, comme par exemple des flux de chaleur dûs à un gradient de température; leur rendement η' est moindre. Le rendement de ces moteurs est $\eta' = 1 - (Q_2/Q_1) < 1 - (T_2/T_1)$. Ceci suppose que $(T_2/T_1) < (Q_2/Q_1)$ lorsque des processus irréversibles entrent en jeu. L'égalité (3.2.4) est donc remplacée par l'inégalité suivante, qui jouera un rôle important dans la suite :

$$\frac{Q_1}{T_1} < \frac{Q_2}{T_2}. \tag{3.2.5}$$

3.3 Second principe et concept d'entropie

C'est grâce à Clausius, que l'on comprit toute la portée des *Réflexions sur la puissance motrice du feu de Carnot*. C'est en effet en se basant sur cet ouvrage que Clausius introduisit le concept d'entropie. C'était là une grandeur entièrement nouvelle, à la

---

1. La température empirique t d'un thermomètre à gaz est définie par un accroissement de volume à pression constante (cf. 1.3.9). Gay-Lussac avait constaté que le paramètre α était voisin de $(1/273)$ par degré Celsius. Il s'ensuit que $dV/V = dt/(1 + \alpha t)$. D'autre part, de l'équation des gaz parfaits pV=NRT, on conclut qu'à p constant, $dV/V = dT/T$. Ceci nous permet de relier la température absolue T à la température empirique t par la relation $T = (1 + \alpha t)$.

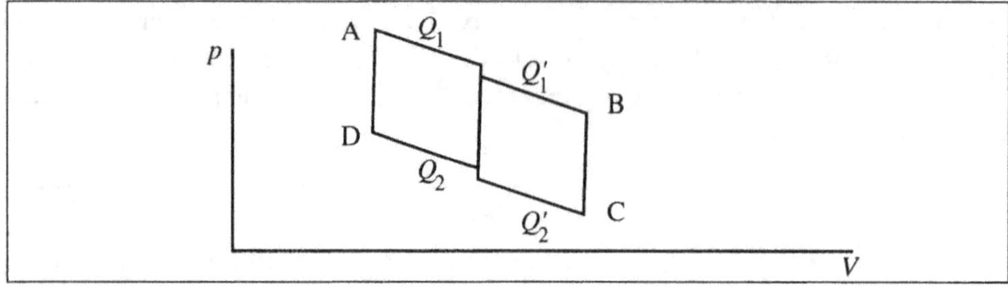

Figure 3.3 Schéma de la généralisation du cycle de Carnot formulée par Clausius.

différence de l'énergie qui prend ses sources dans la mécanique. Aujourd'hui encore l'entropie joue un rôle fondamental dans notre conception de la nature.

Clausius commença par généraliser à un cycle quelconque la relation (3.2.4). Considérons des cycles de Carnot où les isothermes correspondantes se distinguent par une différence infinitésimale de température ΔT (cf. figure 3.3). Nous notons Q_1 la chaleur absorbée durant la transformation de A vers A', à température T_1, et Q_1' la chaleur absorbée durant la transformation de A' vers B à la température $(T_1 + \Delta T)$. On note de même Q_2' et Q_2 pour les transformations CC' et C'D aux températures $T_2 + \Delta T$ et T_2. Le cycle réversible AA'BCC'DA peut être considéré comme la somme de deux cycles réversibles AA'C'DA et A'BCC'A', le travail adiabatique A'C' compensant celui qui correspond à C'A. Pour le cycle réversible complet AA'BCC'D, on peut donc écrire

$$\frac{Q_1}{T_1} + \frac{Q_1'}{T_1 + \Delta T} - \frac{Q_2}{T_2} - \frac{Q_1'}{T_2 + \Delta T} = 0. \tag{3.3.1}$$

Cette composition de cycles peut s'étendre à un chemin fermé quelconque considéré comme une suite de cycles de Carnot. Si l'on note $dQ > 0$ pour la chaleur absorbée par le système, et $dQ < 0$ pour la chaleur fournie, la généralisation de (3.3.1) à un chemin fermé quelconque donne

$$\oint \frac{dQ}{T} = 0. \tag{3.3.2}$$

Cette équation a une conséquence importante. Elle signifie que l'intégrale de la grandeur dQ/T le long d'un chemin représentant un processus réversible d'un état A vers un état B dépend seulement de ces deux états, et est donc indépendante du chemin parcouru (cf. figure 3.4).

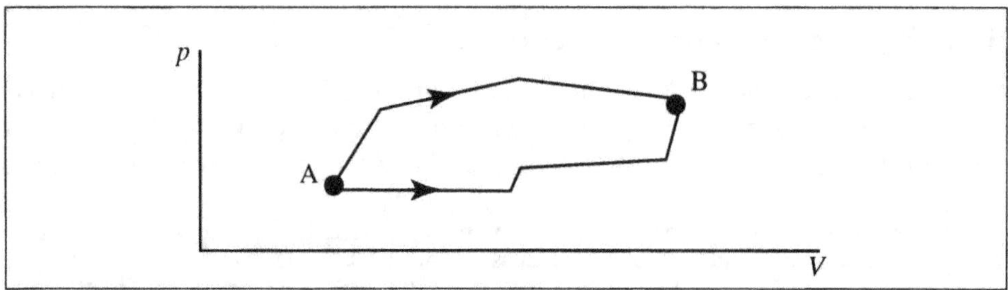

Figure 3.4 Toute fonction dont l'intégrale est nulle sur un contour fermé arbitraire peut servir à définir une fonction d'état.

Clausius conclut dès lors que l'on peut définir une fonction S qui dépend seulement des états initial et final d'un processus réversible. Si S_A et S_B sont les valeurs de cette fonction dans les états A et B, nous pouvons écrire

$$S_B - S_A = \int_A^B \frac{dQ}{T} \qquad \text{ou} \qquad dS = \frac{dQ}{T}. \tag{3.3.3}$$

Si on introduit un état de référence O, la nouvelle fonction d'état S peut se définir pour chaque état X comme l'intégrale de dQ/T le long d'un processus réversible, transformant l'état O en l'état X. Clausius introduisit cette nouvelle grandeur S en 1865 ([4] page 357). Il écrit :

> ...j'ai proposé de donner à cette grandeur S le nom d'*entropie*, du mot grec η $\tau\varrho o\pi\eta$, « transformation ». . . et je lui ai donné une forme propre à évoquer celle du mot énergie. . .

Si la température est constante, la relation (3.3.3) implique que pour un flux de chaleur total Q, la variation d'entropie est Q/T. Présentée ainsi, la formule de Carnot (3.2.3) devient l'énoncé selon lequel la somme des variations d'entropie au cours d'un cycle réversible est nulle.

$$\frac{Q_1}{T_1} - \frac{Q_2}{T_2} = 0. \tag{3.3.4}$$

Au cours d'un cycle *réversible*, puisque la température du système et celle des réservoirs sont égales pendant que s'effectuent les échanges de chaleur, la variation d'entropie du réservoir durant chaque étape du cycle est égale et de signe opposé à la variation d'entropie du système.

Au cours d'un cycle *irréversible*, et dès lors à rendement inférieur, c'est une fraction moindre de Q_1 (la chaleur reçue du réservoir chaud) qui est convertie en travail. Cela signifie que la quantité de chaleur fournie au réservoir froid, Q_2^{irr}, est plus grande que Q_2. Nous avons dès lors

$$\frac{Q_1}{T_1} - \frac{Q_2^{\text{irr}}}{T_2} < 0. \tag{3.3.5}$$

Étant donné que le moteur retourne toujours à son état de départ, son entropie ne varie pas. Par ailleurs, puisque la chaleur transférée aux réservoirs et au moteur ont des signes opposés, la variation totale de l'entropie des réservoirs est

$$\frac{-Q_1}{T_1} - \frac{-Q_2^{\text{irr}}}{T_2} > 0. \tag{3.3.6}$$

L'on suppose ici que les températures des réservoirs sont égales à celles auxquelles le moteur travaille. En fait, pour que la chaleur s'écoule à une vitesse finie, les températures des réservoirs T_1' et T_2' doivent être telles que $T_1' > T_1$ et $T_2' < T_2$. Dans ce cas, l'accroissement d'entropie est plus grand que celui donné en (3.3.6). En généralisant ces résultats à un système qui parcourt un cycle quelconque, nous avons

$$\oint \frac{dQ}{T} \leq 0 \qquad \text{(système)}; \tag{3.3.7}$$

pour le monde extérieur avec lequel le système échange de la chaleur, on a (puisque dQ a un signe opposé)

$$\oint \frac{dQ}{T} \geq 0 \qquad \text{(extérieur).} \tag{3.3.8}$$

Au terme de ce cycle, l'entropie du système n'aura pas varié, et ce qu'il soit réversible ou irréversible, puisqu'il est retourné à son état initial. Pour des cycles irréversibles, cela signifie que le système fournit plus de chaleur au monde extérieur. Il s'agit généralement de dissipation de l'énergie mécanique en chaleur par des processus irréversibles. Par suite, l'entropie de l'extérieur s'accroît. On peut résumer ce raisonnement de la manière suivante :

- cycle réversible :

$$dS = \frac{dQ}{T} \qquad \oint dS = \oint \frac{dQ}{T} = 0 ; \tag{3.3.9}$$

- cycle irréversible :

$$dS > \frac{dQ}{T} \qquad \oint dS = 0 \qquad \oint \frac{dQ}{T} < 0. \tag{3.3.10}$$

Nous verrons dans le paragraphe suivant qu'il est possible de préciser cet énoncé en exprimant la variation d'entropie dS comme une somme de deux termes

$$dS = d_e S + d_i S, \tag{3.3.11}$$

où $d_e S$ est la variation de l'entropie du système due aux *échanges* d'énergie et de matière, tandis que $d_i S$ est la variation d'entropie due aux *processus irréversibles* internes au système. Pour un système fermé, qui n'échange pas de matière, $d_e S = dQ/T$. La grandeur $d_e S$ peut être positive ou négative, mais $d_i S$ ne peut être que positif ou nul. Dans un processus cyclique qui ramène le système à son état initial, on a (puisque la variation nette d'entropie doit être nulle)

$$\oint dS = \oint d_e S + \oint d_i S = 0. \tag{3.3.12}$$

Tenant compte de ce que $d_i S \geq 0$, nous avons $\oint d_i S \geq 0$. Pour un système fermé, nous retrouvons immédiatement le résultat précédent (3.3.10) :

$$\oint d_e S = \oint \frac{dQ}{T} \leq 0.$$

Ceci signifie que pour que le système revienne à son état initial, l'entropie $\oint d_i S$ produite par les processus irréversibles internes doit être compensée par un échange de chaleur avec l'extérieur. Il n'existe pas dans la nature de système qui puisse parcourir un cycle d'opérations et revenir à son état initial sans accroître l'entropie du monde extérieur, ou, comme on dit aussi, l'entropie de l'« univers ». C'est ainsi qu'apparaît une flèche du temps. L'accroissement de l'entropie permet de distinguer

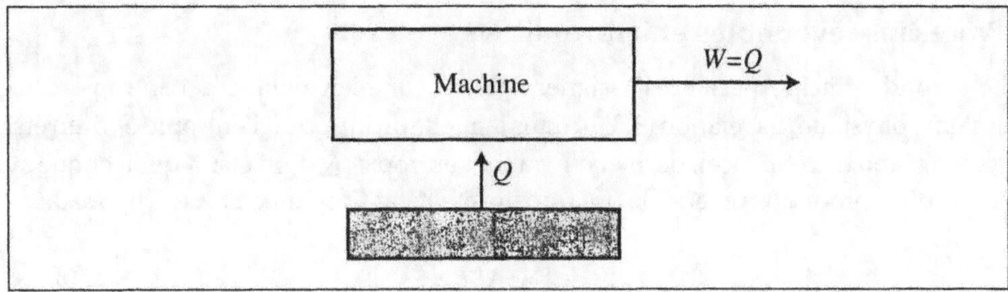

Figure 3.5 Machine à mouvement perpétuel de seconde espèce, qui contredit le second principe. L'existence d'une telle machine violerait les inégalités (3.3.7) et (3.3.8).

le futur du passé. C'est là une conclusion proprement révolutionnaire, puisque dans la mécanique (classique et quantique) passé et futur jouent des rôles symétriques.

ÉNONCÉS DIVERS DU SECOND PRINCIPE

Les limites que Carnot reconnut à la conversion de la chaleur en travail mécanique deviennent ainsi l'expression d'une limitation fondamentale qui s'applique à tous les processus naturels. C'est cette limitation qui s'exprime par le second principe de la thermodynamique. L'on a donné de nombreuses formulations à ce principe. L'une de ces formulations est

> Il est impossible de construire un moteur qui parcourt un cycle complet et qui convertit en travail mécanique la chaleur qui provient d'un seul réservoir.

La figure 3.5 décrit un moteur cyclique qui convertirait en travail la chaleur provenant d'un seul réservoir. Puisque le réservoir ne fait que perdre de la chaleur, l'inégalité (3.3.8) est violée. On dit quelquefois que ce type de moteur réaliserait le mouvement perpétuel de seconde espèce ; le second principe implique qu'une telle machine est impossible. On doit à Clausius un autre énoncé du second principe :

> La chaleur ne peut passer spontanément d'un corps froid vers un corps chaud.

C'est là une conséquence immédiate de l'inégalité (3.3.5) ; cette inégalité serait violée si $Q_2^{\text{irr}} < Q_2$. Un système qui parcourt un cycle d'opérations et retourne à son état initial ne peut le faire qu'en accroissant l'entropie de son environnement. Cela signifie qu'à aucun moment du cycle la somme de la variation d'entropie du système et de son environnement ne peut être négative.

Ainsi, l'univers pris comme un *tout* ne peut revenir à son état initial. Il est remarquable que l'analyse des machines thermiques par Carnot ait conduit Clausius à formuler un principe cosmologique fondamental :

- L'énergie de l'univers est constante.
- L'entropie de l'univers évolue vers un maximum.

Ce maximum serait la « mort thermique ». Certes, Clausius considère l'univers comme un système isolé. En cosmologie moderne, le problème est plus complexe. Nous avons déjà noté que notre univers est dans un état de non-équilibre. Sous quelles contraintes est-il maintenu dans cet état ? Notre univers n'est-il qu'une bulle dans un méta-univers ? La question reste ouverte.

3.4 Processus réversibles et irréversibles

Le second principe permet d'assigner une valeur bien définie à l'entropie d'un système physique. La relation (3.3.3), dans laquelle on introduit l'entropie S_0 d'un état standard (ou de référence), permet d'évaluer l'entropie S_X d'un état X quelconque au terme d'un processus réversible qui transforme l'état O en un état X (cf. figure 3.6).

$$S_X = S_0 + \int_0^X \frac{dQ}{T}. \tag{3.4.1}$$

Mais dans un système réel la transformation de O vers X se produit en un temps fini, et implique des processus irréversibles le long du chemin I (cf. figure 3.6). La thermodynamique classique suppose que toute transformation irréversible qui se produit dans la nature peut aussi être obtenue via un processus réversible, auquel la relation (3.4.1) est alors applicable ; en d'autres mots, que toute variation d'entropie due à une transformation irréversible peut être obtenue moyennant un processus réversible, impliquant seulement un échange de chaleur.

Puisque la variation d'entropie ne dépend que des états initial et final, sa valeur calculée sur un chemin réversible est égale à celle qu'introduisent les processus irréversibles.

Certains auteurs limitent la portée du second principe aux transformations réversibles entre états d'équilibre ; mais cette restriction exclut de la thermodynamique les réactions chimiques qui vont d'un état de non-équilibre vers un état d'équilibre (cf. Chapitres 4 et 7), ainsi que d'autres phénomènes, comme la diffusion.

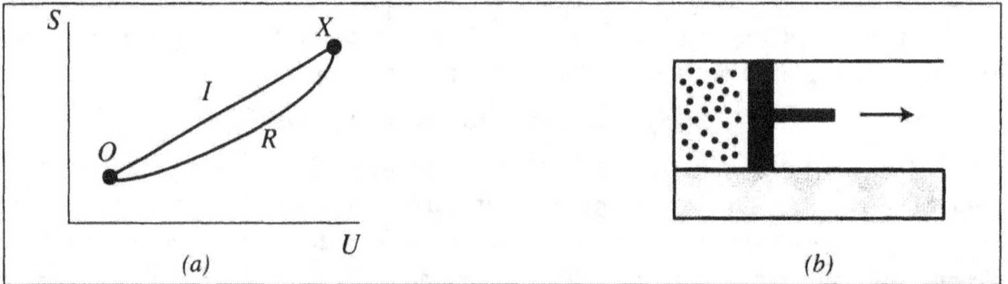

Figure 3.6 Processus réversibles et irréversibles
(a) Le système atteint l'état X à partir de l'état standard O selon un chemin I qui introduit des processus irréversibles. On suppose que la même transformation peut être obtenue moyennant une transformation réversible R.
(b) L'expansion d'un gaz dans le vide est un exemple de processus irréversible. Elle peut se réaliser de manière réversible *via* une expansion isotherme infiniment lente (la chaleur absorbée est alors égale au travail du piston). Durant l'expansion isotherme réversible, $dS = dQ/T$.

Notons de nouveau qu'un processus n'est réversible qu'à la limite d'une vitesse de transformation nulle. Il s'agit donc d'une idéalisation. La restriction du second principe aux seuls processus réversibles lui enlèverait beaucoup de son intérêt. Elle détruirait le lien entre l'entropie et la flèche du temps. Il est vrai que le chemin réversible nous donne un moyen commode pour calculer la variation d'entropie ;

mais il ne peut nous donner de relation entre processus physiques et entropie. Dans sa monographie de 1943, Bridgman notait déjà

> On souligne presque toujours le fait que la thermodynamique traite de processus réversibles et d'états d'équilibre, et qu'elle n'a rien à dire des processus irréversibles ni des systèmes de non-équilibre, dans lesquels les échanges se produisent à des vitesses finies. La raison de l'importance accordée aux états d'équilibre est assez évidente, si on pense que la température elle-même se définit par ces états d'équilibre. Mais admettre cette impuissance générale en présence des processus irréversibles, voilà qui à la réflexion apparaît surprenant. En général, la physique n'adopte pas une attitude aussi défaitiste.

Aujourd'hui, dans la plupart des manuels, on inclut les transformations irréversibles par l'inégalité de Clausius

$$dS \geq \frac{dQ}{T}, \tag{3.4.2}$$

que nous avons déjà introduite (3.3.10). Clausius considérait les processus irréversibles comme parties intégrantes de la formulation du second principe. Dans son neuvième mémoire ([4] page 363, équ.(71)), il inclut explicitement les processus irréversibles et remplace l'inégalité (3.4.2) par une égalité

$$N = S - S_0 - \int \frac{dQ}{T}, \tag{3.4.3}$$

où S est l'entropie de l'état final, et S_0 l'entropie de l'état initial. Il identifie le terme dQ/T à la variation d'entropie due à un échange de chaleur avec l'environnement. Pour lui ([4] page 363), la grandeur N détermine une transformation non compensée (*uncompensierte Verwandlung*) ; en d'autres termes, elle correspond à l'entropie produite par les processus irréversibles internes du système. Alors que dQ peut être positif ou négatif, l'inégalité de Clausius (3.4.2) requiert que la variation d'entropie due aux processus irréversibles soit positive :

$$N = S - S_0 - \int \frac{dQ}{T} > 0. \tag{3.4.4}$$

Clausius espérait peut-être obtenir un procédé pour le calcul de N dû aux processus irréversibles ; mais il n'y parvint pas. Dans son ensemble, la thermodynamique du XIXe siècle est restée limitée au domaine des transformations réversibles ; pourtant, certains chercheurs avancèrent déjà l'idée que l'entropie se comportait comme un fluide capable de se transporter dans l'espace (cf. par exemple Bertrand dans son texte de 1887 [7]).

Duhem comprit toute l'importance du problème lié au rôle des phénomènes irréversibles dans la variation d'entropie. Dans son *Énergétique* [8], il introduisit des expressions explicites pour l'entropie produite au cours de processus où interviennent la conductivité thermique et la viscosité [9]. Certaines de ces idées apparaissent aussi dans les travaux du chercheur polonais L. Natanson [10], ainsi que dans ceux de l'École viennoise de G. Jaumann [11-13]. Nous y trouvons déjà les notions de flux d'entropie et de production d'entropie, que nous utiliserons constamment dans cet ouvrage.

Les travaux ont continué sur cette voie au cours du XXe siècle ; et c'est ainsi que nous disposons aujourd'hui d'une théorie qui permet, dans des situations assez générales, de calculer la variation d'entropie en termes des variables qui décrivent les processus irréversibles. Pour obtenir la variation de l'entropie, il n'est donc plus nécessaire de se limiter à des processus réversibles infiniment lents.

Dans de nombreux ouvrages classiques, on affirme que le long de la courbe irréversible I (cf. figure 3.6) l'entropie ne peut être fonction de l'energie totale et du volume total ; et qu'elle n'est dès lors pas définie. Mais pour une grande classe de systèmes, l'hypothèse d'équilibre local fait de l'entropie une quantité bien définie, même si elle n'est plus fonction de l'énergie totale et du volume. On discutera au chapitre 15 les fondements de l'approche basée sur l'hypothèse d'équilibre local (nous évoquerons aussi d'autres approches récentes). La production d'entropie peut ainsi être associée à des processus irréversibles bien définis.

Dans cette ligne de pensée [14-16], De Donder précisa la signification de la « chaleur non compensée » de Clausius, grâce au concept d'*affinité*, que nous présentons au chapitre suivant [17-19].

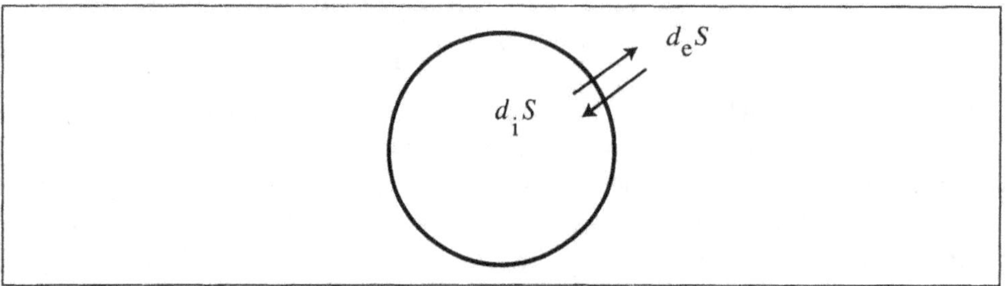

Figure 3.7 La variation de l'entropie d'un système peut être décomposée en deux termes : $d_i S$ et $d_e S$, liés respectivement aux processus irréversibles internes et aux échanges (énergie et matière) entre système et environnement. Suivant le second principe, on a $d_i S \geq 0$; en revanche, le signe de $d_e S$ est quelconque.

Insistons sur l'importance de la notion d'équilibre local. Pour une large classe de systèmes qui ne sont pas à l'équilibre thermodynamique, les grandeurs intensives comme la température, la concentration, la pression demeurent des concepts localement bien définis. Les variables extensives comme l'entropie et l'énergie interne doivent être remplacées par les densités correspondantes (cf. chapitre 1, §2). Les variables thermodynamiques sont ainsi des fonctions de la position et du temps. C'est en cela que consiste l'*hypothèse de l'équilibre local*.

Pour la plupart des systèmes hydrodynamiques et chimiques, l'equilibre local constitue une excellente approximation. Les simulations de dynamique moléculaire sur ordinateur ont montré que si, au départ, le système est dans un état tel que la température n'est pas bien définie localement, il suffira d'un temps très court (quelques collisions moléculaires) pour que la notion d'équilibre local devienne applicable [20]. Nous introduisons le formalisme moderne de la thermodynamique en partant de l'expression

$$dS = d_e S + d_i S. \tag{3.4.5}$$

où $d_e S$ est la variation de l'entropie due aux échanges avec l'extérieur, tandis que $d_i S$ est la variation de l'entropie due à la « transformation non compensée » produite par les processus irréversibles internes du système (cf. figure 3.7).

Il nous faut à présent trouver les expressions explicites de $d_e S$ et $d_i S$ en termes de quantités mesurables. Les processus irréversibles peuvent être considérés comme des courants, ou *flux* thermodynamiques, qui résultent de *forces* thermodynamiques. Par exemple (cf. figure 3.8), la différence de température entre des parties voisines d'un système (donc le gradient de température) est considéré comme une force thermodynamique qui conduit à un flux irréversible de chaleur. De même, à une différence de concentration sera associée une force thermodynamique dont résulte un flux de matière. De façon générale, la production d'entropie $d_i S$ sera associée au flux dX d'une grandeur macroscopique, chaleur ou matière, pendant un temps dt, suivant la formule

$$d_i S = FdX, \tag{3.4.6}$$

où F est la *force thermodynamique*. Nous verrons dans la section suivante que dans le cas du flux de chaleur représenté sur la figure 3.8, la force thermodynamique prend la forme $F = (1/T_{\text{froid}}) - (1/T_{\text{chaud}})$. Les processus irréversibles s'expriment en termes de forces F et de flux X, et nous avons ainsi l'expression plus générale

$$d_i S = \sum_k F_k dX_k \geq 0 \qquad \text{ou} \qquad \frac{d_i S}{dt} = \sum_k F_k \frac{dX_k}{dt} \geq 0. \tag{3.4.7}$$

La production d'entropie est la somme des effets des phénomènes irréversibles. Par unité de temps, la production d'entropie due à chacun des processus irréversibles est le produit de la force thermodynamique F_k et du courant ou flux (par unité de temps) $J_K = dX_K/dt$. Nous avons vu que les échanges d'entropie avec l'extérieur sont donnés par $d_e S = dQ/dT$. Dans ces conditions,

- pour les systèmes *isolés*,

$$d_e S = 0; \tag{3.4.8}$$

- pour les systèmes *fermés*, qui échangent de l'énergie, mais pas de matière,

$$d_e S = \frac{dU + pdV}{T}; \tag{3.4.9}$$

- pour les systèmes ouverts, qui échangent énergie et matière,

$$dU + pdV \neq dQ \quad \text{et} \quad d_e S = \frac{dU + pdV}{T} + d_e S_{\text{matière}}. \tag{3.4.10}$$

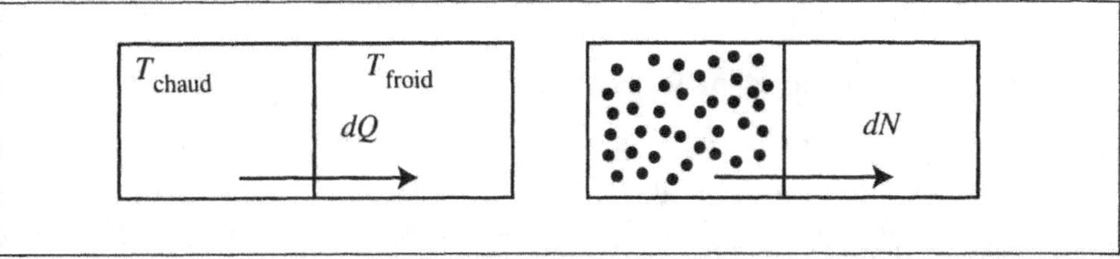

Figure 3.8 Processus irréversibles responsables de l'accroissement de l'entropie : flux de chaleur (a) et de particules (b).

Le terme $d_e S_{\text{matière}}$ peut s'écrire en termes de potentiels chimiques ; nous définirons ce concept au chapitre suivant. Pour tous ces systèmes, $d_i S \geq 0$. C'est l'énoncé du second principe sous sa forme la plus générale. Cette relation reste valable pour tous les sous-systèmes. Soit un système divisé en deux sous-systèmes ; on a

$$d_i S = d_i S^1 + d_i S^2 \geq 0, \tag{3.4.11}$$

où $d_i S^1$ et $d_i S^2$ sont les productions d'entropie de chaque sous-système ; on a aussi

$$d_i S^1 \geq 0 \qquad d_i S^2 \geq 0. \tag{3.4.12}$$

En revanche, on ne peut avoir (le raisonnement procède ici comme pour l'énergie ; cf. chapitre 2, § 3),

$$d_i S^1 > 0, \qquad d_i S^2 < 0 \quad \text{et} \quad d_i S \geq 0. \tag{3.4.13}$$

Les relations (3.4.12) et (3.4.13) sont plus restrictives que la condition globale (3.4.11), qui assigne une croissance à l'entropie d'un système isolé. En résumé, pour les systèmes fermés, le premier et le second principe peuvent s'exprimer sous la forme suivante :

$$dU = dQ + dW ; \tag{3.4.14}$$

$$dS = d_i S + d_e S ; \tag{3.4.15}$$

où $d_i S \geq 0$ et $d_e S = dQ/T$. Si on suppose que la transformation correspond à un processus réversible, $d_i S = 0$, et la variation d'entropie est due seulement au flux de chaleur ; on a dès lors, moyennant (3.4.15)

$$dU = TdS + dW = TdS + pdV. \tag{3.4.16}$$

Remarquons enfin que la formulation ci-dessus ne permet que le calcul des variations de l'entropie, et non pas celui de sa valeur absolue. Pour combler cette lacune, Nernst proposa en 1906 un théorème [21] : *L'entropie de tous les systèmes s'annule avec la température.*

En d'autres termes, l'entropie est nulle au zéro absolu de température $T = 0$. Connu depuis sous le nom de *troisième principe de la thermodynamique*, ce théorème a vu sa validité confirmée par l'expérience. Les fondements de ce principe sont liés au comportement de la matière à basse température, qui relève de la physique quantique, et ne seront pas discutés ici. On retiendra que la relativité nous a permis de donner une valeur bien définie à l'énergie, et que la physique quantique nous permet de faire de même pour l'entropie.

3.5 Variation d'entropie et processus irréversibles

Les exemples considérés ici sont choisis parmi les systèmes discrets, composés de deux parties qui ne sont pas en équilibre entre elles.

Considérons un *système isolé*, que l'on supposera pour la facilité composé de deux parties qui présentent chacune une température bien définie : chaque partie est en équilibre local.

Excursus 3.2 Interprétation statistique de l'entropie

L'entropie est une fonction d'état macroscopique. Or, le second principe implique l'existence effective des processus irréversibles. Mais par contraste avec les processus irréversibles que nous voyons autour de nous, les systèmes de la mécanique classique sont symétriques par rapport au temps : si un tel système passe d'un état A vers un état B, il peut retourner de B vers A. Ainsi, un flux spontané de molécules d'un gaz d'une enceinte à forte densité vers une enceinte à faible densité s'accorde avec les lois de la mécanique aussi bien que le processus inverse ; mais ce dernier viole le second principe. On sait pourtant que tous les processus macroscopiques, par exemple le flux de chaleur, sont l'effet du mouvement des molécules, qui relève des lois de la mécanique classique. Pour concilier l'irréversibilité thermodynamique avec la réversibilité mécanique, Boltzmann proposa [5] la relation suivante entre les états microscopiques et l'entropie :

$$S = k_{\mathrm{B}} \ln \Omega.$$

Ω est ici le nombre d'états microscopiques qui correspondent à l'état macroscopique dont l'entropie est S. La constante de Boltzmann k_{B} vaut $1.381 \times 10^{-23}\, JK^{-1}$. On connaît la constante des gaz $R = k_{\mathrm{B}} N_A$ (N_A est le nombre d'Avogadro). Soit un système composé de deux sous-systèmes comptant respectivement N_1 et N_2 molécules de gaz (figure 3.8b). Chacune de celles-ci appartient à un sous-système ou à l'autre. Le nombre de manières de répartir $(N_1 + N_2)$ molécules en sorte que l'on ait N_1 molécules dans le premier et N_2 dans le second est donné par Ω :

$$\Omega = \frac{(N_1 + N_2)!}{N_1!\, N_2!}$$

Boltzmann pose que les états macroscopiques correspondant à des valeurs plus grandes de Ω sont plus probables. La croissance irréversible de l'entropie correspond à l'évolution vers des états de probabilité plus élevée. Les états d'équilibre sont ceux où la fonction Ω est maximum (c'est le cas ici pour $N_1 = N_2$. L'introduction des probabilités demande une discussion plus approfondie (pour un exposé non technique, cf. [22]). Dans la description dynamique les conditions initiales sont arbitraires, et l'introduction des probabilités s'appuie usuellement sur des techniques d'approximation du type *coarse graining*.

On note les températures T_1 et T_2 (cf. figure 3.9), et on prend $T_1 > T_2$. Soit dQ la quantité de chaleur qui passe de la partie chaude à la partie froide durant un temps dt. Il s'agit d'un système isolé, et donc $d_e S = 0$. Puisque le volume des deux parties est constant, $dW = 0$. La variation de l'énergie de chaque partie est seulement liée au flux de chaleur $dU_i = dQ_i$ $(i = 1, 2)$.

Conformément au premier principe, il y a conservation de la chaleur : les gains de chaleur reçus par une partie seront donc compensés par les pertes de chaleur subies par l'autre partie : $dQ = -dQ_1 = dQ_2$. De même, la variation totale de l'entropie du

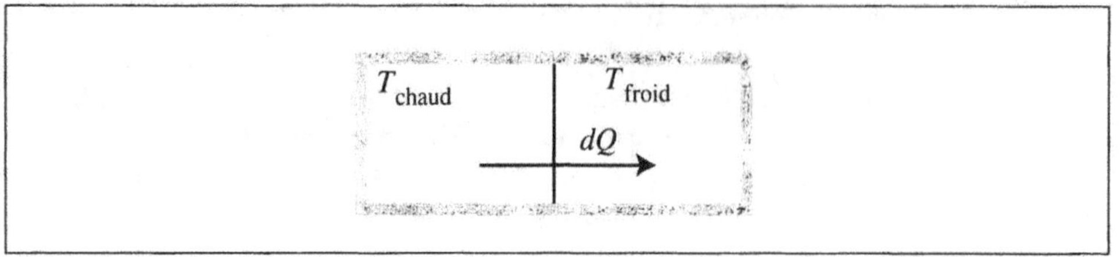

Figure 3.9 Production d'entropie due à un flux de chaleur. Ce flux entre des régions à température différente accroît l'entropie. La vitesse de production de l'entropie est donnée par la relation (3.5.3).

système, $d_{\text{i}}S$, sera la somme des variations d'entropie des deux parties, elles-mêmes dues aux flux de chaleur.

$$d_{\text{i}}S = -\frac{dQ}{T_1} + \frac{dQ}{T_2} = dQ\left(\frac{1}{T_2} - \frac{1}{T_1}\right). \qquad (3.5.1)$$

Le flux de chaleur passe irréversiblement du chaud (à température T_1) vers le froid (à température T_2), et dQ est positif. On a donc bien $d_{\text{i}}S > 0$. Dans l'expression (3.5.1), dQ et $(1/T_2 - 1/T_1)$ correspondent aux facteurs dX et F de (3.4.6). En termes du flux de chaleur dQ/dt, la production d'entropie par unité de temps s'écrit

$$\frac{d_{\text{i}}S}{dt} = \left(\frac{1}{T_2} - \frac{1}{T_1}\right)\frac{dQ}{dt}. \qquad (3.5.2)$$

Le flux de chaleur $J_Q \equiv dQ/dt$ est donné par les lois de conduction de la chaleur. Par exemple, selon la loi de Fourier, on a $J_Q = \alpha(T_1 - T_2)$, où α est le coefficient de conductivité thermique. Dès lors, (3.5.2) devient

$$\frac{d_{\text{i}}S}{dt} = \left(\frac{1}{T_2} - \frac{1}{T_1}\right)\alpha\,(T_1 - T_2) = \frac{\alpha\,(T_1 - T_2)^2}{T_1 T_2} \geq 0. \qquad (3.5.3)$$

Avec le temps, les températures s'égalisent, et la production d'entropie s'annule. C'est l'état d'équilibre, dans lequel la force F et le flux correspondant J_Q s'annulent. Nous notons P la production d'entropie $d_{\text{i}}S/dt$. C'est une fonction quadratique de l'écart de température $\Delta \equiv (T_1 - T_2)$. À l'état d'équilibre, la production d'entropie prend sa valeur minimum, à savoir zéro (cf. figure 3.10(A)).

Un état de non-équilibre (où $T_1 \neq T_2$) évolue vers l'état d'équilibre (où $T_1 = T_2 = T_{\text{éq}}$) moyennant une croissance continue de l'entropie. L'entropie de l'état d'équilibre doit donc dépasser celle de tout état de non-équilibre. Nous verrons au chapitre 9 que pour un petit écart à l'équilibre $\Delta = (T_1 - T_2)$, la variation correspondante ΔS est une fonction quadratique de Δ qui a son maximum pour $\Delta = 0$ (cf. figure 3.10(B)).

Cet exemple illustre un énoncé général sur lequel nous reviendrons : l'état d'équilibre peut se caractériser par une production d'entropie minimum (donc nulle), soit par une entropie maximum.

EXPANSION IRRÉVERSIBLE D'UN GAZ

Dans l'expansion réversible la pression du gaz et celle qui s'exerce sur le piston sont supposées égales. Considérons l'expansion isotherme d'un gaz maintenu à

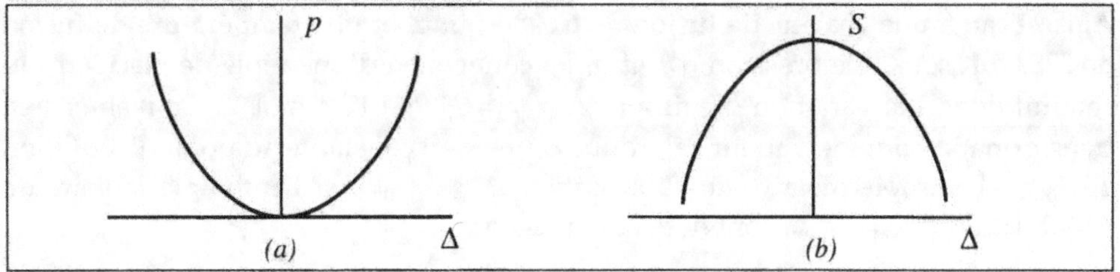

Figure 3.10 L'état d'équilibre peut se caractériser de deux manières.
(a) La production d'entropie est nulle à l'équilibre (on représente la production d'entropie P en fonction de la différence des températures $\Delta \equiv (T_1 - T_2)$).
(b) L'entropie du système est maximum à l'équilibre.

température constante T par contact avec un réservoir de chaleur ; la variation de l'entropie du gaz $d_e S = dQ/T$, où dQ est le flux de chaleur. C'est là une situation idéalisée. Dans l'expansion réelle d'un gaz qui se fait en un temps fini, la pression du gaz dépasse celle du piston ; notons-les p_{gaz} et p_{piston} ; la différence entre les deux est la force par unité de surface, qui meut le piston. L'accroissement irréversible de l'entropie sera ici

$$d_i S = \frac{p_{\text{gaz}} - p_{\text{piston}}}{T} dV > 0. \tag{3.5.4}$$

Le terme $(p_{\text{gaz}} - p_{\text{piston}})/T$ est ici la force thermodynamique, et dV/dt est le flux correspondant. Les variations de $(p_{\text{gaz}} - p_{\text{piston}})$ et de V ont le même signe, et $d_i S$ est toujours positive. Nous avons donc $dS = d_e S + d_i S = dQ/T + (p_{\text{gaz}} - p_{\text{piston}})dV/T$. Pour un gaz parfait, l'énergie est seulement fonction de T, la valeur finale de l'énergie sera égale à sa valeur initiale ; la chaleur absorbée est égale au travail produit en déplaçant le piston, à savoir $p_{\text{piston}}dV$. Pour une variation de volume donnée, le travail maximum sera obtenu par un processus réversible dans lequel $p_{\text{gaz}} = p_{\text{piston}}$.

3.6 Variation d'entropie et changements de phase

Voyons un exemple simple d'échange d'entropie $d_e S$. Pour cela, considérons les changements de phase solide-liquide ou liquide-vapeur (cf. figure 3.1). Au point de fusion ou d'ébullition la température demeure constante. Dès lors, la variation totale d'entropie ΔS due à l'échange de chaleur ΔQ est facile à calculer. Par exemple, dans une transition solide-liquide, si la température de fusion est notée T_{fusion}, nous avons simplement

$$\Delta S = \int_0^{\Delta Q} \frac{dQ}{T_{\text{fusion}}} = \frac{dQ}{T_{\text{fusion}}}. \tag{3.6.1}$$

Lorsque cette transformation se produit à pression constante, nous pouvons identifier ΔQ et ΔH, la variation d'enthalpie associée à la fusion (cf. ch. 2). On introduit l'enthalpie molaire de fusion Δh_{fusion}, l'enthalpie associée à la fusion d'une mole. La variation correspondante de l'entropie est Δs_{fusion}, et on a

$$\Delta s_{\text{fusion}} = \frac{\Delta h_{\text{fusion}}}{T_{\text{fusion}}}. \tag{3.6.2}$$

Ainsi, l'eau a une chaleur de fusion de 6.008 kJ/mol et une température de fusion de 273.15 K sous une pression d'1 atm. La conversion d'une mole de glace en eau conduit donc à la variation d'entropie Δs_{fusion}= 21.99 J K^{-1} mol^{-1}. De même, si la transformation liquide-vapeur se produit à pression constante au point d'ébullition $T_{\text{ébullition}}$, l'entropie molaire de vaporisation $\Delta s_{\text{vaporisation}}$ et l'enthalpie molaire de vaporisation $\Delta h_{\text{vaporisation}}$ sont liées par la relation

$$\Delta s_{\text{vaporisation}} = \frac{\Delta h_{\text{vaporisation}}}{T_{\text{ébullition}}}. \tag{3.6.3}$$

La chaleur de vaporisation de l'eau est de 40.656 kJ/mol. Puisque le point d'ébullition est 373.15 K sous une pression d'1 bar (0.987 atm), il suit que la variation molaire d'entropie $\Delta s_{\text{vaporisation}}$ =108.96 J.K^{-1}.mol^{-1} ; c'est plus de cinq fois la variation de l'entropie liée à la fusion de la glace. Puisque l'entropie croît avec le volume, l'expansion du volume de 18 mL (volume d'une mole d'eau) à 30 ℓ (volume d'une mole de vapeur pour p=1 atm) est en partie responsable de cette forte variation d'entropie. La Table 3.1 donne les enthalpies de fusion et de vaporisation de diverses substances.

Composé	T_{fusion}	ΔH_{fusion}	$T_{\text{ébul}}$	ΔH_{vap}
H_2O	273.15	6.008	373.15	40.656
CH_3OH	175.2	3.16	337.2	35.27
C_2H_5OH	156	4.60	351.4	38.56
CH_4	90.68	0.941	111.7	8.18
$C\,Cl_4$	250.3	2.5	350	30.0
NH_3	195.4	5.652	239.7	23.35
CO_2	217.0	8.33	194.6	25.23
CS_2	161.2	4.39	319.4	26.74
N_2	63.15	0.719	77.35	5.586
O_2	54.36	0.444	90.18	6.820

Table 3.1 Enthalpies de fusion et de vaporisation (en kJ/mol) à $p = 1$ bar = 105 Pa = 0.987 atm. Le lecteur trouvera d'autres données dans [B] et [F]. Les températures sont en K.

Règle de Trouton : Pour de nombreux composés, ΔS_{vap} vaut environ 88 JK^{-1}.

3.7 Entropie des gaz parfaits

Considérons l'entropie d'un gaz parfait en fonction du volume, de la température et du nombre de moles. Prenons un système fermé, avec $d_iS = 0$; on a vu (3.4.16) que dans ces conditions $dU = TdS + dW$. Si $dW = -pdV$, on obtient :

$$TdS = dU + pdV = \left(\frac{\partial U}{\partial V}\right)_T dV + \left(\frac{\partial U}{\partial T}\right)_V dT + pdV. \tag{3.7.1}$$

Pour un gaz parfait, la première de ces différentielles partielles est nulle, parce que l'énergie U ne dépend que de T (cf. section 1.3, (1.3.6)). De plus, par définition, la seconde de ces différentielles partielles vaut Nc_V où c_v est la chaleur molaire spécifique à volume constant, elle aussi constante (pour un gaz à température suffisamment élevée). Par suite, (3.7.1) peut s'écrire

$$dS = \frac{p}{T}dV + Nc_V\frac{dT}{T}\,;\qquad\qquad(3.7.2)$$

la loi des gaz parfaits $pV = NRT$ permet d'intégrer cette relation :

$$S(V,T) = S_0 + NR\ln V + Nc_V\ln T\qquad\qquad(3.7.3)$$

(le terme S_0 est une constante d'intégration). Puisque, comme l'énergie, l'entropie S est une variable extensive, nous pouvons écrire

$$S(V,T,N) = N\,[s_0 + R\ln(V/N) + c_V\ln T].\qquad\qquad(3.7.4)$$

où $s_0 = S_0/N$. On voit ainsi que l'entropie d'un gaz parfait est une fonction logarithmique de la densité de particules et de la température ; comme toute variable extensive, elle est proportionnelle à N, à concentrations et à température données.

3.8 Second principe et processus irréversibles

Planck insistait sur le caractère macroscopique du second principe. Or, de nombreux exposés contemporains présentent le second principe et l'entropie sur base de définitions microscopiques, liées aux probabilités. C'est le problème difficile de la signification microscopique de l'entropie, et donc aussi de la flèche du temps, absente en dynamique newtonienne et en mécanique quantique (voir l'excursus 3.2) [5].

Le second principe conduit à des conclusions importantes. On peut affirmer qu'il est universel[2]. Cette universalité permet de comprendre les aspects thermodynamiques des systèmes réels, en partant d'idéalisations commodes. Un exemple classique est l'analyse par Planck du rayonnement dit *de corps noir*, en équilibre thermodynamique avec la matière. Planck y remplace la matière par des oscillateurs harmoniques qui interagissent avec le rayonnement, ce qu'il peut le faire, car les propriétés du rayonnement en équilibre thermodynamique avec la matière doivent être indépendantes de la nature particulière de la substance avec laquelle le rayonnement interagit. Quel que soit le modèle d'interaction, le rayonnement doit rester le même à l'équilibre thermodynamique.

Dans le contexte contemporain, la formulation du second principe est d'une importance fondamentale pour comprendre des processus tels que l'auto-organisation des systèmes physico-chimiques,qui correspond à l'émergence d'un ordre supramoléculaire. Ainsi qu'on le verra dans les chapitres suivants, les systèmes qui échangent de l'entropie avec le monde extérieur n'augmentent pas seulement l'entropie de leur environnement : ils peuvent aussi subir de remarquables transformations spontanées vers des états organisés, et ce grâce aux *processus irréversibles*.

---

2. Du moins lorsque l'on considère des formes intermoléculaires à courte portée. Les interactions gravifiques à longue portée conduisent à des difficultés, car il devient impossible de définir des grandeurs extensives (ainsi, l'énergie gravifique n'est plus proportionnelle à N).

4 ENTROPIE ET RÉACTIONS CHIMIQUES

4.1 Potentiels chimiques et affinité

Les chimistes du XIXe siècle ne suivirent pas de très près les développements de la thermodynamique. Nombreux furent ceux qui, avec Lavoisier [1], s'en tinrent à la théorie calorique de la chaleur. Nous avons vu au chapitre 2 que les travaux de Hess sur la chaleur de réaction demeurèrent une exception.

La force newtonienne rend compte du mouvement. Mais quelle est la « force motrice » qui agit dans les transformations chimiques ? Pourquoi les réactions chimiques se produisent-elles, et pourquoi s'arrêtent-elles à un certain degré d'avancement ?

Les chimistes appelaient *affinité* la « force » responsable des réactions chimiques ; mais on n'en donnait pas de définition claire. Pour les chimistes en quête de lois quantitatives, trouver une définition de l'affinité aussi précise que celle de la force newtonienne en mécanique restait un problème fondamental.

La formulation thermodynamique de l'affinité telle que nous la connaissons aujourd'hui est due à De Donder, fondateur de l'École de thermodynamique de Bruxelles. Cette formulation se fonde sur le *potentiel chimique* [2, 3], concept fondamental introduit par Gibbs.

Au XIXe siècle, Berthelot et Thomsen avaient tenté de rattacher l'affinité à la *chaleur de réaction*. Ayant déterminé les chaleurs de réaction d'un grand nombre de réactifs, Berthelot proposa en 1875 un *principe de travail maximum* aux termes duquel ([1] p. 205)

> toutes les transformations chimiques qui se produisent sans l'intervention d'une énergie extérieure tendent à la production de corps, ou de système de corps, qui libèrent plus de chaleur.

Mais cette suggestion fut critiquée par Helmholtz et Nernst. La controverse continua jusqu'à ce que le potentiel chimique de Gibbs soit compris en Europe. On comprit ensuite que ce n'était pas la chaleur de réaction qui caractérisait l'évolution vers l'état d'équilibre, mais une autre grandeur thermodynamique, que l'on nomma l'*énergie libre*, liée aux potentiels chimiques. Nous montrerons en détail ci-dessous comment De Donder utilisa l'idée de potentiel chimique. Il ne donna pas seulement à l'affinité une définition précise ; il sut l'utiliser pour obtenir une relation entre la production d'entropie et la vitesse de réaction chimique.

POTENTIEL ET RÉACTIONS CHIMIQUES

Gibbs introduisit l'idée de potentiel chimique dans un essai aujourd'hui célèbre « On the Equilibrium of Heterogeneous Substances », publié en 1875 et 1878 dans les *Transactions of the Connecticut Academy de Sciences* [4-6], une revue peu lue ; ce travail demeura donc méconnu jusqu'à sa traduction en allemand (1892) par Ostwald et en français (1899) par Le Châtelier [1].

La présentation actuelle de la thermodynamique d'équilibre doit beaucoup à ce travail fondamental de Gibbs. Gibbs considère un système hétérogène composé de plusieurs phases, dont chacune contient diverses substances de masses m_i. Il n'aborde pas les réactions chimiques entre ces substances, mais considère l'échange de matière entre les diverses phases du système. S'appuyant sur le fait que la variation d'énergie dU d'une phase homogène doit être proportionnelle aux variations des masses des substances dm_i, Il introduit l'équation

$$dU = TdS - pdV + \mu_1\, dm_1 + \mu_2\, dm_2 + \ldots + \mu_n\, dm_n \qquad (4.1.1)$$

pour chacune des phases. Les coefficients μ_k sont précisément les *potentiels chimiques*. En particulier, les systèmes hétérogènes étudiés par Gibbs incluent diverses phases d'une même substance entre lesquelles un échange de matière peut se produire.

Les considérations de Gibbs se rapportent donc aux transformations entre états physiques à l'équilibre. Cette restriction se comprend du point de vue de la définition classique de l'entropie, qui demande que le système soit en équilibre, et que les transformations entre les états d'équilibres soient réversibles, en sorte que $dQ = TdS$.

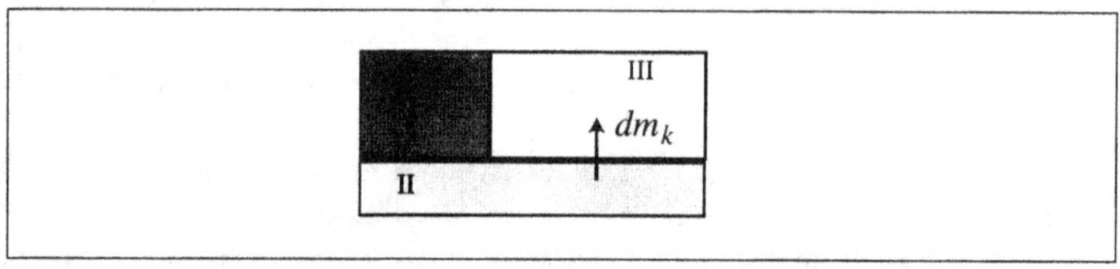

Figure 4.1 Un système hétérogène décrit par Gibbs. Des échanges de matière se produisent entre les parties I, II et III. La variation de l'énergie dU de chaque partie est donnée par (4.1.1). Dans son mémoire, Gibbs ne tient pas compte des réactions chimiques.

Il est plus commode de décrire les réactions chimiques par la variation des nombres de moles des réactifs que par la variation de leurs masses, puisque les vitesses des réactions chimiques et les lois qui régissent la diffusion se formulent plus aisément en termes de nombres de moles. Nous allons donc réécrire (4.1.1) en termes des nombres de moles, N_k, des substances constituantes :

$$dU = TdS - pdV + \sum_{k=1}^{n} \mu_k dN_k. \qquad (4.1.2)$$

Cette équation exprime que l'énergie est une fonction de S, V et N_k, et on a

$$\left(\frac{\partial U}{\partial S}\right)_{V,N_k} = T \qquad \left(\frac{\partial U}{\partial V}\right)_{S,N_k} = -p \qquad \left(\frac{\partial U}{\partial N_k}\right)_{S,V,N_{j\neq k}} = \mu_k. \qquad (4.1.3)$$

Reprenons l'équation (4.1.2) du point de vue du flux d'entropie d_eS et de la production d'entropie d_iS, introduits au chapitre précédent. Pour introduire la distinction entre les *réactions chimiques irréversibles* au sein du système et les *échanges réversibles* avec l'extérieur, nous décomposons la variation des nombres de moles dN_k en une somme de deux termes

$$dN_k = d_\mathrm{i} N_k + d_\mathrm{e} N_k, \tag{4.1.4}$$

où $d_\mathrm{i} N_k$ est la variation due aux réactions chimiques irréversibles, et $d_\mathrm{e} Nk$ est la variation due aux échanges de matière avec l'extérieur. Dans l'équation (4.1.2), Gibbs considère les échanges réversibles de chaleur et de matière. Puisque ceux-ci correspondent au terme $d_\mathrm{e} S$, nous pouvons écrire (cf. (3. 4.10))

$$d_\mathrm{e} S = \frac{1}{T}(dU + pdV) - \frac{1}{T} \sum_{k=1}^{n} \mu_k d_\mathrm{e} N_k. \tag{4.1.5}$$

De Donder écrit que la production d'entropie $d_\mathrm{i} S$ due aux réactions chimiques est donnée par

$$d_\mathrm{i} S = -\frac{1}{T} \sum_{k=1}^{n} \mu_k d_\mathrm{i} N_k. \tag{4.1.6}$$

Lors des réactions chimiques, $d_\mathrm{i} S$ est toujours positif, conformément au second principe. Pour la variation totale de l'entropie dS, on a donc

$$dS = d_\mathrm{e} S + d_\mathrm{i} S \tag{4.1.7}$$

où, encore une fois (pour un système fermé, $d_\mathrm{e} N_k = 0$),

$$d_\mathrm{e} S = \frac{1}{T}(dU + pdV) - \frac{1}{T} \sum_{k=1}^{n} \mu_k d_\mathrm{e} N_k \tag{4.1.8}$$

et

$$d_\mathrm{i} S = -\frac{1}{T} \sum_{k=1}^{n} \mu_k d_\mathrm{i} N_k > 0. \tag{4.1.9}$$

Puisque les vitesses des réactions chimiques déterminent dN_k/dt, la production d'entropie par unité de temps peut s'écrire

$$\frac{d_\mathrm{i} S}{dt} = \frac{1}{T} \sum_{k=1}^{n} \mu_k \frac{dN_k}{dt} > 0. \tag{4.1.10}$$

En sommant (4.1.8) et (4.1.9) nous retrouvons (4.1.2)

$$dU = TdS - pdV + \sum_{k=1}^{n} \mu_k dN_k. \tag{4.1.11}$$

Les résultats publiés par De Donder conduisit ainsi à une relation simple entre production d'entropie et réactions chimiques.

L'AFFINITÉ

Lorsque De Donder définit l'affinité d'une réaction chimique, il entend écrire l'expression (4.1.10) sous une forme élégante : comme le produit d'une *force thermodynamique* et d'un *flux thermodynamique*, ainsi que nous l'avons fait au chapitre 3. Considérons la réaction chimique suivante dans un système fermé ($d_e N_k = 0$ et $dN_k = d_i N_k$).

$$X + Y \rightleftharpoons 2Z. \tag{4.1.12}$$

Les variations des nombres de moles dN_X, dN_Y et dN_Z des composants X, Y et X sont liées par la stœchiométrie de la réaction. On a donc

$$\frac{dN_X}{-1} = \frac{dN_Y}{-1} = \frac{dN_Z}{2} \equiv d\xi, \tag{4.1.13}$$

où $d\xi$ est la *variation du degré d'avancement* de réaction ξ (introduit dans la section 2.5). Cette relation permet d'écrire la variation totale d'entropie et la production d'entropie dues à la réaction :

$$dS = \frac{1}{T}(dU + pdV) + \frac{1}{T}(\mu_X + \mu_Y - 2\mu_Z) \; d\xi \, ; \tag{4.1.14}$$

$$d_i S = \frac{1}{T}(\mu_X + \mu_Y - 2\mu_Z) \, d\xi > 0. \tag{4.1.15}$$

De Donder définit alors une nouvelle variable d'état [2, 3], l'*affinité* $\mathcal{A}$:

$$\mathcal{A} = -\sum_k \nu_k \mu_k. \tag{4.1.16}$$

Les ν_k sont les coefficients stœchiométriques, positifs pour les réactifs, néagtifs pour les produits.

Cette affinité est la « force motrice » des réactions chimiques. Une affinité différente de zéro exprime que le système n'est pas à l'équilibre thermodynamique. En termes d'affinité, le taux de croissance de l'entropie peut s'écrire

$$\frac{d_i S}{dt} = \left(\frac{\mathcal{A}}{T}\right) \frac{d\xi}{dt} > 0. \tag{4.1.17}$$

Comme pour la production d'entropie due à la conduction thermique, la production d'entropie due à une réaction chimique est le produit d'une *force thermodynamique* $\mathcal{A}/T$ et d'un *flux thermodynamique*, ici la *vitesse de réaction* $d\xi/dt$.

À l'équilibre, l'affinité de la réaction chimique s'annule, et avec elle la production d'entropie. Dans ces conditions, nous avons

$$\mathcal{A} \equiv (\mu_X + \mu_Y - 2\mu_Z) = 0. \tag{4.1.18}$$

Notre chapitre 8 est consacré à la thermodynamique des processus chimiques ; nous y verrons comment les potentiels chimiques peuvent s'écrire en termes de grandeurs mesurables comme les concentrations et la température. Considérons à présent une réaction chimique de forme générale

$$a_1 A_1 + a_2 A_2 \ldots + a_n A_N \rightleftharpoons b_1 B_1 + b_2 B_2 \ldots + b_m B_m. \tag{4.1.19}$$

Dans un système fermé, nous n'avons qu'une variable indépendante ξ, et on a

$$d\xi = \frac{dN_{A_1}}{-a_1} = \frac{dN_{A_n}}{-a_n} = \frac{dN_{B_1}}{b_1} = \frac{dN_{B_m}}{b_m}. \tag{4.1.20}$$

L'affinité de la réaction (4.1.19) se définit

$$\mathcal{A} \equiv \left(\sum_{k=1}^{n} a_k \mu_{A_k} - \sum_{k=1}^{m} b_k \mu_{B_k} \right). \tag{4.1.21}$$

Si plusieurs réactions se déroulent dans un système fermé, on peut définir pour chacune une affinité $\mathcal{A}_k$, un degré d'avancement ξ_k et une variation d'entropie :

$$dS = \frac{1}{T}(dU + pdV) + \sum_k \frac{\mathcal{A}_k}{T} d\xi_k \,; \tag{4.1.22}$$

$$d_{\mathrm{i}}S = \sum_k \frac{\mathcal{A}_k}{T} d\xi_k \geq 0. \tag{4.1.23}$$

Pour la production d'entropie par unité de temps, on a donc

$$\frac{d_{\mathrm{i}}S}{dt} = \sum_k \frac{\mathcal{A}_k}{T} \frac{d\xi_k}{dt} \geq 0. \tag{4.1.24}$$

À l'équilibre thermodynamique, l'affinité $\mathcal{A}_k$ et la vitesse $d\xi_k/dt$ de chaque réaction s'annulent. En résumé, lorsque les réactions chimiques sont prises en compte, l'entropie est fonction de l'énergie U, du volume V, et des nombres de moles N_k, $S = S(U, V, N_k)$. Pour un système fermé, suivant (4.1.22) l'entropie peut s'écrire comme une fonction de U, de V, et de l'avancement de la réaction ξ_k.

Nous conclurons cette section sur une remarque historique. Le chapitre 5 introduit une quantité que nous appellerons l'*énergie libre de Gibbs*, et qui peut s'interpréter comme le potentiel chimique d'une quantité donnée d'un réactif. La conversion d'un composé X en un composé Z entraîne une baisse de la valeur de l'énergie libre de Gibbs pour X, et une hausse de l'énergie libre de Gibbs pour Z. Ainsi, l'affinité d'une réaction peut se concevoir comme égale et opposée à la variation de l'énergie libre de Gibbs, lorsque par exemple 1 mole de X et 1 mole de Y réagissent pour produire 2 moles de Z. Cette variation de l'énergie libre de Gibbs, dite *énergie libre de réaction de Gibbs* , est liée à l'affinité $\mathcal{A}$ par un simple signe négatif ; mais il existe entre elles une différence conceptuelle fondamentale. *L'affinité rapporte les réactions chimiques irréversibles à l'entropie ; on utilise l'énergie libre de Gibbs dans le contexte des états d'équilibre et des processus réversibles.* Pourtant dans de nombreux textes l'énergie libre de Gibbs figure en lieu et place de l'affinité, et on ne mentionne pas le lien entre l'entropie et la vitesse de réaction. Dans un ouvrage classique[1], Leicester retrace l'origine de cet usage depuis les travaux de Lewis et de Randall [8] :

> Le manuel de Lewis et Randall, qui présente ces idées, a conduit la majorité des auteurs anglo-saxons à remplacer le terme d'affinité par celui d'énergie libre. Le terme ancien n'a jamais entièrement disparu, puisqu'après 1922, l'école belge, conduite par De Donder, lui a donné un sens précis.

---

1. *The Historical Background of Chemistry* ([1] page 206) ; pour des commentaires récents sur ce point, cf. [7].

Or, l'affinité définie par De Donder a une tout autre portée, puisqu'elle rapproche l'entropie des processus chimiques irréversibles. Elle conduit ainsi à une conception de l'entropie qui ne la restreint pas aux processus réversibles infiniment lents « quasi-statiques » et aux états d'équilibres.

4.2   Propriétés générales de l'affinité

L'affinité d'une réaction est une fonction d'état définie par les potentiels chimiques. Elle peut s'exprimer en fonction de V, T et N_k. Pour un système fermé, puisque les variations de N_k ne dépendent que des réactions chimiques, elle s'exprime en termes de V, T, ξ_k, et des valeurs initiales des nombres de moles N_{k0}. Certaines propriétés générales des affinités découlent du fait que les réactions chimiques peuvent être interdépendantes ; c'est le cas lorsqu'un réactif intervient dans plus d'une réaction.

AFFINITÉ ET DIRECTION DE LA RÉACTION

Le signe de l'affinité peut servir pour prédire la direction d'une réaction. Considérons à nouveau la réaction X + Y $\rightleftharpoons$ 2Z. Nous avons vu que l'affinité est donnée par $\mathcal{A} = (\mu_X + \mu_Y - 2\mu_Z)$. La vitesse de réaction $(d\xi/dt)$ indique la direction de réaction, c'est-à-dire qu'elle dit si la conversion se fera de X, Y vers Z ou de Z vers X, Y. De la définition de ξ il découle que si $(d\xi/dt) > 0$ la réaction « procède vers la droite » : X+Y $\rightarrow$ Z ; si $(d\xi/dt) < 0$ la réaction « procède vers la gauche » : 2Z $\rightarrow$ X + Y. Et dans tous les cas, le second principe exige que $\mathcal{A}(d\xi/dt) \geq 0$. Nous voyons que

- si $\mathcal{A} > 0$, la réaction procède vers la droite ;
- si $\mathcal{A} < 0$, la réaction procède vers la gauche ;
- si $\mathcal{A} = 0$, le système est à l'équilibre.

ADDITIVITÉ DES AFFINITÉS

Une réaction chimique peut être le résultat de deux ou plusieurs mécanismes. Soit l'ensemble de réactions

$$2C(s) + O_2(g) \; \rightleftharpoons \; 2CO(g) \quad A1 \tag{4.2.1}$$

$$2CO(s) + O_2(g) \; \rightleftharpoons \; 2CO_2(g) \quad A2 \tag{4.2.2}$$

$$2[C(s) + O_2(g) \; \rightleftharpoons \; CO_2(g)] \quad 2A3 \tag{4.2.3}$$

où la réaction (4.2.3) est le résultat net ou la « somme » des deux réactions (4.2.1) et (4.2.2). Les affinités sont

$$\mathcal{A}_1 = 2\mu_C + \mu_{O_2} - 2\mu_{CO} \; ; \tag{4.2.4}$$

$$\mathcal{A}_2 = 2\mu_{CO} + \mu_{O_2} - 2\mu_{CO_2} \; ; \tag{4.2.5}$$

$$\mathcal{A}_3 = \mu_C + \mu_{O_2} - \mu_{CO_2}. \tag{4.2.6}$$

Il suit que

$$\mathcal{A}_1 + \mathcal{A}_2 = 2\mathcal{A}_3. \tag{4.2.7}$$

C'est l'*additivité des affinités* des réactions, qui peut se généraliser aisément.

COUPLAGE ENTRE RÉACTIONS

Lorsque plusieurs réactions chimiques se déroulent simultanément, il peut se produire un *couplage* entre elles. Considérons deux réactions qui échangent un ou plusieurs réactifs. Nous avons pour la production totale d'entropie

$$\frac{d_i S}{dt} = \frac{\mathcal{A}_1}{T}\frac{d\xi_1}{dt} + \frac{\mathcal{A}_2}{T}\frac{d\xi_2}{dt} \geq 0. \tag{4.2.8}$$

Pour satisfaire cette inégalité, il n'est pas nécessaire que chaque terme pris isolément soit positif. On peut avoir

$$\frac{\mathcal{A}_1}{T}\frac{d\xi_1}{dt} > 0 \text{ et } \frac{\mathcal{A}_2}{T}\frac{d\xi_2}{dt} < 0 \text{ mais } \frac{\mathcal{A}_1}{T}\frac{d\xi_1}{dt} + \frac{\mathcal{A}_2}{T}\frac{d\xi_2}{dt} > 0. \tag{4.2.9}$$

Dans ce cas, la décroissance de l'entropie due à l'une des réactions est compensée par l'accroissement de l'entropie due à l'autre. On sait que ces couplages sont fréquents dans les systèmes biologiques.

4.3 Production d'entropie due à la diffusion

Les concepts de potentiel chimique et d'affinité ne s'appliquent pas aux seules réactions chimiques, mais aussi au transport de matière d'une région de l'espace vers une autre. Nous pouvons obtenir ainsi la production d'entropie due à la diffusion. C'est un exemple de processus irréversible déjà rencontré au chapitre 3 (cf. figure 3.8). Nous donnons au chapitre 9 d'autres exemples de processus irréversibles que l'on peut décrire à l'aide du potentiel chimique et de l'affinité. Si les potentiels chimiques de parties voisines d'un système sont différents, un processus de diffusion de matière se produira jusqu'à leur égalisation. Ce processus est semblable au flux de chaleur qui résulte d'une différence de température.

Pour des raisons de commodité, considérons un système composé de deux parties maintenues à la même température T ; les potentiels chimique sont notés μ_i et les nombre de moles N_i (cf. figure 4.3). Comme pour les réactions, on peut associer un degré d'avancement au flux de particules d'une partie vers l'autre :

$$-dN_1 = dN_2 = d\xi. \tag{4.3.1}$$

Moyennant (4.1.14), la variation d'entropie due à ce processus peut s'écrire

$$d_i S = \frac{1}{T}(dU + PdV) - \frac{1}{T}(\mu_2 - \mu_1)\,d\xi\,; \tag{4.3.2}$$

$$= \frac{1}{T}(dU + PdV) + \frac{\mathcal{A}}{T}d\xi. \tag{4.3.3}$$

Le transport de matière donne lieu à une production d'entropie

$$d_i S = -\frac{1}{T}(\mu_2 - \mu_1)\,d\xi. \tag{4.3.4}$$

Le second principe demande que cette grandeur soit positive ou nulle ; cela signifie que le transport de matière aura lieu d'une région à fort potentiel chimique vers une région à faible potentiel chimique. C'est le cas de la diffusion qui déplace les constituants d'une région à haute concentration vers une région à basse concentration.

4.4　Propriétés générales de l'entropie

Terminons ce chapitre sur quelques propriétés générales de l'entropie. L'entropie est une fonction de l'énergie totale U, du volume V, et des nombres de moles N_k :

$$S = S(U, V, N_1, N_2 \ldots N_s); \tag{4.4.1}$$

on a donc

$$dS = \left(\frac{\partial S}{\partial U}\right)_{V,N_k} dU + \left(\frac{\partial S}{\partial V}\right)_{U,N_k} dV + \left(\frac{\partial S}{\partial N_k}\right)_{U,V,N_{j\neq k}} dN_k. \tag{4.4.2}$$

D'autre part, (4.1.2) permet d'écrire

$$dS = \frac{1}{T}\left(dU + pdV - \sum_k \mu_k dN_k\right). \tag{4.4.3}$$

La comparaison de ces deux dernières relations montre que

$$\left(\frac{\partial S}{\partial U}\right)_{V,N_k} = \frac{1}{T} \qquad \left(\frac{\partial S}{\partial V}\right)_{U,N_k} = \frac{p}{T} \qquad \left(\frac{\partial S}{\partial N_k}\right)_{U,V,N_{j\neq k}} = \frac{\mu_k}{T}. \tag{4.4.4}$$

Si la variation des nombres de moles N_k est seulement due à une réaction chimique, l'entropie peut s'écrire comme fonction de U, V et ξ (cf. l'exemple 4.1). On peut alors vérifier, en utilisant la définition de l'affinité, que

$$\left(\frac{\partial S}{\partial \xi}\right)_{U,V} = \frac{A}{T}. \tag{4.4.5}$$

De plus, pour toute fonction de plusieurs variables, les dérivées croisées sont égales, c'est-à-dire que nous devons avoir des égalités du type

$$\left[\frac{\partial}{\partial U}\left(\frac{\partial S}{\partial U}\right)_{V,N_k}\right]_{U,N_k} = \left[\frac{\partial}{\partial V}\left(\frac{\partial S}{\partial V}\right)_{U,N_k}\right]_{V,N_k} \tag{4.4.6}$$

Les relations (4.4.4) permettent alors d'établir, par exemple, la relation

$$\left(\frac{\partial}{\partial V}\frac{1}{T}\right)_{U,N_k} = \left(\frac{\partial S}{\partial U}\frac{p}{T}\right)_{V,N_k} \tag{4.4.7}$$

parmi de nombreuses autres possibles. Tout comme l'énergie, *l'entropie est une variable extensive*. De manière plus précise, cela signifie que si nous multiplions les variables U, V et N_k par un coefficient λ, l'entropie sera elle aussi multipliée par λ. C'est donc une *fonction homogène* des variables U, V et N_k, et on a

$$S(\lambda U, \lambda V, \lambda N_1, \lambda N_2 \ldots \lambda N_s) = \lambda S(U, V, N_1, N_2 \ldots N_s). \tag{4.4.8}$$

En différentiant (4.4.8) par rapport à λ et en prenant à la fin $\lambda = 1$, on retrouve le *théorème d'Euler* pour les fonctions homogènes :

$$S = \left(\frac{\partial S}{\partial U}\right)_{V,N_k} U + \left(\frac{\partial S}{\partial V}\right)_{U,N_k} V + \sum_k \left(\frac{\partial S}{\partial N_k}\right)_{U,V,N_{j\neq k}} N_k. \tag{4.4.9}$$

Grâce à (4.4.4), nous pouvons réécrire cette relation sous la forme

$$S = \frac{U}{T} + \frac{pV}{T} - \sum_k \frac{\mu_k N_k}{T}. \tag{4.4.10}$$

Dans ces équations, nous avons exprimé l'entropie en fonction de U, V et N_k. Puisque U peut s'écrire comme une fonction de T, V et N_k, l'entropie elle aussi peut s'écrire en fonction de T, V et N_k : $S = S(T, V, N_k)$. Puisque T, V et N_k sont des grandeurs mesurables, il est commode d'exprimer l'entropie et l'énergie en termes de ces variables. En partant de (4.4.3) nous obtenons

$$TdS = dU + pdV - \sum_k \mu_k dN_k \tag{4.4.11}$$

$$= \left(\frac{\partial U}{\partial T}\right)_V dT + \left(\frac{\partial U}{\partial V}\right)_T dV + pdV - \sum_k \mu_k dN_k + \sum_k \left(\frac{\partial U}{\partial N_k}\right)_{V,T} dN_k$$

et par suite

$$dS = \frac{1}{T}\left[\left(\frac{\partial U}{\partial V}\right)_T + p\right]dV + \frac{1}{T}\left(\frac{\partial U}{\partial T}\right)_V dT - \sum_k \frac{\mu_k}{T}dN_k + \sum_k \left(\frac{\partial U}{\partial N_k}\right)_{V,T} dN_k.$$

Ce résultat permet d'obtenir les dérivées cherchées :

$$\left(\frac{\partial S}{\partial V}\right)_{T,N_k} = \frac{1}{T}\left(\frac{\partial U}{\partial V}\right)_T + \frac{p}{T}\,; \tag{4.4.12}$$

$$\left(\frac{\partial S}{\partial T}\right)_{V,N_k} = \frac{1}{T}\left(\frac{\partial U}{\partial T}\right)_V = \frac{C_V}{T}\,; \tag{4.4.13}$$

$$\left(\frac{\partial S}{\partial N_k}\right)_{V,T} = -\frac{\mu_k}{T} + \left(\frac{\partial U}{\partial N_k}\right)_{V,T} \frac{1}{T}. \tag{4.4.14}$$

Des relations du même type peuvent être obtenues pour U, pris comme fonction de T, V et N_k. Les relations ci-dessus sont valides pour des systèmes homogènes. Elles peuvent s'étendre aux systèmes inhomogènes pour autant qu'il soit possible d'assigner à chaque point une température bien définie. En effet, nous pouvons alors introduire la densité d'entropie $s(T(\mathbf{x}), nk(\mathbf{x}))$, fonction de la température locale et des concentrations au point $\mathbf{x}$. Si $u(\mathbf{x})$ est la densité d'énergie, nous pouvons reprendre (4.4.4) pour écrire les relations

$$\left(\frac{\partial s}{\partial u}\right)_{n_k} = \frac{1}{T(\mathbf{x})} \qquad \left(\frac{\partial s}{\partial n_k}\right)_u = -\frac{\mu(\mathbf{x})}{T(\mathbf{x})} \tag{4.4.15}$$

où la dépendance des variables spatiales est explicitée. L'entropie totale et l'énergie du système s'obtiennent en intégrant sur le volume du système :

$$S = \int_V s\left(T(\mathbf{x}), n_k(\mathbf{x})\right) dV \qquad U = \int_V u\left(T(\mathbf{x}), n_k(\mathbf{x})\right) dV. \tag{4.4.16}$$

Puisque le système pris comme un tout n'est pas à l'équilibre thermodynamique, l'entropie totale S n'est plus fonction de l'énergie totale U et du volume total V. Mais une description thermodynamique reste possible pour autant que les densités s et u soient bien définies.

II
LA THERMODYNAMIQUE D'ÉQUILIBRE

5 PRINCIPES D'EXTREMUM ET RELATIONS THERMODYNAMIQUES

Principes d'extremum dans la description de la nature

Durant des siècles les chercheurs ont postulé que les lois de la nature sont simples. Cette quête s'est avérée fructueuse. Les lois de la mécanique, de la gravitation, de l'électromagnetisme et de la thermodynamique admettent effectivement des énoncés simples qui tiennent en quelques équations. Aujourd'hui encore, le programme de grande unification des interactions physiques fondamentales part de la même idée. Outre cette simplicité, la nature semble aussi capable d'« optimisation » : nombre de phénomènes naturels se déroulent de manière telle qu'une certaine grandeur physique est minimisée ou maximisée. Ainsi, Fermat proposa d'écrire le chemin suivi par les rayons de lumière à partir d'un principe simple : *la lumière voyage d'un point à l'autre selon un chemin qui minimise le temps de parcours.* De même, les équations de mouvement de la mécanique classique peuvent s'obtenir en invoquant le *principe de moindre action*, qui postule que si un corps est au point x_1 au temps t_1 et en x_2 au temps t_2, le mouvement a lieu de manière telle que soit minimisée une grandeur que l'on appelle l'action[1].

La thermodynamique d'équilibre obéit elle aussi à des principes d'extremum. Nous verrons en effet que sous certaines conditions, l'approche vers l'équilibre se produit de telle manière qu'une grandeur, appelée *potentiel thermodynamique*, prend une valeur extremum. Toutefois, nous verrons aussi dans les chapitres ultérieurs que loin de l'équilibre, il n'y a plus de principe d'extremum. C'est cela qui distingue radicalement les conditions « proches de l'équilibre » de celles qui sont « loin de l'équilibre » ; nous verrons que cette distinction a d'importantes conséquences.

5.1 Principes d'extremum associés au second principe

Nous avons déjà vu que tous les systèmes isolés évoluent vers l'état d'équilibre dans lequel l'entropie atteint sa valeur maximale. C'est le principe d'extremum fondamental de la thermodynamique. Mais on n'a pas toujours affaire à des systèmes isolés. Dans de nombreuses situations, le système physique ou chimique est maintenu à pression et/ou à température constante. Dans de telles situations, le signe positif de la variation d'entropie due aux processus irréversibles, $d_iS > 0$, peut aussi entraîner l'évolution de certaines fonctions thermodynamiques vers des valeurs extrémales (maximum ou minimum). En effet, nous verrons que sous de telles *contraintes*, l'évolution du système vers l'état d'équilibre correspond à l'extrémisation d'une grandeur thermodynamique, comme l'*énergie libre de Gibbs*, l'*énergie libre de Helmholtz* et l'*enthalpie* (déjà introduite au chapitre 2), grandeurs que nous allons définir dans ce

---

1. Pour un exposé stimulant de ces questions, cf. [1] Vol. 1, Chap. 26, et Vol. II, Chap. 19.

chapitre. Ces fonctions sont par définition les potentiels thermodynamiques. Ce nom leur est donné par analogie avec les potentiels associés aux forces mécaniques dont les minima correspondent à des points d'équilibre stable. Ainsi, la position d'équilibre d'un pendule correspond au minimum de l'énergie potentielle. Les systèmes que nous considérons dans ce chapitre sont soit *isolés*, soit *fermés*.

ENTROPIE MAXIMUM.

Comme nous l'avons vu au chapitre précédent, en raison des processus irréversibles internes, l'entropie d'un système isolé continue à croître ($d_i S > 0$) jusqu'à atteindre la plus grande valeur compatible avec les contraintes imposées. L'état ainsi atteint est l'état d'équilibre. Dès lors, lorsque U et V sont constants, tout système évolue vers l'état d'entropie maximum.

ÉNERGIE MINIMUM.

Le second principe implique aussi qu'à S et V constants, tout système évolue vers l'état à énergie minimum. En effet, nous avons vu que pour des systèmes fermés, $dU = dQ - pdV = Td_e S - pdV$. Comme la variation d'entropie est $dS = d_e S + d_i S$, on peut écrire $dU = TdS - pdV - Td_i S$. Puisque S et V sont constants, $dS = dV = 0$. On a donc

$$dU = -Td_i S \leq 0. \tag{5.1.1}$$

L'énergie évolue donc vers sa valeur minimum.

Pour maintenir l'entropie totale constante, l'entropie $d_i S$ produite par les processus irréversibles internes doit être évacuée du système. Si un système est maintenu à T, V et N_k constants, l'entropie va elle aussi demeurer constante. La décroissance de l'énergie $dU = -Td_i S$ est due à la conversion de l'énergie mécanique en chaleur, qui est évacuée du système pour maintenir l'entropie constante. Un exemple simple est la chute d'un objet à travers un fluide (cf. figure 5.1). Ici $dU = -Td_i S < 0$ est la chaleur produite par suite des frottements dans le fluide, liés à la viscosité. Si cette chaleur est évacuée de manière que la température et l'entropie demeurent constante, le système évoluera vers un état d'énergie minimum. On observera que durant l'approche de l'équilibre, on a toujours $dU = -Td_i S < 0$, et donc une conversion continue d'énergie mécanique en chaleur.

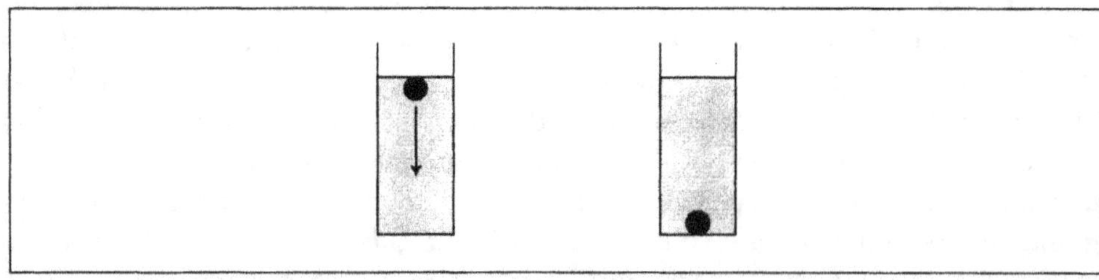

Figure 5.1 Dans l'exemple présenté ici (chute d'un objet à travers un fluide), l'entropie et le volume du système demeurent inchangés. Le système évolue vers un état d'énergie minimum (voir texte).

ÉNERGIE LIBRE DE HELMHOLTZ

Pour les systèmes maintenus à T et V constants, on peut définir une grandeur thermodynamique, l'*énergie libre de Helmholtz F*, qui évolue vers sa valeur minimum. F est définie comme une combinaison d'énergie et d'entropie :

$$dF = dU - T dS. \tag{5.1.2}$$

À basse température ($T \to 0$) l'énergie domine, à haute température c'est l'entropie. À T constant, nous avons donc

$$dF = dU - T d_e S - T d_i S \, ;$$
$$= dQ - p dV - T d_e S - T d_i S. \tag{5.1.2'}$$

si V est aussi maintenu constant, pour les systèmes fermés, $T d_e S = dQ$. Ainsi, à T et V constants, nous obtenons l'inégalité

$$dF = -T d_i S \leq 0, \tag{5.1.3}$$

qui découle directement du second principe. Nous voyons en quel sens on peut dire qu'un système dont température et volume sont maintenus constants évolue de manière telle que l'énergie libre de Helmholtz soit minimisée.

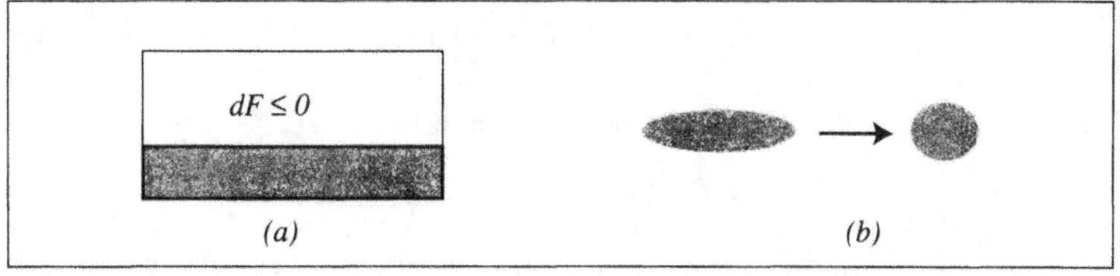

Figure 5.2 Minimisation de l'énergie libre de Helmholtz F. (a) Si V et T sont maintenus à des valeurs fixes constantes, une réaction chimique (par exemple $2\,H_2(g) + O_2(g) \rightleftharpoons 2\,H_2O(g)$) évolue vers l'état caractérisé par F minimum. La production d'entropie correspondante (4.1.6) est $T d_i S = -dF \geq 0$.
(b) De même, pour une goutte liquide, en supposant V et T constants, la minimisation de l'énergie de surface conduit à la forme sphérique, qui présente la plus petite surface pour un volume donné. Dans ce cas, $T d_i S = -dF \geq 0$.

Un exemple classique est l'évolution de la forme d'une goutte, illustrée sur la figure 5.2(b). En l'absence de gravité (ou dans le cas où la goutte est assez petite pour que le rôle de l'énergie de gravitation soit négligeable), la goutte adoptera finalement la forme d'une sphère : c'est la forme de surface minimale. Durant cette évolution, le volume et la température sont constants ; mais l'énergie libre varie avec la surface ; à cette dernière est associée une « tension superficielle » γ. Pour l'eau, $\gamma = 7.275 \times 10^{-2}$ Jm^{-2}. L'énergie libre diminue avec la surface A de la goutte. La production d'entropie dans ce processus irréversible est donnée par $T d_i S = -dF$. On trouvera plus de détails sur la tension superficielle à la fin de ce chapitre.

La minimisation de l'énergie libre de Helmholtz conduit à de nombreuses propriétés intéressantes pour l'étude des transitions de phase. Ainsi, à basse température, où l'énergie domine dans $F = E - TS$, nous avons l'état solide ; à haute température, nous avons l'état gazeux, où l'entropie est plus élevée [2]. On peut aussi montrer que l'énergie libre de Helmholtz est l'énergie qui est libre, c'est-à-dire disponible pour produire du travail dans un processus réversible (exemple 5.1) — d'où d'ailleurs le nom d'*énergie libre*.

On peut obtenir les dérivées de l'énergie libre de Helmholtz par rapport aux variables T, V et N_k. Il résulte de (5.1.2) que $dF = dU - TdS - SdT$. La variation d'entropie due aux échanges d'énergie et de matière est donnée par $T d_e S = dU + pdV - \sum_k \mu_k d_e N_k$. Pour la production d'entropie due aux réactions chimiques irréversibles nous avons $T d_i S = -\sum_k \mu_k d_i N_k$. Comme toujours, $TdS = T d_e S + T d_i S$. En replaçant ces expressions de dU et dS dans l'expression de dF, on obtient

$$dF = dU - T \left[\frac{dU + pdV}{T} - \frac{1}{T} \sum_k \mu_k d_e N_k \right] - T \frac{\sum_k \mu_k d_i N_k}{T} - SdT ;$$

$$= -pdV - SdT + \sum_k \mu_k \left(d_e N_k + d_i N_k \right) ; \qquad (5.1.4)$$

et par suite

$$dF = -pdV - SdT + \sum_k \mu_k dN_k. \qquad (5.1.5)$$

On peut alors formuler les dérivées de F par rapport à V, T et N_k :

$$\left(\frac{\partial F}{\partial V} \right)_{T,N_k} = -p \qquad \left(\frac{\partial F}{\partial T} \right)_{V,N_k} = -S \qquad \left(\frac{\partial F}{\partial N_k} \right)_{T,V} = \mu_k. \qquad (5.1.6)$$

Il est aisé d'inclure les contributions de surface et d'autres effets dans le calcul de l'énergie libre F (cf. (2.2.10)-(2.2.11)).

Lorsque les variations de N_k sont seulement dues à une réaction chimique, F est fonction de T, V et du degré d'avancement de réaction ξ. Alors (cf. exemple 5.2)

$$\left(\frac{\partial F}{\partial \xi} \right)_{T,V} = -\mathcal{A}. \qquad (5.1.7)$$

Il y a donc un lien étroit entre l'affinité et la variation de l'énergie libre.

ENERGIE LIBRE DE GIBBS

Lorsque la pression et la température d'un système fermé sont maintenues constantes, la grandeur minimisée à l'équilibre est l'énergie libre de Gibbs. L'énergie libre de Gibbs, notée G, se définit par

$$G = U + pV - TS = H - TS, \qquad (5.1.8)$$

où nous avons utilisé la définition de l'enthalpie $H = U + pV$. Tout comme F évolue vers un minimum lorsque T et V sont maintenus constants, G évolue vers un minimum quand p et T sont maintenus constants. Dans ce cas aussi, nous pouvons rattacher G à la production d'entropie. En effet, en partant de (5.1.8), on a pour p et T constants

$$dG = dU + pdV + V\,dp - T\,dS - S\,dT\,;$$
$$= dQ - pdV + pdV + V\,dp - T\,d_eS - T\,d_iS - S\,dT\,;$$
$$= -T\,d_iS \leq 0\,; \tag{5.1.9}$$

où on a utilisé le fait que que $T\,d_eS = dQ$ pour les systèmes fermés.

L'énergie libre de Gibbs est surtout utilisée pour décrire les processus chimiques parce que leur étude au laboratoire est généralement menée à p et T constants. L'évolution de G vers sa valeur minimum peut s'exprimer à l'aide des affinités $\mathcal{A}_k$ et des vitesses de réaction $d\xi_k/dt$ (voir 4.1.23):

$$\frac{dG}{dT} = -T\,\frac{d_iS}{dt} = -\sum_k \mathcal{A}_k \frac{d\xi_k}{dt} \leq 0, \tag{5.1.10}$$

et aussi bien

$$dG = -\sum_k \mathcal{A}_k d\xi_k \leq 0. \tag{5.1.11}$$

où l'égalité n'est satisfaite qu'à l'équilibre. L'équation (5.1.11) montre que pour p et T constants, G est fonction de la variable d'état ξ_k, le degré d'avancement de réaction pour la réaction k. On a donc la relation suivante (cf. exc 5.3) entre l'affinité et la variation de l'énergie libre G:

$$-\mathcal{A}_k = \left(\frac{\partial G}{\partial \xi_k}\right)_{p,T}. \tag{5.1.12}$$

À p et T constants, le degré d'avancement de réaction ξ_k évolue vers la valeur qui minimise $G(\xi_k, p, T)$ (cf. la figure 5.3(b)). Notons que G évolue de façon monotone vers sa valeur minimum, conformément à 5.1.10. La variable ξ ne peut donc atteindre sa valeur d'équilibre par oscillations successives comme le ferait un pendule. Cela ne signifie pas que des oscillations des concentration soient impossibles dans les systèmes chimiques (comme on l'a longtemps cru): nous verrons au chapitre 19 que dans des systèmes loin de l'équilibre des oscillations des concentrations autour d'une valeur de non-équilibre de ξ peuvent se produire; mais dans de tels cas G n'est plus un potentiel thermodynamique.

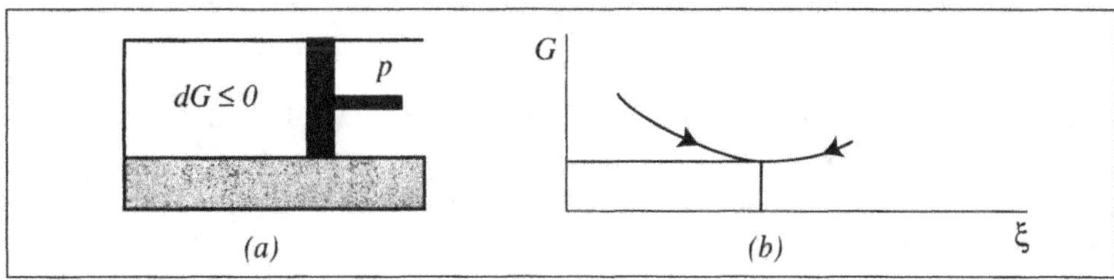

Figure 5.3 Energie libre de Gibbs G.
(a) À p et T constants, la réaction chimique (par exemple la synthèse de l'eau) conduit le système vers l'état où G est minimum.
(b) Le degré d'avancement de la réaction ξ évolue vers la valeur d'équilibre $\xi_{\text{éq}}$ qui rend G minimum (5.1.12).

Nous avons exprimé que F est une fonction de V, T et N_k. De même, G est une fonction de p, T, N_k, à savoir

$$dG = V\,dp - S\,dT + \sum_k \mu_k dN_k. \tag{5.1.13}$$

L'on a donc

$$\left(\frac{\partial G}{\partial p}\right)_{T,N_k} = V \qquad \left(\frac{\partial G}{\partial T}\right)_{p,N_k} = -S \qquad \left(\frac{\partial G}{\partial N_k}\right)_{T,p} = \mu_k. \tag{5.1.14}$$

Une propriété majeure de l'énergie libre de Gibbs est sa relation étroite au potentiel chimique. Nous avons montré (4.4.10) que pour un système homogène

$$U = TS - pV + \sum_k \mu_k N_k.$$

En utilisant la définition de G en (5.1.8) nous obtenons

$$G = \sum_k \mu_k N_k. \tag{5.1.15}$$

Pour un système à un seul constituant, $G = \mu N$. *Le potentiel chimique μ s'identifie alors à l'énergie libre de Gibbs molaire.* Pour un système à plusieurs composants, l'énergie libre de Gibbs molaire devient

$$G_{\mathrm{m}} \equiv \frac{G}{N} = \sum_k \mu_k x_k, \tag{5.1.16}$$

où N est le nombre total de moles, et où les $x_k = N_k/N$ sont les fractions molaires. Pour des fractions molaires données x_k, G est une grandeur extensive de N, et donc G_{m} est fonction de p, T et des fractions molaires x_k. Comme on le montre dans l'exemple 5.3, le potentiel chimique peut aussi se mettre sous la forme

$$dG_{\mathrm{m}\,p,T} = \sum_k \mu_k dx_k. \tag{5.1.17}$$

Le potentiel chimique est donc fonction de p, T et des fractions molaires x_k.

ENTHALPIE MINIMUM

Dans le chapitre 2, nous avons introduit l'enthalpie

$$H = U + pV. \tag{5.1.18}$$

Tout comme les autres potentiels thermodynamiques, l'enthalpie est liée à un principe d'extremum : à S et p constants, l'enthalpie H évolue vers sa valeur minimum. Ceci peut se montrer comme ci-dessus. Puisque nous supposons que p est constant, nous avons à partir de (5.1.18)

$$dH = dU + pdV = dQ. \tag{5.1.19}$$

Pour un système fermé, $dQ = Td_{\mathrm{e}}S = T(dS - d_{\mathrm{i}}S)$. Donc, $dH = TdS - Td_{\mathrm{i}}S$. Mais puisque l'entropie totale S est fixée, $dS = 0$. Dès lors,

$$dH = -Td_{\mathrm{i}}S \leq 0. \tag{5.1.20}$$

Toutefois, les réactions chimiques ne se déroulent normalement pas de manière à ce que l'entropie totale demeure constante. Le lien avec les réactions chimiques est donc moins étroit qu'avec F ou G. Comme pour les autres potentiels thermodynamiques (cf. (5.1.5)), on peut montrer (cf. exc. 5.4) que

$$dH = TdS + Vdp + \sum_k \mu_k dN_k.$$
(5.1.21)

Par suite,

$$\left(\frac{\partial H}{\partial p}\right)_{S,N_k} = V \qquad \left(\frac{\partial H}{\partial S}\right)_{p,N_k} = T \qquad \left(\frac{\partial H}{\partial N_k}\right)_{S,p} = \mu_k.$$
(5.1.22)

Encore une fois, si la variation de N_k est seulement due à une réaction chimique, H est fonction de p, S et ξ, et nous obtenons une nouvelle relation entre affinité et potentiel thermodynamique

$$\left(\frac{\partial H}{\partial \xi}\right)_{p,S} = -\mathcal{A}$$
(5.1.23)

PRINCIPES D'EXTREMUM ET STABILITÉ DE L'ÉTAT D'ÉQUILIBRE.

Les principes d'extremum ont des conséquences majeures touchant le comportement des fluctuations microscopiques. Puisque tous les systèmes macroscopiques sont constitués d'un nombre très grand de molécules animées d'un mouvement désordonné, les grandeurs thermodynamiques comme la température, la pression et les densités, subissent de petites fluctuations. Pourquoi ces fluctuations n'altèrent-elles pas progressivement la valeur des variables thermodynamiques ? Notons la différence avec le mouvement brownien, où de petites fluctuations aléatoires déplacent un objet d'un point à un autre. La température ou la concentration d'un système à l'équilibre thermodynamique fluctuent, mais ne mènent pas à des effets systématiques. On dit que l'état d'équilibre est stable. La raison en est que les processus irréversibles conduisent le système vers l'état d'équilibre où l'un des potentiels thermodynamiques est extrémal. Aussi, lorsqu'une fluctuation éloigne le système de l'état d'équilibre, les processus irréversibles l'y ramènent. La propriété de stabilité de l'équilibre est donc une conséquence des principes d'extremum. On notera l'analogie avec l'évolution d'un pendule autour de sa position d'équilibre.

Toutefois, les systèmes thermodynamiques ne sont pas toujours stables. Il existe des situations où les fluctuations conduisent un système d'un état vers un autre. L'état initial est alors dit *instable*. Comme nous le verrons, certains mélanges homogènes deviennent instables quand la température diminue ; sous l'effet des fluctuations, ils évoluent alors vers un état correspondant à deux phases distinctes ; c'est le phénomène de la séparation de phase (voir les chapitres 12, 13 et 14).

Enfin, quand un système est loin de l'équilibre thermodynamique, son état n'est plus caracterisé par un principe d'extremum, et les processus irréversibles n'assurent plus sa stabilité. Cette instabilité peut conduire le système vers des états qui présentent un haut degré d'organisation, laquelle peut se manifester par des variations périodiques des concentrations, ou la formation spontanée de structures spatiales. L'instabilité loin de l'équilibre et l'*auto-organisation* qui en résulte seront discutées dans les chapitres 18 et 19.

LES TRANSFORMATIONS DE LEGENDRE.

Les relations entre les fonctions thermodynamiques $F(T, V, N_k)$ et $G(T, p, N_k)$ d'une part, et $U(S, V, N_k)$ et $H(S, p, N_k)$ d'autre part, appartiennent à une classe de relations appelées *transformations de Legendre*. Ces transformations associent une fonction $U(S, V, N_k)$ à d'autres fonctions, où une ou plusieurs des variables indépendantes S, V et N_k sont remplacées par les dérivées partielles correspondantes de U. Ainsi, $F(T, V, N_k)$ est une transformée de Legendre de U dans laquelle S est remplacé par la dérivée $(\partial U/\partial S)_{V,N_k} = T$. De même, $G(T, p, N_k)$ est une transformée de Legendre de U où S et V sont remplacées par les dérivées partielles correspondantes. La table 5.1 donne quelques transformées de Legendre qui explicitent la structure mathématique de la thermodynamique[2].

$$U(S, V, N_k) \rightarrow F(T, V, N_k) = U - TS \qquad S \rightarrow \left(\frac{\partial U}{\partial S}\right)_{V,N_k} = T$$

$$U(S, V, N_k) \rightarrow H(S, p, N_k) = U + pV \qquad V \rightarrow \left(\frac{\partial U}{\partial V}\right)_{S,N_k} = -p$$

$$U(S, V, N_k) \rightarrow G(S, p, N_k) = U + pV - TS \qquad S \rightarrow \left(\frac{\partial U}{\partial S}\right)_{S,N_k} = T$$

$$V \rightarrow \left(\frac{\partial U}{\partial V}\right)_{S,N_k} = -p$$

Table 5.1 Application des transformées de Legendre aux relations entre les variables de la théorie thermodynamique.

5.2 Relations thermodynamique générales

Dans cette section, nous allons présenter quelques relations générales importantes valables à l'équilibre. Nous les appliquerons alors à des systèmes particuliers dans les chapitres suivants. Les chapitres 15-17 montreront comment certaines de ces relations peuvent être étendues à des systèmes de non-équilibre lorsque l'on peut appliquer l'hypothèse de l'équilibre local.

L'ÉQUATION DE GIBBS-DUHEM

L'une de ces relations générales est l'équation de Gibbs-Duhem. Cette relation montre que les variables intensives T, p et m_k ne sont pas toutes indépendantes. Elle résulte des relations fondamentales (4.1.2) par lesquelles Gibbs avait introduit les potentiels

---

2. L'ouvrage de Herbert Callen [3] discute en détail le rôle des transformations de Legendre en thermodynamique. On sait que les transformées de Legendre jouent aussi un rôle important en mécanique classique, puisque l'hamiltonien est une transformée de Legendre du lagrangien).

chimiques :

$$dU = TdS - pdV + \sum_k \mu_k dN_k, \tag{5.2.1}$$

et de la relation (4.4.10) que l'on peut réécrire

$$U = TS - pV + \sum_k \mu_k N_k. \tag{5.2.2}$$

Rappelons que cette relation découle du fait que l'entropie est une fonction extensive, et renvoie dès lors au théorème d'Euler. La différentielle de (5.2.2) est

$$dU = TdS + SdT - Vdp - pdV + \sum_k (\mu_k dN_k + N_k d\mu_k). \tag{5.2.3}$$

Cette relation, combinée avec (5.2.1), donne l'*équation de Gibbs-Duhem* :

$$SdT - Vdp + \sum_k N_k d\mu_k = 0, \tag{5.2.4}$$

qui montre que les variations des variables intensives T, p et μ_k ne peuvent être indépendantes. Nous verrons au chapitre 7 le rôle de cette équation dans l'étude de l'équilibre entre les phases (par exemple liquide-vapeur). À p et T constants, (5.2.4) se réduit à l'expression

$$\sum_k N_k (d\mu_k)_{p,T} = 0.$$

Puisque les variations du potentiel chimique $(d\mu_k)_{p,T}$ sont

$$\sum_i \left(\frac{\partial \mu_k}{\partial N_i} \right) dN_i,$$

nous pouvons écrire cette expression sous la forme

$$\left(\frac{\partial \mu_k}{\partial N_i} \right)_{p,T} = \left(\frac{\partial^2 G}{\partial N_i \partial N_k} \right)_{p,T} = \left(\frac{\partial^2 G}{\partial N_k \partial N_i} \right)_{p,T} = \left(\frac{\partial \mu_i}{\partial N_k} \right)_{p,T} \tag{5.2.5}$$

où les nombres de moles $N_k (k \neq i)$ sont maintenus constants. Puisque les dN_i sont des variations arbitraires, (5.2.5) implique que le coefficient de chaque dN_i est nul. Nous obtenons ainsi un résultat important, qui nous servira dans les chapitres suivants.

$$\sum_k \left(\frac{\partial \mu_i}{\partial N_k} \right) N_k = 0. \tag{5.2.6}$$

L'ÉQUATION DE HELMHOLTZ

L'équation de Helmholtz découle du fait que, pour des fonctions de plusieurs variables, les *dérivées secondes croisées* doivent être égales :

$$\left(\frac{\partial^2 S}{\partial T \partial V} \right)_{N_k} = \left(\frac{\partial^2 S}{\partial V \partial T} \right)_{N_k} \tag{5.2.7}$$

et que, pour des systèmes fermés sans réaction chimique, la variation d'entropie s'écrit

$$dS = \frac{1}{T} (dU + P \, dV).$$ (5.2.8)

L'énergie U peut s'exprimer en fonction de V et T, et dès lors

$$dU = \left(\frac{\partial U}{\partial V} \right)_T dV + \left(\frac{\partial U}{\partial T} \right)_V dT.$$

En introduisant cette expression dans (5.2.8) nous obtenons

$$dS = \frac{1}{T} \left(\frac{\partial U}{\partial V} \right)_T dV + \frac{1}{T} \left(\frac{\partial U}{\partial T} \right)_V dT + \frac{p}{T} dV \; ;$$
$$= \left[\frac{1}{T} \left(\frac{\partial U}{\partial V} \right)_T + \frac{p}{T} \right] dV + \frac{1}{T} \left(\frac{\partial U}{\partial T} \right)_V dT.$$ (5.2.9)

où les coefficients de dV et dT sont les dérivées

$$\left(\frac{\partial S}{\partial V} \right)_T \qquad \text{et} \qquad \left(\frac{\partial S}{\partial T} \right)_V .$$

Suivant (5.2.7), nous avons donc la relation

$$\left(\frac{\partial}{\partial T} \left[\frac{1}{T} \left(\frac{\partial U}{\partial V} \right) + \frac{p}{T} \right] \right)_V = \left(\frac{\partial}{\partial V} \left[\frac{1}{T} \left(\frac{\partial U}{\partial T} \right) \right] \right)_T$$ (5.2.10)

qui permet (exc. 5.5) d'écrire l'*équation de Helmholtz*

$$\left(\frac{\partial U}{\partial V} \right)_T = T^2 \left(\frac{\partial}{\partial T} \frac{p}{T} \right)_V$$ (5.2.11)

qui détermine la variation de l'énergie avec le volume lorsque l'équation d'état est connue. En particulier, elle permet de montrer que pour un gaz parfait l'équation $pV = nRT$ implique, à T constant, que l'énergie U est indépendante du volume.

L'ÉQUATION DE GIBBS-HELMHOLTZ

L'équation de Gibbs-Helmholtz relie l'enthalpie H à la variation de température de l'énergie libre de Gibbs G. Elle permet de déterminer les chaleurs de réaction en évaluant l'énergie libre de Gibbs à des températures differentes, et s'obtient comme suit. Par définition, l'énergie libre de Gibbs (5.1.8) est $G = H - TS$. Nous observons d'abord que grâce à (5.1.14) on a

$$G = H + \left(\frac{\partial G}{\partial T} \right)_{p, N_k} T$$ (5.2.12)

qui donne l'*équation de Gibbs-Helmholtz* :

$$\frac{\partial}{\partial T} \left(\frac{G}{T} \right) = - \frac{H}{T^2}.$$ (5.2.13)

Appliquée à une réaction chimique, cette équation peut s'exprimer en termes des variations de G et de H qui résultent de cette réaction. Si on note G_r et H_r l'énergie libre de Gibbs et l'enthalpie des réactifs initiaux, et G_p et H_p les produits, on aura

$\Delta G = G_p - G_r$ et $\Delta H = H_p - H_r$. Nous appliquons l'équation (5.2.13) aux réactifs et aux produits, d'où par soustraction

$$\frac{\partial}{\partial T}\left(\frac{\Delta G}{T}\right) = -\frac{\Delta H}{T^2}. \tag{5.2.14}$$

Nous définissons au chapitre 9 une grandeur dite ΔG *standard*, qui s'obtient en mesurant les concentrations d'équilibre des différents composés d'une réaction. Si les concentrations d'équilibre sont mesurées à diverses températures, on obtient la variation de ΔG avec T, dont nous allons nous servir pour obtenir la chaleur de réaction.

5.3 Potentiel chimique

Mise à part la conduction de la chaleur, tous les processus irréversibles peuvent être décrits à l'aide d'un potentiel chimique approprié, qu'il s'agisse des réactions chimiques, de la diffusion, de l'influence des champs électrique, magnétique et gravitationnel, de la conduction ionique, de la relaxation diélectrique… Le chapitre 10 sera consacré à cette gamme variée de processus dont la description se fait à l'aide du potentiel chimique. En raison de ce rôle central, nous allons donner ici quelques formules générales auxquelles obéissent les potentiels chimiques.

Nous avons déjà noté que pour un constituant unique, le potentiel chimique est égal à l'énergie libre de Gibbs molaire du produit. En général, l'énergie libre de Gibbs et le potentiel chimique sont liés par la relation (5.1.14)

$$\left(\frac{\partial G}{\partial N_k}\right)_{p,T} = \mu_k. \tag{5.3.1}$$

Pour obtenir la relation générale entre μ_k et l'enthalpie H, nous dérivons l'équation de Gibbs-Helmholtz (5.2.13) par rapport à N_k et nous utilisons (5.3.1), ce qui nous donne (H_{mk} est l'*enthalpie molaire partielle* du composé k)

$$\frac{\partial}{\partial T}\left(\frac{\mu_k}{T}\right) = -\frac{H_{\mathrm{mk}}}{T^2} \quad \text{où} \quad H_{\mathrm{mk}} = \left(\frac{\partial H}{\partial N_k}\right)_{p,T,N_{i\neq k}} \tag{5.3.2}$$

et enfin, par intégration :

$$\frac{\mu(p_0, T)}{T} = \frac{\mu(p_0, T_0)}{T_0} - \int_{T_0}^{T} \frac{H_{\mathrm{mk}}(p_0, T')}{T'^2} \, dT'. \tag{5.3.3}$$

Nous avons vu (cf. (2.4.10) et (2.4.11)), que l'enthalpie molaire d'un produit pur $H_{\mathrm{m}}(T)$ peut être obtenue à partir des valeurs de $c_p(T)$, la chaleur spécifique molaire à pression constante. Pour des mélanges idéaux, l'enthalpie H_{mk} est égale à celle du composé pur k. Pour des mélanges non idéaux, il faut connaître la chaleur spécifique du mélange pour évaluer H_{mk}.

Pour un corps pur, connaissant $\mu(p_0, T)$ à pression p_0 et température T_0, la valeur de $\mu(p, T)$ pour toute autre pression p s'obtient en utilisant l'expression $d\mu = -S_{\mathrm{m}}dT + V_{\mathrm{m}}dp$ qui découle de l'équation de Gibbs-Duhem (5.2.4), avec $S_{\mathrm{m}} = S/N$

et $V_m = V/N$. Puisque T est fixé, $dT = 0$, et nous pouvons intégrer cette expression par rapport à p pour obtenir

$$\mu(p, T) = \mu(p_0, T) + \int_{p_0}^{p} V_m(p', T)\, dp'. \tag{5.3.4}$$

En résumé, si la valeur du potentiel chimique $\mu(p_0, T_0)$ est connue pour des conditions standard p_0 et T_0, les équations (5.3.3) et (5.3.4) permettent de calculer le potentiel chimique pour toutes les autres valeurs de la pression et de la température. Une autre manière utile d'écrire (5.3.4), est due à Lewis, qui introduisit le concept d'*activité* a_k pour un produit k faisant partie d'un mélange :

$$\mu_k(p, T) = \mu_k(p_0, T) + RT \ln a_k. \tag{5.3.5}$$

Nous verrons au chapitre 6 la contibution du concept d'activité à la description des potentiels chimiques dans les mélanges. Ici, en guise d'illustration, nous appliquerons (5.3.4) et (5.3.3) au cas des gaz parfaits. Puisque $V_m = RT/p$, nous avons pour un gaz formé d'un seul constituant

$$\begin{aligned}
\mu(p, T) &= \mu(p_0, T) + \int_{p_0}^{p} \frac{RT}{p'}\, dp' \\
&= \mu(p_0, T) + RT \ln \frac{p}{p_0} \\
&= \mu_0 + RT \ln p.
\end{aligned} \tag{5.3.6}$$

L'activité est donc ici $a = p/p_0$, dans l'approximation des gaz parfaits, et μ_0 est le potentiel chimique à la pression unité. Le chapitre 6 montrera comment obtenir l'expression du potentiel chimique et de l'activité lorsque sont prises en compte la dimension des molécules et les forces intermoléculaires.

TABLE DES ÉNERGIES LIBRES DE GIBBS

Pour donner un tableau des énergies libres de Gibbs pour les produits, on utilise les conventions décrites dans l'excursus 5.1, qui définit l'énergie molaire libre de formation de Gibbs d'un produit k, notée $\Delta G_f^0[k]$. Puisque la thermodynamique chimique suppose qu'il n'y a pas d'interconversion entre les éléments, l'énergie libre de Gibbs des éléments peut être employée pour assigner le niveau zéro par rapport auquel les énergies libres de Gibbs de tous les autres produits seront mesurées. L'énergie libre de formation de Gibbs pour H_2O, qui s'écrit $\Delta G_f^0 [H_2O]$, par exemple, est la variation de l'énergie libre de Gibbs ΔG dans la réaction

$$H_2(g) + \tfrac{1}{2} O_2(g) \rightarrow H_2O(l).$$

Les énergies libres de formation de Gibbs pour différents produits, à savoir ΔG_f^0, sont données dans l'excursus 5.1. Nous examinerons plus en détail l'usage que l'on fait de ces valeurs de ΔG_f^0 dans le chapitre 9, consacré à la thermodynamique des réactions chimiques. Nous conclurons cette section en notant que l'introduction de

---

Excursus 5.1 Table des énergies libres de Gibbs pour les mélanges

---

Pour des raisons pratiques, on définira comme suit l'*énergie libre de Gibbs molaire* $\Delta G_f^0[k]$ d'un composé à l'état standard (à $p_0 = 1$ atm, $T_0 = 298.15$ K).

- $\Delta G_f^0[k]$ pour tous les éléments k à toutes les températures T.

- $\Delta G_f^0[k]$ = l'énergie libre molaire de Gibbs standard pour le produit k. C'est l'énergie libre de formation de Gibbs pour une mole du produit à partir de ses constituants (tous à l'état standard).

Puisque la thermodynamique classique suppose qu'il n'y a pas conversion entre les éléments, l'énergie libre de Gibbs des éléments peut servir pour la définition du niveau zéro par rapport auquel les énergies libres de Gibbs des autres composants seront mesurées.

(5.3.3) dans (5.3.4), permet d'obtenir une expression générale du potentiel chimique, qui permet de passer de l'état (p_o, T_o) à l'état (p, T) :

$$\mu(p, T) = \frac{T}{T_0}\mu(p_0, T_0) + \int_{p_0}^{p} V_{\mathrm{m}}(p', T)dp' - T\int_{T_0}^{T}\frac{H_{\mathrm{m}}(p, T')}{T'^2}dT'. \tag{5.3.7}$$

5.4 Relations de Maxwell

Nous avons vu que l'énergie et l'entropie sont des fonctions de plusieurs variables : $U = U(S, V, N_k)$ et $S = S(U, V, N_k)$. Maxwell utilisa la théorie des fonctions de plusieurs variables pour dériver un grand nombre de relations entre variables thermodynamiques : ce sont les *relations de Maxwell*.

Dans l'appendice 1.1, nous avons montré que si trois variables x, y et z sont telles que chacune peut être exprimée en fonction des deux autres, nous avons

$$\frac{\partial^2 x}{\partial y \partial z} = \frac{\partial^2 x}{\partial z \partial y} \tag{5.4.1}$$

$$\left(\frac{\partial x}{\partial y}\right)_z = \left(\frac{\partial y}{\partial x}\right)_z^{-1} \tag{5.4.2}$$

$$\left(\frac{\partial x}{\partial y}\right)_z \left(\frac{\partial y}{\partial z}\right)_x \left(\frac{\partial z}{\partial x}\right)_y = -1. \tag{5.4.3}$$

De même, si nous considérons $z = z(x, y)$ et $w = w(x, y)$, fonctions de x et de y, la dérivée partielle à w constant est donnée par

$$\left(\frac{\partial z}{\partial x}\right)_w = \left(\frac{\partial z}{\partial x}\right)_y + \left(\frac{\partial z}{\partial y}\right)_x \left(\frac{\partial y}{\partial x}\right)_w. \tag{5.4.4}$$

Nous avons déjà vu comment (5.4.1) conduit à l'équation de Helmholtz (5.2.11). Dans la plupart des cas, les relations (5.4.1)-(5.4.4) sont utilisées pour exprimer les dérivées thermodynamiques sous une forme qui puisse plus aisément se rattacher à des grandeurs expérimentalement mesurables. Par exemple, en mettant à profit le fait que l'énergie de Helmholtz $F(V, T)$ est fonction de V et de T, la formule (5.4.1) peut servir à dériver la relation

$$\left(\frac{\partial S}{\partial V}\right)_T = \left(\frac{\partial p}{\partial T}\right)_V$$

où le membre de droite est une grandeur directement mesurable. Il est souvent commode d'exprimer les dérivées thermodynamiques en termes de grandeurs telles que la *compressibilité isotherme*

$$\kappa_T \equiv -\frac{1}{V}\left(\frac{\partial V}{\partial p}\right)_T \tag{5.4.5}$$

et le *coefficient de dilatation*

$$\alpha \equiv \frac{1}{V}\left(\frac{\partial V}{\partial T}\right)_p. \tag{5.4.6}$$

Par exemple, la dérivée $(\partial p/\partial T)_V$ introduite ci-dessus peut s'exprimer en termes de κT et α. Si on applique (5.4.3) sous la forme

$$\left(\frac{\partial p}{\partial T}\right)_V = \left(\left(\frac{\partial V}{\partial p}\right)_T \left(\frac{\partial T}{\partial V}\right)_p\right)^{-1}$$

et si on reprend (5.4.2), il suffit de diviser numérateur et dénominateur par le volume pour obtenir la relation suivante, qui donne un lien direct avec des grandeurs mesurables :

$$\left(\frac{\partial p}{\partial T}\right)_V = \frac{-\frac{1}{V}\left(\frac{\partial V}{\partial T}\right)_p}{\frac{1}{V}\left(\frac{\partial V}{\partial p}\right)_T} = \frac{\alpha}{\kappa_T}. \tag{5.4.7}$$

RELATION GÉNÉRALE ENTRE c_p ET c_V

Pour présenter un autre exemple d'application des relations de Maxwell, nous allons exprimer la différence $c_p - c_v$ à l'aide de α, κ_T, du volume molaire V_m et de T — toutes grandeurs mesurables. Partons de la relation (2.3.5)

$$c_p - c_V = \left[p + \left(\frac{\partial U}{\partial V}\right)_T\right]\left(\frac{\partial V_m}{\partial T}\right)_p \tag{5.4.8}$$

où nous avons introduit le volume molaire V_m. L'équation de Helmholtz (5.2.11) nous donne alors

$$\left(\frac{\partial U}{\partial V}\right)_T + p = T\left(\frac{\partial p}{\partial T}\right)_V$$

et nous pouvons écrire (5.4.8) sous la forme

$$c_p - c_V = T\left(\frac{\partial p}{\partial T}\right)_V \alpha V_m \tag{5.4.9}$$

où nous avons utilisé la définition (5.4.6) pour α. Moyennant la relation de Maxwell (5.4.7), nous obtenons l'équation suivante, qui donne $c_p - c_V$ en termes de grandeurs directement mesurables.

$$c_p - c_V = \frac{T\alpha^2 V_m}{\kappa_T}. \tag{5.4.10}$$

5.5   Variables extensives et intensives

Dans les systèmes à plusieurs composantes, les fonctions thermodynamiques comme le volume V, l'énergie libre de Gibbs G, et toutes les grandeurs que l'on peut exprimer en fonction de p, T et N_k, sont des fonctions extensives de N_k. Ce caractère extensif conduit à des relations thermodynamiques générales, ainsi que nous l'avons vu au chapitre 4. Considérons à titre d'exemple le volume d'un système en fonction de p, T et N_k. À p et T constants, si tous les nombres de moles sont multipliés par un facteur λ, le volume V sera multiplié par ce facteur. On a donc

$$V(p, T, \lambda N_k) = \lambda V(p, T, N_k). \tag{5.5.1}$$

En utilisant le théorème d'Euler, comme dans la section 4.4, à p et T constants, nous obtenons la relation

$$V = \sum_k \left(\frac{\partial V}{\partial N_k} \right)_{p,T} N_k. \tag{5.5.2}$$

Il est commode de définir les *volumes molaires partiels*

$$V_{\mathrm{m}k} \equiv \left(\frac{\partial V}{\partial N_k} \right)_{p,T} \tag{5.5.3}$$

et moyennant cette définition l'équation (5.5.2) peut s'écrire

$$V = \sum_k V_{\mathrm{m}k} \, N_k. \tag{5.5.4}$$

Les volumes molaires partiels sont des grandeurs intensives. Comme pour l'équation de Gibbs-Duhem, nous pouvons dériver ici une relation entre les $V_{\mathrm{m}k}$ en notant qu'à p et T constants on a

$$dV = \sum_k \left(\frac{\partial V}{\partial N_k} \right)_{p,T} = \sum_k V_{\mathrm{m}k} \, dN_k. \tag{5.5.5}$$

En comparant (5.5.4) et (5.5.5) nous voyons que

$$\sum_k N_k (dV_{\mathrm{m}k})_{p,T} = 0.$$

En explicitant la relation et en annulant les coefficients de chaque variation indépendante du nombre de moles, nous obtenons

$$\sum_k N_k \left(\frac{\partial V_{\mathrm{m}k}}{\partial N_i} \right)_{p,T} = 0 \quad \text{ou} \quad \sum_k N_k \left(\frac{\partial V_{\mathrm{m}i}}{\partial N_k} \right)_{p,T} = 0, \tag{5.5.6}$$

où nous avons utilisé la propriété

$$\left(\frac{\partial V_{\mathrm{m}k}}{\partial N_i} \right) = \left(\frac{\partial^2 V}{\partial N_i \partial N_k} \right) = \left(\frac{\partial V_{\mathrm{m}i}}{\partial N_k} \right).$$

On peut obtenir des relations semblables à (5.5.4) et (5.5.6) pour toutes les autres fonctions extensives en N_k. Par exemple, pour l'énergie libre de Gibbs, l'équation qui correspond à (5.5.4) est

$$G = \sum_k \left(\frac{\partial G}{\partial N_k} \right)_{p,T} N_k \;=\; \sum_k G_{\mathrm{m}k} N_k \;=\; \sum_k \mu_k N_k. \tag{5.5.7}$$

Nous retrouvons ainsi l'équation (5.1.15). L'équation qui correspond à (5.5.6) découle de la relation de Gibbs-Duhem (5.2.4), qui nous donne, à p et T constants

$$\sum_k N_k \left(\frac{\partial \mu_i}{\partial N_k} \right)_{p,T} = 0. \tag{5.5.8}$$

De même pour l'énergie libre de Helmholtz F et pour l'enthalpie H

$$F = \sum_k F_{\mathrm{m}k} N_k \qquad\qquad \sum_k N_k \left(\frac{\partial F_{\mathrm{m}i}}{\partial N_k} \right)_{p,T} = 0 \tag{5.5.9}$$

$$H = \sum_k H_{\mathrm{m}k} N_k \qquad\qquad \sum_k N_k \left(\frac{\partial H_{\mathrm{m}i}}{\partial N_k} \right)_{p,T} = 0 \tag{5.5.10}$$

où $F_{\mathrm{m}k} = (\partial F/\partial N_k)_{p,T}$ et $H_{\mathrm{m}k} = (\partial H/\partial N_k)_{p,T}$. Des relations semblables existent pour toutes les grandeurs intensives.

5.6   Tension superficielle

On donne ici quelques relations thermodynamiques élémentaires sur les interfaces [4]. Puisque près d'une interface l'environnement des molécules diffère de celui du plein milieu, leur énergie et leur entropie seront différentes de celles des molécules qui sont à l'intérieur du liquide. Par exemple, l'énergie libre de Helmholtz est plus grande pour les molécules à une interface liquide-air. À V et T constants, puisque tout système minimise son énergie libre de Helmholtz, la région interfaciale se rétrécit jusqu'à sa valeur minimum possible, ce qui accroît la pression dans le liquide.

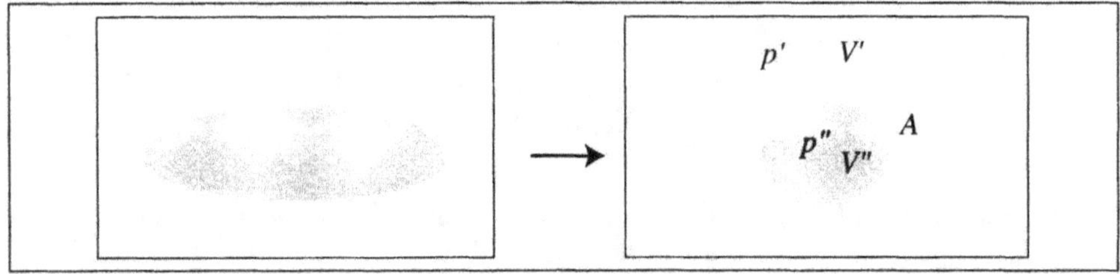

Figure 5.4 Pour minimiser l'énergie libre de Helmholtz à l'interface, une goutte de liquide diminue sa surface jusqu'à la valeur la plus petite possible. Par suite, la pression p'' à l'intérieur est plus forte que la pression externe p'. La pression d'excès, $(p'' - p') = 2\gamma/r$.

Supposons le système divisé en deux enceintes séparées par une interface de surface A (cf. figure 5.4). On a ici

$$dU = TdS - p''dV'' - p'dV' + \gamma\, dA, \tag{5.6.1}$$

où la pression et le volume sont notées p' et V' dans la première phase, et p'' et V'' dans la seconde. A est la surface interfaciale ; le coefficient γ est la tension superficielle. Puisque $dF = dU - T\,dS - SdT$, on a

$$dF = -S\,dT - p''dV'' - p'dV' + \gamma\,dA, \qquad (5.6.2)$$

et l'on a donc

$$\left(\frac{\partial F}{\partial A}\right)_{T,V',V''} = \gamma. \qquad (5.6.3)$$

La tension superficielle γ est la variation de F par unité de surface de la région interfaciale à T, V' et V'' constants. L'énergie est petite, habituellement de l'ordre de 10^{-2}J/m^2. Comme on le voit sur la figure 5.5, une force F est nécessaire pour ajouter à la surface un accroissement dx ; la surface du liquide se comporte comme une feuille élastique. Le travail correspondant est

$$F\,dx = \gamma\,dA = \gamma\,l\,dx$$

où l est la largeur de la surface. On voit que γ est la force par unité de longueur (F/l) ; s'est pourquoi on l'appelle *tension superficielle*.

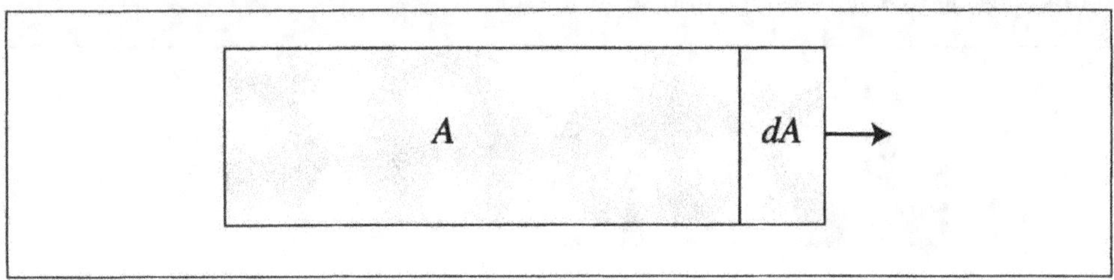

Figure 5.5 Pour imposer à la surface A d'un liquide un accroissement dA il faut un apport d'énergie libre. La force par unité de longueur est γ.

PRESSION DANS UNE BULLE

Dans le cas d'une goutte de liquide dans l'air (cf. figure 5.4), la différence entre les pressions $(p'' - p') = \Delta p$ est la pression en excès à l'intérieur de la goutte de liquide. Montrons que l'on peut donner une expression à cette pression Δp. Comme on l'a vu dans la section 5.1, si le volume total et la température d'un système sont constants, l'évolution irréversible vers l'équilibre est décrite par $-Td_iS = dF \leq 0$. Considérons une contraction irréversible du volume V'' de la goutte de liquide vers sa valeur d'équilibre lorsque le volume total $V = V' + V''$ et T sont maintenus constants. Puisque $dV' = -dV''$, nous avons

$$-T\frac{d_iS}{dt} = \frac{dF}{dt} = -(p'' - p')\frac{dV''}{dt} + \gamma\frac{dA}{dt} ; \qquad (5.6.4)$$

pour une goutte sphérique de rayon r, on a $dV'' = (4\pi/3)3r^2\,dr$ et $dA = 4\pi 2r\,dr$. L'équation ci-dessus peut donc s'écrire

$$\frac{dF}{dt} = \left(-(p'' - p')\,4\pi r^2 + \gamma\,8\pi r\right)\frac{dr}{dt}. \qquad (5.6.5)$$

On voit que l'expression obtenue constitue le produit d'une force thermodynamique (le premier facteur) qui provoque le flux dr/dt (le second facteur). Les deux seront nuls à l'équilibre. On obtient ainsi l'équation de l'excès de pression à l'intérieur d'une bulle de rayon r. Cette formule fameuse est due à Laplace :

$$\Delta p \equiv (p'' - p') = \frac{2\gamma}{r}. \tag{5.6.6}$$

CAPILLARITÉ

La tension superficielle présente des propriétés intéressantes. Comme on l'a dit dans la section 5.1, une goutte liquide libre minimise en devenant sphérique l'énergie libre de Helmholtz. En revanche, dans des situations où l'énergie libre serait une fonction décroissante de la surface, cette dernière augmenterait jusqu'à sa valeur maximum possible. La capillarité est l'une des conséquences remarquables de la tension superficielle. Dans les tubes étroits, dits *capillaires*, la plupart des liquides montent (cf la figure 5.5) : plus étroit sera le tube, plus haut montera le liquide. Le liquide monte parce que l'accroissement de la surface de l'interface liquide-verre diminue l'énergie libre. Nous allons montrer ici comment établir la relation entre la hauteur H, le rayon r et la tension superficielle.

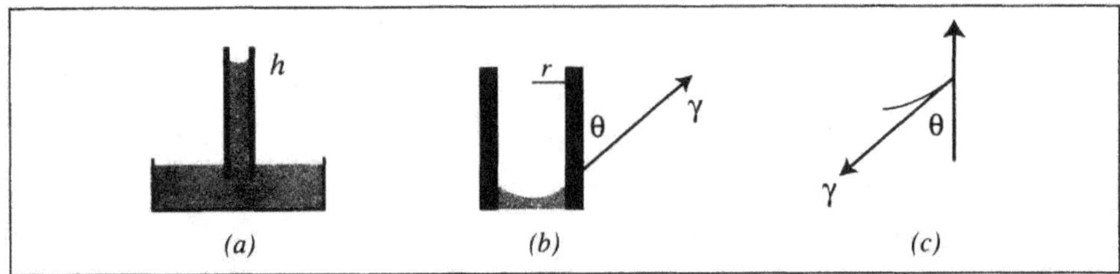

Figure 5.6 Capillarité due à la tension superficielle. La hauteur h à laquelle le liquide va s'élever dépend de l'angle de contact θ, de la tension superficielle γ et du rayon r.
(a) Dispositif : un tube plongé dans un liquide, et une colonne de liquide de hauteur h.
(b) L'angle de contact θ détermine la direction que prend la force due à l'interface air-liquide.
(c) La composante verticale de la force due à l'interface air-liquide compense les forces dues aux interfaces liquide-verre et verre-air.

Comme on le voit sur la figure 5.6 (c), la force de tension superficielle de l'interface liquide-air tire la surface vers le bas, tandis que la force à l'interface liquide-verre tire la surface vers le haut. Notons θ l'angle de contact entre le liquide et la paroi du tube ; lorsque ces deux forces s'équilibrent sur la direction verticale, on voit que la force par unité de longueur générée par l'interface liquide-verre doit être $\gamma \cos \theta$. Quand le liquide monte, l'interface liquide-verre augmente et l'interface verre-air diminue.

L'expression $\gamma \cos \theta$ est la force nette par unité de longueur due à ces deux facteurs. Puisque la force par unité de longueur égale l'énergie libre par unité de surface, quand le liquide monte, la diminution de l'énergie de surface est de $\gamma \cos \theta$ par unité de surface. Par ailleurs, quand le liquide monte, l'énergie potentielle du liquide due à la gravité augmente. Une couche liquide d'épaisseur dh, de hauteur h, a une masse $\pi r^2 dh\varrho$ et une énergie potentielle $(\pi r^2 dh\varrho)gh$. La variation de l'énergie libre due à la montée du liquide, ΔF, est la somme de l'énergie potentielle et de l'énergie sur l'interface verre-liquide. Par intégration, nous avons donc

$$\Delta F(h) = \int_0^h gh\,\varrho\,\pi r^2 dh - 2\,\pi r\,h(\gamma \cos\theta)\,;$$

$$= \frac{\pi\varrho\,gr^2h^2}{2} - 2\,\pi r\,h\,(\gamma\cos\theta). \tag{5.6.7}$$

La valeur de h qui minimise F est donnée en fixant

$$\left(\frac{\partial\Delta F(h)}{\partial h}\right) = 0.$$

On obtient ainsi

$$h = \frac{2\,\gamma\cos\theta}{\varrho\,gr}. \tag{5.6.8}$$

Le même résultat s'obtient en équilibrant les forces de tension de surface et le poids de la colonne de liquide. Comme on le voit sur la figure 5.5 (b), la colonne de liquide est soutenue par la tension de surface ; or, la force totale due à la tension de surface du liquide sur la circonférence est $2\pi r\,\gamma\cos\theta$. Nous avons donc

$$2\pi r\,\gamma\cos\theta = \varrho\,gh\,\pi r^2, \tag{5.6.9}$$

d'où l'on déduit encore (5.6.8). L'angle de contact dépend de l'interface. Pour une interface verre-eau il est presque nul ; c'est aussi le cas pour de nombreux liquides organiques. Pour une interface verre-kérosène, il est de 26°. Il peut dépasser 90°, comme pour l'interface mercure-verre (140°) et l'interface paraffine-eau (107°). Quand il dépasse 90°, la surface du liquide descend dans le tube.

	γ	Interface	θ
Méthanol	2.26	Verre-Eau	0°
Benzène	2.89	Verre-liquides*	0°
Eau	7.73	Verre-Kérosène	26°
Mercure	47.2	Verre-Mercure	140°
Savon en solution	~2.3	Paraffine-Eau	107°

Table 5.2 Exemples de valeurs de la tension superficielle γ ($J\,m^{-2}\times10^{-2}$) et de l'angle de contact θ (en °) pour quelques interfaces. (On trouvera d'autres données dans le recueil [F]).

* On vise ici la majorité des liquides organiques ; ceux-ci n'ont pas tous un angle de contact de 0°C, comme le montre le cas du kérosène.

6 ÉTATS PHYSIQUES DE LA MATIÈRE

Introduction

Le formalisme introduit dans les chapitres précédents a déjà un large champ d'application. Ainsi, dans ce chapitre, nous verrons comment calculer les diverses grandeurs thermodynamiques pour les gaz, les liquides et les solides. Nous étudierons aussi quelques propriétés élémentaires de l'équilibre entre phases d'une même substance.

6.1 Gaz parfaits

Dans les chapitres précédents, nous avons vu comment s'expriment, pour le cas des gaz parfaits, de nombreuses grandeurs thermodynamiques, que ce soit l'énergie interne totale, l'entropie, le potentiel chimique, etc. Dans cette section, nous rassemblerons d'abord ces résultats.

L'ÉQUATION D'ÉTAT

Nous partons de l'équation d'état des gaz parfaits.

$$pV = NRT. \tag{6.1.1}$$

Comme nous l'avons vu dans le chapitre 1, cette approximation est valable pour la plupart des gaz à des densités inférieures à environ 1 mol/ℓ. À cette densité, et pour une température d'environ 300 K, par exemple, la pression de $N_2(g)$ calculée par l'équation des gaz parfaits est de 24.76 atm ; l'équation de van der Waals donne quant à elle une valeur plus précise, 24.36 atm, ce qui correspond seulement à une différence de quelques centièmes d'atmosphère.

L'ÉNERGIE TOTALE INTERNE

Nous savons déjà que la loi des gaz parfaits (6.1.1) requiert que l'énergie totale interne U soit indépendante du volume à T constant ; en d'autres termes, l'énergie d'un gaz parfait dépend seulement de la température. C'est une conséquence de l'équation de Helmholtz (cf. (5.2.11))

$$\left(\frac{\partial U}{\partial V}\right)_T = T^2\left(\frac{\partial}{\partial T}\frac{p}{T}\right). \tag{6.1.2}$$

Puisque l'équation des gaz parfaits exprime que le terme $p/T = (NR/V)$ est indépendant de T, on a $(\partial U/\partial V)_T = 0$.

Il est possible de donner une formulation plus explicite à U. Lorsque la capacité calorifique molaire c_V est indépendante de T,

$$U_{\text{parfait}} = N\,U_0 + N\int_0^T c_V\,dT = NU_0 + Nc_V T\,;$$
$$= N(U_0 + c_V T). \tag{6.1.3}$$

Il convient de noter ici que que la constante U_0 n'est pas définie en thermodynamique classique[1].

CHALEURS SPÉCIFIQUES ET PROCESSUS ADIABATIQUE

Nous avons vu au chapitre 2 que le premier principe nous donne une relation entre chaleurs spécifiques molaires

$$c_p - c_V = R. \tag{6.1.4}$$

Pour un *processus adiabatique*, le premier principe nous donne aussi la relation

$$TV^{\gamma-1} = \text{constante} \qquad \text{ou } pV^\gamma = \text{constante}, \tag{6.1.5}$$

où $\gamma = c_p/c_V$. Dans un processus adiabatique, nous avons par définition $d_e S = dQ/T = 0$. Si le déroulement du processus est tel que $d_i S \approx 0$, l'entropie du système demeure constante puisque $dS = d_i S + d_e S$.

ENTROPIE, ENTHALPIE ET ÉNERGIES LIBRES

Nous avons déjà vu que l'entropie $S(V, T, N)$ d'un gaz parfait est (cf. (3.7.4))

$$S = N \left[s_0 + c_V \ \ln T + R \ \ln \frac{V}{N} \right]. \tag{6.1.6}$$

De l'équation d'état donnée ci-dessus et des expressions pour U_{parfait} et S, l'on obtient aisément des expressions explicites pour l'enthalpie $H = U + pV$, l'énergie libre de Helmholtz $F = U\!-\!TS$ et l'énergie libre de Gibbs $G = U\!-\!TS + pV$ (exc. 6.1).

POTENTIEL CHIMIQUE

Pour le potentiel chimique d'un gaz parfait, nous avons obtenu dans la section 5.3 l'expression suivante (cf. (5.3.6))

$$\begin{aligned} \mu(p, T) &= \mu(p_0, T) + RT \ \ln(p/p_0)\,; \\ &= \mu_0 + RT \ln p\,; \end{aligned} \tag{6.1.7}$$

où μ_0 est le potentiel chimique pour une pression unité ($p_0 = 1$). Pour un mélange de gaz, le potentiel chimique du composé k peut s'exprimer en termes des pressions partielles p_k sous la forme

$$\begin{aligned} \mu_k(p, T) &= \mu(p_0, T) + RT \ \ln(p_k/p_0)\,; \\ &= \mu_{0k}(T) + RT \ln p_k. \end{aligned} \tag{6.1.8}$$

De même, si x_k est la fraction molaire du composé k, puisque $p_k = x_k p$, le potentiel chimique peut aussi s'écrire

$$\mu_k(x_k, p, T) = \mu_k(p, T) + RT \ \ln x_k, \tag{6.1.9}$$

où $\mu_k(p, T)$ est le potentiel chimique du composé pur k. Nous verrons que l'expression (6.1.9) est utilisée aussi pour définir un mélange liquide idéal.

---

1. On peut faire appel à la définition de l'énergie aux faibles vitesses, donnée par la relativité, soit $N U_0 = MN \mathbf{c}^2$, où M est la masse molaire, N le nombre de moles et $\mathbf{c}$ la vitesse de la lumière. U_0 ne figure pas explicitement dans les calculs thermodynamiques des variations de l'énergie.

ENTROPIE DE MÉLANGE ET PARADOXE DE GIBBS

Calculons l'accroissement de l'entropie lié aux processus de mélange entre deux gaz. Considérons deux gaz dans des chambres de volume V séparées par une paroi (cf. figure 6.1). Nous supposons que ces deux chambres contiennent les mêmes nombres de moles N des deux gaz. L'entropie initiale totale du système est la somme des entropies des deux gaz

$$S_{\text{init}} = N\left[s_{01} + c_{V1}\,\ln(T) + R\,\ln\frac{V}{N}\right] + N\left[s_{02} + c_{V2}\,\ln(T) + R\,\ln\frac{V}{N}\right]. \quad (6.1.10)$$

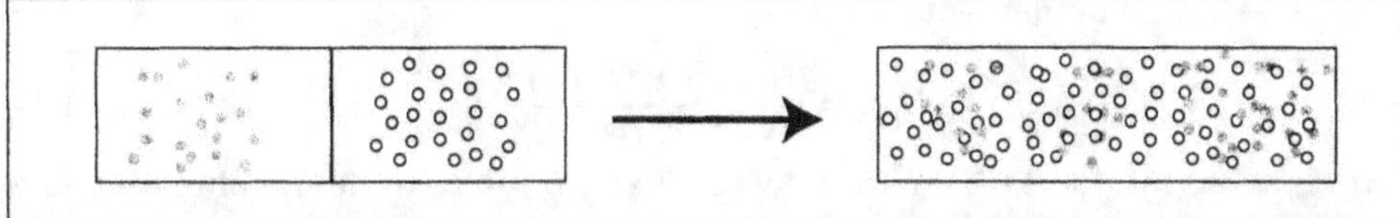

Figure 6.1 L'entropie due au mélange de deux gaz non identiques, si petite que soit leur différence, est donnée par la relation (6.1.12). Si les deux gaz sont identiques, l'entropie ne varie pas.

Lorsque l'on ôte la paroi qui sépare les deux chambres, les deux gaz se mélangent, et l'entropie augmente. Après mélange, chaque gaz occupera un volume de $2V$. Par suite, l'entropie après mélange sera

$$S_{\text{fin}} = N\left[s_{01} + c_{V1}\,\ln(T) + R\,\ln\frac{2V}{N}\right] + N\left[s_{02} + c_{V2}\,\ln(T) + R\,\ln\frac{2V}{N}\right]. \quad (6.1.11)$$

La différence entre (6.1.10) et (6.1.11) est l'entropie de mélange $\Delta S_{\text{mix}} = S_{\text{fin}} - S_{\text{int}}$. On voit que

$$\Delta S_{\text{mix}} = 2NR\,\ln 2. \quad (6.1.12)$$

La généralisation de ce résultat à des volumes et des nombres de moles inégaux est traitée dans les exercices. On peut montrer (exc. 6.2) que si les concentrations des deux gaz sont au départ identiques, c'est-à-dire si $(N_1/V_1) = (N_2/V_2)$, l'entropie de mélange peut s'écrire sous la forme suivante (x_1 et x_2 sont les fractions molaires) :

$$\Delta S_{\text{mix}} = -RN\left[x_1\,\ln x_1 + x_2\,\ln x_2\right]. \quad (6.1.13)$$

Gibbs nota le caractère inattendu de ce résultat. Si les deux gaz étaient identiques, il ne serait pas possible de distinguer l'état du gaz avec et sans paroi mitoyenne. Il n'y aura dès lors pas de variation de l'entropie : les états initiaux et finaux sont identiques. Mais pour deux gaz différents, si petite que soit la différence, la variation de l'entropie est donnée par la relation (6.1.12). Même la moindre distinction entre deux gaz conduit à une différence d'entropie de $2NR\ln 2$. En l'absence de distinction, S_{mix} tombe à zéro. On appelle communément ce comportement discontinu de l'entropie de mélange le *paradoxe de Gibbs*[2].

---

2. Ce paradoxe se rapporte à des problèmes très profonds, liés eux-mêmes aux fondements des statistiques quantiques, à savoir le rôle de l'indiscernabilité des particules.

L'entropie de mélange (6.1.13) peut aussi être évaluée à l'aide de la formule statistique $S = k_B \ln \Omega$. Considérons un gaz contenant $(N_1 + N_2)$ moles de $(N_1 + N_2)$ N_A molécules (N_A est le nombre d'Avogadro). Pour ce gaz, un échange de molécules ne correspond pas à des états microscopiques distincts. Mais si N_2 moles du gaz sont remplacées par un autre gaz, alors tout échange entre molécules des deux gaz correspond à un état microscopique distinct. Donc le mélange de N_1 moles d'un gaz et de N_2 moles d'un autre gaz correspond à plus d'états microscopiques que ce n'est le cas pour $(N_1 + N_2)$ moles d'un même gaz. On peut montrer que ces états supplémentaires, introduits dans la formule $S = k_B \ln \Omega$, donnent l'entropie de mélange (6.1.13). Le nombre des états supplémentaires est

$$\Omega_{\text{mix}} = \frac{(N_A N_1 + N_A N_2)!}{(N_A N_1)! \ (N_A N_2)!}, \tag{6.1.14}$$

où nous avons introduit le nombre d'Avogadro pour convertir des nombres de moles en nombres de molécules. À l'aide de l'approximation de Stirling $\ln N! = N \ln N - N$, il est aisé de montrer (exc. 6.2) que

$$\Delta S_{\text{mix}} = k_B \ln \Omega_{\text{mix}}\,;$$
$$= -k_B N_A (N_1 + N_2) [x_1 \ln x_1 + x_2 \ln x_2]. \tag{6.1.15}$$

L'expression (6.1.15) est équivalente à (6.1.13) parce que $R = k_B N_A$ et $N = N_1 + N_2$. Cette transformation montre que l'expression (6.1.13) pour l'entropie de mélange découle immédiatement de la possibilité de distinguer les molécules des deux gaz.

6.2   Gaz réels

La description dite des *gaz réels* prend en compte les dimensions des molécules et les forces intermoléculaires. On présente ici trois équations proposées pour cette description, avec les constantes qui leur sont associées (V_m est le volume molaire) :

- *L'équation de van der Waals* (cf. (1.4.1))

$$p = \frac{RT}{V_m - b} - \frac{a}{V_m^2} \quad \text{avec} \quad p_c = \frac{a}{27b^2} \quad V_{mc} = 3b \quad T_c = \frac{8a}{27bR}\,; \tag{6.2.1}$$

- *L'équation de Berthelot*

$$p = \frac{RT}{V_m - b} - \frac{a}{TV_m^2} \quad \text{avec} \quad p_c = \frac{1}{12}\sqrt{\frac{2aR}{3b^3}} \quad V_{mc} = 3b \quad T_c = \frac{2}{3}\sqrt{\frac{2a}{3bR}}\,; \tag{6.2.2}$$

- *L'équation de Dieterici*

$$p = \frac{RT\ e^{-a/RTV_m}}{V_m - b} \quad \text{avec} \quad p_c = \frac{a}{4e^2 b^2} \quad V_{mc} = 2b \quad T_c = \frac{a}{4Rb}\,; \tag{6.2.3}$$

où a et b sont des constantes analogues à celles de van der Waals, qui peuvent aussi être reliées aux constantes cinétiques comme le montrent les formules. On utilise aussi *l'équation du viriel* proposée par Onnes, qui exprime la pression en série de puissances des concentrations N/V

$$p = RT \frac{N}{V} \left[1 + B(T)\left(\frac{N}{V}\right) + C(T)\left(\frac{N}{V}\right)^2 + \dots \right], \tag{6.2.4}$$

où $B(T)$ et $C(T)$ sont des fonctions de la température. Comme on peut s'y attendre, pour de faibles densités l'équation du viriel se ramène à celle des gaz parfaits. Les coefficients $B(T), C(T)\ldots$ peuvent s'exprimer en termes des constantes de van der Waals a et b (exc. 6.4). On trouvera une liste exhaustive des valeurs de $B(T)$ dans la source [F]. Puisque l'équation des gaz parfaits est valable pour les faibles pressions, l'équation du viriel peut aussi s'écrire sous la forme suivante (on voit qu'en première approximation $B = B'RT$) :

$$p = RT\frac{N}{V}\left[1 + B'(T)p + C'(T)p^2 + \ldots\right]. \tag{6.2.5}$$

ÉNERGIE INTERNE TOTALE

En raison des interactions moléculaires, l'énergie des gaz réels ne dépend plus seulement de la température. Une variation du volume (à température constante) provoque une variation de l'énergie ; le terme $(\partial U/\partial V)$ ne s'annule plus pour un gaz réel. Les forces moléculaires sont de faible portée. Pour des densités faibles, puisque les molécules sont très éloignées, les forces d'interactions sont faibles. Quand la densité diminue, l'énergie d'un gaz réel, $U_{\text{réel}}$, devient voisine de celle d'un gaz parfait, U_{parfait}. Nous pouvons obtenir une expression pour $U_{\text{réel}}$ grâce à l'équation de Helmholtz

$$\left(\frac{\partial U}{\partial V}\right)_T = T^2\left[\frac{\partial}{\partial T}\left(\frac{p}{T}\right)\right]_V$$

qui donne par intégration la relation

$$U_{\text{réel}}(T, V, N) = U_{\text{réel}}(T, V_0, N) + \int_{V_0}^{V} T^2\left(\frac{\partial}{\partial T}\frac{p}{T}\right)_V dV, \tag{6.2.6}$$

laquelle se réécrit sous la forme suivante (puisque pour une densité proche de zéro $U_{\text{réel}}$ approche l'énergie d'un gaz parfait) :

$$U_{\text{réel}}(T, V, N) = U_{\text{parfait}}(T, N) + \int_{\infty}^{V} T^2\left(\frac{\partial}{\partial T}\frac{p}{T}\right)_V dV. \tag{6.2.7}$$

Le terme $[\partial(p/T)/\partial T]_V$ peut se calculer à l'aide de l'équation d'état, et nous obtenons ainsi une expression explicite pour $U_{\text{réel}}$. Par exemple, grâce à l'équation de van der Waals (6.2.1), nous avons $p/T = NR/(V - Nb) - a(N/V)^2(1/T)$. En introduisant cette expression dans (6.2.7) nous obtenons

$$U_{\text{vw}}(T, V, N) = U_{\text{parfait}}(T, N) + \int_{\infty}^{V} a\left(\frac{N}{V}\right)^2, \tag{6.2.8}$$

où U_{vw} est l'énergie d'un gaz de van der Waals. L'énergie due aux interactions intermoléculaires est égale à $a(N/V)^2$ par unité de volume. Comme on peut s'y attendre, U_{vw} se rapproche de U_{parfait} quand le volume augmente.

LES CHALEURS SPÉCIFIQUES c_V ET c_p

Lorsque l'on connaît l'énergie molaire interne U_{m} d'un gaz, il est possible de calculer la chaleur spécifique à volume constant $c_V = (\partial U_{\text{m}}/\partial T)_V$. Pour un gaz réel, nous pouvons utiliser la relation (6.2.7)

$$c_{V,\,\text{réel}} = \left(\frac{\partial U_{\text{réel}}}{\partial T}\right)_V = \left(\frac{\partial U_{\text{parfait}}}{\partial T}\right)_V + \frac{\partial}{\partial T}\int_\infty^V T^2\left(\frac{\partial}{\partial T}\frac{p}{T}\right)_V dV,$$

où toutes les grandeurs se rapportent à une mole. On a donc

$$c_{V,\,\text{réel}} = c_{V,\,\text{parfait}} + \int_\infty^V T\left(\frac{\partial^2 p}{\partial T^2}\right)_V dV. \tag{6.2.9}$$

De nouveau, l'intégrale ci-dessus peut être évaluée à l'aide d'une équation d'état comme l'équation de van der Waals. L'équation (6.2.9) montre que, pour toute équation d'état où p est une fonction linéaire de T, on a $c_{V,\,\text{réel}} = c_{V,\,\text{parfait}}$. C'est vrai pour l'équation de van der Waals. L'énergie due aux interactions moléculaires dépend de la distance intermoléculaire ou densité (N/V). Comme celle-ci ne varie pas à V constant, la valeur de c_V n'est pas affectée par les forces moléculaires.

Lorsque l'on connaît l'équation d'état, il est possible de calculer la compressibilité isotherme κ_T, le volume molaire V_{m} et le coefficient de dilatation a (définis par les équations (5.4.5) et (5.4.6)). Ainsi, la relation générale (5.4.10) permet de calculer c_p :

$$c_p = \frac{TV_{\text{m}}\,\alpha^2}{\kappa_T} + c_V. \tag{6.2.10}$$

PROCESSUS ADIABATIQUES

Pour le cas des gaz parfaits, nous avons vu au chapitre 2 que dans un processus adiabatique $TV^{\gamma-1} = $ constante, ou $pV^\gamma = $ constant (voir (2.3.11) et (2.3.12)) ; ici $\gamma = c_p/c_V$. On peut obtenir une équation semblable pour un gaz réel. Le processus adiabatique se définit par la relation $dQ = dU + pdV = 0$. Si l'on prend U comme une fonction de V et de T, cette équation peut s'écrire

$$\left(\frac{\partial U}{\partial V}\right)_T dV + \left(\frac{\partial U}{\partial T}\right)_V dT + pdV = 0. \tag{6.2.11}$$

Puisque l'on a $(\partial U/\partial T)_V = Nc_V$, où N est le nombre de moles du gaz, cette équation devient

$$\left[\left(\frac{\partial U}{\partial V}\right)_T + p\right] = -Nc_V\,dT. \tag{6.2.12}$$

De l'équation de Helmholtz (5.2.11), on déduit alors facilement (exc. 6.5)

$$\left[\left(\frac{\partial U}{\partial V}\right)_T + p\right] = T\left(\frac{\partial p}{\partial T}\right)_V.$$

Nous avons aussi vu dans le chapitre précédent (5.4.7) que

$$\left(\frac{\partial p}{\partial T}\right)_V = \frac{\alpha}{\kappa_T}.$$

Ces deux expressions permettent d'écrire (6.2.12) sous la forme

$$\frac{T\alpha}{\kappa_T}dV = -Nc_V\,dT. \tag{6.2.13}$$

Pour introduire dans cette expression le rapport $\gamma = (c_p/c - V)$ nous utilisons la relation (6.2.10), déjà rencontrée dans le chapitre précédent (5.4.10) :

$$c_p - c_V = \frac{T\alpha^2\,V_{\mathrm{m}}}{\kappa_T},$$

(6.2.14)

où V_{m} est le volume molaire. Les relations (6.2.14) et (6.2.13) permettent d'écrire

$$N\frac{c_p - c_V}{V\alpha}dV = -Nc_V dT,$$

(6.2.15)

où l'on a écrit le volume molaire V/N. En divisant les deux côtés de cette égalité par C_V, et en utilisant la définition $\gamma = c_p/c_V$, on obtient enfin

$$\frac{\gamma - 1}{V}dV = -\alpha dT.$$

(6.2.16)

Le rapport γ varie peu avec le volume ou la pression ; si on le prend comme constant, l'équation (6.2.16) peut être intégrée, ce qui donne

$$(\gamma - 1)\ln V = -\int \alpha(T)dT + C,$$

(6.2.17)

où C est une constante d'intégration. On peut aussi écrire

$$V^{(\gamma-1)}\,e^{\int \alpha(T)dT} = \text{constante}.$$

(6.2.18)

Cette relation est valable pour tous les gaz, parfaits ou non. Pour le cas des gaz parfaits, on a la relation $\alpha = 1/V\,(\partial V/\partial T)_p = 1/T$, qui permet de retrouver l'équation familière $TV^{(\gamma-1)} = \text{constante}$. Si p est une fonction linéaire de T, comme c'est le cas avec l'équation de van der Waals, et puisqu'alors $c_{V,\,\text{réel}} = c_{V,\,\text{parfait}}$ (voir (6.2.9)), il découle de (6.2.13) que

$$\gamma - 1 = \frac{T\alpha^2\,V_{\mathrm{m}}}{c_{V,\,\text{parfait}}\,\kappa_T}.$$

(6.2.19)

L'équation d'état d'un gaz réel une fois connue, il est possible d'obtenir (au moins par voie numérique) l'expression de α et de γ comme fonctions de T.

LES ÉNERGIES LIBRES DE HELMHOLTZ ET DE GIBBS

La méthode suivie pour obtenir la relation (6.2.7) entre U_{parfait} et $U_{\text{réel}}$ peut aussi servir pour les énergies libres de Helmholtz et de Gibbs. Lorsque $p \to 0$ ou $V \to \infty$, les caractéristiques des gaz réels se rapprochent de celles des gaz parfaits. Considérons l'énergie libre de Helmholtz F. Puisque $(\partial F/\partial V)_T = -p$ (cf. (5.1.6)), nous avons

$$F(T, V, N) = F(T, V_0, N) - \int_{V_0}^{V} p\,dV.$$

(6.2.20)

La différence entre les énergies libres de Helmholtz d'un gaz réel et d'un gaz parfait $F_{\text{réel}}(T, V, N) - F_{\text{parfait}}(T, V, N)$ est donc

$$F_{\text{réel}}(T, V_0, N) - F_{\text{parfait}}(T, V_0, N) - \int_{V_0}^{V} \left(p_{\text{réel}} - p_{\text{parfait}}\right)\,dV.$$

(6.2.21)

Mais puisque

$$\lim_{V_0 \to \infty} \left[F_{\text{réel}}(T, V_0, N) - F_{\text{parfait}}(T, V_0, N) \right] = 0,$$

nous pouvons écrire

$$F_{\text{réel}}(T, V, N) - F_{\text{parfait}}(T, V, N) = - \int_{V_0}^{V} \left(p_{\text{réel}} - p_{\text{parfait}} \right) \, dV. \qquad (6.2.22)$$

Cette expression s'applique aussi à un système à plusieurs composantes. De même,

$$G_{\text{réel}}(T, p, N_k) - G_{\text{parfait}}(T, p, N_k) = \int_{0}^{p} \left(V_{\text{réel}} - V_{\text{parfait}} \right) \, dp. \qquad (6.2.23)$$

À titre d'exemple, calculons F à l'aide de l'équation de van der Waals. Nous avons alors

$$p_{\text{réel}} = p_{\text{vw}} = \frac{NRT}{V - bN} - a \left(\frac{N}{V} \right)^2.$$

En portant cette valeur dans (6.2.22) et en intégrant, on obtient

$$F_{\text{vw}}(T, V, N) = F_{\text{parfait}}(T, V, N) - a \left(\frac{N}{V} \right)^2 V - NRT \ln \left(\frac{V - Nb}{V} \right), \qquad (6.2.24)$$

où (cf. (6.1.6))

$$F_{\text{parfait}} = U_{\text{parfait}} - T \, S_{\text{parfait}} ;$$
$$= U_{\text{parfait}} - T \, N \left[s_0 + c_V \ln T + R \ln \left(\frac{V}{N} \right) \right]. \qquad (6.2.25)$$

En remplaçant (6.2.25) dans (6.2.24) et en simplifiant (exc. 6.10), l'on obtient

$$F_{\text{vw}} = U_{\text{parfait}} - a \left(\frac{V}{N} \right)^2 V - TN \left[s_0 + c_V \ln T + R \ln \frac{V - Nb}{N} \right] ;$$
$$= U_{\text{vw}} - TN \left[s_0 + c_V \ln T + R \ln \frac{V - Nb}{N} \right] ; \qquad (6.2.26)$$

moyennant la relation suivante pour l'énergie d'un gaz de van der Waals (cf. (6.2.8) :

$$U_{\text{vw}}(V, T, N) = U_{\text{parfait}} - a \left(\frac{N}{V} \right)^2 V.$$

ENTROPIE

L'entropie d'un gaz réel peut se calculer à l'aide des expressions (6.2.7) et (6.2.21) pour $U_{\text{réel}}$ et $F_{\text{réel}}$, car $F_{\text{réel}} = U_{\text{réel}} - T S_{\text{réel}}$. Ainsi, l'entropie S_{vw} d'un gaz réel de van der Waals se déduit de (6.2.26) :

$$S_{\text{vw}}(T, V, N) = N \left[s_0 + c_V \ln T + R \ln \frac{V - Nb}{N} \right]. \qquad (6.2.27)$$

La différence avec S_{parfait} (6.1.6) est qu'ici V est remplacé par $(V - Nb)$.

POTENTIEL CHIMIQUE

Le potentiel chimique d'un gaz réel se calcule à partir de l'énergie libre de Gibbs
(6.2.23). Celui du composant k est donné par $\mu_k = (\partial G/\partial N_k)_{p,T}$. Dans ces conditions
($V_{\mathrm{m}k}$ est le volume molaire partiel du composant k), on a

$$\mu_{k,\,\text{réel}}(T,p) - \mu_{k,\,\text{parfait}}(T,p) = \int_0^p \left(V_{\mathrm{m}k,\,\text{réel}} - V_{\mathrm{m}k,\,\text{parfait}} \right)\, dp. \tag{6.2.28}$$

Considérons pour simplifier un gaz formé d'un seul constituant. Nous pouvons
introduire un *facteur de compressibilité* Z pour comparer le volume molaire d'un gaz
parfait $V_{\mathrm{m}k,\,\text{parfait}} = RT/p$ à celui d'un gaz réel $V_{\mathrm{m}k,\,\text{réel}}$

$$V_{\mathrm{m}k,\,\text{réel}} = \frac{Z\,RT}{p}. \tag{6.2.29}$$

Le potentiel chimique s'écrit alors sous la forme

$$\mu_{\text{réel}}(T,p) = \mu_{\text{parfait}}(T,p) + RT \int_0^p \frac{Z-1}{p}\, dp\,;$$

$$= \mu_{\text{parfait}}(T,p_0) + RT \ln \frac{p}{p_0} + RT \int_0^p \frac{Z-1}{p}\, dp\,; \tag{6.2.30}$$

où nous avons utilisé pour le potentiel chimique d'un gaz parfait la relation (6.1.7)
$\mu(T,p) = \mu_0 + RT \ln p$. Pour donner au gaz réel un potentiel chimique de la même
forme que celui des gaz parfaits, Lewis introduisit la *fugacité* f définie par

$$\mu_{\text{réel}}(T,p) = \mu_{\text{parfait}}(T,p) + RT \ln \frac{f}{p} \tag{6.2.31}$$

(bien entendu, le rapport f/p tend vers 1 pour $p \to 0$). En comparant (6.2.30) et
(6.2.31), il vient

$$\ln \frac{f}{p} = \int_0^p \frac{Z-1}{p}\, dp. \tag{6.2.32}$$

On peut donner une forme explicite de Z pour diverses équations d'état comme celle
de van der Waals ou celle du viriel (6.2.5). Cette dernière donne

$$Z = \frac{pV_{\mathrm{m}}}{RT} = \left[1 + B'(T)p + C'(T)p^2 + \ldots \right]. \tag{6.2.33}$$

En reportant cette expression dans (6.2.32) nous trouvons

$$\ln \frac{f}{p} = B'(T)p + \frac{C'(T)p^2}{2} + \ldots \tag{6.2.34}$$

Souvent, les termes d'ordre p^2 sont petits et peuvent donc être négligés. En ne retenant
que le terme linéaire, on a

$$\mu_{\text{réel}}(T,p) = \mu_{\text{parfait}}(T,p) + RT \ln \frac{f}{p}\,;$$

$$= \mu_{\text{parfait}}(T,p) + RT B'(T)p + \ldots \tag{6.2.35}$$

On peut aussi utiliser le coefficient du viriel B de l'équation (6.2.4) $B = B'RT$. Dans la même approximation,

$$\mu_{\text{réel}} = \mu_{\text{parfait}}(T, p) + B\,p + \ldots \tag{6.2.36}$$

Les équations (6.2.34) et (6.2.35) donnent le potentiel chimique d'un gaz réel en termes des coefficients du développement du viriel. Nous obtenons aussi l'expression explicite du potentiel chimique en utilisant (6.2.24). L'équation de van der Waals donne le potentiel chimique comme une fonction de la concentration $n = (N/V)$ et de la température T (exc. 6.9) :

$$\mu(N, T) = (U_0 - 2an) + \left[\frac{c_V}{R} + \frac{1}{1 - nb}\right] RT - \left[s_0 + c_V \ln T - R \ln \frac{n}{1 - bn}\right] T. \tag{6.2.37}$$

AFFINITÉ CHIMIQUE

Considérons finalement l'affinité. Grâce à l'expression (6.2.28), nous avons

$$\mathcal{A}_{\text{réel}} = \mathcal{A}_{\text{parfait}} - \sum_k \nu_k \int_0^p \left(V_{m\,k,\,\text{réel}} - V_{m\,k,\,\text{parfait}}\right)\,dp. \tag{6.2.38}$$

Cette expression peut servir à calculer les constantes d'équilibre. Le volume molaire partiel $V_{m\,k,\text{parfait}}$ vaut RT/p pour tous les gaz. L'expression ci-dessus devient alors

$$\mathcal{A}_{\text{réel}} = \mathcal{A}_{\text{parfait}} - \sum_k \nu_k \int_0^p \left(V_{m\,k,\,\text{réel}} - \frac{RT}{p}\right)\,dp. \tag{6.2.39}$$

Nous voyons ainsi que les propriétés thermodynamiques des gaz réels peuvent s'obtenir à partir de leur équation d'état.

6.3 États condensés

ÉQUATION D'ÉTAT

Dans les *états condensés de la matière*, le volume est déterminé par les dimensions des molécules et les forces moléculaires, et ne varie que faiblement avec p et T. La relation entre V, T et p introduit le coefficient de dilatation thermique α et la compressibilité isotherme κ_T, définis en (5.4.5) et (5.4.6). Nous avons en effet par définition

$$dV = \left(\frac{\partial V}{\partial T}\right)_p dT + \left(\frac{\partial V}{\partial p}\right)_T dp = \alpha V\,dT - \kappa_T V\,dp. \tag{6.3.1}$$

La table 6.1 donne les valeurs de ces deux coefficients pour divers liquides et solides (ces valeurs ne sont fortes que pour les gaz). Ces valeurs sont presque constantes pour des variations de T d'environ 100 K et pour des variations de pression d'environ 50 atm. À condition de négliger ces variations, nous pouvons intégrer (6.3.1) et obtenir l'équation d'état sous une forme simple mais souvent utile :

$$V(T, p) = V(T_0, p_0)\ \exp\left[\alpha\,(T - T_0) - \kappa_T\,(p - p_0)\right];$$

$$\approx V(T_0, p_0)\,[1 + \alpha\,(T - T_0) - \kappa_T\,(p - p_0)]. \tag{6.3.2}$$

	α	κ_T
Eau	2.1	49.6
Benzène	12.4	92.1
Mercure	1.8	38.7
Éthanol	11.2	76.8
Tétrachlorure de méthane	12.4	90.5
Cuivre	0.501	0.735
Diamant	0.030	0.187
Fer	0.354	0.597
Plomb	0.861	2.21

Table 6.1 Valeurs du coefficient de dilatation thermique $\alpha/10^{-4}$ (K^{-1}) et de la compressibilité isotherme $\kappa_T/10^{-6}$ (atm^{-1}) pour quelques liquides et solides.

GRANDEURS THERMODYNAMIQUES

Une propriété typique des solides et des liquides est que μ, S et H varient peu avec la pression. Prenons l'entropie en fonction de T et de p :

$$dS = \left(\frac{\partial S}{\partial T} \right)_p dT + \left(\frac{\partial S}{\partial p} \right)_T dp. \tag{6.3.3}$$

Le terme $(\partial S/\partial T)_p$ vaut Nc_p/T, ce qui nous ramène à la grandeur c_p, directement mesurable. Le second terme introduit le coefficient de dilatation :

$$\left(\frac{\partial S}{\partial p} \right)_T = - \left(\frac{\partial}{\partial p} \left(\frac{\partial G(T,p)}{\partial T} \right)_p \right)_T$$

$$= - \left(\frac{\partial}{\partial T} \left(\frac{\partial G(T,p)}{\partial p} \right)_T \right)_p = - \left(\frac{\partial V}{\partial T} \right)_p = -V\alpha. \tag{6.3.4}$$

Nous pouvons donc réécrire (6.3.3) :

$$dS = \frac{Nc_p}{T} dT - \alpha V \, dp, \tag{6.3.5}$$

et on obtient par intégration

$$S(T,p) = S(0,0) + N \int_0^T \frac{c_p}{T} \, dT - N \int_0^p \alpha V_{\mathrm{m}} \, dp. \tag{6.3.6}$$

Le théorème de Nernst nous garantit que $S(0,0)$ est bien défini. Puisque V_{m} et α ne varient que peu avec la pression, le troisième terme de (6.3.6) peut être remplacé par $N\alpha V_{\mathrm{m}} p$. Pour $p = 1—10$ atm, ce terme est petit par rapport au second. Par exemple, dans le cas de l'eau, $V_{\mathrm{m}} = 18.0 \times 10^{-6}$ m^3. mol^{-1} et $\alpha = 2.1 \times 10^{-4} K^{-1}$. Pour $p = 10$ atm, le facteur $\alpha V_{\mathrm{m}} p$ vaut environ 3.6×10^{-3} J . K^{-1}. mol^{-1}. En revanche, la valeur de c_p est d'environ 75 J . K^{-1}. mol^{-1}. S est fini pour $T \to 0$, et l'entropie molaire de l'eau pour $p = 1$ atm et $T=298$ K est d'environ 70 J K^{-1}. Donc, le troisième terme de (6.3.6), qui contient p, est négligeable, sauf pour les gaz. Dès lors,

$$S(T,p) = S(0,0) + N \int_0^T \frac{c_p(T)}{T} \, dT. \tag{6.3.7}$$

Connaissant $c_p(T)$, l'on peut calculer l'entropie d'un solide ou d'un liquide. On notera que l'intégrale de (6.3.7) intègre aussi d_eS, puisque $(Nc_p dT/T) = dQ/T = d_eS$. Le potentiel chimique des phases condensées peut être obtenu à partir de l'équation de Gibbs-Duhem $d\mu = -S_m dT + V_m\, dp$ (cf. (5.2.4)). Si l'on introduit la valeur de l'entropie molaire dans l'équation de Gibbs-Duhem et que l'on intègre, on obtient

$$\mu(T,p) = \mu(T_0,p_0) - \int_{T_0}^{T} S_m(T)dT + \int_{p_0}^{p} V_m\, dp\,;$$

$$= \mu(T) + V_m p \equiv \mu(T) + RT \ln a\,; \tag{6.3.8}$$

où l'on a supposé V_m constant. Ici encore on peut montrer que le terme qui contient p est petit par rapport au premier. Dans le cas de l'eau, $V_m p = 1.8$ kJ . mol^{-1} pour 1 atm, alors que le premier terme est de l'ordre de 280 kJ . mol^{-1}. Suivant la définition de l'activité a, nous avons $V_m p = RT \ln a$: l'activité est proche de l'unité pour les liquides et les solides. On peut calculer de la même manière les autres grandeurs thermodynamiques comme l'enthalpie H et l'énergie libre de Helmholtz F.

CHALEURS SPÉCIFIQUES

On voit que la chaleur spécifique d'une substance permet de calculer l'entropie et les autres grandeurs thermodynamiques. On n'abordera pas ici les détails de la théorie de la chaleur spécifique, qui demanderaient un exposé de mécanique statistique. Nous ne donnerons donc qu'un résumé de la théorie de Debye, qui est en bon accord avec l'expérience[3]. Pour Debye, la chaleur spécifique C_V d'un solide est de la forme

$$C_V = 3RD(T/\theta), \tag{6.3.9}$$

où D est fonction du rapport (T/θ). Le paramètre θ dépend de la nature chimique du solide, et dans une moindre mesure de la pression. Pour des valeurs croissantes du rapport (T/θ), la *fonction de Debye* $D(T/\theta)$ tend vers 1, et l'on voit ainsi qu'à haute température la chaleur spécifique de tous les solides tend vers la valeur $C_V = 3R$. C'est la *loi de Dulong-Petit*. Aux très basses températures, pour $(T/\theta) < 0.1$,

$$D\frac{T}{\theta} \approx \frac{4\pi^4}{5}\left(\frac{T}{\theta}\right)^3. \tag{6.3.10}$$

La théorie de Debye prédit donc qu'aux basses températures la chaleur spécifique des solides est proportionnelle à la troisième puissance de la température. L'expérience montre que c'est le cas pour de nombreux solides. Une fois C_V connu, C_p peut être obtenu à l'aide de l'expression générale (6.2.10). On trouvera plus de détails sur ces questions dans [1]. Notons que nous n'avons considéré que des solides ou liquides purs ; nous aborderons le cas des mélanges dans le chapitre 8.

---

3. Le cas des liquides est plus difficile, et nous ne le discuterons pas ici.

7 CHANGEMENTS DE PHASE

Introduction

Nous avons vu que c'est la chaleur qui provoque les *changements de phase* tels que la transformation de la phase liquide à la phase gazeuse, ou de la phase solide à la phase liquide. Les recherches menées au XVIIIe par montrèrent que ces transformations ont lieu à une température bien définie (le point d'ébullition ou le point de fusion), et que l'on peut associer à ces points une chaleur latente. Sous certaines conditions, les phases d'un mélange donné peuvent coexister à l'équilibre thermique. Les lois de la thermodynamique permettent de comprendre la nature de ces conditions et leurs variations par rapport à la pression et la température.

Aux températures qui correspondent à la fusion ou à l'ébullition, certaines grandeurs thermodynamiques, comme par exemple l'entropie, présentent une discontinuité. Ce sont les *transitions de premier ordre*. Il existe aussi des *transitions de second ordre*, où n'apparaît pas de discontinuité de l'entropie. On arrive ainsi à une classification des transitions de phase en plusieurs ordres ; et nous disposons aujourd'hui de théories qui décrivent les transitions de phase de divers ordres. L'étude des transitions de phase est en effet devenue un domaine de recherche majeur, qui a connu des développements spectaculaires au cours des années 1960-1970. Nous ne pouvons que résumer ici quelques résultats fondamentaux. Pour une étude plus approfondie, nous renvoyons le lecteur aux ouvrages spécialisés [1-3].

7.1 Équilibre et diagramme de phase

Le diagramme de phase résume les conditions de température et de pression auxquelles une substance peut exister sous différentes phases. La figure 7.1 en donne un exemple simple : sous des conditions bien définies de température et de pression, deux phases peuvent coexister en équilibre thermodynamique.

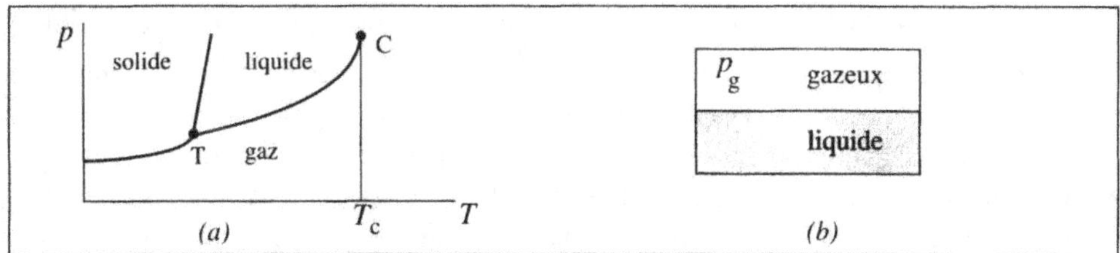

Figure 7.1 (a) Diagramme de phase (système à un composant) : courbes d'équilibre $p - T$ (définies par l'égalité des potentiels chimiques), point triple T et point critique C (pour $T > T_c$, le gaz ne ne se liquéfie plus). (b) équilibre entre phases liquide et vapeur.

L'étude thermodynamique de cet équilibre conduit à des résultats essentiels. Par exemple, elle montre comment le point d'ébullition ou de congélation d'un liquide varie avec la pression. Examinons l'équilibre entre phase liquide et phase gazeuse (cf. la figure 7.1(b)). Le système est fermé et contient un liquide en équilibre avec sa vapeur à température constante. La figure 7.2 montre les isothermes $p - V$ d'un tel système. La région de coexistence des phases liquide et gazeuse correspond à la partie horizontale BC de l'isotherme. Lorsque $T > T_c$, cette partie disparaît : il n'y a pas de distinction liquide-vapeur. La partie horizontale de l'isotherme de la figure 7.2 correspond à un point sur la courbe TC de la figure 7.1. Lorsque la température approche la valeur critique T_c, le système approche le point C.

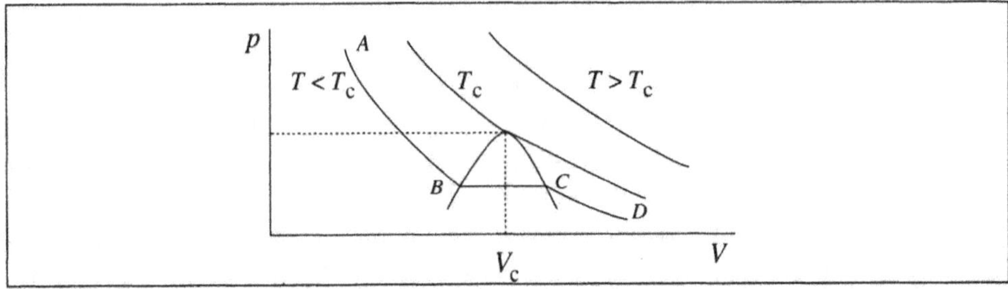

Figure 7.2 Isothermes d'un gaz montrant le comportement au voisinage du point critique. T_c est la température critique au-dessus de laquelle la vapeur ne peut plus être liquéfiée en augmentant la pression. Dans la région horizontale (BC), les phases liquide et vapeur coexistent.

Considérons un système dans lequel les deux phases occupent des volumes séparés ; c'est le type de système que Gibbs a étudié. Dans ces conditions, le liquide se transforme irréversiblement en vapeur, ou vice versa, jusqu'à ce que l'équilibre entre les deux phases soit atteint. Les échanges de matière entre les deux phases peuvent être considérés comme une réaction chimique, que nous pouvons représenter sous la forme suivante :

$$\text{gaz} \rightleftharpoons \text{liquide}. \tag{7.1.1}$$

Nous adopterons les notations μ_k^g et μ_k^l pour le potentiel chimique de la substance k dans les phases liquide et gazeuse. À l'équilibre, la production d'entropie due aux processus irréversibles doit être nulle. Cela implique que l'affinité correspondant à la conversion liquide-vapeur doit être elle aussi nulle, c'est-à-dire

$$\mathcal{A} = \mu_k^l(p, T) - \mu_k^g(p, T) = 0 \qquad \text{ou} \qquad \mu_k^l(p, T) = \mu_k^g(p, T). \tag{7.1.2}$$

Les potentiels chimiques sont des fonctions de la pression et de la température. La pression de la phase gazeuse en équilibre avec la phase liquide est la pression de vapeur saturée. L'égalité des potentiels chimiques implique que lorsqu'un liquide est en équilibre avec sa vapeur, la pression et la température ne sont pas indépendantes. Cette relation entre p et T permet d'établir la courbe de coexistence TC du diagramme de phase de la figure 7.1(a). Il est clair que l'égalité des potentiels chimiques présentée en (7.1.2) doit être valide entre deux phases quelconques en équilibre. Dans le cas où il y a P phases, nous avons la condition générale d'équilibre :

$$\mu_k^1(p, T) = \mu_k^2(p, T) = \mu_k^3(p, T) \ldots = \mu_k^P. \tag{7.1.3}$$

Nous avons déjà signalé que le diagramme de phase de la figure 7.1(a) présente une propriété intéressante, à savoir l'existence du point critique C, où se termine la courbe de coexistence TC. Si la température du gaz dépasse la valeur T_c, le gaz ne peut être liquéfié en accroissant la pression. Si nous augmentons la pression, la densité croîtra, mais il n'y aura pas de transition vers une phase condensée. En revanche, il n'existe pas de point critique pour la transition entre solide et liquide, car le solide possède une structure cristalline bien définie, dont le liquide est dépourvu.

Les changements de phase qui affectent les solides ne sont pas nécessairement des transformations vers la phase liquide. Un solide peut exister sous différentes phases. Un changement de phase est classé selon la discontinuité d'une propriété : (l'*entropie* pour les *transitions de premier ordre*, la *chaleur spécifique* pour celles de *second ordre*). En termes de description moléculaire, les transformations en phase solide correspondent à des arrangements différents des atomes, c'est-à-dire à des structures cristallines différentes. Par exemple, sous des pressions très élevées, la glace peut posséder plusieurs structures différentes, qui constituent autant de phases solides de l'eau. La figure 7.3 montre le diagramme de phase de l'eau.

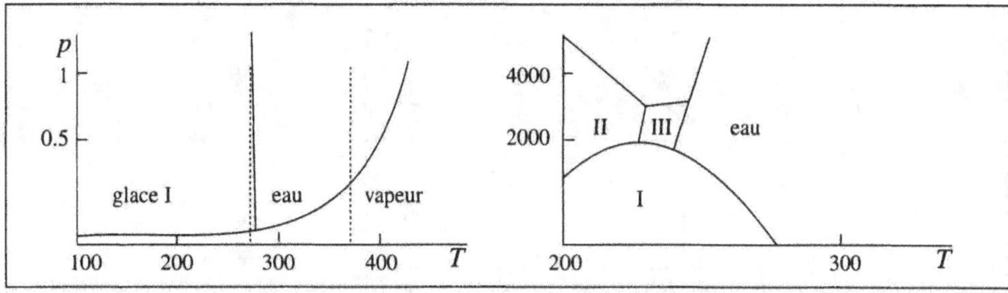

Figure 7.3 Diagrammes de phase de l'eau sous pression (les échelles ne sont pas respectées). Le diagramme de droite montre qu'à des pressions suffisament fortes, la phase solide (glace) peut exister sous diverses formes, notées ici I, II et III. Le point triple de l'eau est $p = 0.006$ bar, $T = 273.16$ K. Le point critique est $p_c = 218$ bar , $T_c = 647.3$ K.

L'ÉQUATION DE CLAPEYRON

Les courbes de coexistence donnent les valeurs de la température pour lesquelles la transition d'une phase vers une autre peut se produire sous une pression donnée. À l'aide de la condition d'équilibre (7.1.2), nous pouvons obtenir la forme de la courbe de coexistence. Considérons deux phases, que nous noterons 1 et 2. Grâce à l'équation de Gibbs-Duhem $d\mu = -S_m dT + V_m dp$, il suit de la condition d'équilibre (7.1.3) que pour un composant k nous avons l'égalité

$$-S_{m1}dT + V_{m1}dp = -S_{m2}dT + V_{m2}dp, \tag{7.1.4}$$

où les quantités molaires des deux phases sont indiquées par l'indice m. On a donc l'expression

$$\frac{dp}{dT} = \frac{(S_{m1} - S_{m2})}{(V_{m1} - V_{m2})} = \frac{\Delta H_{\text{transition}}}{T\,(V_{m1} - V_{m2})}, \tag{7.1.5}$$

où nous avons exprimé la différence de l'entropie molaire entre les deux phases en termes d'enthalpie de transition de phase ; $\Delta H_{\text{transition}}$ est l'enthalpie molaire de la transition, qu'il s'agisse d'évaporation, de fusion ou de sublimation (cf. la table 7.1). Nous avons ainsi l'équation de Clapeyron :

$$\frac{dp}{dT} = \frac{\Delta H_{\text{transition}}}{T \Delta V_{\text{m}}},$$ (7.1.6)

où ΔV_{m} est la différence entre les volumes molaires des deux phases. Cette équation montre comment la température de transition varie avec la pression. Par exemple, dans le cas de la transition solide-liquide, dans laquelle le volume molaire s'accroît ($\Delta V_{\text{m}} > 0$), le point de congélation montera avec l'accroissement de la pression.

	T_{fusion}	ΔH_{fusion}	$T_{\text{ébullition}}$	$\Delta H_{\text{évaporation}}$
He	0.95*	0.021	4.22	0.082
H_2	14.01	0.12	20.28	0.46
O_2	54.36	0.444	90.18	6.820
N_2	63.15	0.719	77.35	5.586
Ar	83.81	1.188	87.29	6.51
CH_4	90.68	0.941	111.7	8.18
C_2H_5OH	156.0	4.60	351.4	38.56
CS_2	161.2	4.39	319.4	26.74
CH_3OH	175.2	3.16	337.2	35.27
NH_3	195.4	5.652	239.7	23.35
CO_2	217.0	8.33	194.6	25.23
Hg_2	234.3	2.292	629.7	59.30
CCl_4	250.3	2.5	350.0	30.0
H_2O	273.15	6.008	373.15	40.656
Ga	302.93	5.59	2676.0	270.3
Ag	1235.08	11.3	2485.0	257.7
Cu	1356.6	13.0	2840.0	306.7

Table 7.1 Températures (K) et enthalpies de fusion et d'évaporation (kJ mol^{-1}) pour p = 1 bar (ordonnées par valeurs croissantes du point de fusion). On trouvera d'autres données dans les sources [B], [F] et [G].
* sous pression

L'ÉQUATION DE CLAUSIUS-CLAPEYRON

Nous pouvons simplifier l'équation de Clapeyron dans le cas de la transition liquide-vapeur, où $V_{\text{ml}} \ll V_{\text{mg}}$; nous pouvons donc donner à $(V_{\text{mg}} - V_{\text{ml}})$ la valeur approchée V_{mg}. L'équation de Clapeyron (7.1.5) devient alors

$$\frac{dp}{dT} = \frac{\Delta H_{\text{évaporation}}}{T V_{\text{mg}}}.$$ (7.1.7)

Nous pouvons en première approximation utiliser le volume molaire des gaz parfaits $V_{\text{mg}} = RT/p$. Si nous reportons cette valeur dans l'équation, et si nous tenons compte de ce que $dp/p = d(\ln p)$, nous obtenons l'équation de Clausius-Clapeyron

$$\frac{d\ln p}{dT} = \frac{\Delta H_{\text{évaporation}}}{RT^2}.$$ (7.1.8)

Cette équation est aussi applicable au cas d'un solide en équilibre avec sa vapeur ; on utilise alors $\Delta H_{\text{sublimation}}$. On écrit quelquefois cette équation sous la forme intégrée

$$\ln p_2 - \ln p_1 = \frac{\Delta H_{\text{évaporation}}}{R} \left(\frac{1}{T_1} - \frac{1}{T_2} \right). \tag{7.1.9}$$

Ces formules donnent la forme explicite des courbes de coexistence, c'est-à-dire de la pression d'équilibre en fonction de la température. Si la pression est supérieure à sa valeur d'équilibre, la vapeur se condense ; si elle lui est inférieure, le liquide s'évapore.

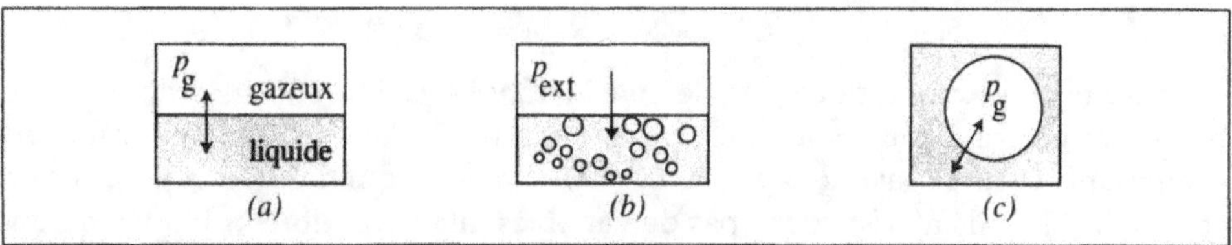

Figure 7.4 Équilibre entre phases gazeuse et liquide.
(a) système isolé : un liquide en équilibre avec sa vapeur. La pression de la vapeur p_g est la *pression de vapeur saturée* ;
(b) si l'on chauffe le liquide soumis à une pression p_{ext} (qui est la pression atmosphérique), des bulles de vapeur se forment lorsque $p_g \geq p_{\text{ext}}$: le liquide commence à bouillir ;
(c) la vapeur dans une bulle est la vapeur saturée en équilibre avec le liquide, comme dans le système isolé (a).

7.2 Règle des phases de Gibbs et théorème de Duhem

Jusqu'à présent, nous avons considéré seulement le cas de l'équilibre entre deux phases d'un système à un seul composant. Lorsque plusieurs composés et plus de deux phases sont en équilibre, le potentiel chimique de chacun des composants conserve sa valeur dans chaque phase. Dans le cas d'une phase unique, comme un gaz, les variables intensives, telle la pression ou la température, peuvent varier librement. Mais dans le cas de deux phases en équilibre, par exemple un gaz et un liquide, p et T ne sont plus indépendants. Puisque les potentiels chimiques des deux phases doivent être égaux, $\mu^1(p, T) = \mu^2(p, T)$, une seule des deux variables intensives sera indépendante. Dans le cas d'un équilibre liquide-vapeur avec un seul composant, p et T sont liés par (7.1.8). Le nombre de variables intensives indépendantes dépend du nombre de phases en équilibre, et du nombre de composants du système. Les variables intensives indépendantes qui déterminent un état sont par définition les degrés de liberté du système. Gibbs a formulé une relation générale entre le nombre de degrés de liberté f, le nombre de phases P et le nombre de composants C :

$$f = C - P + 2. \tag{7.2.1}$$

En effet, pour chacune des phases (avec $\sum x_k^i = 1$), p, T et les C fractions molaires sont les variables intensives qui déterminent l'état. Dans un système avec C composants et P phases, le nombre total de fractions molaires indépendantes sera dès lors $P(C-1)$. En ajoutant p et T, nous avons donc $P(C - 1) + 2$ variables indépendantes. D'autre part, l'équilibre entre les P phases d'un composant k exige l'égalité des potentiels chimiques entre toutes les phases :

$$\mu_k^1(p, T, x_m^1) = \mu_k^2(p, T, x_m^2) = \ldots \mu_k^P(p, T, x_m^P), \qquad (7.2.2)$$

où les x_m^1 représentent l'ensemble des fractions molaires dans la phase i. Nous avons donc $(P{-}1)$ équations pour chacun des composants, $C(P{-}1)$ équations (7.2.2) entre les potentiels chimiques, ce qui diminue de $C(P-1)$ le nombres de variables intensives indépendantes. Le nombre total de degrés de liberté indépendants est défini par la règle des phases de Gibbs :

$$f = P(C{-}1) + 2{-}C(P{-}1) = C{-}P + 2.$$

Pour donner un exemple de cette règle, considérons l'équilibre entre les phases solide, liquide et gazeuse d'une substance pure, c'est-à-dire dans un système à un seul composant. Dans ce cas, nous avons $C = 1$, $P = 3$, ce qui donne $f = 0$. Dans cet état d'équilibre, ils n'existe donc pas de variables intensives libres : il n'y a qu'une seule pression et une seule température auxquelles ces phases peuvent coexister. C'est le point triple (cf. la figure 7.1). Au point triple de H_2O, la température vaut $T = 273.16$ K ($0.01°$C), et la pression vaut 611 Pa (6.11×10^{-3} bar). Le point triple est pris comme état standard pour définir la température.

Si les divers composants du système sont aussi engagés dans R réactions chimiques indépendantes, alors, outre (7.2.29), nous aurons R équations pour l'équilibre chimique qui correspondent à autant d'affinités nulles.

$$\mathcal{A}_1 = \mathcal{A}_2 = \ldots \mathcal{A}_R = 0. \qquad (7.2.3)$$

Le nombre de degrés de liberté est donc diminué de R, et nous avons :

$$f = C - R - P + 2. \qquad (7.2.4)$$

Dans les énoncés de la règle des phases, $(C - R)$ est souvent nommé *nombre des composants indépendants*. Supposons que dans une réaction telle que A $\rightleftharpoons$ B + 2C les produits B et C résultent uniquement de la décomposition de A. Alors, les fractions molaires de B et C sont liées par la relation $x_C = 2x_B$. Cette contrainte supplémentaire, qui dépend de la préparation initiale du système, diminue de 1 le nombre de degrés de liberté, en conformité avec (7.2.4).

Outre la *règle des phases de Gibbs*, nous disposons ici du *théorème de Duhem*, présenté dans son *Traité élémentaire de mécanique chimique*. Ce théorème dit que quel que soit le nombre de phases, de composants et de réactions chimiques, *si les nombres de moles des composants sont donnés, l'état d'équilibre d'un système fermé est complètement déterminé par deux variables indépendantes.*

On démontre ce théorème comme suit. L'état du système est déterminé par la pression p, la température T et les nombres de moles N_k^i (ici encore, les exposants i se rapportent aux P phases et les indices k aux C composants), soit au total $CP + 2$ variables. De plus, comme ci-dessus (nous n'écrivons pas les nombres de moles)

$$\mu_k^1 = \mu_k^2 = \ldots \mu_k^P, \qquad (7.2.5)$$

ce qui conduit à $(P-1)$ équations pour chaque composant, soit au total $C(P-1)$ équations. En outre, puisque le nombre total de moles de chaque composant $N_{k,\text{total}}$ est déterminé, nous avons

$$\sum_{i=1}^{P} N_k^i = N_{k,\text{total}}$$

pour chaque composant, ce qui conduit à un total de C équations. Le nombre total de contraintes est donc $C(P-1) + C$, et le nombre total d'équations indépendantes est donc $CP + 2 - C(P-1) - C = 2$. Ce résultat ne varie pas avec le nombre de réactions chimiques, puisque chaque réaction ajoute une nouvelle variable indépendante ξ_α, l'avancement de la réaction dans chaque phase, et ajoute en même temps une contrainte $\mathcal{A}_\alpha = 0$ pour l'équilibre chimique correspondant.

La règle des phases de Gibbs détermine le nombre total de variables intensives indépendantes sans prendre en compte les variables extensives du système ; par contre, l'équation de Duhem détermine le nombre total des variables indépendantes d'un système fermé, qu'elles soient extensives ou intensives. Voyons ici quelques applications simples.

7.3 Systèmes binaires et ternaires

La figure 7.1 montre le diagramme de phases d'un système à un seul composant. La complexité de ce type de diagramme augmente avec le nombre de composants. Nous examinerons ici quelques exemples de systèmes à deux ou trois composants.

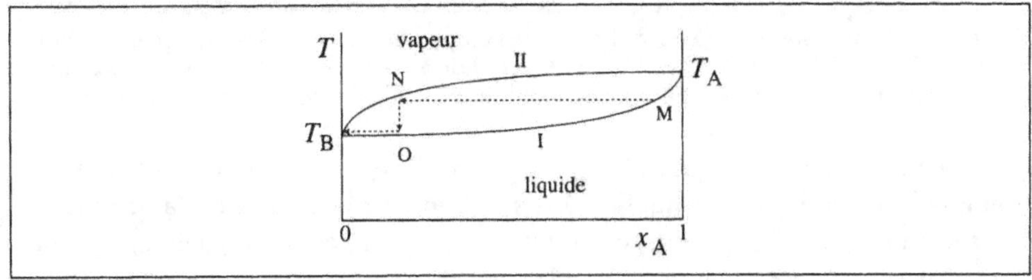

Figure 7.5 Point d'ébullition en fonction de la composition d'un mélange de deux liquides, par exemple le benzène et le toluène (voir texte).

MÉLANGES BINAIRES LIQUIDES EN ÉQUILIBRE AVEC LEURS VAPEURS

Considérons un mélange liquide à deux composantes, A et B, en équilibre avec leurs vapeurs. Ce système contient deux phases et deux composants. La règle des phases de Gibbs nous dit qu'un tel système a deux degrés de liberté ; nous pouvons prendre par exemple la pression et la fraction molaire x_A du composant A. Dans ces conditions, si nous considérons un système soumis à une pression constante, à chaque valeur de la fraction molaire correspond une température pour laquelle les deux phases sont en équilibre. Par exemple, si la pression appliquée est de 0.5 bar, l'équilibre liquide-vapeur requiert une valeur bien définie de la température : c'est le point d'ébullition. Si la pression appliquée est la pression atmosphérique, la température correspond au point d'ébullition.

La figure 7.5 montre sur la courbe I le point d'ébullition en fonction de la fraction molaire x_A ; les points d'ébullition de A et B sont T_A et T_B. La courbe II montre la composition de la vapeur pour chaque température d'ébullition. Si un mélange dont la composition correspond au point M est porté à ébullition, la vapeur aura une composition correspondant au point N ; si cette vapeur est récupérée et condensée, son point d'ébullition et sa composition correspondront au point 0. Ce processus augmente la teneur du mélange en B ; pour de tels systèmes, il permet d'enrichir le mélange en augmentant la teneur du composant le plus volatile.

AZÉOTROPES

La relation entre le point d'ébullition et la composition des phases liquide et gazeuse de la figure 7.5 n'est pas applicable à tous les mélanges binaires. Pour de nombreux mélanges liquides, la courbe du point d'ébullition est celle de la figure 7.6. Dans ce cas, il existe une valeur de x_A pour laquelle la composition du liquide et celle de la vapeur demeurent identiques. De tels systèmes sont dits *azéotropes*.

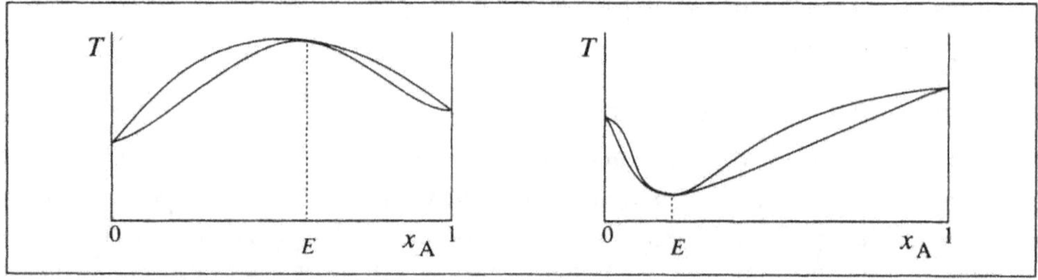

Figure 7.6 Point d'ébullition en fonction de la composition des phases liquide et vapeur de mélanges binaires dits azéotropes. Les phases liquide et vapeur ont la même composition au point azéotropique ; en ce point, le point d'ébullition est maximum (a) ou minimum (b).

Les composants d'un azéotrope ne peuvent être séparés par distillation. Par exemple, dans le cas de la figure 7.6 (a), si l'on suit la courbe de la gauche vers le maximum (si le mélange entre en ébullition et si la vapeur est recueillie), la vapeur s'enrichit en B, tandis que le liquide subsistant s'enrichit en A, et évolue vers la composition azéotropique. Des opérations successives ébullition et de condensation aboutissent à B pur d'une part, et l'azéotrope d'autre part, A non pur et B non pur. Le lecteur est invité à analyser la situation de la figure 7.6 (b). On trouvera dans [F] la composition azéotropique et les points d'ébullition correspondants pour un certain nombre de mélanges binaires. La figure 7.6 montre que le point d'ébullition correspondant à la composition azéotropique correspond à un extremum de la courbe de coexistence. C'est le *théorème de Gibbs-Konovalow*[1] :

> À pression constante, durant un déplacement d'équilibre d'un système binaire, la température de coexistence passe par un extremum si la composition des deux phases demeure constante.

---

1. Nous ne donnerons pas la démonstration de ce théorème, que le lecteur trouvera dans [4]. Notons toutefois que cette démonstration implique les conditions de stabilité thermodynamique (voir le chapitre 12).

	T_f (produit pur)	T_f (azéotrope)	Fr$_m$
Acide chlorhydrique HCl	−85.0	108.58	20.22
Acide nitrique HNO$_3$	86.0	120.7	67.7
Éthanol C$_2$H$_5$OH	78.32	78.17	96.0
Cyclohexane C$_6$H$_{12}$	80.75	53.0	32.5
Acétate de méthyl CH$_3$COOCH$_3$	57.0	55.8	51.7
N-hexane C$_6$H$_{14}$	68.95	49.8	41.0
Acétone (CH$_3$)$_2$CO	56.15	55.5	88.0
Benzène C$_6$H$_6$	80.1	57.5	60.9
Cyclohexane C$_6$H$_{12}$	80.75	53.9	63.6

Table 7.2 Propriétés de quelques azéotropes à $p = 1$ bar (on trouvera plus de données dans [F]). On donne les points d'ébulition T_f (en °C) du produit pur et de l'azéotrope, ainsi que les fractions massiques Fr$_m$. Les trois premières lignes donnent des azéotropes formés avec l'eau (point d'ébullition de l'eau H$_2$O : 100°C). Les trois lignes suivantes donnent des azéotropes formés avec l'acétone (point d'ébullition de l'acétone (CH$_3$)$_2$CO : 56.15°C). Les trois dernières lignes donnent des azéotropes formés avec le méthanol (point d'ébullition du méthanol CH$_3$OH : 64.7°C).

Les azéotropes forment une classe importante de solutions, dont les propriétés thermodynamiques seront discutées plus en détail dans le chapitre 8 ; la table 7.2 donne quelques exemples.

SOLUTIONS EN ÉQUILIBRE AVEC DES SOLIDES

Considérons à présent l'exemple d'un équilibre solide-liquide dans un système à deux composants A et B, qui sont miscibles à l'état liquide, mais non à l'état solide. Ce système compte donc trois phases : liquide (A+B), solide (A) et solide (B).

Pour décrire l'équilibre de ce type de système, nous considérons d'abord un système à deux phases, la phase liquide et l'une des deux phases solides. Dans ce cas, la règle des phases de Gibbs dit que pour deux composants et deux phases, le nombre de degrés de liberté est 2 ; nous prendrons comme variables indépendantes la pression et la composition.

Dans ces conditions, si la fraction molaire x_A et la pression p sont fixées, la température d'équilibre T l'est aussi. Si nous assignons à la pression une valeur déterminée (par exemple, la pression atmosphérique), nous obtenons une courbe d'équilibre qui décrit T en fonction de x_A.

La figure 7.7 montre les deux courbes qui correspondent respectivement au solide A (à l'équilibre avec le liquide) et au solide B (à l'équilibre avec le liquide). Le long de la courbe EN, le solide A est en l'équilibre avec le liquide ; sur la courbe EM, c'est le solide B qui est en équilibre avec la solution.

Le point d'intersection des deux courbes E est le *point eutectique*, défini par la composition eutectique et la température eutectique.

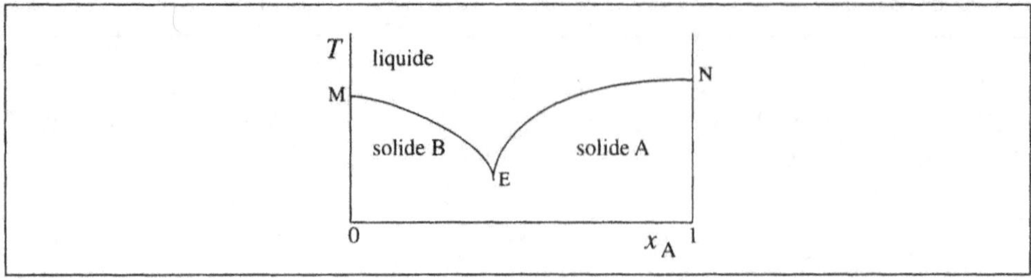

Figure 7.7 Diagramme de phase d'un système à deux composants et trois phases. Ce système n'a qu'un degré de liberté ; à pression fixée, les trois phases (liquide, solide A et solide B) sont en équilibre au *point eutectique* E. La courbe ME donne l'équilibre entre la phase solide B et le liquide, et la courbe NE donne l'équilibre entre solide A et liquide. Le point d'intersection E détermine la composition d'équilibre et la température lorsque les trois phases sont en équilibre.

Si nous considérons ensuite un système à trois phases, liquide (A+B), solide A et solide B, la règle des phases de Gibbs nous enseigne qu'il n'existe qu'un seul degré de liberté. Si nous choisissons la pression, il n'existe qu'un seul point (T, x_A) où l'équilibre existe entre les trois phases. C'est le point eutectique. Puisque les potentiels chimiques des solides et des liquides ne varient que peu avec la pression, la composition eutectique et la température eutectique ne changeront elles aussi que peu avec la pression.

SYSTÈMES TERNAIRES

Gibbs a utilisé pour représenter la composition d'une solution à trois composants la position d'un point dans un triangle équilatéral dont les côtés ont une longueur égale à l'unité.

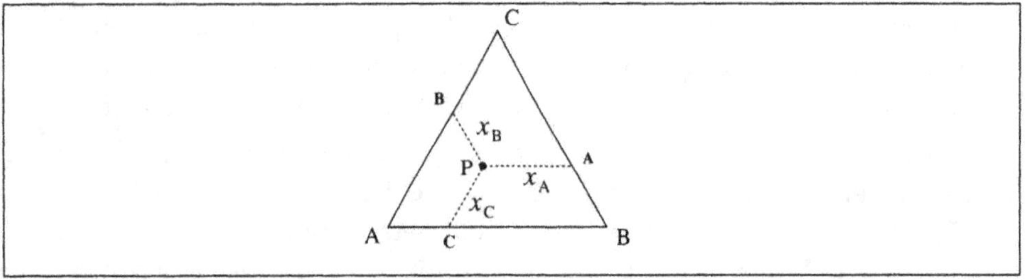

Figure 7.8 La composition d'un système ternaire A, B et C, peut se représenter sur un graphe triangulaire puisque l'on peut convenir $x_A + x_B + x_C = 1$. La composition du système correspond au point P à l'intérieur d'un triangle équilatéral de côté unité. Les fractions molaires sont les longueurs des lignes tracées en parallèle aux côtés du triangle. On peut montrer que PA + PB + PC = 1 pour tout point P.

Sur la figure 7.8, le point P représente les fractions molaires x_A, x_B et x_C. On mène depuis le point P des lignes parallèles aux côtés du triangle équilatéral : la longueur de ces lignes correspond alors aux fractions molaires. On voit que la somme de ces trois segments est constante et égale à un. De plus,

- les sommets A, B et C correspondent à des états purs ;

- une ligne parallèle à l'un des côtés du triangle correspond à des systèmes ternaires où l'une des trois fractions molaires demeure constante ;

- une ligne menée de l'un des sommets vers le côté opposé correspond aux systèmes dans lesquels les fractions molaires de deux composantes garde un rapport constant (plus le point représentatif du système est proche du sommet, plus le système s'enrichit dans le composant correspondant).

La variation d'une propriété d'un système à trois composants peut donc se représenter à l'aide d'un graphique à trois dimensions, dont la base est le triangle décrit ci-dessus, tandis que sa hauteur correspond à la valeur de la propriété étudiée.

Pour donner un exemple, considérons un système à trois composants, A, B et C, et deux phases : une solution qui contient A, B et C, et une phase solide de B en équilibre avec la solution. Un tel système à trois composants et deux phases a trois degrés de liberté ; nous pouvons choisir la pression et les titres, x_A et x_B. Pour une pression donnée, chaque valeur de x_A et de x_B correspond à une température d'équilibre.

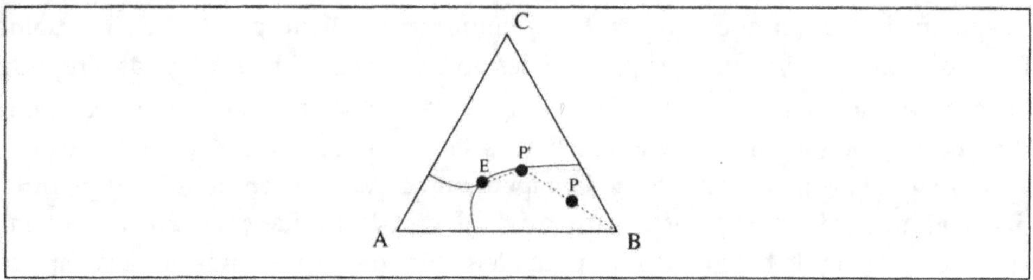

Figure 7.9 Diagramme de phase d'un système ternaire montrant la composition de la solution tandis que le système est refroidi. En P, le système consiste en deux phases : la solution (A+B+C) en équilibre avec la phase solide B. Lorsque la température décroît, la composition se déplace le long de PP'. En P' le composant C commence à cristalliser, et la composition se déplace le long de P'E jusqu'au point eutectique E où tous les composants commencent à cristalliser.

Sur la figure 7.9, le point P donne la composition de la solution à la température T. Quand cette dernière diminue, les valeurs relatives de x_A et de x_C ne varient pas tandis que des quantités croissantes de B deviennent solides. Le point se déplace donc le long de la ligne BP ainsi que le montre la flèche. Lorsque la température diminue encore, le système atteint le point P'. Le composant C commence alors à se solidifier. Le système a désormais deux phases solides et une phase solution, et donc deux degrés de liberté. La composition du système suit désormais la ligne P'E. Finalement, le composant A se solidifie lui aussi ; le système atteint le point E, qui correspond à la température eutectique. Le système n'a désormais plus qu'un seul degré de liberté.

7.4 Construction de Maxwell et règle du levier

Le lecteur aura remarqué que les isothermes calculées à partir d'une équation d'état comme l'équation de van der Waals ne correspondent pas à celles que montre la courbe de la figure 7.2, qui présente des portions horizontales là où coexistent les états liquide et gazeux.

Ces parties horizontales apparaissent à des températures inférieures à la température critique. À l'aide de la condition d'égalité des potentiels chimiques, Maxwell put expliciter la condition d'apparition de ces portions horizontales.

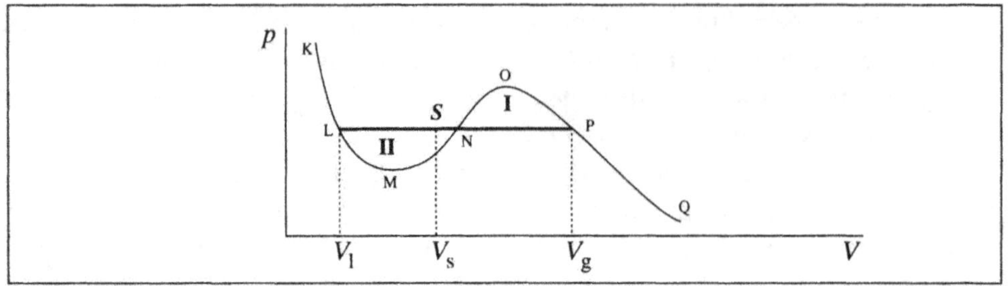

Figure 7.10 La construction de Maxwell donne la partie horizontale LP, déterminée expérimentalement en regard de l'isotherme théorique donnée par une équation d'état — par exemple celle de van der Waals. À l'équilibre, les potentiels chimiques aux points L et P sont égaux. Comme expliqué dans le texte, cela implique que l'aire I soit égale à l'aire II.

Considérons une isotherme de van der Waals pour $T < T_c$ (cf. figure 7.10). Imaginons une diminution constante du volume à partir du point Q. Soit le point P tel que pour cette valeur de la pression les potentiels chimiques des phases liquide et gazeuse soient égaux. À ce point la vapeur commence à condenser, et l'on peut diminuer le volume sans variation de la pression. Cette diminution du volume peut se poursuivre jusqu'à ce que toute la vapeur soit condensée en liquide au point L. Si le volume garde une valeur comprise entre P et L, le liquide et la vapeur peuvent coexister. Le long de la ligne PL, les potentiels chimiques du liquide et de la vapeur sont égaux. Il s'ensuit que la variation totale du potentiel chimique le long de la courbe LMNOP doit être nulle :

$$\int_{\text{LMNOP}} d\mu = 0. \tag{7.4.1}$$

Or, puisque le potentiel chimique est une fonction de T et p, et puisque ce chemin est à température constante, la relation de Gibbs-Duhem donne $d\mu = V_\text{m}dp$. Grâce à cette relation, nous pouvons réécrire (7.4.1) sous la forme

$$\int_P^O V_\text{m}dp + \int_O^N V_\text{m}dp + \int_N^M V_\text{m}dp + \int_M^L V_\text{m}dp = 0. \tag{7.4.2}$$

En raison des égalités

$$\int_O^N V_\text{m}dp = -\int_N^O V_\text{m}dp \qquad \text{et} \qquad \int_N^M V_\text{m}dp = -\int_M^N V_\text{m}dp,$$

la somme des deux premières intégrales correspond à l'aire I de la figure 7.10, et la somme des deux termes suivants correspond à la valeur négative de l'aire II. L'équation (7.4.2) devient donc

$$(\text{Aire I}) - (\text{Aire II}) = 0. \tag{7.4.3}$$

Cette condition détermine la position de la ligne horizontale le long de laquelle les potentiels chimiques du liquide et du gaz sont égaux, qui correspond aux états physiquement accessibles. C'est la *construction de Maxwell*.

Au point P, la substance est tout entière à l'état gazeux, et occupe un volume V_g ; au point L, elle est tout entière à l'état liquide, et occupe un volume V_l. À chaque point S sur la ligne LP, le volume total V_S du système est donné par la relation

$$V_S = (x)V_g + (1-x)V_l \qquad (7.4.4)$$

où x est la fraction de la substance à l'état gazeux. Il s'ensuit que

$$x = \frac{V_s - V_l}{V_g - V_l} = \frac{SL}{LP}. \qquad (7.4.5)$$

Le lecteur vérifiera aisément que les fractions molaires de la phase vapeur (x) et de la phase liquide ($1 - x$) satisfont l'égalité

$$(SP)\,(x) = (SL)\,(1 - x). \qquad (7.4.6)$$

Cette relation est connue sous le nom de *règle du levier*, en raison de l'analogie de cette situation avec celle d'un levier dont le point d'appui serait en S, et qui serait en équilibre moyennant des poids (x) et ($1 - x$) fixés à chacune de ses extrémités.

7.5   Transitions de phase

Nous avons déjà signalé que les transitions de phases peuvent être classées en plusieurs ordres. Nous allons préciser ici cette classification. Notons d'abord que le comportement des systèmes au voisinage des points critiques présente un très grand intérêt pour l'étude de la stabilité thermodynamique et des principes d'extremum que nous avons discutés au chapitre 5.

Le physicien russe Landau avait proposé une théorie des transitions de phase inspirée de la théorie de van der Waals, mais des expériences plus précises, menées notamment durant les années 1960, permirent de constater que les prédictions de cette théorie étaient incorrectes. Ce résultat conduisit au développement de la théorie moderne des transitions de phases au cours des années 1960 et 1970[2]. Dans cette section, nous allons seulement énoncer certains des principaux résultats de cette nouvelle théorie. Il est hors de question de présenter dans cet ouvrage une description détaillée de la théorie moderne des transitions de phase, qui recourt souvent à des concepts mathématiques très élaborés. Pour approfondir ce sujet, le lecteur se reportera aux références [1-3].

CLASSIFICATION GÉNÉRALE DES TRANSITIONS DE PHASE

Lors d'une transition liquide-solide ou liquide-gazeux, on assiste à une variation discontinue de l'entropie. Ainsi que le montre la figure 7.11, ce fait se voit clairement si l'on représente l'entropie molaire $S_m = -(\partial G_m/\partial T)_p$ sous la forme d'une fonction de T à V et N constants. Une discontinuité s'observe aussi pour les autres dérivées de G_m telles que $V_m = (\partial G/\partial p)_T$. Par contre, le potentiel chimique varie de manière continue, mais sa dérivée est discontinue.

---

2. Cette nouvelle théorie est le fruit des travaux de Domb, Fischer, Kadanoff, Rushbrook, Widom, Wilson et de bien d'autres.

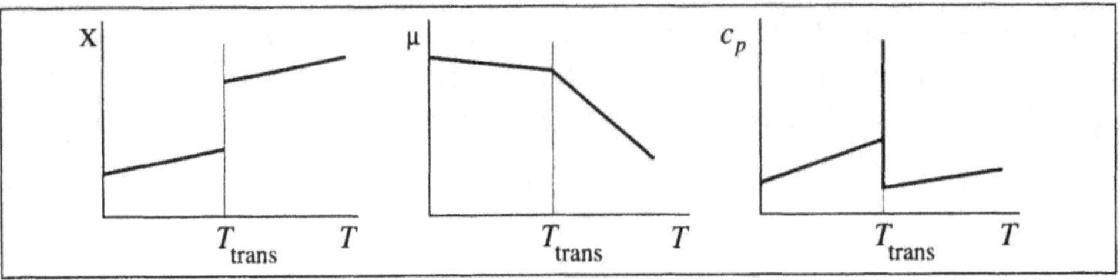

Figure 7.11 Variation des grandeurs thermodynamiques dans une transition de premier ordre qui se produit à température T_{trans}. X est une grandeur extensive, comme par exemple S_m ou V_m, qui présentent une variation discontinue.

À la température de transition, en raison de l'existence de la chaleur latente, la chaleur spécifique $\Delta Q / \Delta T$ présente une singularité : elle devient infinie ; en effet, si $\Delta Q \neq 0$ est la chaleur fournie, on a $\Delta T = 0$, car la température ne varie pas. On parle alors de *transitions du premier ordre*.

La figure 7.12 montre les propriétés caractéristiques des *transitions du second ordre*. Dans ce dernier cas, la variation des grandeurs thermodynamiques est moins brutale : les variations de l'entropie et de l'enthalpie sont continues, mais leurs dérivées sont discontinues.

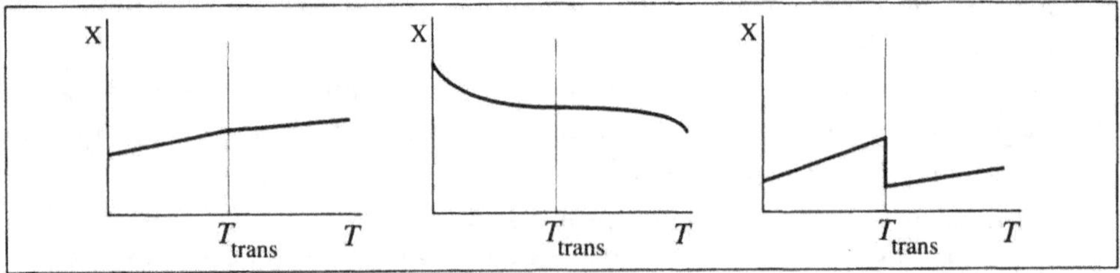

Figure 7.12 Variation de grandeurs thermodynamiques dans une transition de second ordre qui se produit à température T_{trans}. X est une grandeur extensive, comme par exemple S_m ou V_m, qui présentent une variation discontinue.

De même, pour le potentiel chimique, c'est la dérivée seconde qui est discontinue ; la chaleur spécifique ne présente pas de singularité correspondant à l'infini, mais une discontinuité. Ainsi, selon les grandeurs qui sont discontinues, les transitions de phase sont classées en transitions du premier et du second ordre.

COMPORTEMENT AU VOISINAGE DU POINT CRITIQUE

Nous avons déjà noté que la théorie classique des transitions de phase et du point critique a été développée surtout par Landau ; elle explique le comportement critique en termes des minima de l'énergie libre de Gibbs. La figure 7.13 illustre cette idée : dans la région de coexistence, à p et T donnés, G (fonction de V) présente deux minima. Au voisinage du point critique, les minima se rapprochent pour donner un minimum unique.

La théorie classique de Landau formule plusieurs prédictions touchant le comportement des systèmes au voisinage du point critique. Mais nous avons vu que les expériences des années 1960 n'ont pas confirmé ces prédictions. Nous présenterons quelques-unes des différences entre les prédictions de la théorie et les résultats des expériences, en utilisant l'exemple de la transition liquide-vapeur. Toutes les prédictions de la théorie classique peuvent être vérifiées en utilisant l'équation d'état de van der Waals comme exemple.

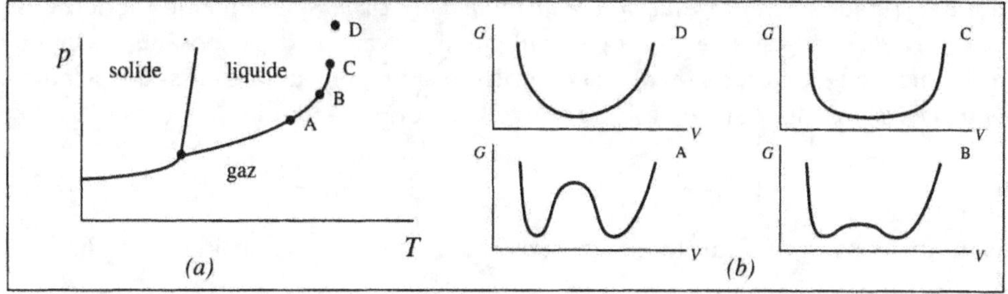

Figure 7.13 La théorie classique des transitions de phase (Landau) fait appel aux minima de l'énergie libre de Gibbs G : on montre en (b) l'allure de cette fonction pour les valeurs A, B, C et D de (p, T) indiquées en (a) : G passe d'une distribution à deux minima (V_{liquide} et V_{gazeux}) vers une distribution à un seul minimum.

- Dans le cas de la transition liquide-vapeur, lorsque le système approche la température critique par les valeurs inférieures ($T < T_c$), la prédiction est que

$$V_{\text{mg}} - V_{\text{ml}} \propto (T_c - T)^{\beta}, \qquad \text{avec} \qquad \beta = 0.5\,; \tag{7.5.1}$$

mais l'expérience a montré que les valeurs de β se situent entre 0.3 et 0.4.

- Le long de l'isotherme critique, en approchant la pression critique p_c à partir des valeurs supérieures, la prédiction est que

$$V_{\text{mg}} - V_{\text{ml}} \propto (p - p_c)^{1/\delta}, \qquad \text{avec} \qquad \delta = 3\,; \tag{7.5.2}$$

mais l'expérience donne pour δ des valeurs entre 4.0 et 5.0.

- Lorsque le gaz peut être liquéfié, il est aisé de voir que la compressibilité isotherme $\kappa_T = -(1/V)(\partial V/\partial p)_T$ diverge durant la transition correspondant à la portion horizontale de l'isotherme. Au-dessus de la température critique, il n'y a pas de divergence, puisqu'il n'y a pas de transition vers le liquide. Pour la théorie classique, si le système se rapproche de la température critique par valeurs supérieures, la divergence de κ_T prédite est

$$\kappa_T \propto (T - T_c)^{-\gamma}, \qquad \text{avec} \qquad \gamma = 1\,; \tag{7.5.3}$$

mais l'expérience donne pour γ des valeurs entre 1.2 et 1.4.

- Nous avons vu au chapitre précédent que si la pression est une fonction linéaire de la température, les valeurs de C_v pour les gaz réels sont les mêmes que pour les gaz parfaits (et c_v est constant). La prédiction est que si

$$C_V \propto (T - T_c)^{-\alpha}, \qquad \text{alors} \qquad \alpha = 1\,; \tag{7.5.4}$$

mais l'expérience donne pour α des valeurs comprises entre -0.2 et 0.3.

Ces échecs de la théorie classique de Landau ont entraîné un réexamen du comportement critique. Un résultat fondamental déjà obtenu touche le rôle des fluctuations, qui constitue la raison principale du désaccord entre la théorie classique et l'expérience. Au voisinage du point critique, en raison de l'allure horizontale de la fonction de Gibbs, des fluctuations à longue portée se produisent dans le système. Pour prendre en compte ces fluctuations, il fallait introduire de nouveaux concepts qui s'inspirent souvent de la *théorie quantique des champs*. La théorie moderne du comportement critique ne prédit pas seulement les valeurs des exposants α, β, γ et δ avec une meilleure précision que la théorie classique ; elle donne aussi des relations entre ces exposants. Par exemple, la nouvelle théorie prédit que

$$\beta = \frac{2 - \alpha}{1 + \delta} \qquad \text{et} \qquad \gamma = \frac{(\alpha - 2)(1 - \delta)}{(1 + \delta)}. \tag{7.5.5}$$

Nous arrêtons ici ces indications sur la théorie moderne des transitions de phase.

$\mathbf{8}$ SOLUTIONS ET MÉLANGES

8.1 Solutions idéales et non idéales

La thermodynamique permet de décrire de nombreuses propriétés importantes des solutions. Par exemple nous pouvons expliquer le changement des points d'ébullition et de congélation d'une solution avec sa composition, la variation de la solubilité d'un composé avec la température ; ou celle de la pression osmotique avec la concentration.

Montrons d'abord comment décrire le potentiel chimique d'une solution. Nous avons vu au chapitre 5, § 3, que le potentiel chimique d'une substance peut s'écrire $\mu(p, T) = \mu^0(p, T) + RT \ln a$, où a est l'activité et μ^0 le potentiel chimique à l'état standard dans lequel $a = 1$. Pour un mélange gazeux idéal, nous avons vu (cf. (6.1.9)) que le potentiel chimique d'un composé peut s'écrire simplement en fonction des fractions molaires x_k. Nous allons montrer ici que de nombreuses propriétés des solutions diluées peuvent être décrites par un potentiel chimique de cette forme. Ceci a conduit à la définition suivante d'une solution idéale :

$$\mu_k(p, T, x_k) = \mu_k^0(p_0, T) + RT \ln x_k, \qquad (8.1.1)$$

où μ_k^0 est le potentiel chimique d'un état de référence indépendant des fractions molaires x_k. Nous insistons sur le fait que la ressemblance entre les mélanges gazeux idéaux et les solutions idéales repose seulement sur la dépendance du potentiel chimique des fractions molaires ; la dépendance par rapport à la pression est totalement différente, comme on peut le voir dans la formule du potentiel chimique d'un liquide (6.3.8).

Lorsque dans la relation (8.1.1) la fraction molaire du solvant x_s est presque égale à l'unité — c'est-à-dire dans le cas des solutions diluées — on peut, pour le potentiel chimique du solvant $\mu_k^0(p, T)$, adopter comme état de référence $\mu_k^*(p, T)$, c'est-à-dire le potentiel chimique du solvant pur. Pour les autres composants k, pour lesquels nous avons $x_k \ll 1$, (8.1.1) reste toujours valable dans le domaine des solutions diluées, mais l'état de référence n'est pas $\mu_k^*(p, T)$. Il existe toutefois des solutions où (8.1.1) reste correct pour toutes les valeurs de x_k. Ce sont les solutions parfaites. Puisque l'on doit avoir $\mu_k(p, T) = \mu_k^*(p, T)$ pour $x_k = 1$, on a pour les solutions parfaites

$$\mu_k(p, T, x_k) = \mu_k^*(p, T) + RT \ln x_k \quad \text{pour tout } x_k. \qquad (8.1.2)$$

Pour des solutions parfaites, tout l'effet de mélange est dans le second terme. L'immense majorité des solutions ne sont ni idéales ni parfaites. Il est alors utile d'introduire avec Lewis l'activité $a_k = \gamma_k x_k$, où γ_k est le coefficient d'activité. Nous écrivons donc, pour le potentiel chimique des solutions non idéales,

$$\begin{aligned} \mu_k(p, T, x_k) &= \mu_k^0(p, T) + RT \ln a_k \\ &= \mu_k^0(p, T) + RT \ln(\gamma_k x_k). \end{aligned} \qquad (8.1.3)$$

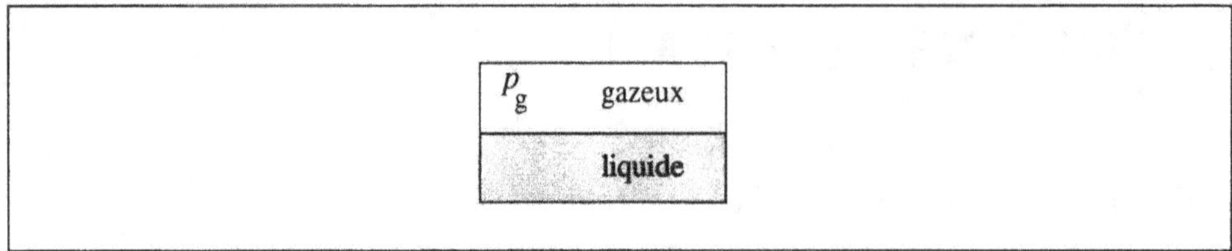

Figure 8.1 Équilibre entre deux phases d'un produit : en solution et à l'état de vapeur.

Le coefficient d'activité $\gamma_k \to 1$ pour $x_k \to 1$, c'est-à-dire à la limite des solutions diluées. Considérons à présent des conditions dans lesquelles nous nous attendons à trouver des solutions idéales. Soit une solution à plusieurs composés en équilibre avec sa vapeur (cf. la figure 8.1). Les potentiels chimiques sont égaux dans les deux phases. Si nous utilisons l'approximation des gaz parfaits pour les composés en phase gazeuse, nous avons

$$\mu_{i,\,\text{liquide}}^0(p_0, T) + RT \ln a_i = \mu_{i,\,\text{gaz}}^0(p_0, T) + RT \ln \frac{p_i}{p_0}. \tag{8.1.4}$$

Considérons un liquide pur en équilibre avec sa vapeur. Nous avons alors $p_i = p_i^*$, la pression de vapeur d'un liquide pur en équilibre avec sa vapeur. Puisque comme nous l'avons vu dans la section 5.3, a_i est voisin de l'unité pour un liquide pur, $\ln(a_k) \approx 0$. Par suite, (8.1.4) se réduit alors à la forme

$$\mu_{i,\,\text{liquide}}^0(p_0, T) = \mu_{i,\,\text{gaz}}^0(p_0, T) + RT \ln \frac{p_i^*}{p_0}. \tag{8.1.5}$$

En soustrayant (8.1.5) de (8.1.4) nous trouvons que pour le solvant

$$RT \ln a_i = +RT \ln \frac{p_i}{p_i^*}, \qquad \text{soit } a_i = \frac{p_i}{p_i^*}, \tag{8.1.6}$$

ce qui revient à dire que *l'activité est le rapport de la pression de vapeur partielle du composé et de la pression de vapeur du solvant pur*. On peut donc déterminer l'activité d'un composé k en mesurant sa tension de vapeur.

Pour une solution idéale, (8.1.4) prend la forme

$$\mu_{i,\,\text{liquide}}^0(p, T) + RT \ln x_i = \mu_{i,\,\text{gaz}}^0(p_0, T) + RT \ln \frac{p_i}{p_0}. \tag{8.1.7}$$

Il découle de cette équation que la pression partielle dans la phase gazeuse et la fraction molaire d'un composant peuvent s'écrire

$$p_i = K_i x_i \tag{8.1.8}$$

avec

$$K_i(p, T) = p_0 \exp\left(\frac{\mu_{i,\,\text{liquide}}^0(p, T) - \mu_{i,\,\text{gaz}}^0(p, T)}{RT} \right) \tag{8.1.9}$$

où K_i a les dimensions d'une pression. Si $x_k = 1$, nous devons avoir $K(p^*, T) = p^*$, la pression de vapeur de la substance pure. Ceci s'accorde avec (8.1.9). En effet, si $p = p_0 = p^*$ le numérateur de l'exposant s'annule : les potentiels chimiques de la vapeur et du liquide sont égaux. Si l'on a pour le solvant $x_{\text{solvant}} \approx 1$, alors

$$p_{\text{solvant}} = p_{\text{solvant}}^* \, x_{\text{solvant}} \tag{8.1.10}$$

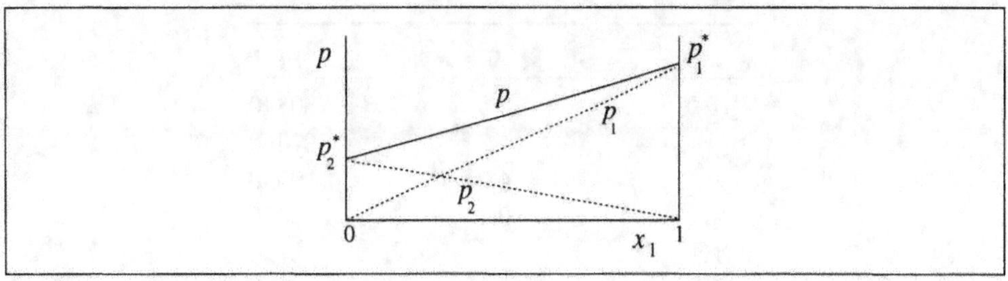

Figure 8.2 Représentation de la pression de vapeur d'une solution binaire parfaite. L'équation (8.1.1) est valable pour toutes les valeurs de la fraction molaire x_1. Les grandeurs p_1^* et p_2^* sont les pressions de vapeur des substances pures ; p_1 et p_2 sont les pressions partielles des deux composants ; p est la pression de vapeur totale.

Des expériences menées par François-Marie Raoult (1830-1901) au cours des années 1870 ont confirmé la relation (8.1.10) ; C'est désormais la *loi de Raoult*. Le potentiel chimique de la phase vapeur du solvant

$$\mu_{\text{solvant, gaz}} = \mu_{\text{solvant, gaz}}(p_0, T) + RT \ln \frac{p_{\text{solvant}}}{p_0}$$

peut à présent s'exprimer en termes de fraction molaire dans la solution moyennant la loi de Raoult. En posant $p - 0 = p^* - 1$, l'on a

$$\mu_{\text{solvant, gaz}}(p, T, x_1) = \mu_{\text{solvant, gaz}}(p^*, T) + RT \ln x_{\text{solvant}}. \tag{8.1.11}$$

Pour un composé très dilué, la relation (8.1.10) n'est pas valable, tandis que (8.1.8) reste satisfaite. C'est la *loi de Henry* [1] :

$$p_i = K_i \, x_i \qquad (x_i \ll 1). \tag{8.1.12}$$

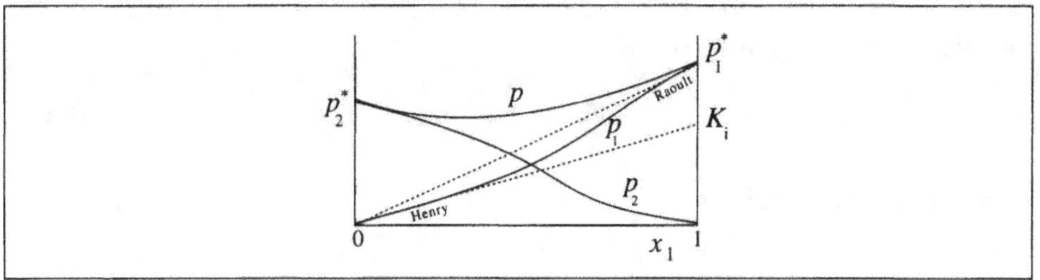

Figure 8.3 Pression de vapeur d'une solution binaire. Que la fraction molaire soit petite ou voisine 1, nous avons un comportement idéal. Le composant dilué obéit à la loi de Henry ; l'autre obéit à la loi de Raoult ; p_1^* et p_2^* sont les pressions de vapeur des substances pures ; p_1 et p_2 sont les pressions partielles des composants ; p est la pression de vapeur totale. Les déviations aux lois de Henry ou de Raoult permettent d'obtenir les coefficients d'activité.

La table 8.1 donne quelques valeurs de la constante de Henry K_i pour divers composés. Dans la région où la loi d'Henry est valable, K_i diffère de la pression de vapeur de la substance pure (cf. la figure 8.3). On notera que lorsque la loi de Henry est valable, le potentiel chimique de l'état de référence μ_i^0 n'est pas égal à celui de la substance pure. Ce n'est que pour une solution parfaite que l'on a $K_i = p_i^*$ pour

	K	ppm
$N_2(g)$	8.5	780840
$O_2(g)$	4.3	209460
$Ar(g)$	4.0	9340
$CO_2(g)$	0.16	350
$CO(g)$	5.7	–
$He(g)$	13.1	5.2
$H_2(g)$	7.8	0.5
$CH_4(g)$	4.1	1.5
$C_2H_2(g)$	0.13	–

Table 8.1 Valeurs de la constante de Henry à 25°C pour quelques gaz atmosphériques ($\times 10^{-4}$), suivies de leur fraction volumique en ppm (On trouvera ces constantes pour des composés organiques dans [F].).

$x_i \ll 1$, mais ce type de solution est rare — en revanche, de nombreuses solutions diluées obéissent aux lois de Raoult et de Henry.

Lorsque la solution n'est pas diluée, on a un comportement non idéal, décrit à l'aide des coefficients d'activité γ_i :

$$\mu_i(p, T, x_i) = \mu_i^0(p, T) + RT \ln \gamma_i x_i. \tag{8.1.13}$$

Pour des solutions non idéales, on peut aussi définir un *coefficient osmotique* introduit par Donnau et Guggenheim en 1932 : Φ_i :

$$\mu_i(p, T, x_i) = \mu_i^0(p, T) + \Phi_i\, RT \ln x_i. \tag{8.1.14}$$

Comme nous le verrons dans la section suivante, ce coefficient est le rapport entre la pression osmotique observée et celle des solutions idéales. Il est aisé de voir que moyennant (8.1.13) et (8.1.14) l'on a

$$\Phi_i - 1 = \frac{\ln \gamma_i}{\ln x_i}. \tag{8.1.15}$$

8.2 Propriétés colligatives

À partir du potentiel chimique des solutions idéales, nous pouvons obtenir diverses propriétés qui dépendent seulement du nombre total des particules en solution et non de la nature du soluté. Ce sont les *propriétés colligatives*.

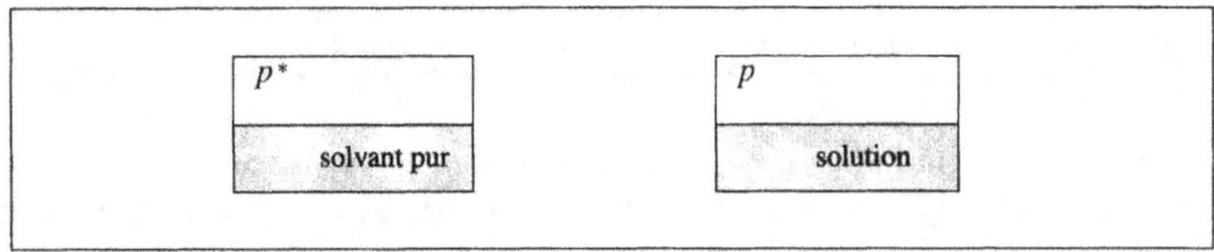

Figure 8.4 La tension de vapeur d'une solution contenant un soluté non volatile est moindre que celle d'un solvant pur. Par conséquent, le point d'ébullition d'une solution sera plus élevé pour des concentrations croissantes du soluté.

VARIATION DES POINTS D'ÉBULLITION ET DE CONGÉLATION

La relation (8.1.11) permet de calculer l'élévation de la température d'ébullition et la diminution de la température de congélation des solutions (cf. la figure 8.4). Ainsi que nous l'avons noté au chapitre 7, un liquide entre en ébullition lorsque sa pression de vapeur p est égale à p_{externe}, la pression externe. Soit T^* la température d'ébullition du solvant pur, et T la température d'ébullition de la solution. Nous notons x_2 pour la fraction molaire du solvant, et x_1 celle du soluté. Nous supposons que le soluté n'est pas volatile ; la phase gazeuse de la solution contient donc uniquement le solvant. À l'équilibre,

$$\mu_{2,\text{gaz}}^*(p_{\text{externe}}, T) = \mu_{2,\text{liquide}}^*(p_{\text{externe}}, T, x_2). \tag{8.2.1}$$

La relation (8.1.11) permet d'écrire cette équation sous la forme

$$\mu_{2,\text{gaz}}^*(p_{\text{externe}}, T) = \mu_{2,\text{liquide}}^*(T) + RT \ln x_2, \tag{8.2.2}$$

où nous avons utilisé la relation

$$\mu_{2,\text{liquide}}^*(T) = \mu_{2,\text{gaz}}^*(p^*, T)$$

valable pour un liquide en équilibre avec sa vapeur. En termes de l'énergie libre molaire de Gibbs $G_{\text{m}} = \mu$, nous avons

$$\mu_{2,\text{gaz}}^*(p_{\text{externe}}, T) - \mu_{2,\text{liquide}}^*(T) = \Delta G_{\text{m}} = (\Delta H_{\text{m}} - T\Delta S_{\text{m}}) = RT \ln x_2 \tag{8.2.3}$$

où Δ correspond à la différence entre les phases liquide et gazeuse ; de façon générale, ΔH_{m} ne varie que peu avec la température. Dès lors, $\Delta H_{\text{m}}(T) = \Delta H_{\text{m}}(T^*) = \Delta H_{\text{évaporation}}$. On a aussi $\Delta S_{\text{m}} = \Delta H_{\text{évaporation}}/T*$ et $x_2 = (1 - x_1)$, où $x_1 \ll 1$ est la fraction molaire du soluté. Dès lors, nous pouvons écrire l'équation (8.2.3) sous la forme

$$\ln(1 - x_1) = \frac{\Delta H_{\text{évaporation}}}{R} \left(\frac{1}{T} - \frac{1}{T^*} \right). \tag{8.2.4}$$

Supposons la différence $T - T^* = \Delta T$ petite, et tenons compte de ce que $\ln(1 - x_1) \approx -x_1$ pour $x_1 \ll 1$, nous avons

$$\Delta T = \frac{RT^{*2}}{\Delta H_{\text{évaporation}}} x_1. \tag{8.2.5}$$

Cette formule donne la variation du point d'ébullition en fonction de la fraction molaire du soluté. De même, en considérant un solide pur en équilibre avec la solution, on obtient une relation pour la diminution du point de congélation ΔT, en termes de l'enthalpie de fusion ΔH_{fusion}, de la fraction molaire x_1 du soluté, et du point de congélation T^* du solvant pur :

$$\Delta T = \frac{RT^{*2}}{\Delta H_{\text{fusion}}} x_1. \tag{8.2.6}$$

Les variations du point d'ébullition ou du point de congélation sont souvent exprimées en termes de *molalité* M_{s} (moles du soluté/kg de solvant) plutôt qu'en fractions molaires. Pour les solutions diluées, la conversion de la fraction molaire en molalité est aisée. Si M_s est la masse molaire du solvant, la fraction molaire du soluté est simplement

$$x_1 = \frac{N_1}{N_1 + N_2} \approx \frac{N_1}{N_2} = M_s \left(\frac{N_1}{M_s N_2} \right) = M_s m_1.$$

On écrit souvent les équations (8.2.5) et (8.2.6) sous la forme

$$\Delta T = K(m_1 + m_2 \ldots + m_s). \tag{8.2.7}$$

La constante K est dite *constante ébullioscopique* quand la relation (8.2.7) est utilisée pour décrire la variation du point d'ébullition, et *constante cryoscopique* pour la variation du point de congélation. La table 8.2 donne quelques valeurs de ces constantes pour divers liquides.

	$K_{\text{ébullition}}$	$T_{\text{ébullition}}$	K_{fusion}	T_{fusion}
Acide acétique CH_3COOH	3.07	118.0	3.90	16.7
Acétone $(CH_3)_2CO$	1.71	56.3	2.40	−95
Benzène C_6H_6	2.53	80.10	5.12	5.53
Disulfide de carbone CS_2	2.37	46.5	3.8	−111.9
Tetrachloride de carbone CCl_4	4.95	76.7	30.0	−23.0
Nitrobenzène $C_6H_5NO_2$	5.26	211.0	6.90	5.8
Phénol C_6H_5OH	3.04	181.84	7.27	40.92
Eau H_2O	0.51	100.0	1.86	0.0

Table 8.2 On donne ici les constantes d'ébullition et de fusion (K est en °C kg mol^{-1}) ; et les températures T d'ébullition et de fusion (en °C). Source : [B].

PRESSION OSMOTIQUE

Dans le cas où une solution et un solvant pur sont séparés par une membrane semi-perméable (voir la figure 8.5(a)), c'est-à-dire perméable aux molécules du solvant, mais non pas à celles du soluté, le solvant s'écoule dans le réservoir contenant la solution jusqu'à ce que l'équilibre soit atteint. Ce processus porte le nom d'*osmose*, et fut remarqué au milieu du XVIIIe siècle ; en 1877, le botaniste Pfeffer publia une étude quantitative méticuleuse ; et van't Hoff (1852- 1911) (qui reçut le premier prix Nobel de chimie en 1901 pour ses contributions à la thermodynamique et à la chimie, cf. [1]) découvrit qu'une équation simple, semblable à celle des gaz parfaits, pouvait rendre compte des données observées sur la pression osmotique.

Comme on le voit sur la figure 8.5, lorsque la membrane qui sépare la solution et le solvant pur est imperméable au soluté, les potentiels chimiques ne sont pas égaux. L'affinité est ici donnée par

$$\mathcal{A} = \mu^*(p, T) - \mu(p', T, x_2), \tag{8.2.8}$$

où x_2 est la fraction molaire du soluté, p' la pression dans la solution, et p la pression dans le solvant pur. Cette affinité est la « force motrice » qui produit un *flux* de solvant vers la solution. L'équilibre est atteint lorsque les potentiels sont égaux : l'affinité correspondante s'annule. En utilisant la relation (8.1.1) pour les solutions idéales, l'affinité (8.2.8) peut s'écrire

$$\mathcal{A} = \mu^*(p, T) - \mu^*(p', T) - RT \ln x_2. \qquad (8.2.9)$$

Lorsque $p = p'$, l'affinité prend la forme simplifiée

$$\mathcal{A} = -RT \ln x_2. \qquad (8.2.10)$$

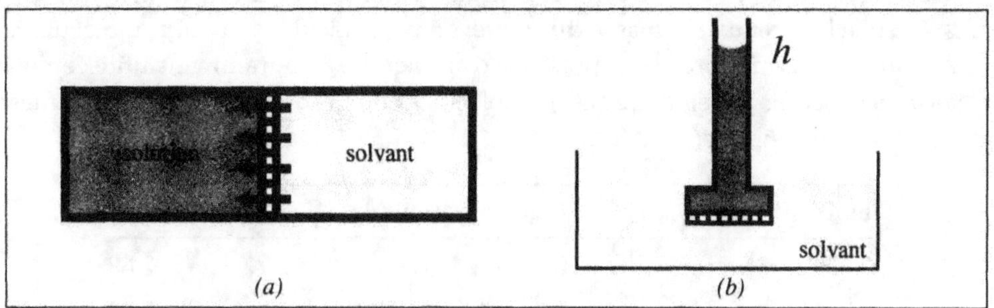

Figure 8.5 Osmose : le solvant pur s'écoule vers la solution au travers d'une membrane imperméable au soluté, et ce jusqu'à égalisation des potentiels chimiques.

Le flux de solvant engendre une différence de pression entre le solvant et la solution. Ce flux continue jusqu'à ce que l'affinité s'annule. La différence, que nous noterons π, est la *pression osmotique*. Dans le dispositif de la figure 8.5(b), le niveau du liquide de la solution s'élève d'une hauteur h au-dessus de celui du solvant pur lorsque l'équilibre est atteint. La pression en excès dans la solution est $p = h\varrho g$, où ϱ est la densité de la solution, et g l'accélération due à la gravité. À l'équilibre, il suit de (8.2.9)

$$\mathcal{A} = \mu^*(p, T) - \mu^*(p + \pi, T) - RT \ln x_2 = 0. \qquad (8.2.11)$$

À température constante, la variation du potentiel chimique avec la pression est $d\mu = (\partial\mu/\partial p)_T \, dp = V_\mathrm{m} dp$ où V_m est le volume molaire partiel. Puisque ce dernier varie peu avec la pression, nous pouvons le considérer comme une constante égale à V_m^*. Nous pouvons donc écrire

$$\mu^*(p + \pi, T) \approx \mu^*(p, T) + \int_0^\pi V_\mathrm{m}^* \, dp$$
$$\approx \mu^*(p, T) + V_\mathrm{m}^* \pi \qquad (8.2.12)$$

où V_m^* est le volume molaire du solvant pur. Nous avons déjà noté que pour les solutions diluées $ln(x2) = ln(1 - x1) \approx -x1$. Si N_1 est le nombre de moles du soluté, et N_2 le nombre de moles du solvant, nous voyons (puisque $N_2 \gg N_1$) que $x_1 = N1/(N2 + N1) \approx N1/N2$. Donc, $\ln(x2) \approx -N1/N2$, ce qui moyennant (8.2.12) permet de réécrire l'équation (8.2.11)

$$RT \frac{N_1}{N_2} = V_\mathrm{m}^* \pi \qquad \text{c'est-à-dire } RT N_1 = N_2 V_\mathrm{m}^* \pi = V\pi \qquad (8.2.13)$$

où $V = N_2 V_m^*$ est proche du volume de la solution (nous pouvons négliger la correction due au soluté). Ceci montre que la pression osmotique π obéit à l'équation des gaz parfaits, comme si le soluté était un gaz parfait occupant le volume de la solution :

$$\pi = \frac{N_{\text{soluté}}\, RT}{V_{\text{solution}}} = [S]RT \tag{8.2.14}$$

où [S] est la concentration molaire. C'est l'*équation de van't Hoff*. En mesurant la pression osmotique, nous pouvons déterminer le nombre de moles d'un soluté. Dès lors, lorsque l'on connaît la masse du soluté, on peut calculer son poids moléculaire. C'est ainsi que la mesure de la pression osmotique est couramment utilisée pour déterminer le poids moléculaire des biomolécules pour lesquelles on trouve aisément des membranes semi-perméables.

mol/ℓ	$\pi_{\text{exp.}}$	$\pi_{\text{th.}}$	mol/ℓ	$\pi_{\text{exp.}}$	$\pi_{\text{th.}}$
0.02922	0.65	0.655	0.098	2.72	2.68
0.05843	1.27	1.330	0.1923	5.44	5.25
0.1315	2.91	2.95	0.3701	10.87	10.11
0.2739	6.23	6.14	0.533	16.54	14.65
0.5328	14.21	11.95	0.6855	22.33	18.8
0.8766	26.80	19.70	0.8273	28.37	22.7

Table 8.3 Comparaison entre les valeurs théoriques de la pression osmotique π (calculée à l'aide de l'équation de van't Hoff, J. H.) et celle que l'on mesure dans une solution aqueuse de sucrose à deux températures (en atm) (Données : [C]). Les trois premières colonnes donnent la concentration (en mol/ℓ), suivie des valeurs théoriques et des valeurs expérimentales pour $T = 273$ K; les trois dernières font de même pour $T = 333$ K.

La table 8.3 présente une comparaison entre pressions osmotiques mesurées et les valeurs théoriques calculées à partir de l'équation de van't Hoff (8.2.14) pour une solution aqueuse de sucrose. Nous voyons que pour des concentrations jusqu'à 0.2 M les prédictions théoriques sont en accord satisfaisant avec les données expérimentales. Notons que la déviation par rapport à l'équation de van't Hoff ne traduit pas nécessairement un écart à l'idéalité. Dans la dérivation, nous avons en effet supposé que la solution était diluée. En utilisant les relations (8.1.11) et (8.2.12), il est aisé de voir que la pression osmotique peut aussi s'écrire

$$\pi_{\text{idéal}} = \frac{-RT \ln x_2}{V_m^*} \tag{8.2.15}$$

où x_2 est la fraction molaire du solvant. Cette expression est valable pour les solutions idéales. Au lieu d'introduire un coefficient d'activité γ, nous pouvons comme en (8.1.14) définir le coefficient osmotique Φ donné par

$$\mu(p, T, x_2) = \mu^*(p, T) + \Phi RT \ln x_2 \tag{8.2.16}$$

où μ^* est le potentiel chimique du solvant pur. À l'équilibre, nous avons alors

$$\mu^*(p, T) = \mu^*(p + \pi, T) + \Phi RT \ln x_2. \tag{8.2.17}$$

En suivant la même procédure que ci-dessus, nous obtenons l'expression suivante pour la pression osmotique d'une solution non idéale

$$\pi = \frac{-\Phi RT \ln x_2}{V_{\mathrm{m}}^*}. \tag{8.2.18}$$

À partir des relations (8.2.15) et (8.2.18), on trouve $\Phi = \pi/\pi_{\mathrm{idéal}}$. Notons que si la solution et le solvant pur sont tous deux à la même pression, l'affinité devient

$$\mathcal{A} = \mu^*(p, T) - \mu^*(p, T) - \Phi RT \ln x_2 = \Phi RT \ln x_2.$$

En introduisant cette valeur dans (8.2.18) nous voyons que

$$\pi = \frac{\mathcal{A}}{V_{\mathrm{m}}^*} \text{ lorsque } p_{\mathrm{solution}} = p_{\mathrm{solvant}}. \tag{8.2.19}$$

Une approche pour l'étude des solutions non idéales qui ressemble à celle que nous avons utilisée pour obtenir le développement du viriel dans le cas des gaz réels consiste à écrire

$$\pi = [S]RT\left(1 + B(T)[S] + \ldots\right) \tag{8.2.20}$$

où $B(T)$ est une constante qui dépend de la température. Les données expérimentales sur la pression osmotique des solutions de polymères (telles que le chloride de polyvinyl dans le cyclohexanone) donnent en effet une relation à peu près linéaire entre $\pi/[S]$ et $[S]$. Nous remarquons aussi que la valeur de B passe du négatif au positif lorsque la température monte. La température à laquelle B est nulle est dite *température theta*. Si la concentration est exprimée en g/ℓ, ce que nous noterons $[C]$, alors (8.2.20) peut s'écrire

$$\pi = \frac{[C]RT}{M_{\mathrm{s}}}\left(1 + B(T)\frac{[C]}{M_{\mathrm{s}}} + \ldots\right) \tag{8.2.21}$$

où M_{s} est la masse molaire du soluté. Cette équation suggère que la relation entre $\pi/[C]$ et $[C]$ est linéaire, avec pour ordonnée à l'origine (RT/M_{s}), qui permet de déterminer le poids moléculaire.

8.3 Solubilité

On appelle *solubilité* la concentration d'un composé lorsque la phase solide est en équilibre avec la solution : c'est donc sa concentration quand la solution est saturée. La thermodynamique nous donne la relation entre solubilité et température. Pour l'étude de la solubilité des solides, il convient de distinguer solutions ioniques et non ioniques. Commençons par les solutions non ioniques.

SOLUTIONS NON IONIQUES

Partons des solutions diluées idéales (8.1.1). Pour les solutions à concentration plus élevée, il faudrait inclure le coefficient d'activité (cf. par exemple [2]). On se rappelle que, comme c'est le cas pour les liquides, le potentiel chimique des solides varie peu avec la pression, et est donc pour l'essentiel fonction de la seule température. Si

$\mu^*_{\text{solide}}(T)$ est le potentiel chimique d'un solide pur à l'équilibre avec le liquide, nous avons (en utilisant encore la relation (8.1.1)) :

$$\mu^*_{\text{solide}}(T) = \mu_1(T) = \mu_1^*(T) + RT \ln x_1 \tag{8.3.1}$$

où μ_1 est le potentiel chimique du soluté dans la solution (en phase liquide), μ_1^* est le potentiel chimique du soluté pur dans la phase liquide, et x_1 est la fraction molaire du soluté. Si $\Delta G_{\text{fusion}}(T) = \mu_1^* - \mu^*_{\text{solide}}$ est l'énergie molaire libre de Gibbs nécessaire à la fusion à la température T, l'équation ci-dessus peut se réécrire sous la forme

$$\ln x_1 = -\frac{1}{R}\frac{\Delta G_{\text{fusion}}}{T}. \tag{8.3.2}$$

Cette expression peut aussi s'écrire en termes de l'enthalpie de fusion ΔH_{fusion}, en différentiant cette expression par rapport à T. En effet, à l'aide de l'équation de Gibbs-Helmholtz (cf. (5.2.14)), on obtient

$$\frac{d\ln x_1}{dT} = \frac{1}{R}\frac{\Delta H_{\text{fusion}}}{T^2}. \tag{8.3.3}$$

Puisque ΔH_{fusion} varie peu avec T, on en déduit par intégration la dépendance de la solubilité à la température.

SOLUTIONS IONIQUES

Les solutions ioniques, ou *électrolytes*, sont gouvernées par des forces électriques qui peuvent être très intenses. Donnons un exemple pour fixer les idées. Un seul atome de cuivre par million est un ion positif Cu^+ ; mais si deux cubes de cuivre d'un cm de côté sont à 10 cm de distance, la force de répulsion entr eux est suffisante pour soulever un poids de 16 k tonnes (cf. exc. 8.13).

En raison de l'intensité des liaisons électriques, les ions positifs et négatifs tendent à se compenser, de sorte que tout volume macroscopique est électriquement neutre. Si nous notons c_k les concentrations en (mol/ℓ) des ions positifs et négatifs qui portent z_k charges électriques, la charge totale portée par une espèce d'ion par unité de volume est Fz_kc_k, où $F = eN_A$ est la constante de Faraday, égale au produit de la charge électronique $e = 1.609 \times 10^{-19}$ C et du nombre d'Avogadro N_A. L'électroneutralité implique que nous avons

$$\sum_k Fz_kc_k = 0. \tag{8.3.4}$$

Considérons à présent un électrolyte faiblement soluble dans l'eau tel que AgCl

$$AgCl(s) \rightleftharpoons Ag^+ + Cl^-. \tag{8.3.5}$$

À l'équilibre :

$$\mu_{AgCl} = \mu_{Ag^+} + \mu_{Cl^-}. \tag{8.3.6}$$

Puisque les ions positifs et négatifs vont toujours par paires, il n'est pas possible de mesurer séparément les potentiels chimiques μ_{Ag^+} et μ_{Cl^-}, mais seulement leur somme. Le même problème se pose pour la définition de l'enthalpie et pour l'énergie libre de formation de Gibbs (pour les ions, ces deux quantités sont définies par rapport

---

Excursus 8.1 Enthalpie et énergie libre de Gibbs correspondant à la formation d'ions

---

Lorsque des solutions ioniques se forment, les ions apparaissent par paires, et il n'est pas possible d'isoler l'enthalpie de formation d'un ion positif ou négatif. On ne peut donc obtenir les chaleurs de formation des ions en partant des éléments à leur état standard pour définir un état de référence. Pour des ions, l'enthalpie de formation sera calculée à partir de l'enthalpie de formation ΔH_f pour $H^+ = 0$ à toutes les températures :

$$\Delta H_f^0[H^+(aq)] = 0 \quad \text{à toutes les températures.}$$

Il est possible de donner l'enthalpie de formation ΔH_f des autres ions. Par exemple, pour donner la chaleur de formation de $Cl^-(aq)$ à T, on mesure l'enthalpie d'une solution de HCl. On obtient $\Delta H_f^0[Cl^-(aq)]$, la chaleur de dissolution à T :

$$HCl \longrightarrow H^+(aq) + Cl^-(aq).$$

Les valeurs des enthalpies de formation reprises dans les tables sont basées sur cette convention. De même, pour l'énergie libre de Gibbs :

$$\Delta G_f^0[H^+(aq)] = 0 \quad \text{à toutes les températures.}$$

Dans les systèmes ioniques, il est devenu habituel d'utiliser l'échelle de molalité (mol/kg de solvant). La valeur de ΔG_f^0 et de ΔH_f^0 pour la formation des ions dans l'eau à $T = 298.15$ K est tabulée à l'état standard d'une solution diluée idéale à une concentration de 1mol/kg. L'état standard est usuellement indicé ao. Le potentiel chimique ou l'activité d'un ion est noté **ao**. Le potentiel chimique d'un sel ionisé, $\mu_{sel} \equiv \nu_+\mu_+ + \nu_-\mu_-$, et l'activité correspondante, sont notés ai.

à un nouvel état de référence basé sur les ions H^+, cf. l'encadré 8.1). On définit dès lors un potentiel chimique moyen

$$\mu_\pm = \frac{1}{2}\left(\mu_{Ag^+} + \mu_{Cl^-}\right) \tag{8.3.7}$$

et (8.3.6) devient

$$\mu_{AgCl} = 2\mu_\pm. \tag{8.3.8}$$

De façon générale, pour la décomposition d'un produit neutre W en ions positifs et négatifs, A^{z+} et B^{z-}, nous avons

$$W \rightleftharpoons \nu_+ A^{z+} + \nu_- B^{z-} \tag{8.3.9}$$

où les ν sont les coefficients stœchiométriques. Le potentiel chimique moyen est alors défini par

$$\mu_\pm = \frac{(\nu_+\mu_+ + \nu_-\mu_-)}{\nu_+ + \nu_-} = \frac{\mu_{sel}}{\nu_+ + \nu_-} \tag{8.3.10}$$

où $\mu_{sel} \equiv \nu_+\mu_+ + \nu_-\mu_-$. Le potentiel chimique de l'ion positif A^{z+} est μ_+ et celui de l'ion négatif B^{z-} est μ_-.

Les coefficients d'activité γ des électrolytes sont de nouveau définis par rapport aux solutions idéales. Par exemple, le potentiel chimique moyen de AgCl s'écrit

$$\mu_\pm = \frac{1}{2}\left(\mu^0_{\mathrm{Ag}^+} + RT\ln\left(\gamma_{\mathrm{Ag}^+}\, x_{\mathrm{Ag}^+}\right) + \mu^0_{\mathrm{Cl}^-} + RT\ln\left(\gamma_{\mathrm{Cl}^-}\, x_{\mathrm{Cl}^-}\right)\right)$$

$$= \mu^0_\pm + RT\ln\left(\gamma_{\mathrm{Ag}^+}\, \gamma_{\mathrm{Cl}^-}\, x_{\mathrm{Ag}^+}\, x_{\mathrm{Cl}^-}\right)^{1/2} \tag{8.3.11}$$

où

$$\mu^0_\pm = 1/2\left(\mu^0_{\mathrm{Ag}^+} + \mu^0_{\mathrm{Cl}^-}\right).$$

Ici encore, on définit un coefficient d'activité ionique moyen

$$\gamma_\pm = \left(\gamma_{\mathrm{Ag}^+}\, \gamma_{\mathrm{Cl}^-}\right)^{1/2}. \tag{8.3.12}$$

Dans le cas plus général de la relation (8.3.9), le *coefficient d'activité ionique moyen* est

$$\gamma_\pm = \left(\gamma_+^{\nu_+}\, \gamma_-^{\nu_-}\right)^{\frac{1}{\nu_+ + \nu_-}} \tag{8.3.13}$$

où les γ sont les coefficients d'activité des ions positifs et négatifs.

Les potentiels chimiques des solutions diluées s'expriment en *molalités* m_k (moles de soluté par kg de solvant) ou en *molarités* c_k (moles de soluté par litre de solution) plutôt qu'en *fractions molaires* x_k. En électrochimie, on recourt plus volontiers aux molalités m_k. Pour les solutions diluées, puisque $x_k = (N_k/N_{\mathrm{solvant}})$, nous avons les formules de conversion

$$x_k = m_k M_{\mathrm{s}} \quad \text{et} \quad x_k = V_{\mathrm{ms}} c_k \tag{8.3.14}$$

où M_s est la masse moléculaire du solvant (en kg) et V_{ms} le volume molaire du solvant (en litres). Les potentiels chimiques correspondants s'écrivent

$$\mu_k^x = \mu_k^{x0} + RT\ln\gamma_k x_k\,; \tag{8.3.15}$$

$$\mu_k^{\mathrm{m}} = \mu_k^{x0} + RT\ln M_{\mathrm{s}} + RT\ln\gamma_k m_k \; = \mu_k^{\mathrm{m}0} + RT\ln\frac{\gamma_k m_k}{m^0}\,; \tag{8.3.16}$$

$$\mu_k^{\mathrm{c}} = \mu_k^{x0} + RT\ln V_{\mathrm{ms}} + RT\ln\gamma_k c_k \; = \mu_k^{\mathrm{c}0} + RT\ln\frac{\gamma_k c_k}{c^0}. \tag{8.3.17}$$

L'activité en molalités est $a_k = \gamma_k m_k/m^0$ (m^0 est la valeur standard : 1 mol de soluté/kg de solvant) et en molarités $a_k = \gamma_k c_k/c^0$ (c^0 = 1 mol/ℓ de solution). Le potentiel chimique moyen $\mu_\pm$ s'écrit usuellement en termes de m_k ; les tables donnant ΔG_{f}^0 et ΔH_{f}^0 pour la formation des ions dans l'eau à $T = 298.15$ K se réfèrent habituellement à l'état standard d'une solution diluée idéale à une concentration de 1 mol/kg. En utilisant (8.3.16), (8.3.8) s'écrit

$$\mu^0_{\mathrm{AgCl}} + RT\ln a_{\mathrm{AgCl}} = 2\mu_\pm^{\mathrm{m}0} + RT\ln\frac{\gamma_\pm^2\, m_{\mathrm{Ag}^+}\, m_{\mathrm{Cl}^-}}{(m^0)^2}. \tag{8.3.18}$$

Puisque l'activité d'un solide est voisine de l'unité, $a_{\mathrm{AgCl}} \approx 1$. Nous obtenons donc

$$K_{\mathrm{m(T)}} \equiv \frac{\gamma_\pm^2\, m_{\mathrm{Ag}^+}\, m_{\mathrm{Cl}^-}}{(m^0)^2} \; = \; a_{\mathrm{Ag}^+}\, a_{\mathrm{Cl}^-} = \exp\frac{\mu^0_{\mathrm{AgCl}} - 2\mu_\pm^{\mathrm{m}0}}{RT}. \tag{8.3.19}$$

C'est le produit de solubilité. Pour des électrolytes faiblement solubles comme AgCl, la solution est très diluée même à saturation, et $\gamma_\pm \approx 1$. Dans ce cas limite, le produit de solubilité est donné par la relation (en prenant $m^o = 1$)

$$K_s \approx m_{Ag^+}\, m_{Cl^-}. \tag{8.3.20}$$

ACTIVITÉ, FORCE IONIQUE ET SOLUBILITÉ

La théorie des solutions ioniques développée par Debye et Hückel en 1923 sort du cadre de notre exposé. Cette théorie, basée sur la mécanique statistique, permet de donner une expression explicite pour l'activité des solutions diluées d'électrolytes. L'activité dépend de la force ionique I, définie par

$$I = \frac{1}{2} \sum_k z_k^2 m_k. \tag{8.3.21}$$

Le coefficient d'activité d'un ion k est donné par la relation

$$\log_{10} \gamma_k = -A z_k^2 \sqrt{I} \tag{8.3.22}$$

où la grandeur A est définie par

$$A = \frac{N_A^2}{2.3026} \left(\frac{2\pi \varrho_s}{R^3\, T^3} \right)^{1/2} \left(\frac{e^2}{4\pi\epsilon_0 \epsilon_r} \right)^{3/2} \tag{8.3.23}$$

où ϱ_s est la densité du solvant, e est la charge électronique, $\epsilon_0 = 8.854 \times 10^{-12} C^2 N^{-1} m^{-2}$ est la permittivité du vide, ϵ_r est la permittivité relative du solvant (pour l'eau : 78.54), c'est-à-dire sa constante diélectrique ; N_A est le nombre d'Avogadro. Pour les ions dissous dans l'eau, à T = 298.15 K, nous trouvons $A = 0.509\ kg^{1/2} mol^{-1/2}$. Donc, à 25°C, l'activité des ions dans les solutions diluées est donnée par la relation

$$\log_{10} \gamma_k = -0.509\, z_k^2 \sqrt{I}. \tag{8.3.24}$$

La théorie de Debye-Hückel montre comment la solubilité est influencée par la force ionique. Considérons par exemple la solubilité de AgCl. Si $S = m_{Ag^+} = m_{Cl^-}$, nous pouvons écrire la constante d'équilibre K_m (8.3.19) sous la forme

$$K_{m(T)} \equiv \gamma_\pm^2\, m_{Ag^+}\, m_{Cl^-} = \gamma_\pm^2 S^2. \tag{8.3.25}$$

La force ionique ne dépend pas seulement de la concentration des ions Ag^+ et Cl^-, mais aussi de celle de tous les autres. Ainsi, l'addition d'acide nitrique HNO_3, qui ajoute des ions H^+ et NO_3^- au système, modifie le coefficient d'activité. La solubilité variera avec la force ionique. Si la concentration de l'acide nitrique (qui se dissocie complètement) est m_{HNO_3}, la force ionique sera

$$I = \frac{1}{2} \left(m_{Ag^+} + m_{Cl^-} + m_{H^+} + m_{NO_3^-} \right) = S + m_{HNO_3}. \tag{8.3.26}$$

À l'aide de la relation (8.3.12) pour les coefficients d'activité $\gamma_\pm$ de AgCl, en reportant (8.3.24) dans (8.3.25), nous obtenons la relation entre la solubilité S de AgCl et la concentration de HNO_3 :

$$\log_{10} S = \frac{1}{2} \log_{10} K_m(T) + 0.509 \sqrt{S + m_{NO_3}}. \tag{8.3.27}$$

Si $S \ll m_{\mathrm{NO_3}}$, cette relation devient

$$\log_{10} S = \frac{1}{2} \log_{10} K_{\mathrm{m}}(T) + 0.509\sqrt{m_{\mathrm{NO_3}}}. \tag{8.3.28}$$

Un graphique de $\log S$ par $\sqrt{m_{\mathrm{NO_3}}}$ doit donc être une ligne droite, ce que confirme la pratique.

8.4   Mélanges et grandeurs d'excès

SOLUTIONS PARFAITES

Comme déjà indiqué, une solution est parfaite lorsque les potentiels chimiques de forme $\mu_k(p, T, x_k) = \mu_k^*(p, T) + RT \ln x_k$ sont valides pour toutes les valeurs de la fraction molaire x_k. L'énergie molaire libre de Gibbs est alors

$$G_{\mathrm{m}} = \sum_k x_k \mu_k = \sum_k x_k \mu_k^* + RT \sum_k x_k \ln x_k. \tag{8.4.1}$$

Si les composants étaient séparés, l'énergie totale libre de Gibbs serait la somme

$$G_{\mathrm{m}}^* = \sum_k x_k G_{\mathrm{mk}}^*$$

La variation de cette fonction due au mélange des composants est donc

$$\Delta G_{\mathrm{mélange}} = RT \sum_k x_k \ln x_k. \tag{8.4.2}$$

et par suite

$$G_{\mathrm{m}} = \sum_k x_k G_{\mathrm{mk}}^* + \Delta G_{\mathrm{mélange}}. \tag{8.4.3}$$

Puisque l'on a pour l'entropie molaire $S_{\mathrm{m}} = -(\partial G_{\mathrm{m}}/\partial T)_p$, il résulte de (8.4.2) et de (8.4.3) que

$$S_{\mathrm{m}} = \sum_k x_k S_{\mathrm{mk}}^* + \Delta S_{\mathrm{mélange}} \tag{8.4.4}$$

$$\Delta S_{\mathrm{mélange}} = -R \sum_k x_k \ln x_k \tag{8.4.5}$$

où $\Delta S_{\mathrm{mélange}}$ est l'entropie molaire du mélange. Ceci montre que durant la formation d'une solution parfaite de composants purs à température fixée, la diminution de G est donnée par $\Delta G_{\mathrm{mélange}} = -T\Delta S_{\mathrm{mélange}}$. Puisque $\Delta G = \Delta H - T\Delta S$, nous voyons que lors de la formation d'une solution parfaite à T constant, $\Delta H = 0$. L'effet de mélange est purement entropique. Ceci peut être vérifié en utilisant l'équation de Gibbs-Helmholtz (5.2.13). En partant de (8.4.2) et (8.4.3), nous obtenons

$$H_{\mathrm{m}} = -T^2 \left(\frac{\partial}{\partial T} \frac{G_{\mathrm{m}}}{T} \right) = \sum_k x_k H_{\mathrm{mk}}^*. \tag{8.4.6}$$

L'enthalpie de la solution a la même valeur que l'enthalpie des composants purs. De même, si nous observons que $V_{\mathrm{m}} = (\partial G_{\mathrm{m}}/\partial p)_T$, il est aisé de voir qu'il n'y a pas de variation du volume molaire par suite du mélange $\Delta V_{\text{mélange}} = 0$ (exc. 8.16). Puisque $\Delta U = \Delta H - p\Delta V$, nous voyons aussi que $\Delta U_{\text{mélange}} = 0$. Ainsi, pour une solution parfaite, les *quantités molaires* pour le mélange sont

$$\Delta G_{\text{mélange}} = RT \sum_k x_k \ln x_k ; \tag{8.4.7}$$

$$\Delta S_{\text{mélange}} = -R \sum_k x_k \ln x_k ; \tag{8.4.8}$$

$$\Delta H_{\text{mélange}} = 0 ; \tag{8.4.9}$$

$$\Delta V_{\text{mélange}} = 0 ; \tag{8.4.10}$$

$$\Delta U_{\text{mélange}} = 0. \tag{8.4.11}$$

Voyons à présent le cas des solutions idéales.

SOLUTIONS IDÉALES

En général (sauf pour les électrolytes), les solutions suffisamment diluées deviennent idéales. Dans ce cas, l'enthalpie molaire H_{m} et le volume molaire V_{m} seront encore des fonctions linéaires des enthalpies molaires partielles $H_{\text{m}i}$ et des volumes molaires partiels $V_{\text{m}i}$:

$$H_{\text{m}} = \sum_i x_i H_{\text{m}i} \qquad \text{et} \quad V_{\text{m}} = \sum_i x_i V_{\text{m}i}. \tag{8.4.12}$$

Cependant, les enthalpies molaires partielles $H_{\text{m}i}$ peuvent ne pas être égales aux enthalpies molaires des substances pures ; et de même pour les volumes molaires partiels. En revanche, si x_i est proche de 1, $H_{\text{m}i}$ sera proche de l'enthalpie molaire de la substance pure. Une solution diluée où vaut (8.4.12) aura un comportement idéal ; mais elle aura en général une enthalpie de mélange non nulle. Prenons une solution binaire diluée ($x - 1 \gg x - 2$), où les $H_{\text{m}i}^*$ sont les enthalpies molaires des deux composants purs. Avant le mélange, l'enthalpie molaire est

$$H_{\text{m}}^* = x_1 H_{\text{m}1}^* + x_2 H_{\text{m}2}^*. \tag{8.4.13}$$

Après mélange, puisque pour le composant majeur (pour lesquels $x1 \approx 1$) nous avons $H_{\text{m}1}^* = H_{\text{m}1}$, l'enthalpie molaire sera

$$H_{\text{m}} = x_1 H_{\text{m}1}^* + x_2 H_{\text{m}2}. \tag{8.4.14}$$

Dans ce cas, l'enthalpie molaire de mélange sera la différence entre les deux enthalpies ci-dessus

$$\Delta H_{\text{mélange}} = H_{\text{m}} - H_{\text{m}}^* = x_2 \left(H_{\text{m}2} - H_{\text{m}2}^* \right). \tag{8.4.15}$$

Le raisonnement est le même pour le volume de mélange.

FONCTIONS D'EXCÈS

Pour des solutions non idéales, l'énergie libre de Gibbs molaire est

$$\Delta G_{\text{mélange}} = RT \sum_i x_i \ln \gamma_i x_i. \tag{8.4.16}$$

Pour marquer la différence entre cette fonction et le cas des solutions idéales, nous introduisons l'énergie libre d'excès de Gibbs, que nous noterons ΔG_E. De (8.4.7) et (8.4.16) il résulte que

$$\Delta G_E = RT \sum_i x_i \ln \gamma_i. \tag{8.4.17}$$

Cette fonction ΔG_E permet de calculer l'entropie ou l'enthalpie d'excès. Ainsi,

$$\Delta S_E = -\left(\frac{\partial \Delta G_E}{\partial T}\right)_p = -RT \sum_i x_i \left(\frac{\partial \ln \gamma_i}{\partial T}\right) - R \sum_i x_i \ln \gamma_i. \tag{8.4.18}$$

De même pour ΔH_E :

$$\Delta H_E = -T^2 \left(\frac{\partial}{\partial T} \frac{\Delta G_E}{T}\right).$$

L'expérience permet d'évaluer ces fonctions d'excès moyennant la mesure de la tension de vapeur et de la chaleur de dissolution.

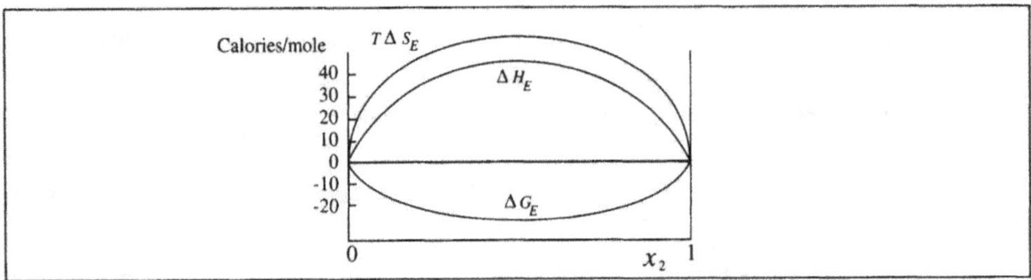

Figure 8.6 Fonctions d'excès pour une solution de n-heptane (composant 1) et de n-hexadécane (composant 2) à 20°C. On voit que les fonctions d'excès sont des fonctions de la fraction molaire x_2 du n-hexadécane.

SOLUTIONS RÉGULIÈRES ET ATHERMALES

Les solutions non idéales peuvent être classées en deux catégories limites. La première est celle des solutions régulières où $\Delta G_E \approx \Delta H_E$. Puisque

$\Delta G_E = \Delta H_E - T\Delta S_E$, on a pour des solutions régulières $\Delta S_E \approx 0$. De plus, puisque $\Delta S_E = -(\partial \Delta G_E/\partial T)_p$, il résulte de (8.4.18) que les coefficients d'activité sont de la forme

$$\ln \gamma_i \propto \frac{1}{T}. \tag{8.4.19}$$

Pour une classe particulière de solutions régulières (souvent appelées solutions strictement régulières) on utilise l'expression $\ln \gamma_k = \alpha_k^2/RT$ pour les coefficients d'activité. Nous verrons dans la suite quelques propriétés remarquables de ces solutions (cf. chapitre 13). La seconde classe de solutions non idéales correspond à $\Delta G_E \approx -T\Delta S_E$: la déviation à l'idéalité est due à l'entropie d'excès du mélange, et $\Delta H_E \approx 0$. En utilisant (8.4.17) dans la relation

$$\Delta H_E = -T^2 \left(\frac{\partial}{\partial T} \frac{\Delta G_E}{T}\right),$$

on voit que les $\ln \gamma_i$ sont indépendants de T. Ces solutions sont dites athermales. En réalité, les deux effets ΔH_E et ΔG_E sont toujours présents. En bref, les différences entre les interactions A-A, A-B, B-B dans une solution binaire A-B formée de molécules de dimensions comparables conduisent à des solutions proches des solutions régulières. Au contraire des différences de dimensions, comme c'est par exemple le cas dans une solution d'un monomère et d'un polymère, conduisent à des solutions proches des solutions athermales.

8.5 AZÉOTROPES

Nous avons déjà rencontré les azéotropes au chapitre 7. Pour un azéotrope en équilibre avec sa vapeur, les compositions des phases liquide et vapeur sont par définition semblables. On parle de *transformation azéotropique* s'il y a échange de matière entre les deux phases sans variation de composition. Sous ce rapport, une transformation azéotropique ressemble à l'évaporation d'une substance pure.

Considérons un azéotrope binaire. Nous avons vu dans la section 8.1 que les potentiels chimiques s'écrivent sous la forme

$$\mu_k(p, T, x_k) = \mu_k^0(p, T) + RT \ln \gamma_k x_k$$

où le coefficient d'activité γ_k mesure l'écart à l'idéalité. Si $\gamma_{k,1}$ et $\gamma_{k,g}$ sont les coefficients d'activité du composant k dans les phases liquide et gazeuse, nous avons dans une transformation azéotropique (exc. 8.17)

$$\ln\left(\frac{\gamma_{k,g}}{\gamma_{k,1}}\right) = \int_{T_k^*}^{T} \frac{\Delta H_{\text{vaporisation},k}}{RT^2}\, dT - \frac{1}{RT} \int_{p^*}^{p} \Delta V_{\text{m},k}^*\, dp \tag{8.5.1}$$

où $\Delta H_{\text{vaporisation},k}$ est la chaleur d'évaporation du composant k, et $\Delta V_{\text{m},k}^*$ est la variation du volume molaire du composant pur entre les phases liquide et vapeur. T^* est le point d'ébullition du solvant pur à pression p^*. Si nous considérons une transformation azéotropique à pression fixée, ($p = p^* = 1$ atm par exemple), alors, puisque $\Delta H_{\text{vaporisation}}$ ne varie que faiblement avec T, la formule (8.5.1) se simplifie et devient

$$\ln\left(\frac{\gamma_{k,g}}{\gamma_{k,1}}\right) = -\frac{\Delta H_{\text{vaporisation},k}}{R}\left(\frac{1}{T} - \frac{1}{T^*}\right). \tag{8.5.2}$$

Pour le coefficient d'activité dans la phase vapeur, nous pouvons utiliser l'approximation des gaz parfaits et prendre $\gamma_{k,g} = 1$. Nous obtenons ainsi une expression explicite du coefficient d'activité de la phase liquide

$$\ln \gamma_{k,1} = \frac{\Delta H_{\text{vaporisation},k}}{R}\left(\frac{1}{T} - \frac{1}{T^*}\right). \tag{8.5.3}$$

Cette formule remarquable nous donne directement le coefficient d'activité en phase liquide. On trouvera plus de détails sur les azéotropes dans [3].

9 TRANSFORMATIONS CHIMIQUES

9.1 Transformations de la matière

Les transformations de la matière sont associées aux réactions chimiques entre molécules, entre atomes, ou entre particules élémentaires. Nous parlerons ici de transformations chimiques en ce sens large. S'il est vrai que la thermodynamique prit son départ dans l'expérience quotidienne, son domaine d'application est très vaste, puisqu'il va de l'étude des transformations les plus simples, comme la fusion de la glace, à la discussion de l'état de la matière durant les premières minutes qui ont suivi le Big Bang, et du rayonnement résiduel qui emplit tout l'univers d'aujourd'hui.

Nous commencerons par les transformations que la matière subit à diverses températures. L'encadré 9.1 donne un aperçu de ces réactions, depuis celles qui prévalaient durant les premières minutes qui ont suivi le Big Bang [1] jusqu'aux températures terrestres ou interstellaires. À toutes ces transformations ou réactions, nous pouvons associer des affinités ; nous pouvons aussi définir l'équilibre caractérisé par l'annulation de ces affinités.

Dans l'état présent de l'univers, seule une petite partie de l'énergie (moins d'1%) existe sous la forme des protons, neutrons et électrons qui forment la matière ordinaire des galaxies. Le reste consiste en un rayonnement thermique à la température d'environ 2.8 K, et de particules légères appelées neutrinos, qui interagissent très faiblement avec les autres particules. Seule une faible fraction de la matière existe sous forme d'étoiles et de galaxies. Nous verrons au chapitre 11 qu'elle n'est pas à l'équilibre thermodynamique. Des réactions s'y déroulent, qui sont responsables de la production de tous les éléments connus à partir de l'hydrogène [2-4]. Aussi bien, pour comprendre des propriétés observées comme l'abondance des éléments dans les étoiles et les planètes, il faut étudier la cinétique de ces réactions.

Une fois atteint l'équilibre thermodynamique, l'histoire passée du système perd toute importance. Il n'en va pas de même pour les systèmes hors d'équilibre. Nous étudierons ici la relation entre production d'entropie et vitesse des réactions, qui prolonge les résultats des chapitres antérieurs.

9.2 Cinétique chimique

De manière générale, la thermodynamique ne détermine pas les vitesses de réaction (lesquelles dépendent de nombreux facteurs, par exemple la présence de catalyseurs). Le problème général des vitesses des réactions chimiques est associé à une discipline spécifique, la cinétique chimique. Nous en dirons ici quelques mots.

Nous avons déjà vu que la production d'entropie due à une réaction chimique peut s'écrire sous la forme (cf. 4.1.17)

$$\frac{d_i S}{dt} = \frac{A}{T}\,\frac{d\xi}{dt}$$

(9.2.1)

Excursus 9.1 Transformations de la matière à diverses températures

- $T > 10^{10}$K. C'est la température de l'univers à ses premiers débuts. Le mouvement thermique des protons et des neutrons est alors si violent que même les interactions nucléaires fortes ne peuvent les tenir ensemble. Des paires électron-positron apparaissent et disparaissent spontanément, en équilibre thermique avec le rayonnement ; le seuil pour la production de telles paires est environ 6×10^9 K.

- $10^9 \geq T \geq 10^7$K. Vers 10^9 K des noyaux commencent à apparaître, et des réactions nucléaires se produisent. C'est la température des étoiles et des supernovae, où des éléments lourds sont synthétisés à partir de H et de He. L'énergie de liaison par nucléon (proton ou neutron) correspond à la plage $(1.0 - 1.5)10^{-12}$J $\approx (6.0\text{-}9.0) \times 10^6$ eV, qui correspond à $(6.0\text{-}9.0) \times 10^8$kJ/mol.

- $10^6 \geq T \geq 10^4$K. Ici les électrons s'associent à des noyaux pour former des atomes, mais les forces de liaison entre les atomes ne sont pas assez fortes pour former des molécules stables. À une température d'environ 1.5×10^5 K, les atomes d'hydrogène commencent à s'ioniser. L'énergie d'ionisation de 13.6 eV correspond à 13^{10} kJ/mol. Les atomes plus lourds demandent plus d'énergie pour s'ioniser complètement ; par exemple, l'ionisation complète d'un atome de carbone demande 490 eV, ce qui correspond à 47187 kJ/mol. Les atomes de carbone sont comlètement dissociés à T $\approx 5 \times 10^6$ K en électrons et en noyaux. Cet état de la matière s'appelle un plasma et se compose d'électrons et de noyaux.

- $10^4 \geq T \geq 10$K. C'est le domaine des réactions chimiques, dont les énergies sont de l'ordre de 10^2 kJ/mol. Ainsi, la liaison C-H a une énergie d'environ 412 kJ/mol. À la température d'environ 5×10^4 K les liaisons chimiques commencent à rompre. Les liaisons intermoléculaires du type lien hydrogène ont une énergie de l'ordre de 10kJ/mol. L'enthalpie de la vaporisation de l'eau, qui est la rupture de liaisons hydrogène, est ≈ 40kJ/mol.

---

où ξ est le degré d'avancement de la réaction introduit en 2.5, et $\mathcal{A}$ est l'affinité, exprimée en termes de potentiels chimiques. La dérivée temporelle de ξ est liée à la vitesse de réaction, dont la définition se trouve dans l'encadré 9.2. Considérons la réaction[1] :

$$\text{Cl}(g) + \text{H}_2(g) \rightleftharpoons \text{HCl}(g) + \text{H}(g). \tag{9.2.2}$$

L'affinité $\mathcal{A}$ et le degré d'avancement ξ sont définis par

$$\mathcal{A} = \mu_{\text{Cl}} + \mu_{\text{H}_2} - \mu_{\text{HCl}} - \mu_{\text{H}} \tag{9.2.3}$$

$$d\xi = \frac{dN_{\text{Cl}}}{-1} = \frac{dN_{\text{H}_2}}{-1} = \frac{dN_{\text{HCl}}}{1} = \frac{dN_{\text{H}}}{1}. \tag{9.2.4}$$

Ainsi que l'indique l'encadré 9.2, la vitesse de la réaction directe est $k_{\text{dir}}[\text{Cl}][\text{H}_2]$. Les crochets dénotent les valeurs des concentrations, et k_{dir} est la constante de réaction

---

1. Pour une étude détaillée de cette réaction, cf. *Science* **273** (1996), 1519.

Excursus 9.2   Vitesse de réaction v

On définit la vitesse de réaction par le nombre d'événements par seconde par unité de volume. Elle s'exprime habituellement en (mol $\ell^{-1}s^{-1}$). Les réactions chimiques se produisent par suite de collisions. Dans la plupart des réactions, seule une petite partie des collisions a pour conséquence une réaction. Pour chaque espèce chimique en réaction, puisque le nombre de collisions par unité de volume est proportionnel à sa concentration, les vitesses sont proportionnelles aux produits des concentrations. L'expression vitesse de réaction renvoie à la conversion des réactifs en produits, ou à la conversion inverse. Ainsi, pour la réaction

$$Cl(g) + H_2(g) \rightleftharpoons HCl(g) + H(g)$$

la vitesse directe (conversion des réactifs en produits) est $R_{dir} = k_{dir}[Cl][H_2]$ et la vitesse inverse est $R_{inv} = k_{inv}[HCl][H]$. Dans une réaction concrète, ces deux processus se déroulent simultanément. Pour des raisons qui relèvent du formalisme thermodynamique, nous définissons la vitesse de réaction v comme la conversion nette des réactifs en produits. On a donc $v=$ vitesse directe – vitesse inverse $= R_{dir} - R_{inv}$. Dans un système homogène, la vitesse de réaction v est liée à l'avancement de la réaction : $v = (1/V)d\xi/V\,dt = R_{dir} - R_{inv}$ (V est le volume du système.) En pratique, on évalue le progrès de la réaction ξ en mesurant la variation d'une propriété comme l'indice de réfraction ou l'absorption spectrale.

---

directe, qui dépend de la température — la vitesse de réaction inverse est $k_{inv}[HCl][H]$. La dérivée temporelle de ξ est la vitesse nette de transformation qui résulte des réactions directe et inverse. Les vitesses de réaction sont usuellement exprimées comme des fonctions des concentrations ; il est plus commode d'introduire une vitesse de réaction par unité de volume. Nous posons donc une

$$\text{vitesse de réaction } v = \frac{d\xi}{V\,dt} = k_{dir}[Cl][H_2] - k_{inv}[HCl][H]. \tag{9.2.5}$$

On remarquera que cette équation découle de (9.2.4) et de la définition des vitesses directe et inverse. Par exemple, dans un système homogène, la vitesse de variation de la concentration du composant Cl est

$$\frac{1}{V}\,\frac{dN_{Cl}}{dt} = -k_{dir}[Cl][H_2] + k_{inv}[HCl][H].$$

De manière générale,

$$\text{vitesse de réaction } v = \frac{d\xi}{V\,dt} = R_{dir} - R_{inv}. \tag{9.2.6}$$

La vitesse de réaction v a pour dimension mol $\ell^{-1}\,s^{-1}$. Ici la vitesse de réaction est donnée par la stœchiométrie des réactifs ; mais ce n'est pas toujours vrai. Ainsi, pour une réaction du type

$$2X + Y \rightarrow \text{produits}, \qquad R_{dir} = k[X]^a[Y]^b \tag{9.2.7}$$

Excursus 9.3   Équation d'Arrhenius et théorie des états de transition

---

Soit une réaction en deux étapes $X + Y \rightleftharpoons (XY)^{\dagger} \rightarrow Z + W$

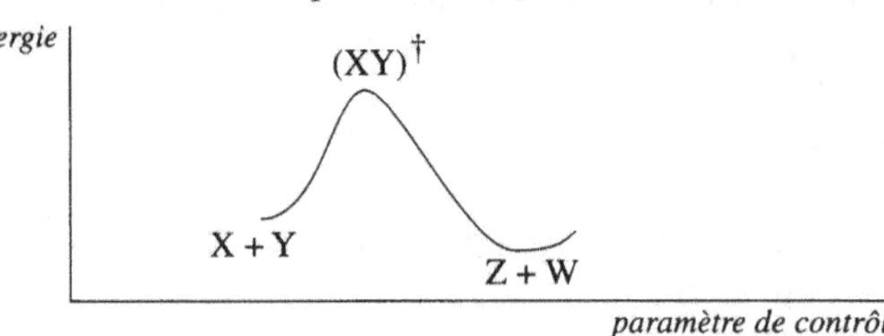

L'équation d'Arrhenius donne la constante cinétique $k = k_0 \exp(-E_a/RT)$. Pour que les réactifs se convertissent en produits, les collisions doivent avoir assez d'énergie pour surmonter une *barrière énergétique*. On peut représenter la transformation sur un graphique qui relie l'énergie des molécules à une coordonnée réactionnelle, le *paramètre de contrôle*. La théorie des *états de transition* dit que les réactifs X et Y forment d'abord le composé $(XY)^{\dagger}$, qui se transforme irréversiblement en les produits finaux. On note $\Delta H^{\dagger}$ et $\Delta S^{\dagger}$ les différences d'enthalpie et d'entropie entre les molécules libres X et Y et l'état de transition. Dans cette description basée sur la mécanique statistique la constante cinétique est

$$k = \kappa \frac{k_B\, T}{h} \, \exp\left[\frac{\Delta H^{\dagger} - T\Delta S^{\dagger}}{RT}\right] = \kappa \frac{k_B\, T}{h} \, \exp\frac{-\Delta G^{\dagger}}{RT}$$

où k_B est la constante de Boltzmann ; $\hbar$ est la constante de Planck ; κ est un terme de l'ordre de 1. L'agent catalytique accroît la vitesse de la réaction : il modifie l'état de transition en réduisant la différence $\Delta H^{\dagger} - T\Delta S^{\dagger} = \Delta G^{\dagger}$.

---

où les exposants a et b ne sont pas nécessairement des nombres entiers. On dit que la vitesse est d'ordre a en X et d'ordre b en Y. La somme $(a+b)$ est l'ordre de la réaction. Les vitesses de réaction peuvent prendre des formes complexes, parce qu'elles résultent de nombreuses étapes intermédiaires. Les vitesses des étapes intermédiaires ont quant à elles une forme simple : les exposants des concentrations sont les coefficients stœchiométriques. Si la réaction (9.2.7) correspondait à une étape élémentaire, sa vitesse serait donnée par $k[X]^2\,[Y]$, du moins en phase gazeuse diluée ; sinon, il faut aussi tenir compte des interactions des molécules réagissant avec le milieu.

Dans de nombreux cas, la dépendance de la constante cinétique k à la température est donnée par l'équation d'Arrhenius

$$k = k_0 e^{-E_a/RT}, \tag{9.2.8}$$

qui proposa cette relation en 1889, et montra qu'elle est valable pour un grand nombre de réactions [5, 6]. Le terme k_0 est le facteur pré-exponentiel, et E_a est l'énergie d'activation. Pour la réaction directe de (9.2.2), leurs valeurs sont

$$k_0 = 7.9 \times 10^{10}\,\ell\mathrm{mol}^{-1}\mathrm{s}^{-1} \qquad E_a = 23\mathrm{kJmol}^{-1}.$$

On doit à Wigner, Pelzer, Eyring, Polanyi et Evans une théorie plus élaborée, développée durant les années 1930. Selon cette théorie, la réaction passe par un *état de transition* (voir l'encadré 9.3) ; nous avons ainsi l'expression suivante pour la constante de réaction :

$$k = \kappa \frac{k_B T}{h} \exp \frac{-\left(\Delta H^\dagger - T\Delta S^\dagger\right)}{RT} = \kappa \frac{k_B T}{h} \exp \frac{\Delta G^\dagger}{RT}. \tag{9.2.9}$$

Nous retrouvons ici la constante de Boltzmann k_B ; le terme κ est de l'ordre de 1. Comme indiqué dans l'encadré 9.3, les catalyseurs accroissent la vitesse de réaction en modifiant l'état de transition en sorte que $\left(\Delta H^\dagger - T\Delta S^\dagger\right) = G^\dagger$ diminue.

CALCUL DES VITESSES À PARTIR DU DEGRÉ D'AVANCEMENT

Une fois connues les vitesses de réaction, la variation des concentrations s'obtient par intégration. Par exemple, si nous prenons une réaction élémentaire de la forme

$$X \underset{k_{\mathrm{inv}}}{\overset{k_{\mathrm{dir}}}{\rightleftharpoons}} 2Y, \tag{9.2.10}$$

les concentrations sont régies par les équations différentielles :

$$-\frac{1}{V}\frac{d\xi}{dt} = \frac{d[X]}{dt} = -k_{\mathrm{dir}}[X] + k_{\mathrm{inv}}[Y]^2 ; \tag{9.2.11}$$

$$2\frac{1}{V}\frac{d\xi}{dt} = \frac{d[Y]}{dt} = 2k_{\mathrm{dir}}[X] - 2k_{\mathrm{inv}}[Y]^2. \tag{9.2.12}$$

Sans perte de généralité, nous pouvons supposer $V = 1$. Ces deux équations ne sont pas indépendantes. Il existe une seule variable indépendante ξ pour chaque réaction indépendante. Notons $[X]_0$ et $[Y]_0$ les valeurs des concentrations à $t = 0$, et prenons $\xi(t = 0) = 0$; comme $d\xi = -d[X]$ et $2d\xi = d[Y]$, on a $[X] = [X]_0 - \xi$ et $[Y] = [Y]_0 + 2\xi$. En reportant ces valeurs dans (9.2.1) nous obtenons l'équation

$$\frac{d\xi}{dt} = k_{\mathrm{dir}}\left([X]_0 - \xi\right) - k_{\mathrm{inv}}\left([Y]_0 + 2\xi\right)^2. \tag{9.2.13}$$

La solution de cette équation permet d'obtenir la production d'entropie, comme nous le verrons dans la section 9.5. Les équations différentielles de ce type — voire d'autres plus complexes — peuvent être résolues analytiquement ou numériquement grâce à un ordinateur (Le lecteur intéressé consultera les exemples donnés à la fin de ce livre). Lorsqu'il faut traiter simultanément de nombreuses réactions, nous aurons une variable ξ pour chaque réaction indépendante, que nous noterons ξ_k, et le système sera décrit par un ensemble d'équations différentielles couplées en ξ_k. Seuls certains systèmes simples admettent des solutions analytiques ; il faut donc souvent recourir à une solution numérique.

VITESSES DE RÉACTION ET ACTIVITÉS

Bien que les vitesses de réaction soient habituellement formulées en termes de concentrations, il est quelquefois nécessaire de les exprimer à l'aide des activités. Par exemple, soit la réaction élémentaire

$$X + Y \rightleftharpoons 2W. \tag{9.2.14}$$

Excursus 9.4 Réactions élémentaires

Pour obtenir une expression analytique des concentrations des réactifs et des produits en fonction du temps, il nous faut résoudre des équations différentielles comme (9.2.11) et (9.2.12). De façon générale, cela n'est possible que pour des réactions simples. Pour des réactions plus complexes, il faut chercher des solutions par simulation numérique sur ordinateur. On donne ci-dessous deux réactions élémentaires pour les concentrations en fonction du temps.

- *Réaction du premier ordre.* Pour une réaction de décomposition X $\rightarrow$ (produits), lorsque la vitesse de la réaction inverse peut être négligée, nous avons l'équation différentielle

$$\frac{d[X]}{dt} = -k_{\mathrm{dir}}[X] \, .$$

Il est facile de voir que la solution de cette équation est

$$[X](t) = [X]_0 \exp\left(-k_{\mathrm{dir}}t\right)$$

où $[X]_0$ est la concentration au temps $t = 0$. C'est la décroissance exponentielle bien connue. Le temps nécessaire pour qu'une quantité initiale donnée de $[X]$ décroisse d'un facteur $1/2$ est le temps de demi-vie, noté $t_{1/2}$. On le calcule à l'aide de la relation $\exp\left(-k_{\mathrm{dir}}t_{1/2}\right) = 1/2$:

$$t_{1/2} = \frac{\ln 2}{k_{\mathrm{dir}}} = \frac{0.6931}{k_{\mathrm{dir}}}$$

- *Réaction du second ordre.* Considérons la réaction élémentaire 2X $\rightarrow$ (produits), et négligeons la réaction inverse ; la vitesse est alors donnée par la relation

$$\frac{d[X]}{dt} = -2k_{\mathrm{dir}}[X]^2.$$

On obtient la solution en intégrant

$$\int_{[X]_0}^{[X]} \frac{d[X]}{[X]^2} = -\int_0^t 2k_{\mathrm{dir}} \, dt.$$

Connaissant k_{dir} et $[X]_0$ à $t = 0$, cette expression donne $[X]$ à tout temps t.

La vitesse directe R_{dir} et la vitesse inverse R_{inv} s'écrivent alors

$$R_{\mathrm{dir}} = k_{\mathrm{dir}} \, a_X a_Y \qquad \text{et} \qquad R_{\mathrm{inv}} = k_{\mathrm{inv}} \, a_W^2. \tag{9.2.15}$$

Les dimensions des grandeurs k_{dir} et k_{inv}. sont mol ℓ^{-1} s^{-1} (voir exc. 9.8). Par exemple, si l'on fixe la température et les concentrations des réactifs, la vitesse des réactions ioniques change si l'on modifie la force ionique de la solution. Cette variation de la vitesse est due à la modification des activités. On peut aussi continuer à exprimer les vitesses de réaction en termes de concentrations, et inclure les effets des activités et de leurs modifications dans les grandeurs k_{dir} et k_{inv}.

9.3 Loi d'action de masse

À l'équilibre, les affinités et les vitesses de réaction correspondantes s'annulent. Par exemple, pour

$$X + Y \rightleftharpoons 2Z \tag{9.3.1}$$

nous avons à l'équilibre

$$\mathcal{A} = (\mu_X + \mu_Y - 2\mu_Z) = 0 \quad \text{et} \quad \frac{d\xi}{dt} = 0. \tag{9.3.2}$$

Et donc

$$\mu_X + \mu_Y = 2\mu_Z. \tag{9.3.3}$$

La *force thermodynamique* (l'affinité $\mathcal{A}$) et le *flux thermodynamique*, et par suite la vitesse de réaction $d\xi/dt$ s'annulent. Il est aisé de généraliser (9.3.3) à une réaction chimique de la forme

$$a_1 A_1 + a_2 A_2 \ldots + a_n A_n \rightleftharpoons b_1 B_1 + b_2 B_2 \ldots + b_n B_n \tag{9.3.4}$$

où les a_k sont les coefficients des réactifs, et les b_k les coefficients des produits. La condition d'équilibre correspondante est alors

$$a_1 \mu_{A_1} + a_2 \mu_{A_2} \ldots + a_n \mu_{A_n} = b_1 \mu_{B_1} + b_2 \mu_{B_2} \ldots + b_n \mu_{B_n}. \tag{9.3.5}$$

Ce résultat est valable pour les changements de phase et pour toutes les réactions : chimiques, nucléaires, ou entre particules élémentaires. Tout comme une différence de température entraîne un flux de chaleur qui persiste jusqu'à ce que cette différence s'annule, une affinité différente de zéro s'accompagne d'une réaction chimique qui dure jusqu'à ce que cette affinité s'annule. Pour comprendre la signification physique des conditions (9.3.3) ou (9.3.5), on peut exprimer les potentiels chimiques en termes de grandeurs mesurables. Nous avons vu dans la section 5.3 (cf. (5.3.5)) que de façon générale le potentiel chimique peut s'écrire sous la forme suivante :

$$\mu_k(p, T) = \mu_{k_0}(T) + RT \ln a_k \tag{9.3.6}$$

où a_k est l'activité. Pour les gaz, les liquides et les solides, nous avons les expressions suivantes :

- gaz parfaits : $a_k = (p_k/p_0)$; p_k = pression partielle ;
- gaz réels : l'expression de l'activité peut être obtenue moyennant (6.2.16) ;
- solides et liquides purs : $a_k \approx 1$;
- solutions : $a_k \approx \gamma_k x_k$; γ_k = coefficient d'activité et x_k = fraction molaire ;
- solutions idéales : $\gamma_k = 1$.

Nous pouvons utiliser la relation (9.3.6) pour exprimer la condition d'équilibre (9.3.3) en termes d'activités :

$$\mu_{x_0}(T) + RT \ln a_{x,\,\text{éq}} + \mu_{y_0}(T) + RT \ln a_{y,\,\text{éq}} = 2\left[\mu_{z_0}(T) + RT \ln a_{z,\,\text{éq}}\right]. \tag{9.3.7}$$

Les valeurs d'équilibre des activités sont indicées éq. Cette équation s'écrit aussi

$$\frac{a_{z,\,\text{éq}}^2}{a_{x,\,\text{éq}}\, a_{y,\,\text{éq}}} = \exp \frac{\mu_{x_0}(T) + \mu_{y_0}(T) - 2\mu_{z_0}(T)}{RT} \equiv K(T) \tag{9.3.8}$$

où K(T), la *constante d'équilibre*, est fonction seulement de la température. L'équation (9.3.8) est la *loi d'action de masse*. Il est commode de définir une énergie libre de réaction de Gibbs $\Delta G_{\text{réaction}}$ en termes d'énergies libres de formation de Gibbs molaires :

$$\Delta G^0_{\text{réaction}} = 2\mu_{z_0} - \mu_{x_0} - \mu_{y_0} = 2\Delta G^0_{\text{f}}[Z] - \Delta G^0_{\text{f}}[X] - \Delta G^0_{\text{f}}[Z]. \tag{9.3.9}$$

La constante d'équilibre s'écrit alors sous la forme

$$K(T) = \exp \frac{-\Delta G^0_{\text{réaction}}}{RT}$$
$$= \exp \frac{-\left(\Delta H^0_{\text{réaction}} - T\Delta S^0_{\text{réaction}}\right)}{RT} \tag{9.3.10}$$

où $\Delta H^0_{\text{réaction}}$ et $\Delta S^0_{\text{réaction}}$ sont l'enthalpie et l'entropie de la réaction. Les activités de (9.3.8) peuvent s'écrire en termes de pressions partielles p_k ou des fractions molaires x_k. Si (9.3.1) est une réaction de gaz parfait, $a_k = p_k/p_0$. Avec $p_0 = 1$ bar et si les p_k sont mesurés en bars, la constante d'équilibre prend la forme

$$\frac{p^2_{z,\text{éq}}}{p_{x,\text{éq}} \; p_{y,\text{éq}}} = K_p(T) = \exp \frac{-\Delta G^0_{\text{réaction}}}{RT} \tag{9.3.11}$$

où K_p est la constante d'équilibre exprimée en termes de pressions partielles. Puisque dans un mélange de gaz parfaits nous avons $p_k = (N_k/V)RT$ (où R a pour dimension bar ℓ mol^{-1} K^{-1}), la loi d'action de masse peut aussi s'écrire en termes de concentrations des réactifs et des produits :

$$\frac{[Z]^2_{\text{éq}}}{[X]_{\text{éq}}[Y]_{\text{éq}}} = K_c(T) \tag{9.3.12}$$

où K_c est la constante d'équilibre exprimée en termes de concentrations. En général, pour une réaction de la forme $aX + bY \rightleftharpoons cZ$, on a la relation $K_c = (RT)^\alpha K_p$ où $\alpha = a + b - c$ (exc. 9.10). Dans le cas particulier de la réaction (9.3.1), α est nul. Si l'un des réactifs est un liquide pur ou un solide pur, la constante d'équilibre ne contient pas de termes de concentration correspondant. Considérons par exemple la réaction

$$O_2(g) + 2C(s) \rightleftharpoons 2CO(g). \tag{9.3.13}$$

Puisque $a_{C(s)} \approx 1$ pour la phase solide, la constante d'équilibre peut s'écrire

$$\frac{a^2_{CO,\text{éq}}}{a_{O_2,\text{éq}} \; a^2_{C,\text{éq}}} = \frac{p^2_{CO,\text{éq}}}{p_{O_2,\text{éq}}} \tag{9.3.14}$$

Les équations (9.3.9) et (9.3.10) permettent d'obtenir la constante d'équilibre $K(T)$ à l'aide des valeurs de $\Delta G^0_{\text{f}}[k]$ données dans les tables. L'encadré 9.5 présente quelques exemples.

RELATION ENTRE LES CONSTANTES D'ÉQUILIBRE ET LES VITESSES DE RÉACTION

L'équilibre chimique est l'état où la vitesse directe de chaque réaction est égale à la vitesse inverse. Si la réaction $X + Y \rightleftharpoons 2Z$ correspond à une étape, et si les vitesses de

---

Excursus 9.5 Constante d'équilibre $K(T)$

Un résultat élémentaire de la thermodynamique chimique est que la constante d'équilibre $K(T)$ n'est fonction que de la température. Elle s'exprime en termes de l'énergie libre de Gibbs standard $\Delta G^0_{\text{réaction}}$ (cf. (9.3.9) et (9.3.10)) :

$$K(T) = \exp \frac{-\Delta G^0_{\text{réaction}}}{RT}$$

Pour une réaction comme $O_2(g) + 2C(s) \rightleftharpoons 2CO(g)$, la constante d'équilibre peut se calculer à l'aide des valeurs de ΔG^0_f :

$$\Delta G^0_{\text{réaction}} = 2\Delta G^0_f[CO] - 2\Delta G^0_f[C] - \Delta G^0_f[O_2]$$
$$= -2(137.2)\text{kJmol}^{-1} - 2(0) - (0) = -274.4\text{kJmol}^{-1}.$$

En reportant ce résultat dans (9.3.10), nous pouvons calculer $K(T)$ à $T = 298.15\,\text{K}$:

$$K(T) = \exp \frac{274.4 \times 10^3}{(8.314 \times 298.15)} = 1.18 \times 10^{48}.$$

De même, pour la réaction $CO(g) + 2H_2(g) \rightleftharpoons CH_3OH(g)$

$$\Delta G^0_{\text{réaction}} = 2\Delta G^0_f[CH_3OH] - 2\Delta G^0_f[CO] - \Delta G^0_f[H_2]$$
$$= -161.96\text{kJmol}^{-1} - (-137.2\text{kJmol}^{-1}) - 2(0) = -24.76\text{kJmol}^{-1}$$

La constante d'équilibre est donc (à $T = 298.15\,\text{K}$)

$$K(T) = \exp \frac{24.76 \times 10^3}{(8.314 \times 298.15)} = 2.18 \times 10^4.$$

---

réaction sont exprimées en termes d'activités, nous avons, lorsque la vitesse globale de la réaction est nulle :

$$k_{\text{dir}}\, a_X a_Y = k_{\text{inv}}\, a_Z^2. \tag{9.3.15}$$

Comparons (9.3.15) et (9.3.8) : nous voyons que

$$K(T) = \frac{a_{Z,\,\text{éq}}^2}{a_{X,\,\text{éq}}\, a_{Y,\,\text{éq}}} = \frac{k_{\text{dir}}}{k_{\text{inv}}}. \tag{9.3.16}$$

La constante d'équilibre s'exprime donc aussi en termes de coefficients cinétiques k_{dir} et k_{inv}. Notons que la première égalité dans (9.3.16) ne dépend pas de la cinétique, tandis que la seconde n'est valable que si (9.3.15) l'est elle aussi.

L'ÉQUATION DE VAN'T HOFF

La relation (9.3.10) permet de lier la constante d'équilibre $K(T)$ à l'enthalpie de réaction $\Delta H_{\text{réaction}}$. Il résulte en effet de (9.3.10) que

$$\frac{d\ln K(T)}{dT} = -\frac{d}{dT} \frac{\Delta G^0_{\text{réaction}}}{RT}. \tag{9.3.17}$$

Mais conformément à l'équation de Helmholtz (5.2.14), la variation de ΔG avec la température est liée à ΔH par

$$\frac{\partial}{\partial T}\frac{\Delta G}{T} = -\frac{\Delta H}{T^2}.$$

L'équation (9.3.17) devient donc

$$\frac{d\ln K(T)}{dT} = \frac{\Delta H^0_{\text{réaction}}}{RT^2}. \tag{9.3.18}$$

C'est l'*équation de van't Hoff*. En général, la chaleur de réaction $\Delta H_{\text{réaction}}$ varie peu avec la température, et peut être considérée comme une constante. Nous pouvons donc intégrer (9.3.18) et obtenir ainsi la relation suivante :

$$\ln K(T) = -\frac{\Delta H^0_{\text{réaction}}}{RT} + C. \tag{9.3.19}$$

Conformément à l'équation ci-dessus, $\ln K(T)$ est une fonction quasi linéaire de $(1/T)$. On obtient ainsi la valeur de $\Delta H^0_{\text{réaction}}$.

RÉPONSE AUX PERTURBATIONS DE L'ÉTAT D'ÉQUILIBRE : PRINCIPE DE LE CHÂTELIER-BRAUN

Si un système à l'équilibre est perturbé, il évolue vers un nouvel état d'équilibre moyennant un processus de relaxation. Le Châtelier et Braun ont formulé en 1888 un principe simple qui permet de prédire la direction de la réponse à une perturbation de l'état d'équilibre. Voici leur énoncé :

> Tout système à l'équilibre dans lequel on modifie l'un des facteurs qui régissent l'état d'équilibre subit une modification compensatoire, orientée de manière telle que si cette dernière modification s'était produite seule, elle aurait produit une modification opposée au facteur en question.

Considérons la réaction

$$N_2 + 3H_2 \rightleftharpoons 2NH_3$$

durant laquelle le nombre de moles diminue, ce qui conduit à une baisse de la pression (à T fixé). Si à l'équilibre la pression de ce système est brusquement augmentée, celui-ci répondra en produisant davantage de NH_3, ce qui aura pour effet d'abaisser la pression : la modification compensatoire se produit dans la direction opposée à celle de la perturbation. Le nouvel état d'équilibre contiendra davantage de NH_3. De même, pour une réaction exothermique, l'apport de chaleur au système aura pour effet de convertir une partie des produits en réactifs, ce qui contrecarre l'accroissement de la température[2].

---

2. Encore que ce principe ait son utilité, il ne permet pas toujours de formuler des résultats dépourvus d'ambiguïté. Une étude plus approfondie exigerait la prise en considération des conditions de stabilité thermodynamique. Nous ne nous y attarderons pas, et nous renvoyons le lecteur à quelques références récentes (cf. [7] ; voir aussi le chapitre 13).

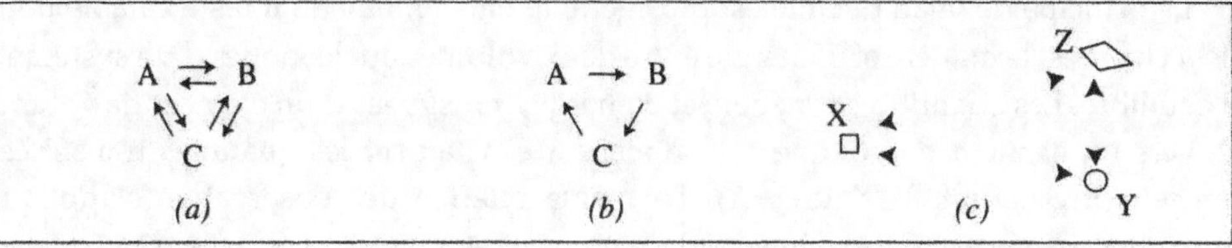

Figure 9.1 Principe de bilan détaillé. (a) L'équilibre entre trois composants A, B et C résulte du bilan détaillé appliqué à chaque paire de composants. (b) Bien que la conversion d'un composant en un autre puisse avoir pour effet de maintenir les concentrations constantes dans le temps, cet état n'est pas l'état d'équilibre. (c) Le principe de bilan détaillé a une portée plus générale. L'échange de matière (ou d'énergie) entre deux régions correspond à un équilibre local : le montant de matière qui va de X vers Y est compensé par le processus inverse, etc.

9.4   Principe de bilan détaillé

Nous avons noté ci-dessus que pour une réaction donnée l'état d'équilibre dépend seulement de la stœchiométrie de la réaction, et non pas de son mécanisme cinétique. Par exemple, considérons la réaction $X + Y \rightleftharpoons 2Z$ déjà examinée ci-dessus, et supposons que les vitesses de réaction directe et inverse sont

$$R_{\mathrm{dir}} = k_{\mathrm{dir}}\, a_X\, a_\gamma \qquad R_{\mathrm{inv}} = k_{\mathrm{inv}}\, a_Z^2 \, ; \tag{9.4.1}$$

la relation $a_Z^2 / a_X a_Y = K(T)$ peut être interprétée à l'équilibre[3] comme un bilan entre les réactions directe et inverse :

$$R_{\mathrm{dir}} = k_{\mathrm{dir}}\, a_X a_Y = R_{\mathrm{inv}} = k_{\mathrm{inv}}\, a_Z^2$$

en sorte que l'on a, comme nous l'avons déjà indiqué,

$$\frac{a_Z^2}{a_X a_Y} = K(T) = \frac{k_{\mathrm{dir}}}{k_{\mathrm{inv}}}. \tag{9.4.2}$$

La relation $a_Z^2 / a_X a_Y = K(T)$ ne dépend d'aucune hypothèse touchant le mécanisme cinétique de la réaction. Elle demeure valable même dans le cas d'un ensemble complexe de réactions intermédiaires. Ce dernier point est la conséquence du *principe de bilan détaillé* :

À l'état d'équilibre, toute transformation est compensée par son inverse.

Supposons par exemple que la réaction consiste en deux étapes (1) et (2) :

$$X + X \rightleftharpoons W \tag{9.4.3}$$

$$W + Y \rightleftharpoons 2Z + X \tag{9.4.4}$$

qui ont pour bilan global $X + Y \rightleftharpoons 2Z$. Selon le principe de bilan détaillé, nous devons avoir à l'équilibre les relations

$$\frac{a_W}{a_Z^2} = \frac{k_{1\mathrm{dir}}}{k_{1\mathrm{inv}}} \equiv K_1 \qquad \frac{a_Z^2\, a_X}{a_W\, a_Y} = \frac{k_{2\mathrm{dir}}}{k_{2\mathrm{inv}}} \equiv K_2. \tag{9.4.5}$$

Le produit de ces deux équations permet alors de définir la condition d'équilibre

$$\frac{a_W\, a_Z^2\, a_X}{a_X^2\, a_W\, a_Y} = \frac{a_Z^2}{a_X\, a_Y} = K_1 K_2 = K. \tag{9.4.6}$$

Ce résultat demeure valable pour un nombre quelconque de réactions intermédiaires.

---

3. On supprime ici l'indice « éq » pour simplifier les notations.

Le principe de bilan détaillé est plus général encore, puisqu'il reste valable pour les échanges de matière et d'énergie entre deux volumes quelconques d'un système à l'équilibre. Les quantités de matière et d'énergie transférées d'un élément de volume X vers un élément de volume Y compensent exactement les quantités transférées en sens inverse (cf. la figure 9.1). La même relation de conservation s'applique aux interactions entre les éléments de volume Y et Z, ou X et Z. Une conséquence importante est que si l'on ôte ou si l'on isole un élément de volume du système, par exemple Z, cela ne modifiera ni les états X ou Y ni leurs interactions. Ceci revient à dire qu'il n'y a pas de corrélation à longue portée entre les divers éléments de volume. Ainsi que nous le verrons dans les chapitres suivants, le principe de bilan détaillé ne s'applique pas aux systèmes de non-équilibre. C'est là un élément important dans la transition vers les *états organisés*, où apparaissent des corrélations à longue portée. Comparons une goutte d'eau dans laquelle sont dissous des composés carbonés à l'équilibre thermique, et une cellule vivante, ce qui correspond à un état organisé, loin de l'équilibre thermodynamique. L'extraction d'une petite partie de la goutte d'eau ne modifiera pas l'état des autres parties de la goutte ; mais en général celle d'une petite partie d'une cellule vivante exercera des effets majeurs sur les autres parties.

9.5   Production d'entropie due aux réactions

Nous avons déjà vu au chapitre 4 (4.1.16) que la production d'entropie due à une réaction chimique est donnée par la relation

$$\frac{d_i S}{dt} = \frac{A}{T}\frac{d\xi}{dt} \geq 0. \tag{9.5.1}$$

Nous allons ici exprimer l'affinité A et la vitesse v en termes de vitesses directe et inverse. Considérons encore une fois la réaction

$$X + Y \rightleftharpoons 2Z. \tag{9.5.2}$$

Supposons pour simplifier qu'il s'agit d'une réaction élémentaire, les vitesses directe et inverse sont donc (voir 9.4.2)

$$R_{\text{dir}} = k_{\text{dir}}\, a_X a_Y \qquad R_{\text{inv}} = k_{\text{inv}}\, a_Z^2 ; \tag{9.5.3}$$

$$K(T) = \frac{k_{\text{dir}}}{k_{\text{inv}}}. \tag{9.5.4}$$

Nous savons déjà que la vitesse de réaction est la différence entre les vitesses directe et inverse, et que celles-ci peuvent être exprimées en termes de ξ (9.2.6) :

$$\text{vitesse de réaction } v = \frac{1}{V}\frac{d\xi}{dt} = R_{\text{dir}}(\xi) - R_{\text{inv}}(\xi). \tag{9.5.5}$$

Il faut résoudre cette équation différentielle pour écrire la vitesse de réaction en fonction du temps ; nous donnerons un exemple ci-dessous. Nous pouvons aussi rapporter l'affinité aux vitesses de réaction de la manière suivante. L'affinité de la réaction (9.5.2) est par définition

$$
\begin{aligned}
\mathcal{A} &= \mu_X + \mu_Y - 2\mu_Z \\
&= \mu_{X_0}(T) + RT \ln a_X + \mu_{Y_0}(T) + RT \ln a_Y - 2\mu_{Z_0}(T) - 2RT \ln a_Z \\
&= \Big[\mu_{X_0}(T) + \mu_{Y_0}(T) - 2\mu_{Z_0}(T)\Big] + \Big[RT \ln a_X + RT \ln a_Y - 2RT \ln a_Z\Big]. \quad (9.5.6)
\end{aligned}
$$

Puisque le terme $\mu_{X_0}(T) + \mu_{Y_0}(T) - 2\mu_{Z_0}(T) = -\Delta G^0_{\text{réaction}} = RT \ln K(T)$ (cf. (9.3.8) et (9.3.10)), cette équation peut s'écrire sous la forme

$$
\mathcal{A} = RT \ln K(T) + RT \ln \frac{a_X \, a_Y}{a_Z^2}. \qquad (9.5.7)
$$

En utilisant la relation (9.5.4), nous obtenons

$$
\mathcal{A} = RT \ln \frac{k_{\text{dir}}}{k_{\text{inv}}} + RT \ln \frac{a_X \, a_Y}{a_Z^2} = RT \ln \frac{k_{\text{dir}} \, a_X \, a_Y}{k_{\text{inv}} \, a_Z^2}. \qquad (9.5.8)
$$

On peut utiliser (9.5.3) pour écrire $\mathcal{A}$ comme une fonction de de R_{dir} et R_{inv} :

$$
\mathcal{A} = RT \ln \frac{R_{\text{dir}}}{R_{\text{inv}}}, \qquad (9.5.9)
$$

valable pour une étape intermédiaire quelconque. On peut introduire (9.5.5) et (9.5.9) dans l'expression de la production d'entropie (9.5.1), ce qui donne

$$
\frac{1}{V} \frac{d_i S}{dt} = \frac{1}{V} \frac{\mathcal{A}}{T} \frac{d\xi}{dt} = R\,(R_{\text{dir}} - R_{\text{inv}}) \, \ln \frac{R_{\text{dir}}}{R_{\text{inv}}} \geq 0. \qquad (9.5.10)
$$

Cette relation exprime la production d'entropie en termes de vitesses de réaction directe et inverse ; R est la constante des gaz. Ainsi que le requiert le second principe, le membre de droite de cette équation est positif, que l'on ait $R_{\text{dir}} > R_{\text{inv}}$ ou $R_{\text{dir}} < R_{\text{inv}}$.

On peut généraliser (9.5.10) à plusieurs réactions simultanées. La production d'entropie est alors la somme des entropies de ces réactions :

$$
\frac{1}{V} \frac{d_i S}{dt} = \frac{1}{V} \sum_k \frac{\mathcal{A}_k}{T} \frac{d\xi_k}{dt} = R \sum_k (R_{k\,\text{dir}} - R_{k\,\text{inv}}) \ln \frac{R_{k\,\text{dir}}}{R_{k\,\text{inv}}}. \qquad (9.5.11)
$$

Prenons par exemple la réaction

$$
L \rightleftharpoons D \qquad (9.5.12)
$$

qui convertit des molécules en leur image dans un miroir : c'est la *racémisation*. Les molécules non superposables à leurs image sont dites *chirales*, et les deux formes sont alors des *énantiomères*. Notons [L] et [D] les concentrations des énantiomères lévogyre et dextrogyre. À $t = 0$, on a [L] $= L_0$ et [D] $= D_0$, et $\xi(0) = 0$. Par suite,

$$
\frac{d[L]}{-1} = \frac{d[D]}{+1} = \frac{d\xi}{V} \; ; \qquad (9.5.13)
$$

$$
[L] = L_0 - \frac{\xi}{V} \qquad [D] = D_0 + \frac{\xi}{V}. \qquad (9.5.14)
$$

Prenons $V = 1$ (si nécessaire, V sera réintroduit à la fin du calcul). Supposons que la racémisation est une réaction élémentaire de premier ordre où R_{dir} et R_{inv} sont

$$R_{\text{dir}} = k[\text{L}] = k(L_0 - \xi) \qquad R_{\text{inv}} = k[\text{D}] = k(D_0 + \xi). \tag{9.5.15}$$

Du fait de la symétrie, les constantes des réactions directe et inverse sont égales. Il résulte de (9.5.15) et de (9.5.9) que l'affinité $\mathcal{A}$ est fonction de la variable d'état ξ pour un ensemble donné de concentrations initiales. Pour expliciter la production d'entropie en fonction du temps, il faut résoudre l'équation différentielle

$$\frac{d\xi}{dt} = R_{\text{dir}} - R_{\text{inv}} = k(L_0 - \xi) - k(D_0 + \xi) = 2k\left[\frac{L_0 - D_0}{2} - \xi\right]. \tag{9.5.16}$$

En posant $x = (1/2)(L_0 - D_0) - \xi$, l'équation se réduit à $dx/dt = -2kx$. La solution est

$$\xi(T) = \frac{1}{2}(L_0 - D_0)\left(1 - \exp(-2kt)\right). \tag{9.5.17}$$

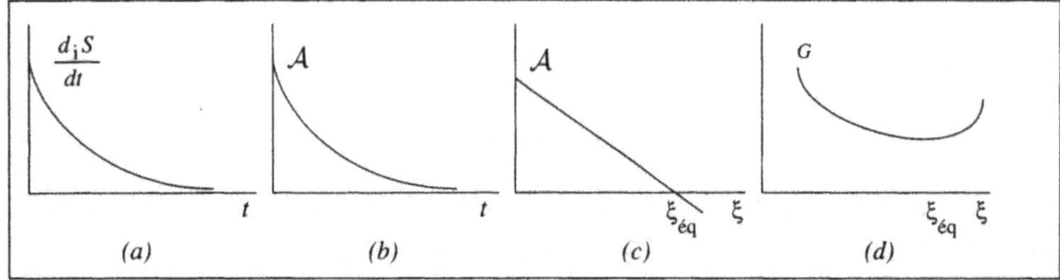

Figure 9.2 Racémisation. On montre en (a) et (b) la variation de $d_{\text{i}}S/dt$ et de $\mathcal{A}$ au cours du temps. En (c) et (d), les fonctions d'état $\mathcal{A}$ et G en fonction de ξ.

Les vitesses (9.5.15) peuvent à présent s'écrire explicitement

$$R_{\text{dir, k}} = \frac{L_0 + D_0}{2} + \frac{L_0 - D_0}{2}\,e^{-2kt}. \tag{9.5.18}$$

$$R_{\text{inv, k}} = \frac{L_0 + D_0}{2} - \frac{L_0 - D_0}{2}\,e^{-2kt}. \tag{9.5.19}$$

La production d'entropie (9.5.10) devient alors une fonction explicite du temps :

$$\frac{1}{V}\frac{d_{\text{i}}S}{dt} = R\,(R_{\text{dir}} - R_{\text{inv}})\,\ln\frac{R_{\text{dir}}}{R_{\text{inv}}}$$

$$= R\left[k\,(L_0 - D_0)\,e^{-2kt}\right]\ln\left[\frac{(L_0 + D_0) - (L_0 - D_0)\,e^{-2kt}}{(L_0 + D_0) - (L_0 - D_0)\,e^{-2kt}}\right]. \tag{9.5.20}$$

Pour $t \to \infty$ le système atteint l'équilibre. On a alors

$$\xi_{\text{éq}} = \frac{L_0 - D_0}{2} \qquad \text{et} \qquad [\text{L}]_{\text{éq}} = [\text{D}]_{\text{éq}} = \frac{L_0 + D_0}{2}. \tag{9.5.21}$$

Nous avons vu (5.1.12) que $\mathcal{A} = -\left(\partial G/\partial \xi_{p,T}\right)$. Pour $\xi \to \xi_{\text{éq}}$, $G \to G_{\text{min}}$ et $\mathcal{A} \to 0$; voir les programmes de calcul numérique donnés à la fin de ce livre.

10 CHAMPS ET DEGRÉS INTERNES DE LIBERTÉ

Le concept de potentiel chimique est très général. Il s'applique à toutes les transformations de la matière, pourvu que les variables intensives, comme par exemple la température, soient bien définies. Nous avons déjà vu comment l'équilibre thermodynamique conduit à la loi d'action de masse pour les réactions chimiques. Nous allons montrer ici que la diffusion, les réactions électrochimiques et la relaxation des molécules polaires en présence d'un champ électrique peuvent être étudiées en termes de potentiels chimiques et d'affinité.

10.1 Potentiel chimique dans un champ

Le modèle du potentiel chimique s'étend aux réactions électrochimiques et aux systèmes soumis à l'influence d'un champ externe, comme par exemple le champ gravifique. Dans ce cas, l'énergie due au champ doit être prise en compte.

Considérons un cas très simple : le transport de molécules chargées d'un point à potentiel ϕ_1 vers un point à potentiel ϕ_2. Nous supposons pour plus de commodité que le système est composé de deux parties, qui ont chacune un potentiel bien défini ; le système pris comme un tout est fermé (cf. la figure 10.1). Les deux parties du système peuvent être considérées comme deux phases ; et le transport des particules dN_k comme l'équivalent d'une réaction chimique. Pour les degrés d'avancement correspondants $d\xi_k$ nous avons

$$-dN_{1k} = dN_{2k} = d\xi_k \tag{10.1.1}$$

où dN_{1k} et dN_{2k} sont les variations du nombre de moles dans chaque partie. La variation de l'énergie due au transport des ions est donnée par l'expression

$$dU = TdS - pdV + F\phi_1 \sum_k z_k dN_{1k} + F\phi_2 \sum_k z_k dN_{2k}$$
$$+ \sum_k \mu_{1k} dN_{1k} + \sum_k \mu_{2k} dN_{2k} \tag{10.1.2}$$

où z_k est la charge de l'ion k, et F la constante de Faraday (le produit de la charge électronique e et du nombre d'Avogadro N_A : $F = eN_A = 9.6485 \times 10^4 \mathrm{Cmol}^{-1}$). Grâce à la formule (10.1.1), la variation de l'entropie dS peut à présent s'écrire

$$TdS = dU + pdV - \sum_k \left[(\mu_{2k} + F\phi_2 z_k) - (\mu_{1k} + F\phi_1 z_k) \right] d\xi_k. \tag{10.1.3}$$

Introduisons ici le *potentiel électrochimique* $\tilde{\mu}_k$ proposé par Guggenheim en 1929 [1]

$$\tilde{\mu}_k = \mu_k + F z_k \phi. \tag{10.1.4}$$

Il est clair que ce formalisme peut être étendu pour tout champ auquel on peut associer un potentiel. Si ψ est le potentiel associé au champ, l'énergie d'interaction

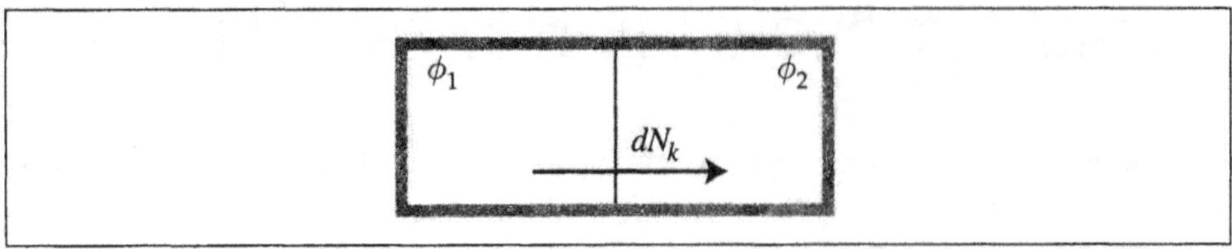

Figure 10.1 Thermodynamique en présence d'un champ électrique. On considère deux enceintes associées à deux potentiels électriques ϕ_1 et ϕ_2. Comme dans le cas d'un système à deux phases, les ions se déplacent jusqu'à égalisation des potentiels électrochimiques.

par mole du composant k peut s'écrire sous la forme $\tau_k \psi$. Pour le champ électrique, nous avons $\tau_k = F z_k$; pour le champ gravitationnel, $\tau_k = M_k$, la masse molaire. Le potentiel chimique correspondant qui inclut le champ sera

$$\tilde{\mu}_k = \mu_k + \tau_k \psi. \tag{10.1.5}$$

L'affinité $\tilde{A}$ des réactions électrochimiques peut s'écrire alors comme nous l'avons fait précédemment

$$\tilde{A} = \tilde{\mu}_{1k} - \tilde{\mu}_{2k} = [(\mu_{1k} + F\phi_1 z_k) - (\mu_{2k} + F\phi_2 z_k)]. \tag{10.1.6}$$

La production d'entropie due au transfert des particules chargées d'un potentiel à l'autre s'écrit alors

$$d_{\mathrm{i}}S = \sum_k \frac{\tilde{A}_k}{T} d\xi_k. \tag{10.1.7}$$

À l'équilibre, nous avons

$$\tilde{A}_k = 0 \qquad \text{ou} \qquad \mu_1 - \mu_2 = -z_k F(\phi_1 - \phi_2). \tag{10.1.8}$$

Ce sont les équations fondamentales de l'équilibre électrochimique. Nous avons déjà vu que les forces électriques sont très intenses ; dès lors, dans les solutions ioniques, le champ électrique produit par des variations même faibles de la densité de charge provoque des effets importants, qui font que dans la plupart des cas les concentrations des ions positifs et négatifs se neutralisent. La densité de charge est donc pratiquement nulle. Dans une cellule électrochimique, la différence de potentiel appliquée aux électrodes se manifeste seulement au voisinage de celles-ci. La solution reste neutre.

Le champ gravitationnel est beaucoup plus faible que le champ électrique ; mais un champ gravitationnel externe produit un gradient de concentration au sein du système. Nous avons noté ci-dessus que la constante de couplage du champ gravifique τ_k est la masse molaire M_k. Dans le cas d'un gaz soumis à un champ gravitationnel uniforme, $\phi = gh$, où g est l'intensité du champ et h la hauteur. Comme en (10.1.8), nous avons

$$\mu_k(h) = \mu_k(0) - M_k(gh). \tag{10.1.9}$$

Introduisons dans cette équation le potentiel chimique

$$\mu_k(h) = \mu_k(T) + RT \ln \frac{p_k(h)}{p_0}$$

pour un mélange gazeux idéal. Nous obtenons ainsi la formule barométrique bien connue

$$p_k(h) = p(0)\, e^{-M_k g h / RT}.\qquad(10.1.10)$$

On remarquera que cette formule suppose que la température T est uniforme, c'est-à-dire que le système est à l'équilibre thermique. Or, la température de l'atmosphère terrestre n'est pas uniforme : elle varie entre 220 K et 300 K, ainsi que le montre la figure 10.2 (b).

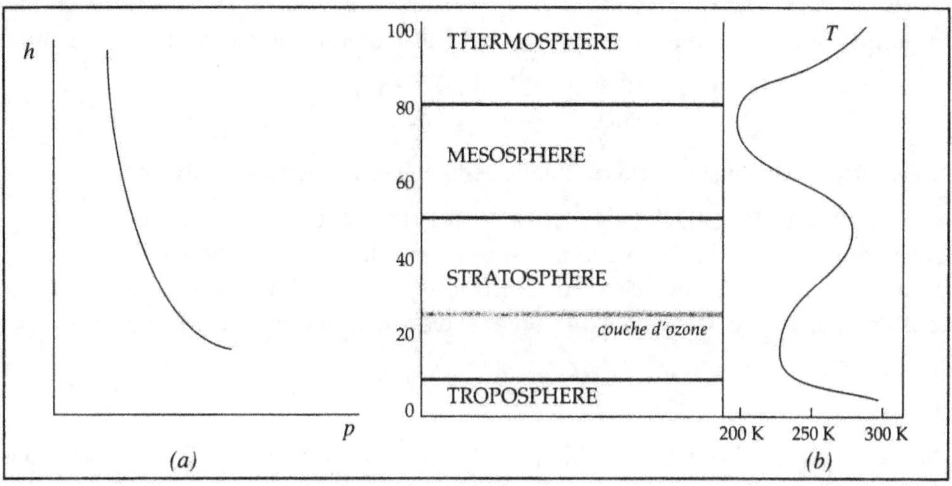

Figure 10.2 (a) Le potentiel chimique associé à un champ gravifique conduit à la formule barométrique (10.1.10) à l'équilibre thermique (T est uniforme). (b) En fait, l'état de l'atmosphère terrestre ne correspond pas à l'équilibre thermique : la température varie avec la hauteur.

PRODUCTION D'ENTROPIE DANS LES SYSTÈMES CONTINUS

Les systèmes thermodynamiques soumis à un champ requièrent en général une description où les grandeurs varient de manière continue. Le potentiel chimique $\tilde{\mu}$ est une fonction de la position, et l'entropie doit s'exprimer en termes de la densité d'entropie par unité de volume $s(\mathbf{r})$, qui dépend de la position $\mathbf{r}$. Pour des raisons de simplicité, nous considérons un système à une seule dimension géométrique. Soit $s(x)$ la densité d'entropie par unité de longueur. Dans ce cas (cf. la figure 10.3), l'entropie d'un petit élément de volume compris entre x et $x + \delta$ est égale à $s(x)\delta$. Nous pouvons alors exprimer l'affinité associée à cet élément de volume par

$$\tilde{A} = \tilde{\mu}(x) - \tilde{\mu}(x + \delta) = \tilde{\mu}(x) - \left(\mu(x) + \frac{\partial\mu}{\partial x}\delta\right) = -\frac{\partial\mu}{\partial x}\delta.\qquad(10.1.11)$$

La vitesse de réaction $d\xi_k/dt$ dans cet élément de volume est le flux des particules du composant k, que nous noterons J_{Nk}. L'expression (10.1.7) devient alors

$$\frac{d_{\mathrm{i}}\,(s(x)\delta)}{dt} = \sum_k \frac{\tilde{A}}{T}\frac{d\xi_k}{dt} = -\sum_k \frac{1}{T}\left(\frac{\partial\tilde{\mu}_k}{\partial x}\right)\delta\,\frac{d\xi_k}{dt}.\qquad(10.1.12)$$

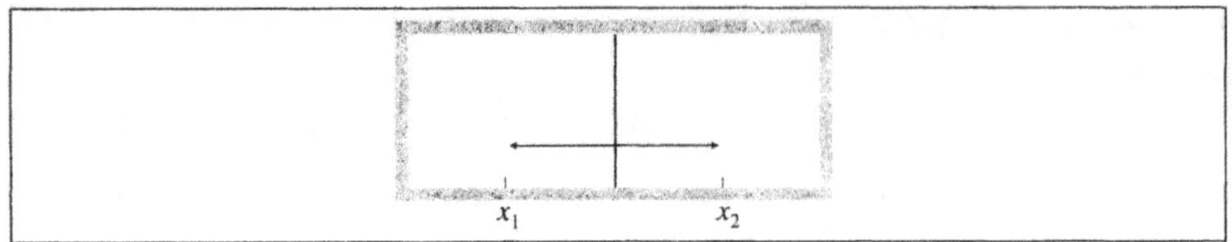

Figure 10.3 Nous exprimons la production d'entropie dans un système continu en considérant deux points x_1 et x_2 séparés par un petit intervalle de distance δ. L'entropie de la région située entre x et $x + \delta$ est égale à $s(x)\delta$. L'affinité est donnée par la relation (10.1.11).

En simplifiant par δ, nous obtenons la production d'entropie par unité de longueur :

$$\frac{d_{\mathrm{i}}s}{dt} = -\sum_k \frac{1}{T}\left(\frac{\partial \tilde{\mu}_k}{\partial x}\right) J_{Nk}. \tag{10.1.13}$$

Nous retrouvons ainsi la structure habituelle de la production d'entropie

PRODUCTION D'ENTROPIE DUE À LA CONDUCTION ÉLECTRIQUE

Considérons à titre d'exemple le flux d'électrons dans un conducteur. Si la densité d'électrons et la température sont uniformes, le potentiel chimique des électrons sera constant. Par contre, la dérivée du potentiel électrochimique sera

$$\frac{\partial \tilde{\mu}_k}{\partial x} = \frac{\partial}{\partial x}\left(\mu_{\mathrm{e}} - Fe\phi\right) = -\frac{\partial}{\partial x}(Fe\phi). \tag{10.1.14}$$

Puisque le champ électrique est $E - (\partial \phi / \partial x)$ et le courant $I = -eF J_{\mathrm{e}}$, nous obtenons

$$\frac{d_{\mathrm{i}}S}{dt} = eF\left(\frac{\partial \phi}{\partial x}\right)\frac{J_{\mathrm{e}}}{T} = \frac{EI}{T}. \tag{10.1.15}$$

Le champ électrique correspond par définition à la variation du potentiel par unité de longueur. L'intégrale de E sur la longueur totale L est la différence de potentiel V. La production d'entropie globale sera alors

$$\frac{dS}{dt} = \int_0^L \frac{d_{\mathrm{i}}S}{dt}dx = \int_0^L \frac{EI}{T}dx = \frac{VI}{T}. \tag{10.1.16}$$

Le produit VI est la chaleur produite par unité de temps. Le passage d'un courant électrique à travers une résistance est un processus dissipatif qui convertit l'énergie électrique en chaleur. Nous pouvons donc écrire $VI = dQ/dT$. Il s'ensuit que

$$\frac{d_{\mathrm{i}}S}{dt} = \frac{VI}{T} = \frac{1}{T}\frac{dQ}{dT}. \tag{10.1.17}$$

La production d'entropie est donc simplement la chaleur dissipée divisée par la température.

Nous avons vu au chapitre 3 que la production d'entropie due aux divers processus irréversibles est le produit d'une force thermodynamique et d'un flux (cf. (3.4.7)). Dans le cas ci-dessus, le flux est le courant électrique ; la force correspondante est le terme V/T. Au voisinage de l'équilibre thermodynamique, le flux est proportionnel à la force. Donc,

$$I = L_{\mathrm{e}}\frac{V}{T} \tag{10.1.18}$$

où L_e est une constante de proportionnalité. Les relations de ce type constituent la base de la thermodynamique linéaire de non-équilibre, que nous étudierons plus en détail au chapitre 16. On voit immédiatement que cette relation correspond à la loi d'Ohm, $V = IR$, où R est la résistance, avec

$$L_e = \frac{T}{R}.$$

$$(10.1.19)$$

C'est là un exemple élémentaire de l'emploi de la production d'entropie pour obtenir des relations linéaires entre forces et flux thermodynamiques ; il s'agit souvent de lois connues antérieurement, comme c'est le cas pour la loi d'Ohm. Mais comme nous le verrons, la thermodynamique nous permet d'incorporer ces lois linéaires dans le cadre d'un formalisme unifié.

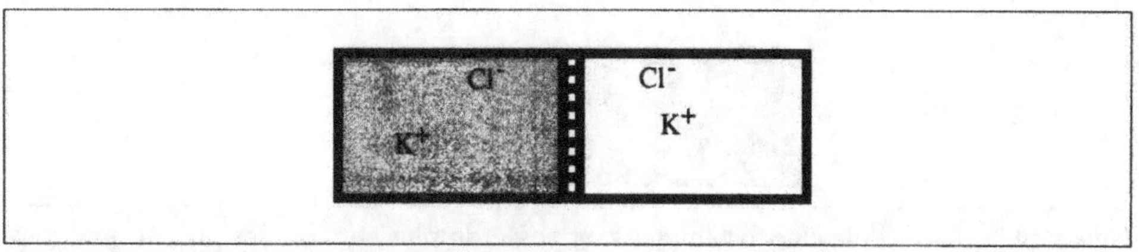

Figure 10.4 Un potentiel de membrane apparaît lorsqu'une membrane, perméable à K^+ mais non à Cl^-, sépare deux solutions de KCl de concentrations inégales. Dans ce cas, le flux des ions K^+ est compensé par le potentiel de membrane.

10.2 Membranes et cellules électrochimiques

MEMBRANES SEMI-PERMÉABLES

Nous avons vu qu'une membrane semi-perméable provoque à l'équilibre l'apparition d'une différence de pression (la pression osmotique) entre ses deux faces. De même, l'équilibre en présence d'une membrane perméable à une espèce d'ions mais non à l'autre a pour conséquence l'apparition d'une différence de potentiel électrique. Considérons par exemple une membrane qui sépare deux solutions α et β de KCl à des concentrations différentes (cf. la figure 10.4). Nous supposons que la membrane est perméable aux ions K^+ et imperméable aux ions Cl^- qui sont plus volumineux. Puisque les concentrations des ions K^+ sont différentes des deux côtés de la membrane, un flux ionique formé d'ions K^+ se dirigera de la région à concentration plus élevée vers la région à concentration plus basse. L'équilibre sera atteint lorsque les potentiels électrochimiques de K^+ auront la même valeur dans les deux phases

$$\tilde{\mu}_{K^+}^{\alpha} = \tilde{\mu}_{K^+}^{\beta}.$$

$$(10.2.1)$$

Cette valeur sera alors

$$\tilde{\mu}_k = \mu_k + z_k F \phi = \mu_k^0 + RT \ln a_k + z_k F \phi$$

où a_k est l'activité et z_k la charge (voir 10.1.4) ; nous avons dès lors

$$\mu_{K^+}^0 + RT \ln a_{K^+}^{\alpha} + F \phi^{\alpha} = \mu_{K^+}^0 + RT \ln a_{K^+}^{\beta} + F \phi^{\beta}.$$

$$(10.2.2)$$

La différence de potentiel sera donc

$$\left(\phi^{\alpha} - \phi^{\beta}\right) = \frac{RT}{F} \ln \frac{a^{\beta}_{K^+}}{a^{\alpha}_{K^+}}. \tag{10.2.3}$$

En électrochimie, les concentrations sont généralement mesurées en molalités, comme nous l'avons vu au chapitre 8. En première approximation, on peut remplacer les activités par les molalités m_{K^+}. Nous aurons alors

$$\left(\phi^{\alpha} - \phi^{\beta}\right) = \frac{RT}{F} \ln \frac{m^{\beta}_{K^+}}{m^{\alpha}_{K^+}}.$$

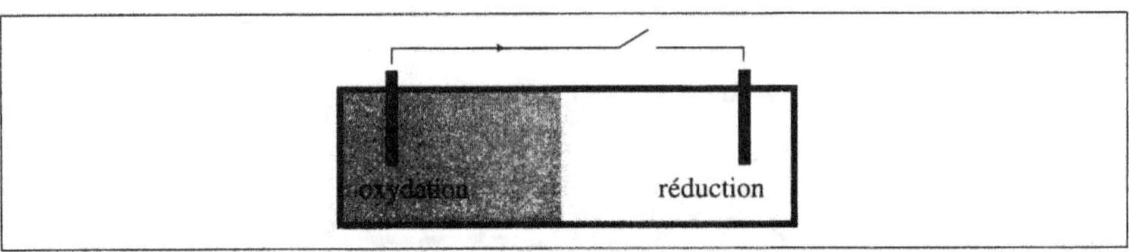

Figure 10.5 Une cellule électrochimique composée de plusieurs phases produit une force électromotrice due aux demi-réactions aux électrodes ((10.2.4) et (10.2.5)). Si l'on ferme le circuit, la réaction qui se produit dans la cellule entraînera une force électromotrice qui produira un courant. On représente de telles cellules par un diagramme qui montre les phases et les jonctions ; on représente la réaction de réduction à droite : électrode $|Y|\dots|\dots|X|$ électrode

AFFINITÉ ÉLECTROCHIMIQUE ET FORCE ÉLECTROMOTRICE

Dans une cellule électrochimique, les réactions aux électrodes engendrent une force électromotrice (EMF). Une cellule électrochimique présente usuellement plusieurs phases qui séparent les deux électrodes (cf. la figure 10.5). Nous allons dériver ici la relation entre l'activité et la force électromotrice. Dans une réaction électrochimique, les réactions aux deux électrodes peuvent habituellement s'écrire

$$X + ne^- \rightarrow X_{\text{réd}} \qquad \text{réduction} \tag{10.2.4}$$

$$Y \rightarrow Y_{\text{ox}} + ne^- \qquad \text{oxydation.} \tag{10.2.5}$$

Chacune de ces étapes est une *demi-réaction* ; la réaction globale est

$$X + Y \rightarrow X_{\text{réd}} + Y_{\text{ox}}. \tag{10.2.6}$$

Par exemple, les demi-réactions aux électrodes

$$Cu^{2+} + 2e^- \rightarrow Cu(s)$$

$$Zn(s) \rightarrow Zn^{2+} + 2e^-$$

correspondent à la réaction globale

$$Cu^{2+} + Zn(s) \rightarrow Zn^{2+} + Cu(s).$$

Ainsi, lorsque l'on plonge une tige de zinc dans une solution aqueuse de $CuSO_4$, elle se dissout avec dépôt de cuivre métallique.

Excursus 10.5 Cellules électrochimiques

Là où un système rencontre un flux ou un courant externe, il doit exister un courant de compensation dans la cellule. Cela peut se produire de diverses manières, et il existe donc divers types de cellule électrochimique. Le choix des électrodes est lié à la gestion des conditions expérimentales et à l'évitement des effets de bord indésirables. Les cellules électrochimiques comportent souvent des jonctions liquides et des ponts de sels.

- *Jonction liquide* : ce terme désigne des situations où deux liquides différents sont en contact, normalement à travers une paroi poreuse. Les concentrations des ions de part et d'autre sont habituellement inégales, ce qui provoque l'apparition de flux de diffusion. Si les vitesses de flux des divers ions sont inégales, une différence de potentiel peut apparaître de part et d'autre de la jonction liquide. Ce potentiel peut être réduit par l'usage d'un pont de sels, où les flux d'ions positifs et négatifs sont approximativement égaux.

- *Pont ionique* : on peut mettre du KCl en solution dans de la gelée d'agarose. Dans ce milieu, les flux d'ions K^+ et Cl^- sont presque égaux.

- *Diagrammes de cellules* : pour l'écriture des diagrammes de cellules électrochimiques, on suit les conventions suivantes :

  – la réduction est à l'électrode de droite ;

  – les frontières entre phases se notent | (par exemple entre un électrode solide et la solution) ;

  – les jonctions liquides se notent ┊ (par exemple une paroi poreuse entre deux solutions de $CuSO_4$ et de $CuCl$) ;

  – les ponts ioniques se notent || (par exemple du KCl dans de la gelée d'agarose).

Ainsi, la cellule de la figure 10.6 se note $Zn(s)|Zn^{2+}||H^+|Pt(s)$.

Les réactions peuvent être plus complexes, mais le principe est toujours le même : les électrons sont transférés d'une électrode à l'autre. Sur les diagrammes qui représentent les cellules électrochimiques, on place d'habitude à droite la demi-réaction dite réduction. L'électrode de droite fournit donc les électrons qui vont réduire les réactifs. La production d'entropie sera

$$\frac{d_i S}{dt} = \frac{\tilde{A}}{T}\frac{d\xi}{dt}. \tag{10.2.7}$$

Puisque chaque mole de réactif X transfère n moles d'électrons (cf. (10.2.4)), la relation entre le courant I (la charge transférée par seconde) et la vitesse de réaction est

$$I = nF\frac{d\xi}{dt} \tag{10.2.8}$$

où F est comme ci-dessus la constante de Faraday. Nous avons donc

$$\frac{d_i S}{dt} = \frac{1}{T}\frac{\tilde{A}}{nF}I. \tag{10.2.9}$$

En comparant cette expression avec (10.1.17), nous obtenons la relation suivante :

$$V = \frac{\tilde{A}}{nF}. \tag{10.2.10}$$

À l'aide de (10.2.4) et (10.2.5), cette relation s'écrit en termes des potentiels chimiques :

$$X + ne^- \rightarrow X_{\text{réd}} \quad (\text{droite}) \quad \tilde{A}^d = \left(\mu_X^d + n\mu_e^d - nF\phi^d\right) - \mu_{X\,\text{réd}}^d. \tag{10.2.11}$$

$$Y \rightarrow Y_{\text{ox}} + ne^- \quad (\text{gauche}) \quad \tilde{A}^g = \left(\mu_Y^g + n\mu_e^g - nF\phi^g\right) - \mu_{Y\,\text{ox}}^g. \tag{10.2.12}$$

L'affinité électrochimique globale s'écrira alors

$$\tilde{A} = \tilde{A}^d + \tilde{A}^g$$

$$= \left(\mu_X^d + \mu_Y^g - \mu_{X\,\text{réd}}^d - \mu_{Y\,\text{ox}}^g\right) + n\left(\mu_e^d - \mu_e^g\right) - nF\left(\phi^d - \phi^g\right). \tag{10.2.13}$$

Si les deux électrodes sont identiques, nous avons $\mu_e^d = \mu_e^g$, la seule différence entre les électrodes étant le potentiel ϕ. Le voltage V devient alors

$$V = \frac{\tilde{A}}{nF} = \frac{1}{nF}\left(\mu_X^d + \mu_Y^g - \mu_{X\,\text{réd}}^d - \mu_{Y\,\text{ox}}^g\right) - \left(\phi^d - \phi^g\right). \tag{10.2.14}$$

Si nous fermons le circuit en reliant les deux électrodes, $\phi^d - \phi^g$, le courant ne sera limité que par la vitesse de réaction aux électrodes, et nous avons une *force électromotrice de la cellule* $V_{\text{cellule}} = \phi^d - \phi^g$:

$$V_{\text{cellule}} = \frac{1}{nF}\left(\mu_X^d + \mu_Y^g - \mu_{X\,\text{réd}}^d - \mu_{Y\,\text{ox}}^g\right). \tag{10.2.15}$$

C'est aussi le voltage qui doit être appliqué au système pour l'amener à l'équilibre. Dans ce cas, le voltage appliqué s'oppose à l'affinité, et ramène le courant à zéro. On notera l'analogie avec la pression osmotique. En termes d'activités, la force électromotrice de la cellule (10.2.15) s'écrit

$$V_{\text{cellule}} = V_0 - \frac{RT}{nF} \ln \frac{a_{X\,\text{réd}}^d \, a_{Y\,\text{ox}}^g}{a_X^d \, a_Y^g} \tag{10.2.16}$$

où

$$V_0 = \frac{-\Delta G_{\text{réaction}}^0}{nF}. \tag{10.2.17}$$

La relation (10.2.16) est l'équation de Nernst. À l'équilibre, le potentiel V est nul, et la constante d'équilibre de la réaction électrochimique s'écrit

$$\ln K = \frac{-\Delta G_{\text{réaction}}^0}{RT} = \frac{nFV_0}{RT}. \tag{10.2.18}$$

CELLULES GALVANIQUES ET ÉLECTROLYTIQUES

Rappelons qu'une cellule dans laquelle une réaction chimique engendre un courant est une dite *galvanique* ; si à l'inverse une différence de potentiel produit une réaction, on parle de cellule *électrolytique*. Ainsi, considérons une réaction de transfert d'électrons

$$Zn(s) + 2H^+ \rightarrow Zn^{2+} + H_2(g). \tag{10.2.19}$$

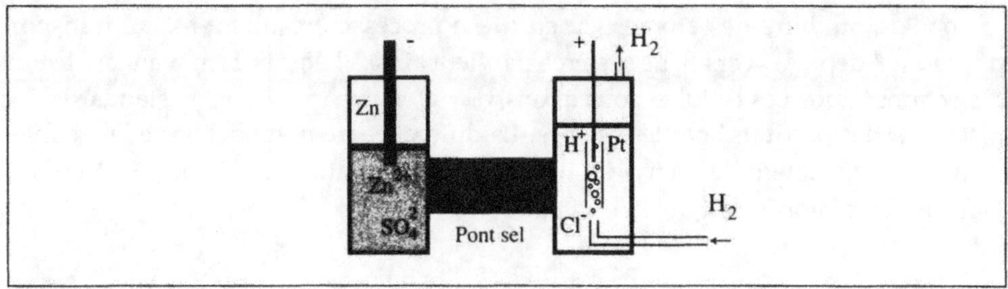

Figure 10.6 Cellule galvanique associée à la réaction $Zn(s) + 2H^+ \rightarrow Zn^{2+} + H_2(g)$. Les deux chambres sont reliées par un pont sel, qui permet le passage d'un courant sans introduire un potentiel de jonction liquide.

C'est la différence de potentiel électrique qui provoque la migration des électrons d'un atome vers l'autre ; en effet, lorsque l'électron se déplace d'un atome de Zn vers un ion H^+, son énergie électrique potentielle diminue.

La force électromotrice produite par une cellule galvanique est donnée par l'équation de Nernst (10.2.16). Dans l'exemple ci-dessus, nous avons

$$V = V_0 - \frac{RT}{nF} \ln \left(\frac{a_{H_2}\, a_{Zn^{2+}}}{a_{Zn}\, a_{H^+}^2} \right). \tag{10.2.20}$$

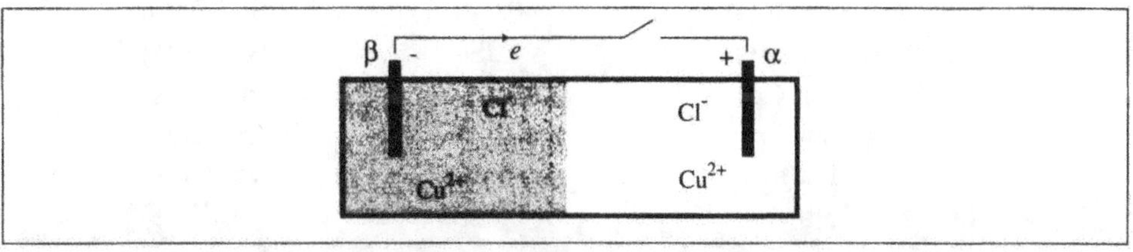

Figure 10.7 Une différence de concentration peut produire une force électromotrice. Les deux enceintes de la cellule du dessus sont séparées par une membrane perméable à Cl^- mais non à Cu^{2+}. On introduit deux tiges de cuivre dans les cellules et on monte un circuit électrique comme indiqué sur le dessin ; dès que les ions Cl^- diffusent de α vers β, le flux des électrons qui va dans la direction opposée transportera des ions Cu^{2+} de α vers β. La force électromotrice de ce flux d'électrons est donnée par (10.2.31).

GRADIENT DE CONCENTRATION ET FORCE ÉLECTROMOTRICE

L'affinité produite par une différence de concentration peut elle aussi entraîner une force électromotrice. La figure 10.7 montre un exemple simple de cellule contenant du $CuCl_2$ et dans laquelle un gradient de concentration produit une force électromotrice. Dans cet exemple, la membrane est perméable à Cl^- mais non à Cu^{2+}. Deux tiges de cuivre sont placées dans les deux chambres α et β. Elles constituent respectivement une source et un puits pour les ions Cu^{2+}. La différence de concentration pousse les ions Cl^- de α vers β. Ce flux d'ions donne une différence de potentiel, mais grâce aux tiges de cuivre, ce potentiel permet le passage des électrons de β vers α.

Cela aura pour effet de produire des ions Cu^{2+} en β et de neutraliser les ions Cu^{2+} et donc de produire des atomes Cu en α. Le processus résultant est un transport d'ions Cu^{2+} depuis α vers β. Le système parvient ainsi à l'équilibre moyennant le flux d'électrons. Dans ces cellules nous avons $V_0 = 0$, parce que les états standards des réactifs et des produits sont les mêmes. La différence de potentiel entre les cellules vient donc seulement des activités. Il découle de l'équation de Nernst (10.2.16) que la force électromotrice est donnée ici par

$$V = -\frac{RT}{nF} \ln \frac{a^{\beta}_{Cu^{2+}}}{a^{\alpha}_{Cu^{2+}}}. \qquad (10.2.21)$$

Réaction	V_0	Électrode
$\frac{1}{3} Au^{3+} + e^- \rightarrow \frac{1}{3} Au$	1.50	$Au^{3+}\vert Au$
$\frac{1}{2} Cl_2(g) + e^- \rightarrow Cl^-$	1.360	$Cl^-\vert Cl_2(g)\vert Pt$
$Ag^+ + e^- \rightarrow Ag(s)$	0.799	$Ag^+\vert Ag$
$Cu^+ + e^- \rightarrow Cu(s)$	0.521	$Cu^+\vert Cu$
$\frac{1}{2} Cu^{2+} + e^- \rightarrow \frac{1}{2} Cu(s)$	0.339	$Cu^{2+}\vert Cu$
$AgCl + e^- \rightarrow Ag + Cl^-$	0.222	$Cl^-\vert AgCl(s)\vert Ag$
$Cu^{2+} + e^- \rightarrow Cu^+$	0.153	$Cu^{2+}, Cu^+\vert Pt$
$H^+ + e^- \rightarrow \frac{1}{2} H_2(g)$	0.0	$H^+\vert H_2\vert Pt$
$\frac{1}{2} Pb^{2+} + e^- \rightarrow \frac{1}{2} Pb(s)$	−0.126	$Pb^{2+}\vert Pb(s)$
$\frac{1}{2} Sn^{2+} + e^- \rightarrow \frac{1}{2} Sn(s)$	−0.140	$Sn^{2+}\vert Sn(s)$
$\frac{1}{2} Ni^{2+} + e^- \rightarrow \frac{1}{2} Ni(s)$	−0.250	$Ni^{2+}\vert Ni(s)$
$\frac{1}{2} Cd^{2+} + e^- \rightarrow \frac{1}{2} Cd(s)$	−0.402	$Cd^{2+}\vert Cd(s)$
$\frac{1}{2} Zn^{2+} + e^- \rightarrow \frac{1}{2} Zn(s)$	−0.763	$Zn^{2+}\vert Zn(s)$
$Na^+ + e^- \rightarrow Na(s)$	−2.714	$Na^+\vert Na(s)$
$Li^+ + e^- \rightarrow Li(s)$	−3.045	$Li^+\vert\}Li(s)$

Table 10.1 Potentiels standards aux électrodes pour quelques réactions.

POTENTIELS STANDARDS DES ÉLECTRODES

De même que la table des énergies libres de formation de Gibbs permet un calcul aisé des constantes d'équilibre, celle des potentiels standards des électrodes permet ce même calcul pour les réactions électrochimiques. Assignons un voltage à chaque électrode, et convenons que celui de l'électrode hydrogène-platine $H^+\vert$ Pt soit nul. Cela revient à dire que la réaction $H^+ + e^- \rightarrow (1/2)\, H_2(g)$ à l'électrode de platine est prise pour référence ; le potentiel des autres réactions aux électrodes est rapporté à celle-ci. On parle de potentiels standards des électrodes lorsqu'à la température $T = 298.15$ K les activités de tous les réactifs et de tous les produits sont prises égales à l'unité. Les potentiels standards sont additionnés pour obtenir le potentiel d'une cellule donnée. Puisque ce potentiel correspond à une situation où toutes les activités sont égales à 1, il découle de l'équation de Nernst que le voltage standard de la cellule est égal à V_0.

L'exemple 10.3 montre comment calculer une constante d'équilibre à l'aide des potentiels standards. La table 10.1 présente quelques potentiels standards souvent utilisés. On notera que si la réaction s'inverse, il en ira de même du signe de V_0.

10.3 Diffusion

Nous avons vu (4.3) que le flux de particules d'une région à haute concentration vers une région à basse concentration est provoqué par la différence des potentiels chimiques. Dans un système formé de deux parties, nous avons

$$-dN_1 = dN_2 = d\xi. \tag{10.3.1}$$

La production d'entropie correspondante est

$$d_i S = -\left(\frac{\mu_2 - \mu_1}{T}\right) d\xi = \frac{A}{T} d\xi > 0. \tag{10.3.2}$$

À l'équilibre, l'affinité est nulle, ce qui implique que les concentrations sont uniformes. Toutefois, quand un liquide est à l'équilibre avec sa vapeur, ou quand un gaz atteint l'équilibre en présence d'un champ gravitationnel, les potentiels chimiques deviennent uniformes, mais pas les concentrations. Ce sont les potentiels chimiques qui déterminent les flux de matière, et non les concentrations.

DIFFUSION DANS UN SYSTÈME CONTINU. LOI DE FICK

L'expression (10.3.2) s'étend aux systèmes continus, exactement comme dans la section 10.1 (cf. la figure 10.3). Considérons en effet un système dans lequel la variation du potentiel chimique se produit dans la seule direction x. Nous supposons T uniforme. Dans ce cas, comme en (10.1.13), nous avons pour la diffusion

$$\frac{d_i s(x)}{dt} = -\sum_k \frac{1}{T}\left(\frac{\partial \mu_k}{\partial x}\right) J_{Nk}. \tag{10.3.3}$$

Pour des raisons de simplicité, considérons le flux d'un seul composant k :

$$\frac{d_i s(x)}{dt} = -\frac{1}{T}\left(\frac{\partial \mu_k}{\partial x}\right) J_{Nk}. \tag{10.3.4}$$

Une fois encore, la production d'entropie est le produit d'un flux thermodynamique J_{Nk} et de la force $-(1/T)\left(\partial \mu_k/\partial x\right)$; près de l'équilibre, le flux est proportionnel à la force :

$$J_{Nk} = -L_k \frac{1}{T}\left(\frac{\partial \mu_k}{\partial x}\right) \tag{10.3.5}$$

où L_k est la constante de proportionnalité. Nous avons vu que dans un mélange fluide idéal le potentiel chimique peut s'écrire sous la forme $\mu(p, T, x_k) = \mu(p, T) + RT \ln x_k$ où x_k est la fraction molaire par unité de volume de k, qui est en général une fonction de la position. Si n_{total} est la concentration molaire totale, et n_k la concentration molaire du composant k, la fraction molaire est $x_k = n_k/n_{\text{total}}$. Nous supposons que la variation de n_{total} due à la diffusion est négligeable, en sorte que nous avons $(\partial \ln x_k/\partial x) = (\partial \ln n_k/\partial x)$. D'où

$$J_{Nk} = -L_k R \frac{1}{n_k}\left(\frac{\partial n_k}{\partial x}\right). \tag{10.3.6}$$

L'observation montre que le processus de diffusion dans les systèmes idéaux se décrit par la *loi de Fick* :

$$J_{Nk} = -D_k \left(\frac{\partial n_k}{\partial x} \right) \tag{10.3.7}$$

où D_k est le coefficient de diffusion du composant k. La table 10.2 donne quelques valeurs typiques de ce coefficient pour divers gaz et liquides. En comparant avec (10.3.6) nous avons

$$D_k = \frac{L_k R}{n_k}. \tag{10.3.8}$$

Dans le chapitre 16, nous étudierons la diffusion plus en détail, et nous verrons comment la diffusion d'une espèce chimique affecte celle d'une autre : c'est l'un des acquis de la thermodynamique de non-équilibre.

Il est important de noter que la relation thermodynamique (10.3.5) est valable dans tous les cas, ce qui n'est pas vrai de la loi de Fick (10.3.7). Par exemple, dans le cas d'un liquide en équilibre avec sa vapeur, puisque le potentiel chimique est uniforme, $(\partial \mu_k / \partial x) = 0$ et (10.3.5) prédit à juste titre que $J_{Nk} = 0$; contrairement à (10.3.7), qui ne prédit pas que $J_{Nk} = 0$ parce que $(\partial n_k / \partial x) \neq 0$. De façon générale, si nous écrivons (10.3.5) sous la forme

$$J_{Nk} = -\frac{L_k}{T} \frac{\partial \mu_k}{\partial x} \frac{\partial n_k}{\partial x}$$

nous voyons que selon le signe de $\frac{\partial \mu_k}{\partial x}$ J_{Nk} sera positif ou négatif dans le cas où $(\partial n_k / \partial x) > 0$. Ainsi, lorsque $(\partial \mu_k / \partial x) > 0$, le flux ira dans la direction des concentrations plus faibles ; mais si $(\partial \mu_k / \partial x) < 0$, le flux ira vers la région des concentrations plus fortes. Cette dernière situation se produit lorsqu'un mélange à deux composants se sépare en deux phases ; chacun des composants s'écoule depuis une région de faibles concentrations vers une région de concentrations plus fortes. Comme nous le verrons plus loin, lorsque $(\partial \mu_k / \partial x) < 0$, le système devient instable (cf. le chapitre 12).

Gaz	D	Soluté	D
CH_4	0.106	sucrose	0.52
Ar	0.148	glucose	0.67
CO_2	0.160	alanine	0.91
CO	0.0208	glycol d'éthylène	1.16
H_2O	0.242	éthanol	1.24
He	0.580	acétone	1.28
H_2	0.627		

Table 10.2 Coefficients de diffusion des molécules D.

La deuxième colonne donne les valeurs de D pour quelques gaz dans l'air ($p = 101.325$ kPa et $T = 298.15$ K ; D est en $m^2 s^{-1} \times 10^{-4}$).

La quatrième colonne donne les valeurs de D pour quelques solutions aqueuses ($T = 298.15$ K ; D est en $m^2 s^{-1} \times 10^{-9}$). On trouvera d'autres données dans [F].

L'ÉQUATION DE DIFFUSION

En l'absence de réaction chimique, la seule évolution temporelle possible de la densité molaire $n_k(x, t)$ est liée au flux J_{Nk}. Considérons une petite cellule de taille δ en x (cf. la figure 10.8). Le nombre de moles de cette cellule est $n_k(x, t)\delta$. La vitesse de la variation du nombre de moles de cette cellule est $(\partial/\partial t)(n_k(x, t)\delta)$. Cette variation est due à la différence entre le flux entrant et le flux sortant :

$$J_{Nk}(x) - J_{Nk}(x + \delta x) = J_{Nk}(x) - \left(J_{Nk}(x) + \left(\frac{\partial J_{Nk}}{\partial x} \right) \delta \right)$$

$$= - \left(\frac{\partial J_{Nk}}{\partial x} \right) \delta. \tag{10.3.9}$$

D'où l'on tire

$$\frac{\partial n_k(x, t)}{\partial t} = - \frac{\partial J_{Nk}}{\partial x}. \tag{10.3.10}$$

La loi de Fick (10.3.7) permet d'écrire cette équation en termes de $n_k(x, t)$

$$\frac{\partial n_k(x, t)}{\partial t} = D_k \frac{\partial^2 n_k(x, t)}{\partial x^2}. \tag{10.3.11}$$

C'est l'équation de diffusion pour le composant k. Notons encore une fois que l'équation (10.3.5) est plus générale que la loi de Fick. C'est la différence entre les potentiels chimiques qui détermine le flux de matière J_{Nk}, et non pas la différence de concentration.

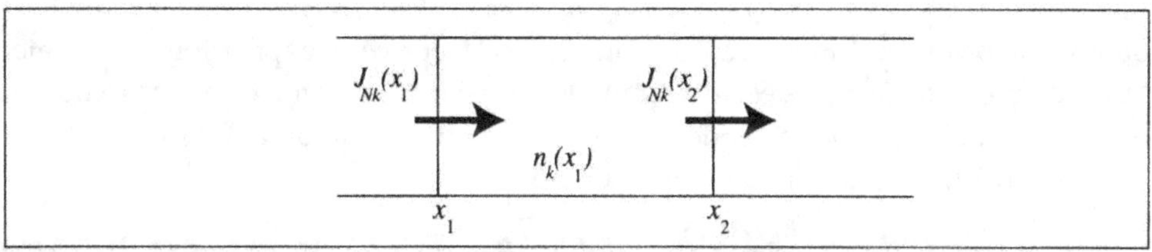

Figure 10.8 En l'absence de réaction chimique, la variation du nombre de moles dans une petite cellule de taille δ, délimitée par les points x_1, x_2, est due à la différence entre les flux J_{Nk} qui entrent et sortent de la cellule, c'est-à-dire au flux net. Le nombre de particules présentes dans la cellule est $(n_k\delta)$. Le flux résultant est donné en (10.3.9) ; voir texte.

LA RELATION DE STOKES-EINSTEIN

La loi de Fick permet d'exprimer le flux de diffusion lié à un gradient de concentration. Considérons l'effet ajouté d'un champ : nous aurons alors aussi un courant proportionnel à la force du champ. Par exemple, en présence d'un champ électrique $\mathbf{E}$, un ion porteur d'une charge ez_k subira la force $ez_k|\mathbf{E}|$. Au bout d'un temps de relaxation, l'ion se déplacera à vitesse constante. Il s'établit un équilibre entre la force due au champ, qui accélère l'ion, et les forces de friction $\gamma_k v$ dues au milieu qui le freinent. Ces forces de friction sont proportionnelles à la vitesse v, tandis que γ_k est le coefficient de friction. Lorsque ces deux forces sont en équilibre, l'ion a atteint sa vitesse de régime, et l'on a

$$v = \frac{F_{\text{champ}}}{\gamma_k}. \tag{10.3.12}$$

Puisque le nombre d'ions en mouvement est proportionnel à la concentration n_k, ce mouvement donne lieu à une densité de courant

$$I_k = \upsilon n_k = \frac{ez_k}{\gamma_k}|\mathbf{E}|. \qquad (10.3.13)$$

La constante $\Gamma_k = (ez_k/\gamma_k)$ est la mobilité de l'ion k. De même, une molécule de masse m_k qui tombe atteindra la vitesse de régime $\upsilon = m_k g/\gamma_k$ (où g est l'accélération due à la gravité). Pour un champ quelconque ψ, la mobilité d'un composant Γ_k est définie par la relation

$$J_{\text{champ}} = -\Gamma_k n_k \frac{\partial \psi}{\partial x}. \qquad (10.3.14)$$

Il existe une relation générale entre la mobilité Γ_k et le coefficient de diffusion D_k. On sait que l'expression générale du potentiel chimique dans un champ de potentiel ψ est $\tilde{\mu}_k = \mu_k + \tau_k \psi$, où τ_k est l'énergie d'interaction par mole due au champ (cf. (10.1.5)). Dans l'approximation d'un système idéal, et en écrivant le potentiel chimique en termes des fractions molaires x_k, nous avons

$$\tilde{\mu}_k = \mu_k^0 + RT \ln(x_k) + \tau_k \psi. \qquad (10.3.15)$$

Le gradient de ce potentiel chimique donnera naissance à un flux thermodynamique :

$$J_{Nk} = -L_k \frac{1}{T} \left(\frac{\partial \tilde{\mu}_k}{\partial x} \right)$$

$$= -L_k \frac{1}{T} \left(\frac{RT}{n_k} \frac{\partial n_k}{\partial x} + \tau_k \frac{\partial \psi}{\partial x} \right) \qquad (10.3.16)$$

où nous avons pris $(\partial \ln x_k/\partial x) = (\partial \ln n_k/\partial x)$. Dans cette expression, le premier terme du membre de droite est le courant de diffusion ; le second terme est le courant dû au champ. La comparaison de cette formulation avec la loi de Fick (10.3.7) et la relation (10.3.12) qui définit la mobilité montre que

$$\frac{L_k R}{n_k} = D_k \qquad \frac{L_k \tau_k}{T} = \Gamma_k n_k. \qquad (10.3.17)$$

Il résulte de ces deux relations que le coefficient de diffusion D_k et la mobilité Γ_k sont liés par l'expression générale

$$\frac{\Gamma_k}{D_k} = \frac{\tau_k}{RT}. \qquad (10.3.18)$$

C'est la relation d'Einstein. Pour les systèmes ioniques, ainsi que l'avons vu ci-dessus (cf. (10.1.5)) $\tau_k = Fz_k = eN_A z_k$ et $\Gamma_k = ez_k/\gamma_k$. Puisque nous avons $R = k_B N_A$, où k_B est la constante de Boltzmann et N_A le nombre d'Avogadro, la mobilité ionique Γ_k devient

$$\frac{\Gamma_k}{D_k} = \frac{ez_k}{\gamma_k D_k} = \frac{z_k F}{RT} = \frac{ez_k}{k_B T}. \qquad (10.3.19)$$

Nous obtenons ainsi une relation générale entre le coefficient de diffusion D_k et le coefficient de friction γ_k de la molécule ou de l'ion k ; c'est la relation de Stokes-Einstein :

$$D_k = \frac{k_B T}{\gamma_k}, \qquad (10.3.20)$$

qui est en excellent accord avec les données expérimentales.

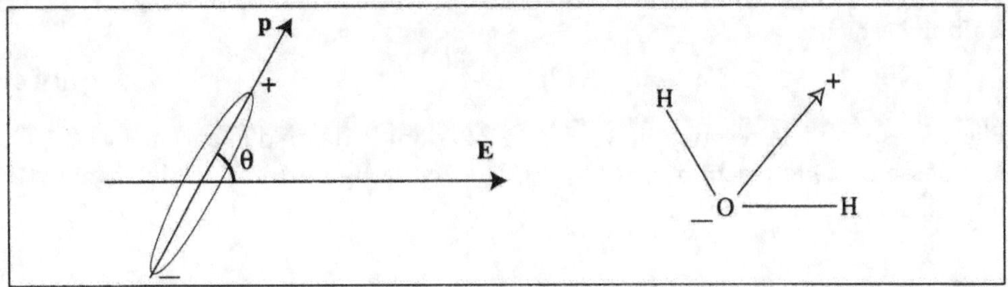

Figure 10.9 Potentiel chimique $\mu(\theta)$ pour un degré interne de liberté décrivant l'orientation d'une molécule polaire par rapport à un champ électrique **E**. Le dipôle électrique est noté **p** ; son énergie dans le champ est -**p** **E**. La molécule d'eau est un exemple de molécule dotée d'un moment dipolaire. Puisque l'atome d'oxygène tend à accumuler des charges négatives, un petit écart de charge se produit, qui entraîne l'apparition d'un moment de dipôle électrique.

10.4 Degrés de liberté interne

Le potentiel chimique s'applique aussi aux transformations associées à un degré de liberté interne des molécules, comme par exemple l'orientation d'une molécule polaire par rapport à un champ extérieur (cf. la figure 10.9), la déformation d'une macromolécule due à un flux, et d'autres phénomènes semblables [2]. Il faut pour cela définir une *coordonnée interne* θ, de la même manière que l'on définit la position x. Nous n'aborderons ici que l'orientation d'un dipôle électrique par rapport à un champ électrique (la généralisation à d'autres situations est immédiate). Dans ce cas, θ est l'angle entre la direction du champ et le dipôle, comme on le voit sur la figure 10.9. De la même manière que nous avons défini une concentration comme une fonction de la position, nous pouvons aussi définir une concentration $n(\theta)$ comme une fonction de θ. Le potentiel chimique est fonction de la position et du potentiel dans le cas d'un champ externe ; pour une coordonnée interne θ, le potentiel chimique du composant k est fonction de θ et du potentiel :

$$\tilde{\mu}_k(\theta, T) = \mu_k(\theta, T) + g_k \phi(\theta) \tag{10.4.1}$$

où $g_k \phi(\theta)$ est l'énergie d'interaction par mole entre le champ et le dipôle. Si le moment du dipôle par mole est $\mathbf{p}_k$

$$g_k = -|\mathbf{p}|\,|\mathbf{E}|\cos(\theta). \tag{10.4.2}$$

D'autres quantités, telles que la concentration $n_k(\theta)$, la densité d'entropie $s(\theta)$, ou le flux dans l'espace θ, deviennent aussi des fonctions de θ. En coordonnées sphériques, l'élément de volume est égal à $\sin\theta\, d\theta\, d\phi$, et nous aurons :

- $s(\theta)\sin\theta\, d\theta$: l'entropie des molécules dont la coordonnée interne est comprise entre θ et $\theta + d\theta$;

- $n_k(\theta)\sin\theta\, d\theta$: le nombre de moles des molécules dont la coordonnée interne est comprise entre θ et $\theta + d\theta$;

- $J_\theta \sin\theta\, d\theta$: le nombre des molécules dont l'orientation varie de θ à $\theta + d\theta$ par unité de temps (cf. la figure 10.10). En remplaçant x par θ nous obtenons (cf. 10.1.13) l'équation

$$\frac{d_\mathrm{i} s(\theta)}{dt} = -\frac{1}{T}\left(\frac{\partial \tilde{\mu}_k(\theta)}{\partial \theta}\right) J_N(\theta). \tag{10.4.3}$$

L'affinité est ici

$$\tilde{A}(\theta) = -\frac{\partial \tilde{\mu}(\theta)}{\partial \theta}. \tag{10.4.4}$$

Elle correspond à la réaction $n(\theta) \rightleftharpoons n(\theta + \delta\theta)$ dont le degré d'avancement est $\xi(\theta)$. La vitesse de cette réaction $J_N(\theta) = d\xi(\theta)/dt$ (cf. la figure 10.10) est le nombre de molécules qui passent de θ à $\theta + d\theta$.

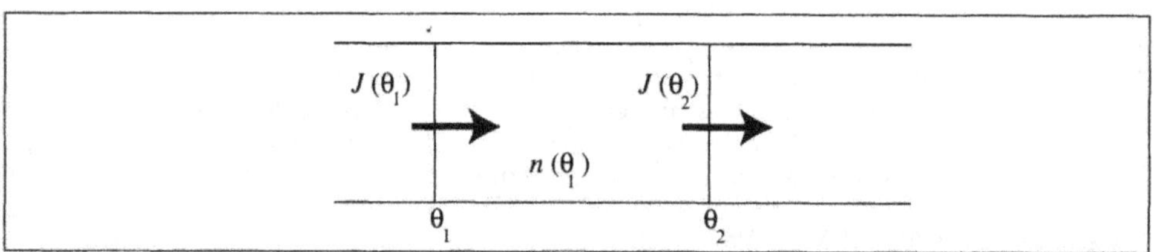

Figure 10.10 Schème de réaction pour un degré de liberté interne continu. On remplace la coordonnée x de la section 10.1 par une coordonnée interne θ. On considère des cellules de longueur $\delta\theta$ délimitées par des points $\theta_1, \theta_2 \ldots$; les nombres de particules par cellule sont $n(\theta_1), n(\theta_2) \ldots$; les flux entre cellules sont notés $J(\theta_1)$ à la sortie de la cellule θ_1, etc. (voir texte).

On a donc à partir de ces définitions

$$\frac{d_i s(\theta)}{dt} = -\frac{1}{T}\left(\frac{\partial \tilde{\mu}(\theta)}{\partial \theta}\right)\frac{d\xi(\theta)}{dt} > 0. \tag{10.4.5}$$

Dans ces conditions, la variation globale de l'entropie est

$$\frac{dS}{dt} = \frac{1}{T}\left(\frac{dU}{dt} + \frac{pdV}{dt} - \int_\theta \left(\frac{\partial \mu(\theta)}{\partial \theta}\right)\frac{d\xi(\theta)}{dt}d\theta\right)$$

$$= \frac{1}{T}\left(\frac{dU}{dt} + \frac{pdV}{dt} - \int_\theta \left(\frac{\partial \mu(\theta)}{\partial \theta}\right)J_N(\theta)d\theta\right). \tag{10.4.6}$$

Bien entendu,

$$\frac{d_i S}{dt} = -\frac{1}{T}\int_\theta \left(\frac{\partial \mu(\theta)}{\partial \theta}\right)J_N(\theta)d\theta > 0. \tag{10.4.7}$$

Nous avons aussi la forme « locale » du deuxième principe (10.4.5). À l'équilibre,

$$\tilde{A}(\theta) = \frac{\partial\left[\mu(\theta) + g\phi(\theta)\right]}{\partial\theta} = 0. \tag{10.4.8}$$

D'où (cf. 10.4.1)

$$\tilde{\mu}(\theta) = \mu_0(T) + RT\ln\left[a(\theta)\right] + g\phi(\theta) = C \tag{10.4.9}$$

où C est une constante, et $a(\theta)$ est l'activité des molécules dont l'orientation est θ par rapport au champ **E** (cf. la figure 10.9). On observera qu'en l'absence de champ externe, puisque toutes les orientations sont équivalentes, μ_0 est indépendant de θ. Ainsi que nous l'avons noté ci-dessus, l'activité d'un mélange idéal peut être décrite approximativement par la fraction molaire. Pour un degré interne de liberté, chaque valeur de θ peut être considérée comme un composant, et, par analogie, nous pouvons définir l'activité idéale par $n(\theta)/n_{\text{total}}$, où n_{total} est le nombre total de dipôles. Un calcul élémentaire permet alors de montrer qu'à l'équilibre

$$n(\theta) = n_{\text{total}} F(T) \ \exp\left[\frac{-g\phi(\theta)}{RT}\right] \tag{10.4.10}$$

où $F(T)$ est une fonction de T, exprimée en termes de $\mu_0(T)$ et de C, en utilisant la relation (10.4.2); $F(T)$ doit satisfaire la condition de normalisation

$$\int_0^\pi n(\theta) \sin\theta \, d\theta = n_{\text{total}}.$$

L'ÉQUATION DE DEBYE ET LA RELAXATION DES DIPÔLES ÉLECTRIQUES

Puisque $n(\theta)$ ne varie que sous l'action du courant $J_N(\theta)$, nous avons ici une situation analogue à celle de la diffusion (cf. la figure 10. 10).

Il découle des définitions introduites plus haut que l'équation de conservation pour les dipôles est

$$\frac{\partial n(\theta)\sin\theta}{\partial t} = \frac{\partial J_N(\theta)\sin\theta}{\partial \theta}. \tag{10.4.11}$$

Comme le montre la production d'entropie (10.4.3), la force thermodynamique qui correspond au flux $J_N(\theta)$ est $-(1/T)\,(\partial\tilde{\mu}(\theta)/\partial\theta)$. Lorsque le système est au voisinage de l'équilibre, la relation entre flux et force est linéaire, et l'on a donc

$$J_N(\theta) = -\frac{L_\theta}{T}\frac{\partial\tilde{\mu}(\theta)}{\partial\theta}. \tag{10.4.12}$$

Dans l'approximation d'un mélange idéal, nous avons :

$$\mu(\theta) = \mu_0(T) + RT\ln\left(\frac{n(\theta)}{n_{\text{total}}}\right) - |\mathbf{p}|\,|\mathbf{E}|\cos\theta. \tag{10.4.13}$$

En remplaçant (10.4.13) dans (10.4.12), nous obtenons

$$J_N(\theta) = -\frac{L_\theta R}{n(\theta)}\frac{\partial n(\theta)}{\partial\theta} + \frac{L_\theta}{T}|\mathbf{p}|\,|\mathbf{E}|\frac{\partial}{\partial\theta}\cos\theta. \tag{10.4.14}$$

Par analogie avec le cas de la diffusion ordinaire, on définit un *coefficient de diffusion rotationnelle* :

$$D_\theta = \frac{L_\theta R}{n(\theta)}. \tag{10.4.15}$$

Donc, le flux $J_N(\theta)$ donné en (10.4.14) peut s'écrire

$$J_N(\theta) = -D_\theta\frac{\partial n(\theta)}{\partial\theta} - \left[\frac{D_\theta}{RT}|\mathbf{p}|\,|\mathbf{E}|\,\sin\theta\right]n(\theta). \tag{10.4.16}$$

Et finalement, en remplaçant cette expression dans (10.4.11), nous avons l'équation de diffusion

$$\frac{\partial n(\theta)}{\partial t} = \frac{1}{\sin\theta}\frac{\partial}{\partial\theta}\sin\theta\left(D_\theta\frac{\partial n(\theta)}{\partial\theta} + \left[\frac{D_\theta}{RT}|\mathbf{p}|\,|\mathbf{E}|\,\sin\theta\right]n(\theta)\right). \tag{10.4.17}$$

C'est l'équation de Debye pour la relaxation des dipôles dans un champ électrique. Elle a servi avec succès dans le cas d'un champ électrique oscillant.

11 RAYONNEMENT THERMIQUE

Lorsqu'il interagit avec la matière, le rayonnement électromagnétique atteint un état d'équilibre thermique caractérisé par une température bien définie. C'est le *rayonnement thermique*. Une des découvertes majeures de la cosmologie moderne est que l'univers est rempli d'un rayonnement thermique à une température de 2.8 K.

On savait depuis longtemps que la chaleur peut passer d'un corps à un autre sous forme de rayonnement, sans qu'il y ait contact matériel entre les deux corps : c'est la chaleur de rayonnement. Lorsqu'on découvrit que le mouvement de charges électriques produit une radiation électromagnétique, les chercheurs identifièrent le rayonnement calorifique avec le rayonnement électromagnétique ; cette idée figure dans les travaux de Kirchhoff, Boltzmann, Stefan et Wien ; et l'on explora bientôt les conséquences de cette identification pour la thermodynamique [1].

11.1 Densité d'énergie et intensité du rayonnement thermique

Le rayonnement est associé à une densité d'énergie u, et à une intensité définie comme l'énergie d'un rayonnement, issu d'un angle solide $d\Omega$, qui rencontre une petite surface $d\sigma$, et qui présente un angle θ avec la normale à cette surface. C'est la quantité $I\cos(\theta)d\Omega d\sigma$ (cf. la figure 11.1) [1]. Pour une fréquence donnée, la densité d'énergie u et l'intensité de rayonnement I peuvent aussi être définis comme suit :

- $u(\nu)d\nu$ = densité d'énergie du rayonnement dans la plage de fréquences $\nu \rightarrow \nu + d\nu$;
- $I(\nu)d\nu$ = intensité du rayonnement dans la plage de fréquences $\nu \rightarrow \nu + d\nu$.

On démontre (cf. [1]) que ces deux quantités sont liées par la relation

$$u(\nu) = \frac{4\pi I(\nu)}{c} \tag{11.1.1}$$

où c est la vitesse de la lumière. Cette relation vaut pour tout flux d'énergie — électromagnétique ou non — se propageant à une vitesse c.

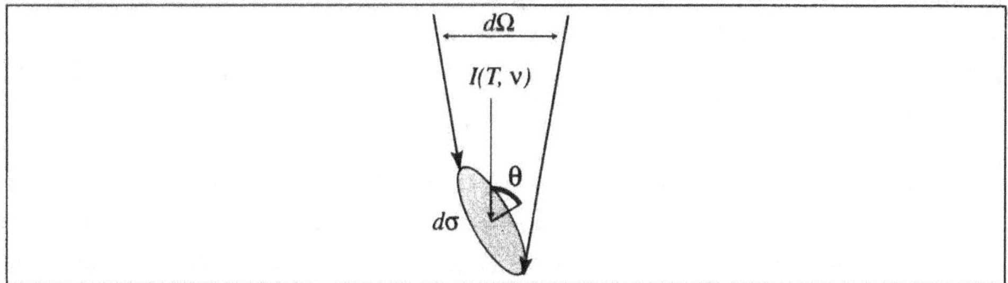

Figure 11.1 Définition de l'intensité de rayonnement. Le flux d'énergie incidente à l'élément de surface $d\sigma$ que rencontre un angle solide $d\Omega$ correspond à $I(T, \nu)\cos\theta d\Omega d\sigma$. Ici θ est l'angle entre la perpendiculaire à $d\sigma$ et le rayonnement incident.

Kirchhoff a observé que le rayonnement thermique en équilibre avec la matière ne change pas avec la composition de celle-ci. Par suite, l'intensité $I(\nu)$ et la densité d'énergie $u(\nu)$ du rayonnement doivent être des fonctions de la seule température, et ne dépendent pas de la substance avec laquelle le rayonnement est en équilibre.

Un corps à l'équilibre thermique avec un rayonnement émet et absorbe continuellement ce rayonnement. L'*émissivité* $e_k(\nu, T)d\nu$ d'un corps k se définit comme l'intensité du rayonnement émis par ce corps, dans la plage de fréquences qui va de ν à $\nu + d\nu$, à la température T ; l'*absorptivité* $a_k(\nu, T)d\nu$ est la fraction de l'intensité incidente $I(\nu)$ absorbée dans cette plage de fréquences. À partir du bilan de l'énergie absorbée et émise (cf. la figure 11.2), Kirchhoff démontra que le rapport de l'émissivité et de l'absorptivité d'un corps est égal à $I(T, \nu)$, et ce quelle que soit la composition de ce corps :

$$\frac{e_k(T, \nu)}{a_k(T, \nu)} = I(T, \nu). \tag{11.1.2}$$

C'est la *loi de Kirchhoff*. Pour un corps parfaitement absorbant, $a(T, \nu) = 1$. On parle alors de *corps noir* ; son *émissivité est égale à l'intensité* $I(T, \nu)$.

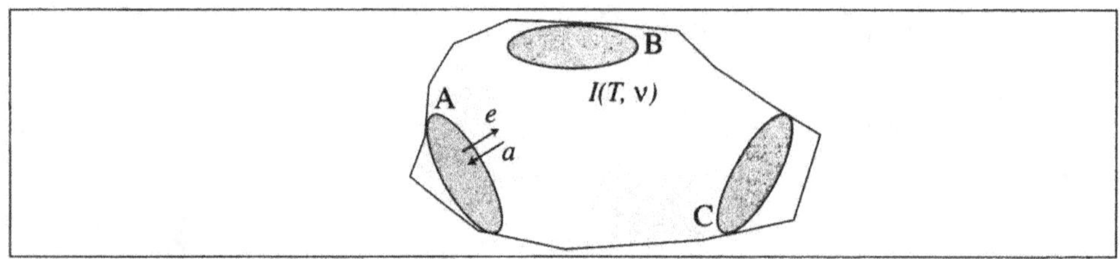

Figure 11.2 Les lois de Kirchhoff énoncent que le rapport $e_k(T, \nu)/a_k(T, \nu)$ de l'émissivité à l'absorptivité est indépendant de la nature de la matière et égal à l'intensité du rayonnement $I(T, \nu)$. On considère un rayonnement thermique à l'équilibre avec plusieurs corps A, B et C : à l'équilibre, l'énergie totale absorbée $\pi I(T, \nu)a_k(T, \nu)$ d'un élément de surface de chaque substance doit égaler l'énergie émise par cette aire $\pi e_k(T, \nu)$. On a donc $I(T, \nu)\, a_k(T, \nu) = e_k(T, \nu)$. Mais l'intensité I associée au rayonnement thermique doit être indépendante de la nature de la matière. Par suite, le rapport e_k/a_k n'est fonction que de T et de ν.

À la fin du XIXe siècle, de nombreux chercheurs tentèrent de déterminer la forme de $u(\nu, T)$ et de $I(\nu, T)$. Mais les prédictions fondées sur les principes de la mécanique classique s'accordaient mal avec les mesures expérimentales de $u(\nu)$. Ce problème devait rester sans solution jusqu'à ce que Planck introduise une hypothèse révolutionnaire : la matière reçoit et émet le rayonnement en paquets discrets, les *quanta* ; Planck obtint l'expression suivante, en excellent accord avec la distribution observée des fréquences :

$$u(\nu, T) = \frac{8\pi \hbar \nu^3}{c^3} \frac{1}{e^{\hbar\nu/k_B T} - 1}. \tag{11.1.3}$$

C'est ainsi que la physique rencontra pour la première fois la constante de Planck $\hbar$; nous retrouvons aussi la constante de Boltzmann k_B. On donne la démonstration de cette relation dans les ouvrages de physique générale. Considérons l'énergie totale

$$u(T) = \int_0^\infty u(\nu, T)\, d\nu. \tag{11.1.4}$$

Excursus 11.1 Évaluation heuristique de la pression d'un gaz de photons

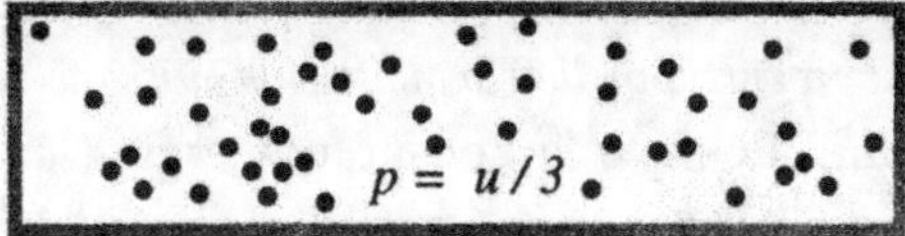

Soit $n(\nu)$ le nombre de photons de fréquence ν. La quantité de mouvement de chaque photon est $\hbar\nu/c$. La pression sur les parois est due aux collisions des photons. Chaque collision donne une quantité de mouvement $2p$ à la paroi. Puisque le mouvement des photons est aléatoire, à chaque instant $1/6$ d'entre eux se dirigent dans la direction de la paroi. Le nombre de photons qui rencontrent une unité de surface de la paroi par seconde est donc $n(\nu)c/6$. La somme des quantités de mouvement exercées sur cette unité de surface par seconde est la pression. On a donc

$$p(\nu) = \frac{n(\nu)c}{6}\frac{2\hbar\nu}{c} = \frac{n(\nu)\hbar\nu}{3}.$$

Puisque la densité d'énergie $u(\nu) = n(\nu)\hbar\nu$, nous arrivons au résultat

$$p(\nu) = \frac{u(\nu)}{3}.$$

Un calcul plus poussé, qui prendrait en compte toutes les directions de mouvement, donnerait le même résultat. La pression totale sera donc

$$p = \int_0^\infty p(\nu)\,d\nu = \int_0^\infty \frac{u(\nu)}{3}\,d\nu = \frac{u}{3}.$$

Un calcul semblable appliqué au cas des gaz parfaits donne $p = 2u/3$; ici $u = n(m\upsilon^2/2)$, où υ est la vitesse moyenne des molécules de gaz.

Cette grandeur diverge lorsque l'on néglige les effets quantiques. En revanche, la formule (11.1.3) proposée par Planck donne pour cette énergie une valeur finie pour toute température T.

11.2 Équation d'état

Il est déjà vrai pour la théorie électromagnétique classique qu'un champ en interaction avec la matière véhicule de l'énergie et de l'impulsion. Tout comme dans la théorie des gaz parfaits, nous avons ici besoin d'une équation d'état pour le rayonnement, c'est-à-dire d'une équation qui nous donne la pression exercée par le rayonnement thermique, en fonction de la température.

L'électrodynamique classique permet de montrer [1] que la pression exercée par le rayonnement est liée à la densité d'énergie u par la relation

$$p = \frac{u}{3}. \tag{11.2.1}$$

Cette relation découle de considérations purement mécaniques. Elle se base sur la force exercée par le rayonnement réfléchi par les parois d'un récipient. Mais il est plus facile de l'obtenir en considérant le rayonnement comme un gaz de photons (cf. l'excursus 11.1). Nous allons montrer maintenant que si l'équation d'état (11.2.1) est combinée avec les relations thermodynamiques, *la densité d'énergie $u(\nu)$ — et donc aussi l'intensité $I(\nu)$ — est proportionnelle à la quatrième puissance de la température* : c'est la loi de Stefan-Boltzmann. Puisque la densité d'énergie (11.1.4) du rayonnement thermique est fonction de la seule température, et est indépendante du volume, l'énergie totale dans un volume V est

$$U = Vu(T). \tag{11.2.2}$$

Bien que le rayonnement thermique corresponde à un gaz de photons, il présente des caractéristiques qui le distinguent radicalement d'un gaz parfait formé de particules massiques. Lorsque le volume V augmente à température T constante, l'énergie totale s'accroît suivant (11.2.2), à la différence des gaz parfaits, où elle demeure constante. Quand le volume croît, nous devons fournir de la chaleur sous forme de rayonnement, pour maintenir la température constante. Le flux d'entropie $d_e S$ dû à ce flux de chaleur dQ est comme toujours donné par la relation

$$d_e S = \frac{dQ}{T} = \frac{dU + pdV}{T}. \tag{11.2.3}$$

Une fois que nous avons introduit l'entropie, nous pouvons utiliser tout le formalisme thermodynamique. Considérons l'équation de Helmholtz (5.2.11), (qui découle du fait que l'entropie est une fonction d'état, et donc que $\partial^2 S/\partial T \partial V = \partial^2 S/\partial V \partial T$) :

$$\left(\frac{\partial U}{\partial V}\right)_T = T^2 \left(\frac{\partial}{\partial T}\frac{p}{T}\right)_V. \tag{11.2.4}$$

En utilisant la relation (11.2.2) et l'équation d'état $p = u/3$, nous obtenons (exc. 11.1)

$$4u(T) = T\frac{\partial u}{\partial T}. \tag{11.2.5}$$

D'où, par intégration, la loi de Stefan-Boltzmann :

$$u(T) = \beta T^4 \tag{11.2.6}$$

où β est une constante dont la valeur, 7.56×10^{-16} J m^{-3} K^{-4} s'obtient en mesurant l'intensité du rayonnement émis par un corps noir à température T. La relation (11.2.6) permet d'écrire la pression $p = u/3$ en fonction de la température :

$$p(T) = \frac{\beta T^4}{3}. \tag{11.2.7}$$

L'équation (11.2.7) est la forme explicite de l'équation d'état du rayonnement thermique. Pour $T \leq 10^3$K la pression de rayonnement est faible ; mais elle croît rapidement avec T, et devient importante pour des températures comme celles que l'on rencontre à l'intérieur des étoiles ($T = 10^7$K), où elle vaut 2.52×10^{12}Pa $\approx 2 \times 10^7$atm.

11.3 Entropie et processus adiabatiques

Pour le rayonnement thermique en équilibre, la variation de l'entropie est entièrement due au flux de chaleur :

$$dS = d_e S = \frac{dU + p\,dV}{T}. \tag{11.3.1}$$

Si nous considérons U comme une fonction de V et de T, cette équation s'écrit

$$dS = \frac{1}{T}\left[\left(\frac{\partial U}{\partial V}\right)_T + p\right] dV + \frac{1}{T}\left(\frac{\partial U}{\partial T}\right)_V dT. \tag{11.3.2}$$

Puisque $U = Vu = V\beta T^4$ (cf. (11.2.6)) et $p = \beta T^4/3$ (cf. (11.2.7)), nous obtenons

$$dS = \left(\frac{4}{3}\beta T^3\right) dV + \left(4\beta V T^2\right) dT. \tag{11.3.3}$$

D'où les dérivées de S par rapport à T et V :

$$\left(\frac{\partial S}{\partial V}\right)_T = \frac{4}{3}\beta T^3 \qquad \left(\frac{\partial S}{\partial T}\right)_V = 4\beta V T^2. \tag{11.3.4}$$

En intégrant ces deux équations, et en convenant que $S = 0$ à $T = 0$ et $V = 0$, on obtient (exc. 11.3)

$$S = \frac{4}{3}\beta V T^3. \tag{11.3.5}$$

L'entropie et l'équation d'état (11.2.6) et (11.2.7) servent de point de départ ; toutes les autres grandeurs thermodynamiques liées au rayonnement thermique s'en déduisent. À la différence des autres systèmes thermodynamiques que nous avons rencontrés dans les chapitres précédents, la température T suffit pour déterminer la densité d'énergie $u(T)$, la densité d'entropie $s(T) = S(T)/V$, et les autres grandeurs thermodynamiques liés au rayonnement thermique. Notons aussi que l'énergie libre de Gibbs $G = U + pV - TS = 0$, ainsi que l'on peut le vérifier aisément en remplaçant U, S et p par leurs valeurs. Le potentiel chimique s'annule donc également ; nous reviendrons plus en détail sur ce point dans la section 11.5.

Dans un processus adiabatique, l'entropie demeure constante. La formule pour l'entropie (11.3.5) conduit à la relation

$$VT^3 = \text{constante}. \tag{11.3.6}$$

Le rayonnement qui emplit l'univers est aujourd'hui d'environ 2.8 K. L'effet de l'expansion de l'univers sur ce rayonnement peut en première approximation être considéré comme un processus adiabatique. Certes, l'entropie totale de l'univers ne demeure pas constante durant son évolution, en raison des processus irréversibles qui s'y produisent. Mais la croissance de l'entropie du rayonnement liée à ces processus irréversibles est faible. Dès lors, la relation (11.3.6) et la valeur actuelle de T permettent de calculer la température qui correspond à un volume plus petit, par exemple à un millionième de sa valeur actuelle. La thermodynamique nous donne ainsi une relation entre le volume de l'univers et la température du rayonnement thermique qui l'emplit, et montre que l'expansion de l'univers s'est accompagnée d'un refroidissement progressif du rayonnement thermique. L'univers est né *chaud*.

11.4 Théorème de Wien

L'un des problèmes majeurs de la fin du XIXe siècle était d'obtenir la dépendance de la densité d'énergie en fonction de la fréquence. La tentative de Wien est une contribution importante à ce problème. La méthode de Wien permet d'analyser les conséquences *microscopiques* des principes de la thermodynamique. Il commença par étudier la compression adiabatique du rayonnement thermique. Cette compression modifie la température en laissant VT^3 constant ; il put montrer que $u(\nu, T)$ a la forme fonctionnelle

$$u(T, \nu) = \nu^3 f\left(\frac{\nu}{T}\right) \tag{11.4.1}$$

où $f(\nu/T)$ est une fonction qui reste à déterminer. C'est le *théorème de Wien*. On observera qu'il est en accord avec la formule de Planck (11.1.3). L'expérience montra qu'à T donné, $u(\nu, T)$, considérée comme une fonction de $\nu, u(\nu, T)$, présente un maximum ; soit $\nu_{\max}$ cette valeur de ν ; on vérifie en partant de (11.4.1) que cette valeur dépend seulement du rapport (ν/T). Au maximum, $\nu_{\max}/T$ gardera la même valeur pour toutes les températures. En d'autres termes,

$$\frac{T}{\nu_{\max}} = \text{constante} \tag{11.4.2}$$

où, puisque $\nu_{\max} = c/\lambda_{\max}$, $T\lambda_{\max}$ est une constante, que nous pouvons calculer à l'aide de la formule de Planck :

$$T\lambda_{\max} = 2.8979 \times 10^{-3}\text{mK}. \tag{11.4.3}$$

Ces deux relations sont la *loi de déplacement de Wien*. Il est intéressant de noter qu'en suivant la méthode de Wien, et en l'appliquant à un gaz parfait, on obtient la densité d'énergie u du gaz en fonction de la vitesse υ (au lieu de la fréquence) et de la température T. On peut ainsi montrer [2] que $u(\upsilon, T) = \upsilon^4 f(\upsilon^2/T)$, ce qui montre que la distribution des vitesses est une fonction de (υ^2/T), ce qui est en accord avec la loi de distribution des vitesses de Maxwell.

11.5 Potentiel chimique et rayonnement thermique

Nous avons déjà vu qu'une enceinte où l'on a fait le vide en ôtant les particules matérielles constitue un vide classique, mais peut être pleine d'un rayonnement thermique à la température des parois. L'équation d'état pour le rayonnement thermique est

$$p = \frac{u}{3} \qquad \text{et} \qquad u = \beta T^4 \tag{11.5.1}$$

où u est la densité d'énergie, et p la pression.

En termes de particules, le rayonnement thermique consiste en *photons thermiques*. À l'inverse de ce qui se produit dans les gaz parfaits, le nombre total de photons thermiques n'est pas conservé pendant des variations isothermes de volume. Considérons la situation représentée sur la figure 11.3. Le rayonnement thermique est en contact avec un réservoir maintenu à température fixée T. La variation de volume occupé par rayonnement thermique conduit à une variation de l'énergie $U = uV$ et

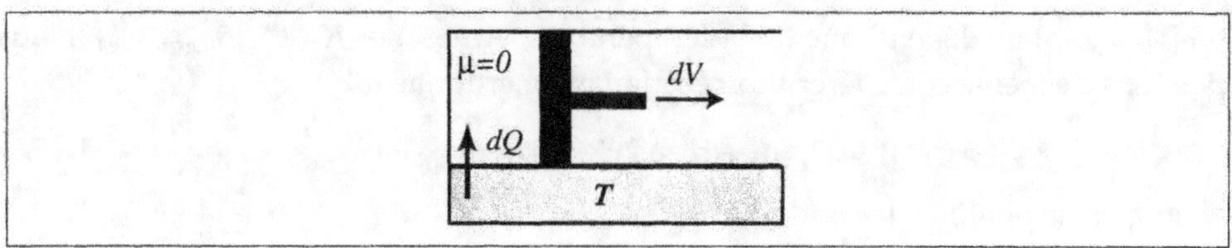

Figure 11.3 Rayonnement thermique : enceinte de volume variable en contact avec un réservoir de chaleur à température T. Bien que le nombre de photons ne soit pas conservé durant les variations isothermes du volume, on a $dU = dQ - pdV$. Le potentiel chimique μ_γ est ici nul.

lie donc celle-ci à un flux de chaleur que nous pouvons identifier à un flux de photons thermiques. Nous avons donc pour le rayonnement thermique ($dS = d_eS = dQ/T$) :

$$dU = dQ - p\,dV = TdS - p\,dV. \tag{11.5.2}$$

Cette équation demeure valable même si le nombre de photons varie. Si nous comparons cette équation avec celle de Gibbs $dU = TdS - p\,dV + \mu dN$, nous concluons que le potentiel chimique s'annule (nous retrouvons ainsi une conclusion déjà formulée dans la section 3). Cette condition $\mu = 0$ dit que la pression partielle ou la densité de particules dépend seulement de la température. Ceci résulte de l'expression du potentiel chimique $\mu_k = \mu_k^0(T) + RT\ln(p_k/p_0)$, car si nous fixons $\mu_k = 0$, la pression partielle p_k dépend seulement de T.

ATOME À DEUX NIVEAUX EN ÉQUILIBRE AVEC LE RAYONNEMENT

Analysons l'interaction d'un atome à deux niveaux avec un rayonnement de corps noir (c'est le modèle utilisé par Einstein pour obtenir le rapport entre émissions spontanée et induite). Si A et A* sont les deux états de l'atome, et $\gamma_{\text{thermique}}$ un photon thermique, l'émission spontanée et l'émission induite se dérivent par les processus

$$A^* \rightleftharpoons A + \gamma_{\text{thermique}}(\text{émission spontanée}); \tag{11.5.3}$$

$$A^* + \gamma_{\text{thermique}} \rightleftharpoons A + 2\gamma_{\text{thermique}}(\text{émission induite}). \tag{11.5.4}$$

Dans les deux cas la condition d'équilibre chimique est

$$\mu_{A^*} = \mu_A + \mu_\gamma. \tag{11.5.5}$$

Puisque $\mu_\gamma = 0$, nous avons $\mu_{A^*} = \mu_A$. Utilisons comme dans la section 9.3 l'expression $\mu_k = \mu_k(T) + RT\ln(p_k/p_0)$ pour le potentiel chimique, et tenons compte de ce que la concentration est proportionnelle à la pression partielle ; la loi d'action de masse appliquée à (11.5.5) s'exprime comme suit :

$$\frac{[A]}{[A^*]} = K(T). \tag{11.5.6}$$

D'autre part, si nous considérons les réactions (11.5.3) et (11.5.4) comme des réactions chimiques élémentaires, nous avons

$$\frac{[A][\gamma_{\text{thermique}}]}{[A^*]} = K'(T) \tag{11.5.7}$$

où $[\gamma_{\text{thermique}}]$ ne dépend que de la température, et $K(T) \equiv K'(T)/[\gamma_{\text{thermique}}]$. Nous pouvons de même considérer une réaction exothermique

$$A + B \rightleftharpoons 2C + \text{chaleur} \tag{11.5.8}$$

en termes de photons thermiques

$$A + B \rightleftharpoons 2C + \gamma_{\text{thermique}}. \tag{11.5.9}$$

La condition d'équilibre peut à présent s'écrire

$$\mu_A + \mu_B = 2\mu_C + \mu_\gamma. \tag{11.5.10}$$

Puisque $\mu_\gamma = 0$, nous retrouvons la condition de l'équilibre chimique obtenue au chapitre 9. Pour cette réaction, nous pouvons aussi introduire $K'(T)$ comme en (11.5.7).

11.6 Équilibre matière-antimatière et rayonnement thermique

Considérons des photons thermiques en équilibre avec des paires électron-positron

$$2\gamma \rightleftharpoons e^+ + e^- \tag{11.6.1}$$

où nous avons

$$\mu_{e^+} + \mu_{e^-} = 2\mu_\gamma. \tag{11.6.2}$$

Pour des raisons de symétrie, nous pouvons supposer que $\mu_{e^+} = \mu_{e^-}$. Puisque $\mu_\gamma = 0$, nous devons conclure que pour des paires particule-antiparticule créées par des photons thermiques, nous avons aussi $\mu_{e^+} = \mu_{e^-}$.

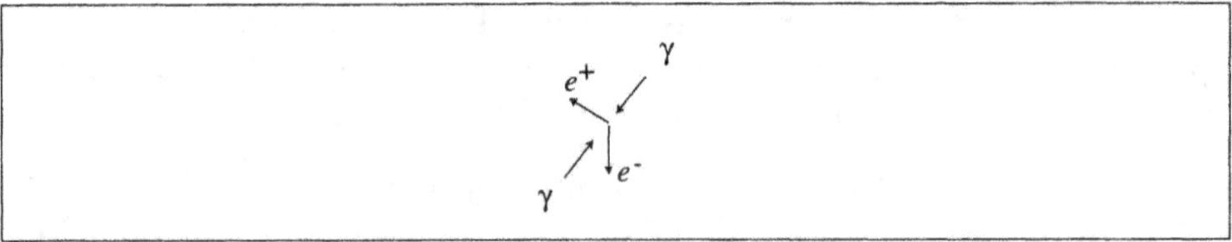

Figure 11.4 Création de paires particule-antiparticule par des photons thermiques.

Nous avons alors un état de la matière pour lequel les potentiels chimiques s'annulent. Considérons par exemple un mélange gazeux idéal ($\mu = 0$) :

$$\begin{aligned}
\mu_k &= \frac{U_k - TS_k + p_k V}{N_k} \\
&= \frac{N_k\left(\frac{3}{2}RT + W_k\right) - N_k RT\left(\frac{3}{2}\ln T + \ln \frac{V}{N_k} + s_0\right) + N_k RT}{N_k}
\end{aligned} \tag{11.6.3}$$

où nous avons introduit l'énergie interne

$$U_k = N_k\left(\frac{3}{2}RT + W_k\right),$$

l'entropie du composant k d'un mélange gazeux idéal

$$S_k = N_k R\left(\frac{3}{2}\ln T + \ln \frac{V}{N_k} + s_0\right),$$

et l'équation des gaz parfaits

$$p_k V = N_k RT.$$

Comme nous l'avons déjà vu dans les chapitres 2 et 3, la théorie de la relativité nous donne pour la constante W_k dans l'énergie $W_k = M_k c^2$, où M_k est la masse au repos des particules du gaz parfait ; tandis que la théorie quantique nous donne la constante d'entropie s_0. En utilisant l'équation (11.6.3), nous obtenons pour la densité de particules

$$\frac{N_k}{V} = Q_k(T) \exp \frac{\mu_k - M_k c^2}{RT} \tag{11.6.4}$$

où $Q_k(T)$ est fonction seulement de la température (nous pouvons y retrouver la *somme d'états* de la mécanique statistique d'un gaz parfait). Lorsque le processus de production de paires est à l'équilibre thermique avec les photons, $\mu_k = 0$, la densité des particules est donnée par

$$\left(\frac{N_k}{V}\right)_{\text{th}} = Q_k(T) \exp \frac{-M_k c^2}{RT}. \tag{11.6.5}$$

La pression partielle correspondante est

$$p_{k,\text{th}} = RT Q_k(T) \exp \frac{-M_k c^2}{RT}. \tag{11.6.6}$$

Tout comme les photons d'énergie $\hbar\nu$ sont des excitations du champ électromagnétique, les particules d'énergie $E = \sqrt{m^2 c^4 + p^2 c^2}$ peuvent aussi être considérées comme des excitations ainsi que le montre la théorie quantique des champs. En première approximation, nous avons donc pour $m^2 c^4 \gg p^2 c^2$

$$E = mc^2 + \frac{p^2}{2m}.$$

Conformément au principe de Boltzmann, qui est à la base de la mécanique statistique, la probabilité $P(E)$ d'une excitation d'énergie E est donnée par

$$P(E) \propto \varrho(E) \exp{-E/kT} = \varrho(E) \exp \frac{-\left(mc^2 + \frac{p^2}{2m}\right)}{k_\text{B}T} \tag{11.6.7}$$

où $\varrho(E)$ est la densité des états d'énergie E. La densité des particules de masse m est obtenue en intégrant (11.6.7) sur toutes les impulsions p. Nous retrouvons ainsi une expression de la forme de (11.6.5). Nous voyons que les équations (11.6.5) et (11.6.6) donnent la densité et la pression partielle des particules considérées comme des excitations d'un champ quantique. Dans l'état où les potentiels chimiques s'annulent, il n'existe pas de distinction essentielle entre rayonnement et matière ; tout comme pour les photons thermiques, la densité des particules est entièrement déterminée par la température.

Aux températures ordinaires, la densité de particules évaluée comme ci-dessus serait très petite. Ce serait l'état d'équilibre thermique de la matière ; on suppose qu'il était réalisé dans l'univers primordial. Si la matière était restée en équilibre thermique avec le rayonnement, la densité de protons et d'électrons donnée par la relation (11.6.5) serait pratiquement nulle à la température actuelle. L'existence de particules observée aujourd'hui doit donc être considérée comme la preuve de l'état de non-équilibre de l'univers. Par suite de l'évolution de notre univers, la matière n'a pu se convertir en rayonnement et rester en équilibre thermique avec celui-ci.

Nous voyons grâce à la relation (11.6.4) que le fait d'assigner une valeur non nulle au potentiel chimique détermine la densité de particules à une température donnée. Puisque nous pouvons associer à l'équilibre thermique de la matière un potentiel chimique nul, nous pouvons aussi écrire (pour un système idéal)

$$\mu_k = RT \ln \frac{p_k}{p_{k,\text{th}}} \tag{11.6.8}$$

où $p_{k,\text{th}}$ est la pression thermique définie en (11.6.6). Nous introduisons ainsi une *échelle de potentiel chimique* qui exprime celui-ci en termes d'*écart à l'état d'équilibre matière-rayonnement*.

La conclusion fondamentale de ce chapitre est que nous vivons dans un monde loin de l'équilibre. C'est dans ce monde que la vie et l'homme ont pu apparaître. Il est donc logique que nous accordions une importance accrue aux phénomènes qui se produisent loin de l'équilibre ; ce sera l'objet de la cinquième partie de ce livre. Pour les décrire, nous devons d'abord analyser de plus près les conditions de stabilité des systèmes thermodynamiques.

III

LES FLUCTUATIONS ET LA STABILITÉ

12 THÉORIE CLASSIQUE

DE LA STABILITÉ THERMODYNAMIQUE

12.1 Théorie classique de la stabilité

Le mouvement aléatoire des molécules provoque des fluctuations des grandeurs thermodynamiques : température, pressions et concentrations. L'interaction du système avec le monde extérieur conduit à des perturbations incessantes. Et pourtant, l'état d'équilibre reste stable, ce qui demande une justification. Nous allons la présenter d'abord pour des systèmes isolés dans laquelle l'énergie totale U, le volume V et les nombres de moles N_k sont maintenus constants.

La stabilité de l'état d'équilibre conduit à des conséquences importantes. Elle permet de montrer que certaines grandeurs physiques, par exemple la chaleur spécifique, ont un signe bien déterminé. La théorie thermodynamique de la stabilité présentée dans ce chapitre est essentiellement celle de Gibbs, dont nous présenterons quelques applications au chapitre 13. Au chapitre 14, nous introduirons une théorie plus générale de la stabilité, basée sur les propriétés de la production d'entropie. Nous verrons que cette théorie générale est d'une grande importance pour les systèmes de non-équilibre. C'est ici que nous rencontrons la différence fondamentale entre systèmes en équilibre et systèmes hors d'équilibre. Dans les premiers, les états d'équilibre sont stables et les fluctuations régressent. Par contre, dans les systèmes de non-équilibre, des fluctuations d'abord microscopiques peuvent s'amplifier et modifier l'état macroscopique. Toutefois, comme nous l'avons vu au chapitre 7, les fluctuations au voisinage du point critique sont aussi importantes, et modifient les propriétés des changements de phase.

Nous savons que dans un système isolé l'entropie croît jusqu'à sa valeur maximum. Une fluctuation ne peut donc que diminuer l'entropie ; en réponse à cette fluctuation, des processus irréversibles associés à la production d'entropie ramènent le système vers l'équilibre. Inversement, si des fluctuations s'amplifient, c'est que le système n'est pas à l'état d'équilibre correspondant à un maximum d'entropie : l'état d'équilibre est stable par rapport aux perturbations. Notons dT et dV les amplitudes des fluctuations de la température et du volume. Nous pouvons exprimer l'entropie en fonction de ces variables ; en négligeant les termes d'ordre supérieur, on a

$$S = S_{\text{éq}} + \delta S + \frac{1}{2}\,\delta^2 S + \dots \tag{12.1.1}$$

Ici le terme δS correspond aux termes du *premier ordre* en δT, δV, etc., le terme $\delta^2 S$ correspond aux termes du *deuxième ordre*, associés à $(\delta T)^2$, $(\delta V)^2$. Nous donnons des exemples dans les sections qui suivent. Puisque l'entropie à l'équilibre correspond à un maximum, le terme du premier ordre δS s'annule et $\delta^2 S < 0$. La variation d'entropie commence avec le terme du deuxième ordre $\delta^2 S$.

Examinons à présent les conditions explicites de stabilité associées aux fluctuations de diverses grandeurs telles que la température, le volume et les nombres de moles. Nous considérons dans ce chapitre un système isolé dans lequel U, V et N_k sont maintenus constants.

12.2 Stabilité thermique

Considérons une situation où une fluctuation de température se produit dans une petite région du système (cf. la figure 12.1).

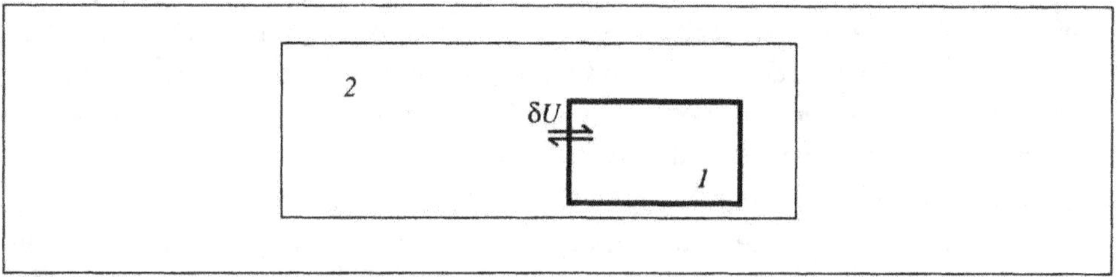

Figure 12.1 Fluctuations thermiques autour de l'équilibre. Nous considérons une fluctuation qui a pour effet un flux d'énergie δU entre le domaine 2 et le domaine 1, avec pour conséquence une faible variation δT des températures.

Cette fluctuation provient d'un flux d'énergie δU d'une région vers l'autre, et conduit à une fluctuation de la température δT dans la petite région (les indices correspondent aux deux régions). L'entropie totale du système est

$$S = S_1 + S_2. \tag{12.2.1}$$

S_1 est ici une fonction de U_1, $V_1 \ldots$ et S_2 est une fonction de U_2, $V_2 \ldots$ La variation de l'entropie ΔS due au flux d'énergie correspond au développement de S en série de Taylor à partir de sa valeur d'équilibre :

$$S - S_{\text{éq}} = \Delta S = \frac{\partial S_1}{\partial U_1}\delta U_1 + \frac{\partial S_2}{\partial U_2}\delta U_2 + \frac{\partial^2 S_1}{\partial U_1^2}\frac{(\delta U_1)^2}{2} + \frac{\partial^2 S_2}{\partial U_2^2}\frac{(\delta U_2)^2}{2} + \ldots \tag{12.2.2}$$

Toutes les dérivées sont évaluées à l'état d'équilibre. Puisque l'énergie totale du système demeure constante, $\delta U_1 = -\delta U_2 = \delta U$. Puisque $(\partial S/\partial U)_{V,N} = 1/T$, la formule (12.2.2) peut s'écrire

$$\delta S = \left(\frac{1}{T_1} - \frac{1}{T_2}\right)\delta U + \left[\frac{\partial}{\partial U_1}\frac{1}{T_1} + \frac{\partial}{\partial U_2}\frac{1}{T_2}\right]\frac{(\delta U)^2}{2} + \ldots \tag{12.2.3}$$

Nous pouvons à présent identifier les deux premiers termes de la production d'entropie de (12.2.2), δS et $\delta^2 S$, et les exprimer en fonction de la perturbation δU :

$$\delta S = \left(\frac{1}{T_1} - \frac{1}{T_2}\right)\delta U \, ; \tag{12.2.4}$$

$$\frac{1}{2}\delta^2 S = \left[\frac{\partial}{\partial U_1}\frac{1}{T_1} + \frac{\partial}{\partial U_2}\frac{1}{T_2}\right]\frac{(\delta U)^2}{2}. \tag{12.2.5}$$

À l'équilibre, puisque toutes les forces thermodynamiques sont nulles, la température du système est uniforme. On a donc $T_1 = T_2$, et le terme (12.2.4) est nul ($\delta S = 0$). Considérons alors le second terme. Nous observons d'abord que

$$\frac{\partial}{\partial U}\frac{1}{T} = -\frac{1}{T^2}\frac{\partial T}{\partial U} = -\frac{1}{T^2}\frac{1}{C_V N} \tag{12.2.6}$$

où C_V est la capacité calorifique à volume constant ($C_V = N c_V$, où c_V est la chaleur spécifique). De même, si la variation de la température de la petite région est δT, nous avons $\delta U_1 = C_{V_1}(\delta T)$, où C_{V_1} est la capacité calorifique de cette région. Écrivons aussi C_{V_2} pour la capacité calorifique de la grande région. Puisque toutes les dérivées sont prises à l'équilibre, nous obtenons ainsi pour (12.2.5)

$$\frac{1}{2}\delta^2 S = -\frac{C_{V_1}\left(\delta T^2\right)}{2T^2}\left(1 + \frac{C_{V_1}}{C_{V_2}}\right). \tag{12.2.7}$$

Il s'agit par définition d'une fluctuation locale, et le système 1 est petit par rapport au système 2, $C_{V_1} \ll C_{V_2}$, le deuxième terme de la parenthèse peut être ignoré. Nous avons donc la condition de stabilité de l'état d'équilibre

$$\frac{1}{2}\delta^2 S = -\frac{C_V\left(\delta T^2\right)}{2T^2} < 0. \tag{12.2.8}$$

Nous avons écrit C_V pour C_{V_1} parce que le nombre de particules de la région fluctuante est arbitraire. Cette condition requiert que la capacité calorifique à volume constant (et donc la chaleur spécifique) soit positive. C'est une condition physique importante, qui exprime que l'état d'équilibre est stable par rapport aux fluctuations thermiques. Si cette condition n'était pas vérifiée, un apport d'énergie diminuerait la température locale et conduirait à un apport renouvelé d'énergie. Ce serait le début d'une instabilité.

12.3 Stabilité mécanique

Considérons ensuite la stabilité du système par rapport aux fluctuations de volume. Comme dans le cas précédent, nous considérons un système divisé en deux parties (cf. la figure 12.2) ; mais nous supposons cette fois une petite variation de volume δV_1 du système 1 et δV_2 du système 2.

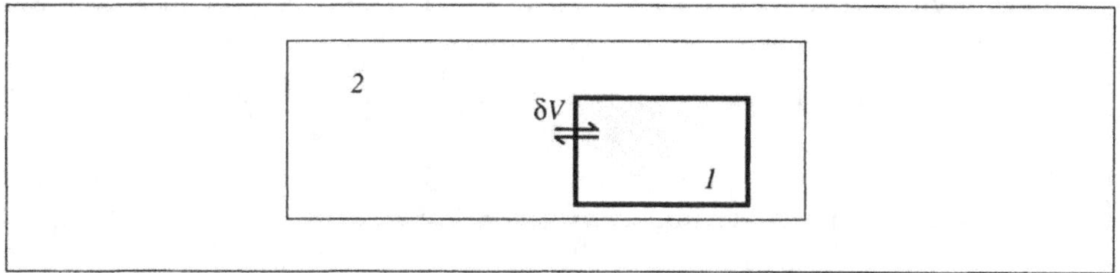

Figure 12.2 Fluctuation du volume d'un système à N et U constants.

Puisque le volume total du système demeure constant, $\delta V_1 = -\delta V_2 = \delta V$. Pour calculer la variation d'entropie associée à cette fluctuation, nous pouvons écrire une équation semblable à (12.2.3), où V prend la place de U. Puisque $(\partial S/\partial V)_{U,N} = p/T$, un calcul du même type donne le résultat suivant (exc. 12.2) :

$$\delta S = \left(\frac{p_1}{T_2} - \frac{p_1}{T_2} \right) \delta V \; ; \tag{12.3.1}$$

$$\frac{1}{2}\delta^2 S = \left[\frac{\partial}{\partial V_1} \frac{p_1}{T_1} + \frac{\partial}{\partial V_2} \frac{p_2}{T_2} \right] \frac{(\delta V)^2}{2}. \tag{12.3.2}$$

Puisque les dérivées sont calculées à l'équilibre, nous avons

$$\frac{p_1}{T_1} = \frac{p_2}{T_2} = \frac{p}{T}.$$

Comme précédemment, le premier terme δS s'annule. Écrivons le second terme en fonction de la compressibilité isotherme $\kappa_T = -(1/V)(\partial V/\partial p)$. Nous supposons que la température demeure constante. Il est alors facile d'exprimer (12.3.2) sous la forme suivante (analogue à 12.2.7) :

$$\delta^2 S = -\frac{1}{T\kappa_T} \frac{(\delta V)^2}{V_1} \left[1 + \frac{V_1}{V_2} \right]. \tag{12.3.3}$$

Comme ci-dessus, puisque $V_2 \gg V_1$, nous avons simplement

$$\delta^2 S = -\frac{1}{T\kappa_T} \frac{(\delta V)^2}{V} < 0 \tag{12.3.4}$$

où nous avons remplacé V_1 par V, ce volume étant arbitraire. *La stabilité de l'état d'équilibre exige donc que la compressibilité isotherme soit positive.*

12.4 Stabilité chimique et stabilité de diffusion

Les fluctuations des concentrations résultent des réactions chimiques et des processus de transport tels que la diffusion. On examine ici chacun de ces cas.

STABILITÉ CHIMIQUE

Ces fluctuations peuvent être considérées comme des fluctuations $\delta\xi$ de l'avancement de la réaction ξ autour de sa valeur d'équilibre. La variation d'entropie est

$$S - S_{\text{éq}} = \Delta S = \delta S + \frac{1}{2}\delta^2 S = \left(\frac{\partial S}{\partial \xi} \right)_{U,V} + \frac{1}{2}\left(\frac{\partial^2 S}{\partial \xi^2} \right)_{U,V} (\delta\xi)^2. \tag{12.4.1}$$

Nous avons vu au chapitre 4 que $(\partial S/\partial\xi)_{U,V} = A/T$. Par suite, l'équation ci-dessus peut s'écrire

$$\Delta S = \delta S + \frac{1}{2}\delta^2 S = \left(\frac{A}{T} \right)_{\text{éq}} \delta\xi + \frac{1}{2T}\left(\frac{\partial A}{\partial \xi} \right)_{\text{éq}} (\delta\xi)^2 \tag{12.4.2}$$

où T est supposé constant. À l'équilibre, l'affinité A s'annule, en sorte qu'ici encore $\delta S = 0$. La stabilité de l'état d'équilibre exige que le deuxième terme $\delta^2 S$ soit négatif :

$$\frac{1}{2}\delta^2 S = \frac{1}{2T}\left(\frac{\partial A}{\partial \xi} \right)_{\text{éq}} (\delta\xi)^2 < 0. \tag{12.4.3}$$

La condition de stabilité de l'état d'équilibre sera

$$\left(\frac{\partial A}{\partial \xi}\right)_{\text{éq}} < 0. \tag{12.4.4}$$

Dans un système où se déroulent plusieurs réactions chimiques, nous avons ([1, 2])

$$\frac{1}{2}\delta^2 S = \sum_{i,j} \left(\frac{\partial A_i}{\partial \xi_j}\right)_{\text{éq}} \delta\xi_i\,\delta\xi_j < 0. \tag{12.4.5}$$

Nous aurons l'occasion d'appliquer ces formules dans les chapitres ultérieurs.

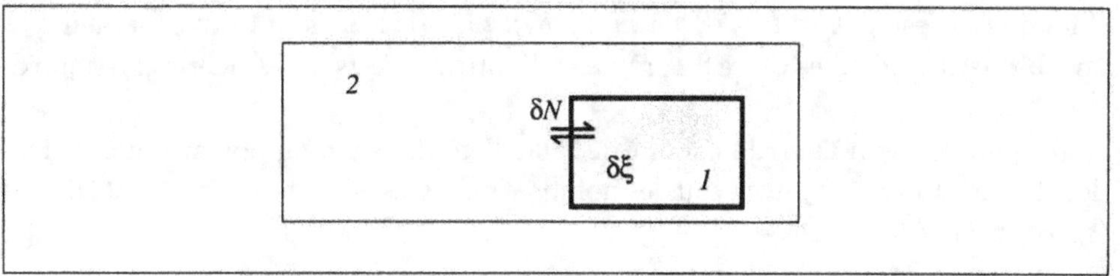

Figure 12.3 Les fluctuations des nombres de moles résultent des réactions chimiques et des phénomènes de transport.

STABILITÉ PA RAPPORT À LA DIFFUSION

Les fluctuations des nombres de moles peuvent aussi être liées à des échanges de matière entre une partie du système et le reste (cf. la figure12.3). Nous avons

$$S = S_1 + S_2. \tag{12.4.6}$$

Comme nous l'avons fait pour les échanges d'énergie, nous considérons la variation totale d'entropie des deux parties du système, $S - S_{\text{éq}}$:

$$\Delta S = \sum_k \frac{\partial S_1}{\partial N_{1k}}\delta N_{1k} + \frac{\partial S_2}{\partial N_{2k}}\delta N_{2k}$$

$$+ \sum_{i,j} \frac{\partial^2 S_1}{\partial N_{1i}\partial N_{1j}}\frac{\delta N_{1i}\delta N_{1j}}{2} + \frac{\partial^2 S_2}{\partial N_{2i}\partial N_{2j}}\frac{\delta N_{2i}\delta N_{2j}}{2}. \tag{12.4.7}$$

Si nous observons que $\delta N_{1k} = -\delta N_{2k} = \delta N_k$ et que $(\partial S/\partial N_k) = -\mu_k/T$, nous avons, avec $\Delta S = \delta S + \left((\delta^2 S)/2\right)$

$$\Delta S = \sum_k \left(\frac{\mu_{2k}}{T} - \frac{\mu_{1k}}{T}\right)\delta N_k - \sum_{i,j} \left(\frac{\partial}{\partial N_j}\frac{\mu_{1i}}{T} + \frac{\partial}{\partial N_j}\frac{\mu_{2i}}{T}\right)\frac{\delta N_{2i}\delta N_{2j}}{2}. \tag{12.4.8}$$

Comme précédemment, à l'état d'équilibre, les potentiels chimiques des deux parties sont égaux, car le premier terme s'annule. Si de plus le système 1 est beaucoup plus petit que le système 2, la variation du potentiel chimique (qui dépend des concentrations) par rapport aux N_k du système 2 sera petite en regard de la variation correspondante dans le système 1. Nous avons donc la condition de stabilité en présence de fluctuations des nombres de moles :

$$\left(\frac{\partial}{\partial N_j} \frac{\mu_{1i}}{T} \right) \gg \left(\frac{\partial}{\partial N_j} \frac{\mu_{2i}}{T} \right) \tag{12.4.9}$$

où nous avons supprimé l'indice 1, puisque la partie 1 est de taille arbitraire. Cette condition est générale, et peut aussi être appliquée aux fluctuations dues aux réactions chimiques. Si nous supposons pour ces fluctuations $\delta N_k = \nu_k \delta \xi$, où ν_k est le coefficient stœchiométrique, nous retrouvons la condition (12.4.5). Un système qui est stable par rapport aux fluctuations de diffusion sera aussi stable par rapport aux réactions chimiques. C'est le *théorème de Duhem et Jouguet* [3, 4] ; le lecteur trouvera ailleurs [2] une discussion détaillée de ce théorème et d'autres aspects de la théorie classique de la stabilité.

En résumé, la condition de stabilité de l'état d'équilibre par rapport aux fluctuations de la température, du volume, ou des nombres de moles, s'écrit en combinant (12.2.8), (12.3.4) et (12.4.9) :

$$\delta^2 S = -\frac{C_V \, (\delta T)^2}{T^2} - \frac{1}{T \kappa_T} \frac{(\delta V)^2}{V} - \sum_{i,j} \left(\frac{\partial}{\partial N_j} \frac{\mu_i}{T} \right) \delta N_i \delta N_j. \tag{12.4.10}$$

Nous avons obtenu cette formulation en considérant S comme une fonction de U, V et N_k, et en supposant un système dans lequel U, V et N sont constants ; mais les résultats obtenus sont d'application plus générale, puisqu'ils restent valables pour des situations où l'on maintient constantes d'autres variables, p ou T, ou p et T. Les résultats correspondants sont alors exprimés en termes d'enthalpie H, d'énergie libre de Helmholtz F, et d'énergie libre de Gibbs G. Dans tous ces cas, les conditions de stabilité (12.4.10) restent valables.

Nous disposons aussi d'une théorie plus générale de la stabilité, déjà mentionnée, qui se base sur la production d'entropie $d_i S$, qui est indépendante des potentiels thermodynamiques et des conditions aux limites (par exemple T constant), et qui ne dépend que des processus irréversibles au sein du système. Nous la présenterons au chapitre 14. Voyons d'abord quelques applications de la théorie classique développée dans ce chapitre.

13 PHÉNOMÈNES CRITIQUES

Introduction

Dans ce chapitre, nous allons exposer quelques applications de la théorie de la stabilité thermodynamique aux phénomènes critiques de transition liquide-vapeur, ainsi qu'à la démixtion de mélanges binaires.

Comme nous le verrons, des états instables apparaissent au cours de la transition de phase liquide-vapeur. De même, si nous modifions la température de certains mélanges liquides à deux composants (par exemple l'hexane et le nitrobenzène), ces mélanges deviennent instables : ils se séparent alors en deux phases stables, riche chacune en l'un des composants. C'est le phénomène de démixtion. Nous verrons dans les chapitres 18 et 19 que dans les systèmes loin de l'équilibre la perte de stabilité peut, grâce aux fluctuations, conduire à une grande variété d'états nouveaux.

Nous étudions dans ce chapitre la différence entre le comportement d'un système auquel on impose des variations lentes — qui maintiennent l'état d'équilibre — et des variations rapides — qui l'amènent hors de l'équilibre. Nous étudierons spécialement ici les variations de la température. Nous obtenons dans les deux cas une capacité calorifique différente, et le signe de cette différence est déterminé par les conditions de stabilité. Ceci nous conduira au concept de *capacité calorifique configurationnelle*.

13.1 Stabilité et phénomènes critiques

Nous avons déjà introduit le point critique dans le chapitre 7. Si la température dépasse la valeur critique T_c, il n'y a plus de distinction entre phase gazeuse et phase liquide, quelle que soit la pression. En dessous de cette valeur critique, la substance sera à l'état gazeux si la pression est basse ; mais si la pression augmente, la substance se condense. Voyons comment interviennent les conditions de stabilité.

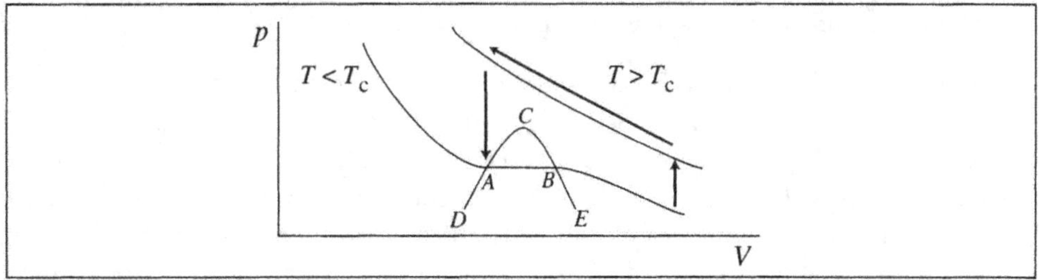

Figure 13.1 Comportement critique. Pour $T < T_c$, une diminution du volume à T fixé a pour effet une transition vers un état liquide dans la région AB où les deux phases liquide et gazeuse coexistent. L'enveloppe des segments AB pour la famille des courbes isothermes est de forme ECD. Pour $T > T_c$, cette transition ne se produit pas : le gaz devient de plus en plus dense, mais il n'y a pas de distinction entre les phases liquide et gazeuse. Le parcours fléché montre comment il est possible de passer de l'état gazeux à l'état liquide sans transition de phase.

En suivant les flèches sur la figure 13.1, on passe de manière continue de l'état gazeux à l'état liquide si la température dépasse la valeur critique. Thomson, qui observa ce fait, suggéra que les isothermes restent continues en dessous du point critique, comme la courbe IAJKLBM sur la figure 13.2. Cette suggestion fut reprise par van der Waals, dont l'équation donne en effet des courbes continues reliant états gazeux et liquide (ainsi que nous l'avons déjà vu au chapitre 1). Cependant, la région JKL de la figure 13.2 est physiquement inaccessible : elle contredit la condition de stabilité mécanique. Nous avons vu (section 12.3) que la stabilité mécanique implique que la compressibilité soit positive : $\kappa_T \equiv -(1/V)(\partial V/\partial p) > 0$. Il faut donc que

$$\left(\frac{\partial p}{\partial V}\right)_T < 0. \tag{13.1.1}$$

Cette condition est bien satisfaite pour les segments IA et BM (cf. la figure 13.2), ainsi que pour tous les isothermes au-dessus de la température critique : ce sont des régions stables. En revanche, on voit que pour le segment JKL $(\partial p/\partial V)_T > 0$: c'est une région instable. Cela signifie que les états correspondant au segment JKL ne sont plus associés à l'extremum d'un potentiel thermodynamique (ici, au minimum de l'énergie libre de Helmholtz F).

Si nous maintenons fixé le volume de ce système, il se produit des fluctuations de pression qui amènent la vapeur à se condenser ou le liquide à s'évaporer. Ces fluctuations amènent le système à un point situé sur le segment AB, où liquide et vapeur coexistent. Nous avons déjà vu (section 7.4) que sur ce segment la quantité de liquide et de vapeur est donnée par la *règle du levier* de Maxwell.

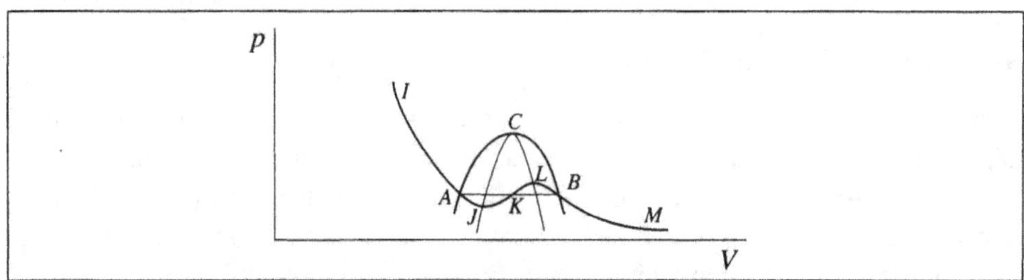

Figure 13.2 Le graphe distingue les régions stables (IA et BM), métastables (AJ et BL) et instable (JKL) d'une transition liquide-vapeur (voir texte).

Sur la figure 13.2, la région BL correspond à un état sursaturé de la vapeur : celle-ci commence à se condenser si une nucléation se produit (laquelle peut résulter de processus très variés, tels que l'introduction de gouttelettes, les effets d'impureté…). C'est un *état métastable*. De même, la région AJ correspond à un liquide surchauffé, qui peut commencer à s'évaporer de nouveau en présence d'une nucléation. Enfin, au point critique C, les dérivées première et deuxième de p par rapport à V sont nulles. C'est un point d'inflexion :

$$\left(\frac{\partial p}{\partial V}\right)_T = 0 \qquad \left(\frac{\partial^2 p}{\partial V^2}\right)_{T_c} = 0 \qquad \left(\frac{\partial^3 p}{\partial V^3}\right)_{T_c} < 0; \tag{13.1.2}$$

cette dernière inégalité s'obtient en retenant des termes supérieurs dans $\delta^2 S$.

13.2 Solutions binaires

Nous observons ici des phénomènes semblables à la transition critique liquide-vapeur dans les solutions. Ces solutions forment une phase homogène dans un domaine de température, tandis que dans un autre domaine de température la solution est instable, et se sépare en deux phases. La *température critique* qui sépare ces deux domaines dépend de la composition du mélange. Voyons quelques exemples. Nous pouvons distinguer trois cas.

Sous pression atmosphérique, le n-hexane et le nitrobenzène sont miscibles à toutes les proportions si la température dépasse 19°C. En-dessous de 19°C, le mélange se sépare en deux phases riches l'une en n-hexane et l'autre en nitrobenzène. La figure 13.3(a) donne le diagramme de phase. À une température de 10°C, la fraction molaire du nitrobenzène est 0.18 dans l'une des phases et 0.70 dans l'autre. Si la température s'approche de sa valeur critique ($T = T_c$), les deux couches tendent à s'identifier. Le point C est le *point de dissolution critique* ; sa valeur dépend de la pression. Ici, les deux composants restent miscibles en toutes proportions au-dessus du point critique.

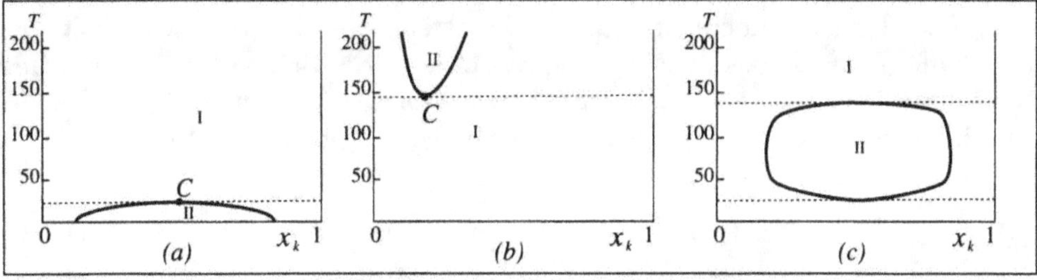

Figure 13.3 Diagrammes de phases de phénomènes critiques dans des solutions binaires ; en pointillé, les températures critiques ; en chiffres romains, les nombres de phases. (a) mélange de n-hexane et de nitrobenzène (x_k est la fraction molaire du nitrobenzène) ; (b) mélange de diéthylamine et d'eau (x_k est la fraction molaire du diéthylamine) ; (c) mélange de m-toluidine et de glycérol (x_k est la fraction molaire du glycérol).

La figure 13.3(b) montre que dans certains cas c'est en dessous de la température critique que les deux composants sont miscibles en toutes proportions. Il en va ainsi du mélange de diéthylamine et d'eau. La figure 13.3(c) montre deux phases entre deux températures critiques ; un exemple d'un tel système est le mélange de m-toluidine et de glycérol.

Reprenons la question de la stabilité à propos de la séparation des phases dans les mélanges binaires. Cette séparation se produit lorsque le système devient instable par rapport à la diffusion des composants : si la séparation de phase provoque une croissance de l'entropie, les fluctuations dues à la diffusion vont s'amplifier, avec pour effet la séparation des deux composants. Nous avons vu (section 12.4) que la condition de stabilité par rapport à la diffusion est

$$\delta^2 S = -\sum_{i,k} \frac{\partial}{\partial N_k}\left(\frac{\mu_i}{T}\right)\delta N_i \delta N_k. \tag{13.2.1}$$

À T constant, cette expression peut s'écrire pour les mélanges binaires :

$$\mu_{11} \left(\delta N_1\right)^2 + \mu_{22} \left(\delta N_2\right)^2 + \mu_{21} \left(\delta N_1\right)\left(\delta N_2\right) + \mu_{12} \left(\delta N_1\right)\left(\delta N_2\right) > 0, \tag{13.2.2}$$

où

$$\mu_{11} = \frac{\partial \mu_1}{\partial N_1} \qquad \mu_{22} = \frac{\partial \mu_2}{\partial N_2} \qquad \mu_{21} = \frac{\partial \mu_2}{\partial N_1} \qquad \mu_{12} = \frac{\partial \mu_1}{\partial N_2}. \tag{13.2.3}$$

La condition (13.2.2) revient à dire que la matrice des m_{ij} est définie positive. De plus, nous avons

$$\mu_{21} = \frac{\partial \mu_2}{\partial N_1} = \frac{\partial}{\partial N_1}\frac{\partial G}{\partial N_2} = \frac{\partial}{\partial N_2}\frac{\partial G}{\partial N_1} = \mu_{12}\,; \tag{13.2.4}$$

la matrice (13.2.2) est donc symétrique. La stabilité est assurée si la matrice symétrique

$$\begin{bmatrix} \mu_{11} & \mu_{12} \\ \mu_{21} & \mu_{22} \end{bmatrix} \tag{13.2.5}$$

est définie positive. Pour cela, les conditions nécessaires et suffisantes sont que

$$\mu_{11} > 0, \qquad \mu_{22} > 0, \qquad \left(\mu_{11}\mu_{22} - \mu_{21}\mu_{12}\right) > 0. \tag{13.2.6}$$

Si ces conditions ne sont pas satisfaites, la condition (13.2.2) peut être violée pour certaines valeurs des fluctuations dN_k, et le système devient instable. Pour étudier la stabilité, nous devons avoir une expression explicite des potentiels chimiques. Nous pouvons partir par exemple des solutions dites *strictement régulières*, étudiées par Hildebrand, Fowler et Guggenheim en 1939. Les potentiels chimiques de ces solutions s'écrivent

$$\mu_1\left(T, p, x_1, x_2\right) = \mu_1^0(T, p) + RT \ln x_1 + \alpha x_2^2 \tag{13.2.7}$$

$$\mu_2\left(T, p, x_1, x_2\right) = \mu_2^0(T, p) + RT \ln x_2 + \alpha x_1^2 \tag{13.2.8}$$

où les nombres x_1 et x_2 sont les fractions molaires.

$$x_1 = \frac{N_1}{N_1 + N_2} \qquad \text{et} \qquad x_2 = \frac{N_2}{N_1 + N_2}. \tag{13.2.9}$$

Il découle de ces expressions que les coefficients d'activité sont donnés ici par $RT \ln \gamma_1 = \alpha x_2^2$ et $RT \ln \gamma_2 = \alpha x_1^2$. Les termes qui contiennent α expriment l'écart aux solutions idéales ou parfaites. Nous pouvons alors appliquer les conditions de stabilité (13.2.6). La condition $\mu_{11} = \left(\partial \mu_1 / \partial N_1\right) > 0$ s'écrit explicitement

$$\frac{RT}{2\alpha} = -x_1\left(1 - x_1\right). \tag{13.2.10}$$

Pour une solution parfaite $\alpha = 0$, et l'inégalité (13.2.10) sera toujours satisfaite. Par contre, pour $\alpha > 0$, cette condition ne sera satisfaite que pour des valeurs suffisamment grandes de T. La valeur maximale $x_1\left(1 - x_1\right)$ est 0.25. Donc, pour $\left(RT/2\alpha\right)$ inférieur à 0.25, il existe une plage de valeurs de x_1 pour lesquelles l'inégalité (13.2.10) ne sera plus satisfaite. Lorsque c'est le cas, le système devient instable et se sépare en deux phases. Il découle de (13.2.10) que la relation entre fraction molaire et température sous laquelle le système devient instable est

$$\frac{RT_c}{2\alpha} - x_1\left(1 - x_1\right) = 0. \tag{13.2.11}$$

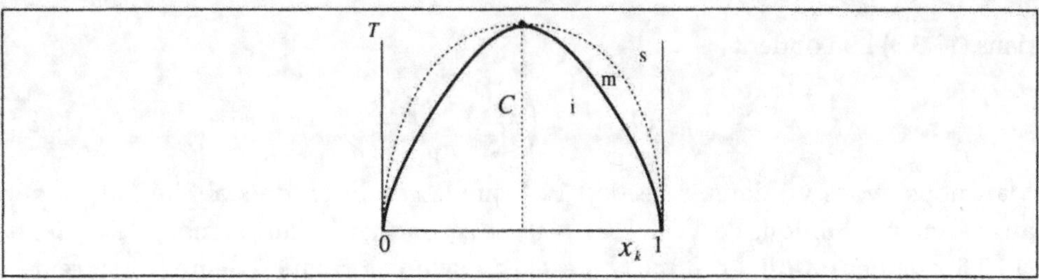

Figure 13.4 Diagramme de phase pour des solutions strictement régulières au voisinage du point critique (voir texte). La courbe de coexistence (en pointillés) sépare la région métastable de la région stable. La courbe spinodale (en continu) sépare la région métastable et la région instable.

Nous obtenons ainsi T_c en fonction de x_1 (cf. la figure 13.4). On voit aisément que le maximum de T_c se produit pour $x_1 = 0.5$. Nous avons donc pour la température critique et les fractions molaires :

$$(x_1)_c = 0.5 \qquad \text{et} \qquad T_c = \frac{\alpha}{2R}. \tag{13.2.12}$$

La fonction $T = (2\alpha/R)\, x_1\, (1 - x_1)$ donne la frontière entre la région métastable et la région instable. La courbe de coexistence est la frontière entre la région stable et la région métastable. On l'obtient en égalant les potentiels chimiques μ_1 et μ_2 dans les deux phases.

13.3 Capacité calorifique et stabilité thermodynamique

Dans le cas des réactions chimiques, outre la pression et la température, la spécification de l'état d'un système thermodynamique exige le degré d'avancement ξ. La capacité calorifique doit alors tenir compte de la variation de ξ due à la température. Considérons par exemple un mélange de deux formes isomères. Lorsque nous fournissons de la chaleur à ce système, nous modifions non seulement p et T, mais aussi la valeur de ξ, qui évolue par relaxation vers un nouvel état d'équilibre. Puisque l'on a $dQ = dU - p\,dV = dH - V\,dp$, il est possible d'écrire

$$dQ = \left[h_{T,\xi} - V\right] dp \; + \; C_{p,\xi}\, dT \; + \; h_{T,p}\, d\xi, \tag{13.3.1}$$

où

$$h_{T,\xi} = \left(\frac{\partial H}{\partial p}\right)_{T,\xi} \qquad C_{p,\xi} = \left(\frac{\partial H}{\partial T}\right)_{p,\xi} \qquad h_{T,p} = \left(\frac{\partial H}{\partial \xi}\right)_{T,p}. \tag{13.3.2}$$

À pression constante, la capacité calorifique comprend donc deux termes

$$C'_p = \left(\frac{\partial Q}{\partial T}\right)_p = C_{p,\xi} + h_{T,p}\left(\frac{\partial \xi}{\partial T}\right)_p \tag{13.3.3}$$

dont le second dépend de la variation de ξ avec la température. Pour une transformation qui maintient l'équilibre ($A = 0$), on voit (exc. 13.6) qu'en introduisant

$$\left(\frac{\partial \xi}{\partial T}\right)_{p,\mathcal{A}=0} = -h_{T,p}\left[T\left(\frac{\partial \mathcal{A}}{\partial \xi}\right)_{T,p}\right]^{-1} \tag{13.3.4}$$

dans (13.3.3) l'on obtient

$$C'_{p,\mathcal{A}=0} = C_{p,\xi} - T \left(\frac{\partial \mathcal{A}}{\partial \xi}\right)_{T,p} \left(\frac{\partial \xi}{\partial T}\right)^2_{p,\mathcal{A}=0}. \tag{13.3.5}$$

Mais nous avons vu dans la section 12.4 que la condition de stabilité par rapport aux réactions chimiques est $(\partial \mathcal{A}/\partial \xi) < 0$. Le second terme du membre de droite de (13.3.5) est donc positif. Le terme $C_{p,\xi}$ est la capacité calorifique à degré d'avancement constant, et donc à composition constante. La relaxation de ξ peut être très lente ; nous pouvons alors mesurer la capacité calorifique à composition constante. La formule (13.3.5) nous amène à conclure que la capacité calorifique à composition constante est toujours inférieure à celle d'un système qui demeure à l'équilibre par rapport à ξ pendant la transformation.

$$C_{p,\xi} < C'_{p,\mathcal{A}=0}. \tag{13.3.6}$$

On appelle souvent *capacité calorifique configurationnelle* le terme $h_{T,p} (\partial \xi/\partial T)_p$ de (13.3.3). Considérons par exemple la glycérine à l'état vitreux : les molécules sont fortement anisotropes. Elles peuvent vibrer, mais seule une fraction d'entre elles peut effectuer des mouvements de rotation. Cette fraction peut être mesurée par un paramètre ξ. Si nous augmentons la température brusquement, ξ demeurera constant ; si au contraire nous effectuons lentement cette transformation, nous maintenons l'équilibre, et ξ augmente. Dans de telles situations, nous pouvons mesurer soit $C_{p,\xi}$ soit $C'_{p,\mathcal{A}=0}$ et vérifier ainsi l'inégalité (13.3.6).

14 PRODUCTION D'ENTROPIE,

STABILITÉ ET FLUCTUATIONS

14.1 Stabilité et production d'entropie

Nous avons déjà étudié au chapitre 12 l'effet des fluctuations dans les systèmes isolés, où U, V et N_k sont maintenus constants ; nous avons obtenu les conditions de stabilité des états d'équilibre. Ces conditions restent valables quand on impose au système d'autres contraintes. Par exemple, au lieu de fixer U et V, nous pouvons fixer T et V, ou p et S, ou T et p. La généralité des conditions de stabilité vient de ce qu'elles découlent toutes de l'inégalité fondamentale $d_i S > 0$. Comme nous l'avons vu au chapitre 5, si on fixe l'une de ces trois paires de paramètres, un des potentiels thermodynamiques (F, H ou G) prend sa valeur minimum à l'équilibre. En effet, nous avons montré que dans chacun de ces cas

$$dF = -Td_iS \leq 0 \qquad (T, V \text{ constants}) ; \qquad (14.1.1)$$

$$dG = -Td_iS \leq 0 \qquad (T, p \text{ constants}) ; \qquad (14.1.2)$$

$$dH = -Td_iS \leq 0 \qquad (S, p \text{ constants}). \qquad (14.1.3)$$

Il est dès lors naturel de chercher à affranchir la théorie de la stabilité thermodynamique des potentiels thermodynamiques pour tenter de la fonder sur la production d'entropie. Cette théorie est plus générale que la théorie de la stabilité classique formulée par Gibbs et Duhem [1, 2] exposée au chapitre 12, qui n'est valable que lorsqu'une des conditions (14.1.1)-(14.1.3) est satisfaite.

Cherchons d'abord l'expression de la production d'entropie associée à une fluctuation. Par définition, un système est stable par rapport à des fluctuations qui conduiraient à une production d'entropie négative. D'autre part, nous avons montré dans le chapitre 3 que la production d'entropie est une forme quadratique où nous retrouvons les forces thermodynamiques F et les flux thermodynamiques J :

$$\frac{d_i S}{dt} = \sum_k F_k \frac{dX_k}{dt} = \sum_k F_k J_k. \qquad (14.1.4)$$

Nous considérons le cas où les flux correspondent à des vitesses de transformation des grandeurs X_k. Si E est l'état d'équilibre et F l'état final auquel une fluctuation conduit le système, nous avons la production d'entropie due à la fluctuation

$$\Delta_i S = \int_E^F d_i S = \int_E^F \sum_k F_k dX_k. \qquad (14.1.5)$$

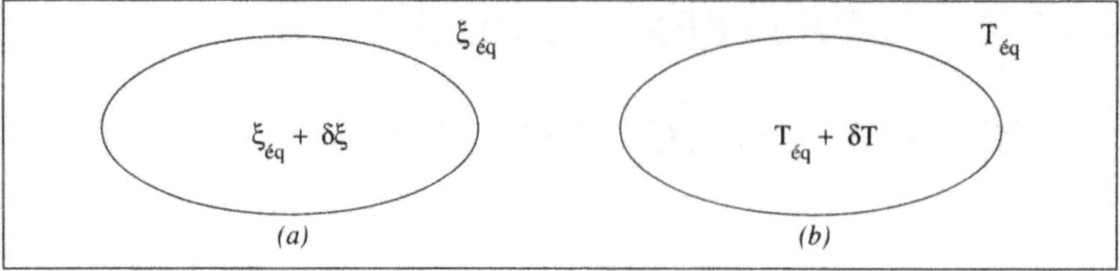

Figure 14.1 *(a)* Fluctuation locale de l'avancement de la réaction. La variation d'entropie associée à cette fluctuation correspond à la relation (14.1.6). *(b)* Fluctuation locale de la température. La variation d'entropie associée correspond à la relation (14.1. 10).

Nous allons considérer d'abord quelques cas simples qui rejoignent la théorie classique exposée au chapitre 12. Les chapitres suivants traiteront la stabilité des états de non-équilibre.

STABILITÉ CHIMIQUE

Considérons la production d'entropie due à une fluctuation associée à une réaction chimique et décrite par la variation $d\xi$ du degré d'avancement (figure 14.1). Nous savons que la production d'entropie due à une réaction chimique est

$$d_\mathrm{i}S = \frac{A}{T}\,d\xi. \tag{14.1.6}$$

L'affinité est nulle à l'équilibre. Pour un petit écart à l'équilibre $\alpha = (\xi - \xi_{éq})$, on a

$$A = A_{éq} + \left(\frac{\partial A}{\partial \xi}\right)_{éq}\alpha = \left(\frac{\partial A}{\partial \xi}\right)_{éq}\alpha. \tag{14.1.7}$$

Dès lors (14.1.5), la production d'entropie due à la fluctuation devient

$$\Delta_\mathrm{i}S = \int_0^{\delta\xi} d_\mathrm{i}S = \int_0^{\delta\xi}\frac{A}{T}d\xi = \frac{1}{T}\int_0^{\delta\xi}\left(\frac{\partial A}{\partial \xi}\right)_{éq}\alpha d\alpha = \left(\frac{\partial A}{\partial \xi}\right)_{éq}\frac{(\delta\xi)^2}{2T}. \tag{14.1.8}$$

Notons que $d\xi = d\alpha$. La condition de stabilité $\Delta_\mathrm{i}S < 0$ prend donc ici la forme

$$\Delta_\mathrm{i}S = \left(\frac{\partial A}{\partial \xi}\right)_{éq}\frac{(\delta\xi)^2}{2T} < 0. \tag{14.1.9a}$$

Nous retrouvons la condition (12.4.3). De même, si nous considérons r réactions chimiques, nous aurons

$$\Delta_\mathrm{i}S = \sum_{i,j}^{r}\frac{1}{2T}\left(\frac{\partial A_i}{\partial \xi_j}\right)_{éq}\delta\xi_i\delta\xi_j < 0. \tag{14.1.9b}$$

Pour obtenir cette conclusion, nous avons seulement dû supposer que la production d'entropie est positive dans les processus internes : cette condition de stabilité est donc indépendante des contraintes externes auxquelles le système est soumis.

STABILITÉ THERMIQUE

Examinons ensuite la stabilité par rapport aux fluctuations thermiques. Soit $T_{éq}$ la température d'équilibre et α une petite déviation, la température de la région qui nous intéresse sera $T_{\text{éq}} + \alpha$. Nous avons vu au chapitre 3 que la production d'entropie due à un échange de chaleur est

$$\frac{d_i S}{dt} = \left(\frac{1}{T_{\text{éq}} + \alpha} - \frac{1}{T_{\text{éq}}} \right) \frac{dQ}{dt}$$

$$= -\frac{\alpha}{T_{\text{éq}}^2} \frac{dQ}{dt}. \tag{14.1.10}$$

Nous avons $dQ = C_V d\alpha$ où C_V est la capacité calorifique à volume constant. Dès lors, la production d'entropie devient, en intégrant entre l'état initial et l'état final :

$$\Delta_i S = \int_0^{\delta T} d_i S = \int_0^{\delta T} -\frac{C_V}{T_{\text{éq}}^2} \alpha d\alpha = -\frac{C_V}{T_{\text{éq}}^2} \frac{(\delta T)^2}{2}. \tag{14.1.11}$$

Nous retrouvons la condition de stabilité

$$\Delta_i S = -\frac{C_V}{T_{\text{éq}}^2} \frac{(\delta T)^2}{2} < 0 \tag{14.1.12}$$

équivalente à (12.2.8). Cette condition n'est satisfaite que si $C_V > 0$. De la même manière, nous pouvons montrer qu'en général

$$\Delta_i S = \int_E^F d_i S = \int_E^F \sum_k F_k dX_k$$

$$= \frac{C_V (\delta T)^2}{2T^2} - \frac{1}{T\kappa_T} \frac{(\delta V)^2}{2V} - \sum_{i,j} \left(\frac{\partial}{\partial N_j} \frac{\mu_i}{T} \right) \frac{\delta N_i \delta N_j}{2} < 0. \tag{14.1.13}$$

Les variables indépendantes de (14.1.13) sont δT, δV et δN_k. Nous pouvons aussi formuler la production d'entropie sous une forme équivalente, mais qui permet d'utiliser tout autre ensemble de variables indépendantes. On obtient

$$\Delta_i S = \frac{\delta^2 S}{2} = -\frac{1}{2T} \left[\delta T\, \delta S - \delta p\, \delta V + \sum_i \delta \mu_i \delta N_i \right] < 0. \tag{14.1.14}$$

Voici comment. Dans le premier terme de (14.1.13), on a $C_V \delta T/T = \delta Q/T = \delta S$; dans le deuxième, $\delta V/\kappa_T V = -\delta p$; dans le troisième, $\sum_j \left(\partial \mu_i / \partial N_j \right) dN_j = \delta \mu_i$. On voit immédiatement que (14.1.13) peut se réécrire sous la forme (14.1.14).

La production d'entropie due à une fluctuation est du deuxième ordre pour les perturbations ; ceci correspond au fait qu'à l'équilibre les forces F_k et les flux J_k s'annulent. Si $\delta J_k = (dX_k/dt)$ et δF_k sont les forces et les flux associés aux fluctuations près de l'équilibre, la production d'entropie prend la forme

$$\frac{d\Delta_i S}{dt} = \frac{d_i S}{dt} = \sum_k \delta F_k \delta J_k = \sum_k F_k J_k > 0. \tag{14.1.15}$$

Comme les termes dominants de $\Delta_i S$ sont du second ordre, nous avons les inégalités

$$\delta^2 S < 0 \quad \text{et} \quad \frac{1}{2} \frac{d\delta^2 S}{dt} = \sum_k \delta F_k\, \delta J_k > 0, \tag{14.1.16}$$

qui montrent que les fluctuations diminuent l'entropie, tandis que les processus irréversibles ramènent le système à son état initial. Ces deux inégalités permettent de recourir à une théorie générale de la stabilité due à Lyapunov, que nous décrirons aux chapitres 17 et 18.

14.2 Thermodynamique et fluctuations

ENTROPIE ET PROBABILITÉ

Nous venons d'examiner la stabilité d'un état thermodynamique par rapport aux fluctuations. Mais cette théorie ne nous donne pas la probabilité d'une fluctuation en fonction de son amplitude. Certes, l'expérience montre que les fluctuations des grandeurs thermodynamiques sont généralement très faibles dans les systèmes macroscopiques ; mais nous aimerions disposer d'une théorie capable de décrire le lien entre l'importance des fluctuations et l'état thermodynamique du système.

Boltzmann tenta de trouver le lien entre le comportement microscopique de la matière, qui relève de la mécanique (classique ou quantique), et les lois macroscopiques de la thermodynamique. C'est ainsi qu'il fut amené à postuler la relation célèbre qui associe l'entropie aux probabilités (cf. l'excursus 3.1) :

$$S = k_B \ln \Omega. \tag{14.2.1}$$

Nous retrouvons ici la constante de Boltzmann. Dans cette formule, Ω est le nombre de configurations microscopiques qui correspondent à l'état macroscopique caractérisé par l'entropie S. C'est donc, comme l'a suggéré Planck, une *probabilité thermodynamique* (à la différence des probabilités usuelles, c'est un nombre beaucoup plus grand que 1). Boltzmann mit ainsi le concept de probabilité au fondement de la thermodynamique. Cette idée souleva de nombreuses controverses, dont la signification ne devait apparaître qu'à la lumière des développements récents de la théorie des systèmes dynamiques instables [3].

Einstein proposa, en partant de (14.2.1), une formule donnant la probabilité des fluctuations des grandeurs thermodynamiques. Il suivit en quelque sorte le chemin inverse de celui de Boltzmann. Tandis que ce dernier utilisait les probabilités microscopiques pour évaluer l'entropie, Einstein partit de l'entropie pour évaluer la probabilité d'une fluctuation[1] à l'aide de la formule

$$P(\Delta_i S) = Z \exp \left(\frac{\Delta_i S}{k_B} \right) \tag{14.2.2}$$

où $\Delta_i S$ est la production d'entropie associée à une fluctuation qui éloigne le système de l'état d'équilibre (donc $\Delta_i S < 0$) ; Z est une constante de normalisation introduite pour que la somme des probabilités sur les fluctuations possibles soit l'unité. Ainsi, les formules (14.2.1) et (14.2.2) traduisent bien deux approches conceptuelles opposées. La relation (14.2.1) part de la probabilité obtenue à partir de considérations

---

1. La formule originale d'Einstein est $P(\Delta S) = Z \exp(\Delta S / k)$, et s'applique aux systèmes isolés. En introduisant la production d'entropie $\Delta_i S$, nous lui donnons une forme générale, applicable quelles que soient les conditions aux limites.

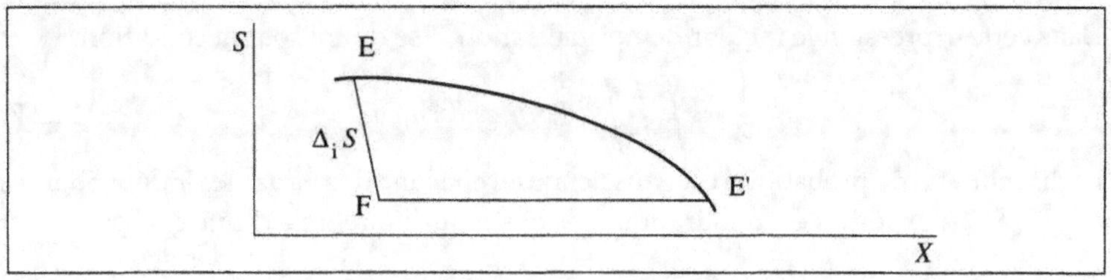

Figure 14.2 Variation d'entropie ΔS associée à une fluctuation. L'état d'équilibre de référence est noté E. À partir de cet état E, une fluctuation entraîne le système vers le point F (l'entropie S diminue). On calcule la variation d'entropie ΔS associée à la fluctuation en calculant l'entropie $\Delta_i S$ produite pendant que le système revient à l'état E. Lorsqu'on veut éviter l'emploi de la production d'entropie $d_i S$, on détermine d'abord un état d'équilibre E' d'entropie égale à celle de F, et on considère ensuite un chemin réversible le long de la trajectoire d'équilibre E'E.

microscopiques pour obtenir l'entropie. La relation (14.2.2) part de la variation de l'entropie, et en déduit la probabilité d'une fluctuation. Le domaine d'application de la thermodynamique s'en trouve élargi, puisqu'il comprend aussi les fluctuations.

Mais pour calculer la probabilité d'une fluctuation il faut connaître la production d'entropie qui lui est associée (cf. la figure 14.2). Nous l'exprimerons en termes des fluctuations δT, δp... ainsi qu'on l'a fait dans la section précédente ; en effet, l'expression (14.1.13) nous donne

$$\Delta S = -\frac{C_V \, (\delta T)^2}{2T^2} - \frac{1}{2T\kappa_T}\frac{(\delta V)^2}{V} - \sum_{i,j}\left(\frac{\partial}{\partial N_j}\frac{\mu_i}{T}\right)\frac{\delta N_i \, \delta N_j}{2}. \tag{14.2.3}$$

Grâce à (14.2.2), nous pouvons alors calculer la probabilité d'une fluctuation en termes macroscopiques. Pour le cas des gaz parfaits ou des solutions idéales, le potentiel chimique d'un composant k (cf. exc. 14.2) est de la forme

$$\mu_k = \mu_{k_0}(T) + RT\ln\frac{p_k}{p_0}$$

$$= \mu_{k_0}(T) + RT\ln\frac{N_k RT}{V p_0}. \tag{14.2.4}$$

Introduisons cette expression dans (14.2.3), il vient

$$\Delta S = -\frac{C_V \, (\delta T)^2}{2T^2} - \frac{1}{T\kappa_T}\frac{(\delta V)^2}{2V} - \sum_i \frac{R\,(\delta N_i)^2}{2N_i}. \tag{14.2.5}$$

Les N_i sont exprimés en moles. Si nous les multiplions par le nombre d'Avogadro N_A, nous obtenons les nombres de molécules $\tilde{N}_i$ (on rappelle que $k_B N_A = R$). Moyennant la relation d'Einstein (14.2.2), la probabilité d'une fluctuation en T, V ou N_i dans un système idéal peut donc (exc. 14.2) s'écrire

$$P(\delta T, \delta V, \delta \tilde{N}_i) = Z\exp\left(\frac{\delta S}{k_B}\right)$$

$$= Z\exp\left[-\frac{C_V \, (\delta T)^2}{2k_B T^2} - \frac{1}{2k_B \, T\kappa_T}\frac{(\delta V)^2}{V} - \sum_i \frac{\left(\delta \tilde{N}_i\right)^2}{2\tilde{N}_i}\right]. \tag{14.2.6}$$

Dans cette expression le facteur de normalisation Z se définit par la condition

$$\frac{1}{Z} = \iiint P(x, y, z) \, dx \, dy \, dz. \tag{14.2.7}$$

La distribution de probabilité est gaussienne en chacune des variables indépendantes $\delta T, \delta V, \delta \tilde{N}_i$ (l'exposant est quadratique). Sachant que l'intégrale d'une gaussienne est

$$\int_{-\infty}^{\infty} \exp\left[\frac{-x^2}{a}\right] dx = \sqrt{\pi a}, \tag{14.2.8}$$

on peut écrire la probabilité sous forme explicite, et obtenir la variance des fluctuations. Notons aussi que la relation (14.1.14) permet de donner une expression plus générale de la distribution de probabilité. Nous avons en effet

$$P = Z \exp\left[\frac{-1}{2k_{\mathrm{B}}T}\left(\delta T \, \delta S - \delta p \, \delta V + \sum_k \delta \mu_k \delta N_k\right)\right] \tag{14.2.9}$$

où Z est encore la constante de normalisation. Pour un choix arbitraire de variables indépendantes Y_k, (14.2.9) donne la distribution de probabilité des fluctuations. Il suffit d'exprimer δT, δS, etc. en termes de fluctuations des Y_k. Nous écrirons par commodité α_k pour les écarts des variables Y_k par rapport à leurs valeurs d'équilibre. De façon générale, $\delta^2 S$ sera une fonction quadratique des α_k :

$$\frac{\delta^2 S}{2} = -\frac{1}{2} \sum_{i,j} g_{ij} \, \alpha_i \alpha_j \tag{14.2.10}$$

où les g_{ij} sont les coefficients appropriés (notons que $g_{ij} = g_{ji}$) ; le signe négatif souligne le fait que $\delta^2 S$ est négatif. La distribution de probabilités s'écrit

$$P(\alpha_1, \alpha_2 \ldots \alpha_m) = \sqrt{\frac{\det[\mathbf{g}]}{(2\pi k_{\mathrm{B}})^m}} \, \exp\left[-\frac{1}{2k_{\mathrm{B}}} \sum_{i,j}^{m} g_{ij} \, \alpha_i \alpha_j\right] \tag{14.2.11}$$

où nous avons explicité le coefficient Z de normalisation en généralisant la formule (14.2.8) ; $\det[\mathbf{g}]$ est le déterminant de la matrice des g_{ij}. Donnons à présent quelques résultats qui découlent de (4.2.11), et qui nous serviront au chapitre 16 pour établir des relations fondamentales de la thermodynamique de non-équilibre ; il s'agit des relations de réciprocité d'Onsager.

VALEURS MOYENNES ET CORRÉLATIONS

Une fois connue la distribution des probabilités pour les variables α_k, on peut calculer les valeurs moyennes de ces α_k et les corrélations entre paires de variables. Nous utiliserons la notation $\langle f \rangle$ pour la moyenne d'une fonction f ; c'est par définition

$$\langle f \rangle = \int f(\alpha_1, \alpha_2 \ldots \alpha_m) \, P(\alpha_1, \alpha_2 \ldots \alpha_m) \, d\alpha_1 \, d\alpha_2 \ldots d\alpha_m. \tag{14.2.12}$$

De même, la corrélation entre deux fonctions f et g se définit

$$\langle fg \rangle = \int f(\alpha_1, \alpha_2 \ldots \alpha_m) \, g(\alpha_1, \alpha_2 \ldots \alpha_m) \, P(\alpha_1, \alpha_2 \ldots \alpha_m) \, d\alpha_1 d\alpha_2 \ldots d\alpha_m. \tag{14.2.13}$$

Nous avons vu ci-dessus (cf. (14.1.15)) que la production d'entropie associée à un faible écart à l'équilibre s'écrit

$$\frac{d\Delta_{\mathrm{i}}S}{dt} = \frac{1}{2}\frac{d\delta^2 S}{dt} = \sum_k F_k J_k. \tag{14.2.14}$$

Les forces et les flux thermodynamiques s'annulent à l'équilibre. La formule (14.2.10) nous donne pour la dérivée temporelle

$$\frac{d\delta^2 S}{dt} = -\sum_{i,j} g_{ij}\,\alpha_i\frac{d\alpha_j}{dt}. \tag{14.2.15}$$

La dérivée (α_j/dt) est un flux thermodynamique comme δJ_j dans (14.2.14). La comparaison de (14.2.14) et de (14.2.15) montre qu'au voisinage de l'équilibre la force thermodynamique devient

$$F \equiv -\sum_j g_{ij}\alpha_j. \tag{14.2.16}$$

De plus, en raison de la forme gaussienne de la distribution de probabilités (14.2.11), nous pouvons vérifier que la relation entre force thermodynamique et probabilité est donnée par

$$F_i = k_{\mathrm{B}}\frac{\partial \ln P}{\partial \alpha_i}. \tag{14.2.17}$$

Après ces préliminaires, nous allons d'abord étudier la corrélation entre force et écart à l'équilibre. Par définition,

$$\langle F_i\alpha_j\rangle = \int F_i\alpha_j P d\alpha_1 d\alpha_2 \ldots d\alpha_m. \tag{14.2.18}$$

Montrons que
$$\langle F_i\alpha_j\rangle = -k_{\mathrm{B}}\delta_{ij} \tag{14.2.18a}$$

où δ_{ij} est le *delta de Kronecker* ($\delta_{ij} = 0$ si $i \neq j$ et $\delta_{ij} = 1$ si $i = j$). La force thermodynamique F_j n'est donc corrélée qu'à l'écart α_j. En revanche, sa corrélation avec α_i ($i \neq j$) est nulle : F_j et α_j sont des grandeurs indépendantes. Vérifions (14.2.18a) ; grâce à (14.2.17), l'intégrale (14.12.18) s'écrit

$$\langle F_i\alpha_j\rangle = \int k_{\mathrm{B}}\left(\frac{\partial \ln P}{\partial \alpha_i}\right)\alpha_j P\, d\alpha_1 d\alpha_2 \ldots d\alpha_m$$

$$= \int k_{\mathrm{B}}\left(\frac{\partial P}{\partial \alpha_i}\right)\alpha_j\, d\alpha_1 d\alpha_2 \ldots d\alpha_m$$

et en intégrant par parties, nous obtenons

$$\langle F_i\alpha_j\rangle = k_{\mathrm{B}} P\alpha_j\big|_{-\infty}^{+\infty} - k_{\mathrm{B}}\int\left(\frac{\partial \alpha_j}{\partial \alpha_i}\right)P d\alpha_1 d\alpha_2 \ldots d\alpha_m.$$

Le premier terme s'annule : $\lim_{a\to\infty}\big(\alpha_j P(\alpha_j)\big) = 0$, puisqu'en raison du caractère gaussien des fluctuations dans (14.2.8) on a

$$\lim_{x\to\infty}\big(\exp[-x^2]\big) = 0.$$

Le second terme est nul si $i \neq j$, et prend la valeur $-k_\mathrm{B}$ si $i = j$. On a ainsi (14.2.18a). Un autre résultat intéressantest qu'en introduisant (14.2.16) dans (14.2.18) il vient

$$\langle F_i \alpha_j \rangle = \left\langle -\sum_k g_{ik} \alpha_k \alpha_j \right\rangle = -\sum_k g_{ik} \langle \alpha_k \alpha_j \rangle = -k_\mathrm{B} \delta_{ij}.$$

Nous obtenons ainsi la corrélation entre les ai et les aj

$$\sum_k g_{ik} \langle \alpha_k \alpha_j \rangle = k_\mathrm{B} \delta_{ij}, \tag{14.2.19}$$

ce qui signifie que la matrice $\langle \alpha_k \alpha_j \rangle / k_\mathrm{B}$ est l'inverse de la matrice des g_{ik} :

$$\langle \alpha_i \alpha_j \rangle = k_\mathrm{B} \left(g^{-1} \right)_{ij}. \tag{14.2.20}$$

Nous obtenons ainsi la valeur moyenne $\langle \Delta_\mathrm{i} S \rangle$ associée aux α_i :

$$\langle \Delta_\mathrm{i} S \rangle = \left\langle -\frac{1}{2} \sum_{ij}^m g_{ij} \alpha_i \alpha_j \right\rangle = -\frac{1}{2} \sum_{ij}^m g_{ij} \langle \alpha_i \alpha_j \rangle = -\frac{k_\mathrm{B}}{2} \sum_{ij}^m g_{ij} \left(g^{-1} \right)_{ij}$$

$$= \frac{k_\mathrm{B}}{2} \sum_i^m \delta_{ii} = -\frac{m k_\mathrm{B}}{2}, \tag{14.2.21}$$

$$\text{c'est-à-dire} \qquad\qquad \langle \Delta_\mathrm{i} S \rangle = -\frac{1}{2} m k_\mathrm{B} \tag{14.2.22}$$

Chaque fluctuation indépendante diminue l'entropie d'un terme $-k_\mathrm{B}/2$. Ces fluctuations modifient donc la valeur d'équilibre de l'entropie. Ce résultat correspond en quelque sorte au théorème d'équipartition bien connu dans en mécanique statistique classique : la contribution de chaque degré de liberté à l'énergie moyenne est $k_\mathrm{B} T/2$. Pour prendre un exemple simple, considérons les fluctuations de l'entropie due à r réactions chimiques. Comme on l'a montré ci-dessus (14.1.9),

$$\Delta_\mathrm{i} S = \sum_{ij}^r \frac{1}{2T} \left(\frac{\partial A_i}{\partial \xi_j} \right)_{\text{éq}} \delta\xi_i \delta\xi_j = -\frac{1}{2} \sum_{ij}^r g_{ij} \delta\xi_i \delta\xi_j \tag{14.2.23}$$

où on a posé $g_{ij} = -(1/T) \left(\partial A_i / \partial \xi_j \right)_{\text{éq}}$. La diminution de l'entropie sera donc

$$\Delta_\mathrm{i} S = -r \frac{k_\mathrm{B}}{2}. \tag{14.2.24}$$

Le chapitre 16 utilisera (14.2.16) et (14.2.20) pour dériver les relations d'Onsager.

IV

HORS DE L'ÉQUILIBRE : LE RÉGIME LINÉAIRE

15 THERMODYNAMIQUE HORS D'ÉQUILIBRE :

PRINCIPES GÉNÉRAUX

15.1 Équilibre local

Nous l'avons souligné à plusieurs reprises : le monde dans lequel nous vivons n'est pas à l'équilibre thermodynamique. Ainsi, le rayonnement thermique de 2.8 K qui remplit notre univers n'est pas en équilibre thermique avec la matière dont sont formées les galaxies. À plus petite échelle, la Terre, son atmosphère, la biosphère et les océans sont tous dans un état de non-équilibre, soumis aux flux d'énergie venus du Soleil. Nous étudions au laboratoire le comportement de nombreux phénomènes naturels typiques du non-équilibre, responsables de production d'entropie : processus de transport, réactions chimiques, phénomènes biologiques... Les systèmes à l'équilibre thermodynamique sont sans doute importants ; mais ils ne correspondent qu'à une faible part de notre expérience.

Il est donc essentiel d'étendre la thermodynamique aux états de non-équilibre, car c'est là que se produisent des phénomènes nouveaux et importants. Cette tâche est possible, car dans leur immense majorité les systèmes hors d'équilibre sont au moins *localement* proches de l'équilibre. Dès lors, nous pouvons étendre localement à ces systèmes les relations valables à l'équilibre thermodynamique : c'est l'*hypothèse de l'équilibre local*. Dans ce cas, les variables thermodynamiques intensives telles que T, p, μ deviennent des fonctions de la position $\mathbf{x}$ et du temps t :

$$T = T(\mathbf{x}, t), \qquad p = p(\mathbf{x}, t), \qquad \mu = \mu(\mathbf{x}, t).$$

Nous devons de même remplacer les variables extensives S, U, N_k par les densités s, u, n_k. Nous écrivons donc, comme au chapitre 1 :

$s(\mathbf{x}, t)$ pour l'entropie par unité de volume ;

$u(\mathbf{x}, t)$ pour l'énergie par unité de volume ;

$n_k(\mathbf{x}, t)$ pour le nombre de moles du composant k par unité de volume. (15.1.1)

Nous modifions la relation de Gibbs (4.4.11) $dU = TdS - pdV + \sum_k \mu_k dN_k$ pour obtenir une relation entre densités. Supposons pour simplifier le système homogène, et remplaçons S par Vs, U par Vu et N_k par Vn_k. On a $dU = Vdu + udV$. La formule de Gibbs se réduit donc à l'expression (cf. exc. 15.1)

$$du = Tds + \sum_k \mu_k \, dn_k.$$

D'où

$$\left(\frac{\partial u}{\partial s} \right)_{n_k} = T \qquad \left(\frac{\partial u}{\partial n_k} \right)_{Tn_k} = \mu_k. \tag{15.1.2}$$

Ces relations sont valables en tout point et en tout temps dans l'hypothèse de l'équilibre local. Nous avons alors une collection de systèmes interagissants décrits par des valeurs différentes des variables intensives.

Examinons de plus près les conditions de validité de l'équilibre local. Soit le concept de température : il est bien défini lorsque la distribution des vitesses des molécules est *maxwellienne*. Dans ce cas, la probabilité $P(\mathbf{v})$ pour qu'une molécule possède une vitesse $\mathbf{v}$ est donnée par

$$P(\mathbf{v})\, d^3\mathbf{v} = \left(\frac{\beta}{\pi}\right)^{3/2} \exp\left[-\beta v^2\right] d^3\mathbf{v} \tag{15.1.3}$$

où l'on pose

$$\beta = \frac{m}{2k_\mathrm{B}T}. \tag{15.1.4}$$

La température T est ainsi donnée par cette dernière relation ; m est la masse de la molécule et k_B est la constante de Boltzmann. Or, toute distribution initiale des vitesses devient rapidement maxwellienne par l'effet des collisions moléculaires. Les simulations de dynamique moléculaire sur ordinateur ont montré que la distribution des vitesses maxwellienne est atteinte en moins de 10 fois le temps de collision moyen, qui pour un gaz à la pression d'1 atm est à peu près 10^{-8} sec (cf. [1] ; voir aussi [2] pour une analyse de l'hypothèse d'équilibre local en termes de théorie cinétique).

Dans la plupart des réactions chimiques, seule une petite part des collisions moléculaires provoque effectivement une réaction ; ce sont les *collisions réactionnelles*. Pour un gaz à la pression d'1 atm, on a 10^{31} collisions ℓ^{-1} sec^{-1}. Si toutes ces collisions étaient réactionnelles, la vitesse de la réaction serait $\approx 10^8$ mol ℓ^{-1} sec^{-1}. De telles valeurs sont rares. En général, le système se *thermalise* après une collision réactionnelle, en redistribuant la variation d'énergie due à la réaction. Toute perturbation de la distribution maxwellienne des vitesses due à une réaction est suivie d'un retour à cette distribution, avec une température légèrement différente. Ainsi, même en présence de réactions chimiques, la température reste localement bien définie. Les écarts à la maxwellienne impliquent de petites corrections aux équations cinétiques dans les réactions hautement exothermiques [3-6], ce que confirment les simulations de dynamique moléculaire [7].

Voyons à présent en quel sens des variables thermodynamiques telles que l'entropie ou l'énergie peuvent être considérées comme des fonctions de la position. Comme nous l'avons vu dans les chapitres 12 et 14, toute grandeur thermodynamique subit des fluctuations. Nous ne pouvons attribuer une valeur bien définie à une grandeur thermodynamique Y que si la taille de ses fluctuations, mesurée par exemple par l'écart quadratique moyen, reste petite par rapport à cette grandeur (il est clair que ceci impose une limite : si l'élément de volume est trop petit, cette condition ne pourra être satisfaite). Nous avons vu (14.2.6) que si N est le nombre de particules dans ce volume, alors l'écart quadratique moyen est de l'ordre de $N^{1/2}$. L'importance de la fluctuation est donc mesurée par le rapport $N^{1/2}/N \approx 1/N^{1/2}$.

Considérons par exemple un gaz parfait dans un volume V, avec $N = (p/RT)\Delta V$. Supposons ce gaz à la pression d'1 atm et à T = 298 K, et calculons les fluctuations du nombre N de particules dans un volume $\Delta V = 1\mu\text{m}^3 = 10^{-15}\ell$. Nous trouvons que $1/N^{1/2} \approx 4 \times 10^{-7}$. Nous pouvons donc parler de valeurs bien définies des variables thermodynamiques. Pour les liquides et les solides, nous pouvons prendre des volumes plus petits encore. Si nous voulons associer une densité au nombre de particules dans un élément de volume ΔV, il faudra que cette densité soit quasi uniforme dans ce volume. Si nous attribuons à ce volume une dimension de l'ordre du μm, cette condition sera satisfaite dans l'immense majorité des systèmes macroscopiques.

THERMODYNAMIQUE GÉNÉRALISÉE

En admettant la formule (15.1.2), nous avons supposé que les grandeurs thermodynamiques ne dépendent pas explicitement des gradients présents dans le système ; ainsi l'entropie s reste une fonction de T et des n_k, mais ne dépend pas de leurs gradients. Or, les flux correspondent à des mouvement collectifs, et donc à un certain mode d'organisation. On doit donc s'attendre à ce que l'entropie locale d'un système de non-équilibre soit plus petite que l'entropie d'équilibre. Un formalisme récent, dit de la *thermodynamique généralisée*, inclut les gradients, au prix d'une petite correction à l'entropie locale due aux flux (nous ne pouvons aborder ici cette discussion ; nous renvoyons le lecteur aux travaux récents sur le sujet [8-11]). Cette théorie est intéressante pour l'étude des systèmes qui présentent des valeurs élevées des gradients, par exemple les ondes de choc.

L'extension de la thermodynamique aux systèmes hors d'équilibre à l'aide de l'équilibre local introduit incontestablement des hypothèses supplémentaires par rapport à la thermodynamique d'équilibre. Une étude plus approfondie exigerait l'application de la mécanique statistique de non-équilibre. Il est d'autant plus remarquable que l'extension simple des méthodes thermodynamiques à l'aide de l'hypothèse de l'équilibre local conduit déjà à des résultats intéressants, que nous exposons dans les chapitres ultérieurs.

15.2 Bilan des concentrations

Considérons d'abord la densité n_k, qui correspond au nombre de particules (ou de moles) par unité de volume. Le bilan s'obtient aisément à l'aide de la méthode générale décrite dans l'excursus 15.1. Les variations dn_k (nombre de moles par volume unité) sont dues pour une part au transport des particules (moyennant des processus tels que la diffusion et la convection), et d'autre part aux réactions chimiques. Nous pouvons donc écrire $dn_k = d_e n_k + d_i n_k$. Notons $\mathbf{v}_k(x, t)$ la variables d'étate de déplacement du composant k en x à l'instant t ; nous obtenons ainsi le bilan

$$\frac{\partial n_k}{\partial t} = \frac{\partial_e n_k}{\partial t} + \frac{\partial_i n_k}{\partial t} = -\nabla \cdot (n_k \mathbf{v}_k) + P[n_k] \tag{15.2.1}$$

où $P[n_k]$ est la production du composant k due aux réactions chimiques. Le nombre de moles de k produites par unité de volume et de temps est donné par l'expression

---

Excursus 15.1 Équation de bilan des processus internes et des échanges

---

Soit un volume V et une quantité Y de densité y ; la variation de Y somme les effets des échanges avec l'extérieur, et des processus internes.

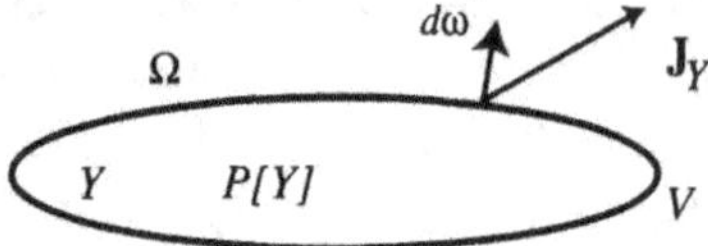

Si $\mathbf{J}_Y$ est la densité de courant, la variation de Y due au flux est donnée par l'intégrale $\int_\Omega \mathbf{J}_Y \cdot d\omega$, où $d\omega$ est le vecteur qui représente un élément de surface. La mesure du vecteur $d\omega$ correspond à l'aire de l'élément ; sa direction est perpendiculaire à la surface ; il est orienté vers l'extérieur. Si $P[y]$ est la quantité de Y produite par unité de volume et par unité de temps, la variation de Y due aux processus internes est donnée par l'intégrale $\int_V P[Y]dV$. Le bilan en Y est

$$\int_V \left(\frac{\partial y}{\partial t}\right) dV = \int_V P[Y]\, dV - \int_\Omega \mathbf{J}_Y \cdot d\omega.$$

Le second terme est affecté d'un signe négatif en raison de l'orientation du vecteur $d\omega$ vers l'extérieur. Le théorème de Gauss donne pour tout champ de vecteurs

$$\int_\Omega \mathbf{J} \cdot d\omega = \int_V (\nabla \cdot \mathbf{J})\, dV.$$

La relation obtenue est valable pour tout volume :

$$\int_V \left(\frac{\partial y}{\partial t}\right) dV = \int_V P[Y]dV - \int_V (\nabla \cdot \mathbf{J}_Y)\, dV.$$

Nous pouvons égaler les intégrands et obtenir le bilan :

$$\left(\frac{\partial y}{\partial t}\right) + (\nabla \cdot \mathbf{J}_Y) = P[Y].$$

$\nu_k(1/V)(d\xi/dt)$; comme plus haut, ξ est l'avancement de la réaction, et ν_k est le coefficient stœchiométrique du composant k. Dans le cas de plusieurs réactions simultanées, nous introduirons l'indice j. La vitesse de la réaction j est donc (9.5.5)

$$\text{vitesse de réaction } v_j = \frac{1}{V}\frac{d\xi_j}{dt}. \tag{15.2.2}$$

La source de k est donc

$$P[n_k] \equiv \sum_j \nu_{jk}v_j. \tag{15.2.3}$$

Et le bilan (15.2.1) s'écrit

$$\frac{\partial n_k}{\partial t} = \frac{\partial_e n_k}{\partial t} + \frac{\partial_i n_k}{\partial t} = -\nabla \cdot (n_k\mathbf{v}_k) + \sum_j \nu_{jk}v_j. \tag{15.2.4}$$

Nous pouvons décomposer la vitesse de déplacement $\mathbf{v}_k$ du composé k en un mouvement convectif et un mouvement de diffusion. Le mouvement convectif est par définition le mouvement du centre de gravité, alors que le mouvement par rapport au centre de gravité définit la diffusion. La vitesse du centre de gravité $\mathbf{v}$ est donnée par

$$\mathbf{v} \equiv \frac{\sum_k M_k n_k \mathbf{v}_k}{\sum_k M_k n_k} \tag{15.2.5}$$

où M_k est la masse molaire du composant k. Le mouvement de diffusion du composant k se définit alors[1] par

$$\mathbf{J}_k = n_k(\mathbf{v}_k - \mathbf{v}). \tag{15.2.6}$$

D'où, en portant (15.2.6) dans (15.2.4) :

$$\frac{\partial n_k}{\partial t} = -\nabla \cdot \mathbf{J}_k - \nabla \cdot (n_k \mathbf{v}) + \sum_j \nu_{jk} v_j. \tag{15.2.7}$$

Par définition, les flux de diffusion $\mathbf{J}_k$ obéissent à la relation

$$\sum_k M_k \mathbf{J}_k = 0. \tag{15.2.8}$$

Les flux $\mathbf{J}_k$ ne sont donc pas tous indépendants ; nous reviendrons sur ce point dans le chapitre 16, lorsque nous étudierons le couplage entre flux de diffusion. Nous pouvons décomposer (15.2.7) et écrire

$$\frac{\partial_e n_k}{\partial t} = -\nabla \cdot \mathbf{J}_k - \nabla \cdot (n_k \mathbf{v}) \qquad \text{et} \qquad \frac{\partial_i n_k}{\partial t} = \sum_j \nu_{jk} v_j. \tag{15.2.9}$$

En l'absence de convection, nous avons donc

$$\frac{\partial n_k}{\partial t} = -\nabla \cdot \mathbf{J}_k + \sum_j \nu_{jk} v_j. \tag{15.2.10}$$

L'équation (15.2.10) décrit les *systèmes réaction-diffusion* qui, comme nous le verrons aux chapitres 18 et 19, ont été parmi les premiers étudiés du point de vue de la thermodynamique loin de l'équilibre.

15.3 Bilan de l'énergie

Nous avons étudié la conservation de l'énergie au chapitre 2. Donnons-en à présent la forme locale. La densité d'énergie totale e est la somme de l'énergie cinétique et de l'énergie interne :

$$e = \frac{1}{2} \sum_k (M_k n_k) \mathbf{v}_k^2 + u; \tag{15.3.1}$$

---

1. Dans la thermodynamique des superfluides, il est plus naturel de ne pas décomposer la vitesse de déplacement en convection et diffusion, étant donné le faible freinage entre les composés — c'est du reste ce faible freinage qui définit la notion de superfluide. Nous utilisons aussi dans la suite les flux de diffusion par rapport à la vitesse volumique moyenne obtenue en remplaçant les masses M_k dans (15.2.5) par des volumes spécifiques molaires.

$(M_k n_k)$ est ici la masse par unité de volume, et $\mathbf{v}_k$ est la vitesse du composant k. L'équation (15.3.1) définit la densité de l'énergie interne u[2], c'est-à-dire de la part de l'énergie qui n'est pas associée à des vitesses macroscopiques. La vitesse du centre de masse $\mathbf{v}$ (dite aussi vitesse barycentrique) définie en (15.2.5) permet d'écrire

$$e = \frac{\varrho}{2}\mathbf{v}^2 + \frac{1}{2} \sum_k (M_k n_k) (\mathbf{v}_k - \mathbf{v})^2 + u \tag{15.3.2}$$

où $\varrho = \sum_k (M_k n_k)$ est la densité de masse. Le deuxième terme de (15.3.2) est l'*énergie cinétique de diffusion* [12]. Certains auteurs définissent l'énergie interne comme la somme des deux derniers termes ; l'énergie interne comprend alors l'énergie cinétique de diffusion. Pour obtenir le bilan de l'énergie, nous devons encore tenir compte de la présence éventuelle d'un champ externe. On obtient ainsi une énergie d'interaction $\sum_k \tau_k n_k \psi$, où τ_k est la *constante de couplage* avec le champ, et ψ le potentiel correspondant. Cette énergie peut soit être introduite comme un terme supplémentaire dans (15.3.1) (cf. [12]), soit être supposée incluse dans la définition de u. C'est la voie suivie dans les chapitres 2 et 10. Nous incluons ici le terme dans la définition de l'énergie interne u.

Puisque l'énergie est conservée, il n'y a pas de terme de source dans l'équation de bilan. La forme locale de la conservation de l'énergie est donc

$$\frac{\partial e}{\partial t} + \nabla \cdot \mathbf{J}_e = 0 \tag{15.3.3}$$

où $\mathbf{J}_e$ est le flux d'énergie. Donnons à cette relation une forme plus explicite. Considérons d'abord la variation de l'énergie interne u. Puisque c'est une fonction de T et de n_k, nous aurons

$$du = \left(\frac{\partial u}{\partial T} \right)_{n_k} dT + \sum_k \left(\frac{\partial u}{\partial n_k} \right)_T dn_k$$

$$= c_V \, dT + \sum_k u_k dn_k \tag{15.3.4}$$

où $u_k = (\partial u / \partial n_k)_T$ est l'énergie molaire partielle du composant k, et c_V est la chaleur spécifique à volume constant. On a donc

$$\frac{\partial u}{\partial t} = c_V \frac{\partial T}{\partial t} + \sum_k u_k \frac{\partial n_k}{\partial t}. \tag{15.3.5}$$

À l'aide de l'équation du bilan pour les concentrations (15.2.10), nous pouvons récrire cette expression sous la forme

$$\frac{\partial u}{\partial t} = c_V \frac{\partial T}{\partial t} + \sum_{k,j} u_k \nu_{jk} v_j - \sum_k u_k \nabla \cdot \mathbf{J}_k. \tag{15.3.6}$$

La grandeur $\sum_{k,j} u_k \nu_{jk} = \sum_{k,j} (\partial u / \partial n_k)_T \nu_{jk}$ est la variation due à la réaction j de l'énergie interne par unité de volume à T constant. C'est donc la chaleur de réaction

---

2. Les chapitres précédents n'ont pas tenu compte de l'énergie cinétique ; on a alors $e = u$.

de la réaction j à volume et température constants; nous la noterons $(r_{V,T})_j$. Par définition, $(r_{V,T})_j$ est négatif dans les réactions exothermiques. Utilisons l'identité $u_k \nabla \cdot \mathbf{J}_k = \nabla \cdot (u_k \mathbf{J}_k) - \mathbf{J}_k \cdot (\nabla u_k)$, nous pouvons écrire (15.3.6) sous la forme

$$\frac{\partial u}{\partial t} = c_V \frac{\partial T}{\partial t} + \sum_j \left(r_{V,T}\right)_j v_j + \sum_k \mathbf{J}_k \cdot (\nabla u_k) - \sum_k \nabla \cdot (u_k \mathbf{J}_k). \qquad (15.3.7)$$

Rapprochons (15.3.7) et (15.3.3) en tenant compte de (15.4.1). Nous avons

$$\frac{\partial e}{\partial t} = c_V \frac{\partial T}{\partial t} + \sum_k \left(r_{V,T}\right)_j v_j + \sum_k \mathbf{J}_k \cdot (\nabla u_k) - \sum_k \nabla \cdot (u_k \mathbf{J}_k) + \frac{\partial}{\partial t} e_{\mathrm{cin}}$$

$$= -\nabla \cdot \mathbf{J}_e \qquad (15.3.8)$$

où e_{cin} est l'énergie cinétique associée à la convection et à la diffusion :

$$e_{\mathrm{cin}} \equiv \left(\frac{\varrho}{2} \mathbf{v}^2 + \frac{1}{2} \sum_k (M_k n_k)(\mathbf{v}_k - \mathbf{v})^2 \right). \qquad (15.3.9)$$

Nous pouvons maintenant décomposer le flux total d'énergie $\mathbf{J}_e$ et définir un flux de chaleur J_q et des flux d'énergie due à la diffusion.

$$\mathbf{J}_e = \mathbf{J}_q + \sum_k u_k \mathbf{J}_k. \qquad (15.3.10)$$

La formule (15.3.8) nous donne alors

$$-\nabla \cdot \mathbf{J}_q \equiv c_V \frac{\partial T}{\partial t} + \sum_k \left(r_{V,T}\right)_j v_j + \sum_k \mathbf{J}_k \cdot (\nabla u_k) + \frac{\partial}{\partial t} e_{\mathrm{cin}}. \qquad (15.3.11)$$

La définition du flux de chaleur (15.3.11) conduit à une interprétation physique naturelle. En effet, si nous introduisons (15.3.7) dans (15.3.11) nous obtenons

$$-\nabla \cdot \mathbf{J}_q = \frac{\partial u}{\partial t} + \nabla \cdot \left(\sum_k u_k \mathbf{J}_k \right) + \frac{\partial}{\partial t} e_{\mathrm{cin}}$$

qui peut se récrire sous la forme

$$\frac{\partial u}{\partial t} + \nabla \cdot \mathbf{J}_u = -\frac{\partial}{\partial t} e_{\mathrm{cin}} \qquad (15.3.12)$$

où

$$\mathbf{J}_u = \sum_k \left(u_k \mathbf{J}_k + \mathbf{J}_q \right) \qquad (15.3.13)$$

est le flux d'énergie interne, laquelle n'est pas une grandeur conservée; d'où la présence du terme de source dans (15.3.12). Interprétons les termes qui apparaissent dans (15.3.12). Comme le montre (15.3.13), le flux d'énergie interne comprend un flux de chaleur J_q et des flux associés aux mouvements de diffusion. Quant à la source, elle est due à des phénomènes de dissipation qui transforment l'énergie du mouvement en énergie interne. Notons que (15.3.11) nous donne aussi l'équation familière pour la variation de la température :

$$c_V \frac{\partial T}{\partial t} + \nabla \cdot \mathbf{J}_q = \sigma_{\text{chaleur}} \tag{15.3.14}$$

avec un terme de « source de chaleur » σ_{chaleur}

$$\sigma_{\text{chaleur}} = - \sum_j \left(r_{V,T} \right)_j v_j - \sum_{k,i} \mathbf{J}_k \cdot (\nabla u_k) - \frac{\partial}{\partial t} e_{\text{cin}}. \tag{15.3.15}$$

L'équation (15.3.14) généralise l'équation classique de Fourier au cas où apparaît la source de chaleur. En l'absence de diffusion ($\mathbf{J}_k = 0$), et en négligeant la dissipation de l'énergie cinétique, nous retrouvons l'expression classique, où la source de chaleur provient de la chaleur des réactions chimiques. Dans la suite de notre exposé, nous allons négliger les effets de l'énergie cinétique, et prendre $(\partial/\partial t) e_{\text{cin}} = 0$. Il nous reste[3] à discuter l'effet des champs externes. Ainsi que nous l'avons dit au chapitre 10, il faut alors ajouter à l'énergie interne u le terme d'interaction

$$u(T, n_k) = u^0(T, n_k) + \sum_k n_k \tau_k \psi \tag{15.3.16}$$

où $u^0(T, n_k)$ est la densité d'énergie en l'absence de champ externe. Pour un champ électrique, $\tau_k = F z_k$, F est la constante de Faraday, z_k est le nombre d'ions et ψ est le potentiel électrique. Pour un champ gravitationnel, $\tau_k = M_k$, la masse molaire, et ψ est le potentiel gravitationnel. Au lieu de (15.3.5) nous aurons

$$\frac{\partial u}{\partial t} = c_V \frac{\partial T}{\partial t} + \sum_k \left(u_k^0 + \tau_k \psi \right) \frac{\partial n_k}{\partial t} \tag{15.3.17}$$

où $u_k^0 = \left(\partial u^0 / \partial n_k \right)_T$. La relation (15.3.17) ne diffère de la relation (15.2.5) que par le remplacement de u_k par $u_k^0 + \tau_k \psi$. L'adaptation des formules précédentes est immédiate. En particulier, nous avons l'équation de conservation

$$\frac{\partial e}{\partial t} + \nabla \cdot \mathbf{J}_e^\psi = 0 \tag{15.3.18}$$

avec

$$\mathbf{J}_e^\psi = \mathbf{J}_q + \sum_k \left(u_k^0 + \tau_k \psi \right) \mathbf{J}_k. \tag{15.3.19}$$

Au lieu de (15.3.11), nous avons

$$-\nabla \cdot \mathbf{J}_q \equiv c_V \frac{\partial T}{\partial t} + \sum_k \left(r_{V,T} \right)_j v_j + \sum_k \mathbf{J}_k \cdot (\nabla u_k) + \frac{\partial}{\partial t} e_{\text{cin}} + \sum_k \tau_k \mathbf{J}_k \cdot \nabla \psi. \tag{15.3.20}$$

---

3. Ce cadre suffit pour traiter les applications présentées dans les chapitres suivants. Notons que l'on trouvera d'autres définitions du flux de chaleur J_q [12] ; ces différentes définitions n'ont pas d'effet sur les conséquences physiques, et nous ne nous y attarderons pas.

Dans le cas d'un champ électrique, le dernier terme devient $-\mathbf{I} \cdot \mathbf{E}$ où $\mathbf{E} = -\nabla \psi$ est le champ électrique, et où $\mathbf{I} = \sum_k \tau_k \mathbf{J}_k$ est le flux des particules chargées. $\mathbf{I} \cdot \mathbf{E}$ est la chaleur ohmique due au courant électrique ; et (15.3.12) donne

$$\frac{\partial u}{\partial t} + \nabla \cdot \mathbf{J}_u = -\frac{\partial}{\partial t} e_{\text{cin}} + \mathbf{I} \cdot \mathbf{E} \tag{15.3.21}$$

où $\mathbf{J}_u = \sum_k u_k^0 \mathbf{J}_k + \mathbf{J}_q$. De même, (15.3.14) est modifié pour que la source de chaleur contienne un terme supplémentaire dû à la chaleur ohmique :

$$c_V \frac{\partial T}{\partial t} + \nabla \cdot \mathbf{J}_q = \sigma_{\text{chaleur}} \tag{15.3.22}$$

avec un terme de « source de chaleur » σ_{chaleur}

$$\sigma_{\text{chaleur}} = -\sum_j \left(r_{V,T} \right)_j v_j - \sum_k \mathbf{J}_k \cdot (\nabla u_k) - \frac{\partial}{\partial t} e_{\text{cin}} + \mathbf{I} \cdot \mathbf{E}. \tag{15.3.23}$$

Ceci achève notre présentation du bilan d'énergie local. Ces expressions sont lourdes parce que la variation d'énergie résulte de nombreux processus : flux de chaleur, diffusion, dissipation de l'énergie cinétique... mais le sens physique est simple.

15.4 Bilan de l'entropie

Ce bilan est

$$(\partial s / \partial t) + \nabla \cdot \mathbf{J}_S = \sigma \tag{15.4.1}$$

où $\mathbf{J}_S$ est le flux d'entropie ; σ est la production d'entropie locale, positive en vertu du second principe. Nous en donnerons des formes explicites en utilisant l'hypothèse de l'équilibre local. Nous considérons ici, pour des raisons de simplicité des notations, un système sans dissipation d'énergie cinétique et qui n'est soumis à aucun champ externe. Il découle de la relation de Gibbs $T ds = du - \sum_k \mu_k dn_k$ que

$$\frac{\partial s}{\partial t} = \frac{1}{T} \frac{\partial u}{\partial t} - \sum_k \frac{\mu_k}{T} \frac{\partial n_k}{\partial t}. \tag{15.4.2}$$

Utilisons le bilan du nombre de moles (15.2.10) et le bilan de l'énergie interne (15.2.12) avec $(\partial e_{\text{cin}} / \partial t) = 0$; dans ces conditions, l'expression (15.4.2) devient

$$\frac{\partial s}{\partial t} = -\frac{1}{T} \nabla \cdot \mathbf{J}_u + \sum_k \frac{\mu_k}{T} \nabla \cdot \mathbf{J}_k - \sum_{k,j} \frac{\mu_k}{T} \nu_{jk} v_j. \tag{15.4.3}$$

Écrivons cette équation sous la forme (15.4.1). L'affinité de la réaction j est

$$\mathcal{A}_j = -\sum_k \mu_k \nu_{jk}. \tag{15.4.4}$$

Ensuite, si g est une fonction scalaire et $\mathbf{J}$ un vecteur, nous avons

$$\nabla \cdot (g\mathbf{J}) = \mathbf{J} \cdot (\nabla g) + g (\nabla \cdot \mathbf{J}). \tag{15.4.5}$$

Moyennant (15.4.4) et (15.4.5) on peut réécrire (15.4.3) sous la forme d'un bilan

$$\frac{\partial s}{\partial t} + \nabla \cdot \left(\frac{\mathbf{J}_u}{T} - \sum_k \frac{\mu_k \mathbf{J}_k}{T} \right) = \mathbf{J}_u \cdot \nabla \frac{1}{T} - \sum_k \mathbf{J}_k \cdot \nabla \frac{\mu_k}{T} + \sum_j \frac{\mathcal{A}_j v_j}{T}. \tag{15.4.6}$$

Processus	Force	Flux
Conduction calorique	$\nabla \frac{1}{T}$	Flux d'énergie $\mathbf{J}_u$
Diffusion	$-\nabla \frac{\mu_k}{T}$	Courant de diffusion $\mathbf{J}_k$
Conduction électrique	$\frac{-\nabla \phi}{T}$	Courant ionique $\mathbf{I}_k$
Réactions chimiques	$\frac{A_j}{T}$	Vitesse de réaction v_j

Table 15.1 Table de quelques forces F_α et flux J_α dans le formalisme thermodynamique. On notera que $-\nabla \phi = \mathbf{E}$ (15.4.12) ; v_j est la vitesse de réaction définie en (9.5.5) et (15.2.2).

D'où, moyennant (15.4.1), le flux d'entropie
$$\mathbf{J}_S = \frac{\mathbf{J}_u}{T} - \sum_k \frac{\mu_k \mathbf{J}_k}{T} \qquad (15.4.7)$$

et la production d'entropie
$$\sigma = \mathbf{J}_u \cdot \nabla \frac{1}{T} - \sum_k \mathbf{J}_k \cdot \nabla \frac{\mu_k}{T} + \sum_j \frac{A_j v_j}{T}. \qquad (15.4.8)$$

Introduisons le flux de chaleur $\mathbf{J}_u = \mathbf{J}_q + \sum_k u_k \mathbf{J}_k$; moyennant la relation $u_k = \mu_k + T s_k$ où $s_k = (\partial s / \partial n_k)_T$, le flux d'entropie $\mathbf{J}_S$ s'écrit aussi (cf. exc. 15.2)

$$\mathbf{J}_S = \frac{\mathbf{J}_q}{T} + \sum_k \frac{u_k - \mu_k}{T} \mathbf{J}_k = \frac{\mathbf{J}_q}{T} + \sum_k s_k \mathbf{J}_k. \qquad (15.4.9)$$

Comme dans le cas du flux d'énergie, cette expression contient deux termes, liés l'un au flux de chaleur et l'autre au flux de matière. En présence d'un champ externe, $Tds = du - \sum_k \mu_k dn_k + \sum_k \tau_k \psi \, dn_k$, et nous avons

$$T\frac{\partial s}{\partial t} = \frac{\partial u}{\partial t} - \sum_k (\mu_k + \tau_k \psi) \frac{\partial n_k}{\partial t}. \qquad (15.4.10)$$

La seule différence est que le potentiel chimique μ_k est remplacé par $(\mu_k + \tau_k \psi)$. Le flux d'entropie (15.4.7) et la production d'entropie (15.4.8) deviennent

$$\mathbf{J}_S = \frac{\mathbf{J}_k^{\psi}}{T} - \sum_k \frac{\mu_k + \tau_k \psi}{T} \mathbf{J}_k \qquad (15.4.11)$$

$$\sigma = \mathbf{J}_u \cdot \nabla \frac{1}{T} - \sum_k \mathbf{J}_k \cdot \nabla \left(\frac{\mu_k}{T} \right) + \frac{\mathbf{I} \cdot (-\nabla \psi)}{T} + \sum_j \frac{A_j v_j}{T} \qquad (15.4.12)$$

où $\mathbf{J}_u = \mathbf{J}_q + \sum_k u_k^0 \mathbf{J}_k$. Les u_k^0 sont comme ci-dessus (cf. (15.3.21)) les énergies molaires partielles en l'absence de champ externe, et $\mathbf{I} = \sum_k \tau_k \mathbf{J}_k$. Dans un champ électrique statique $\mathbf{E}$, nous avons $-\nabla \psi = \mathbf{E}$ et $\mathbf{I}$ est le courant électrique. Nous retrouvons le fait que la production d'entropie σ est une forme bilinéaire des forces F_α et des flux J_α

$$\sigma = \sum_\alpha F_\alpha J_\alpha. \qquad (15.4.13)$$

L'appendice 15.1 donne des transformations entre flux qui laissent σ invariant.

16 THERMODYNAMIQUE HORS D'ÉQUILIBRE :

RÉGIME LINÉAIRE

16.1 Lois linéaires

Près de l'équilibre, les flux et les forces sont liés par des lois linéaires. Nous avons vu dans le chapitre précédent que la production d'entropie par unité de volume s'écrit

$$\sigma = \sum_k F_k J_k. \tag{16.1.1}$$

Les F_k sont les *forces thermodynamiques*, et les J_k sont des *flux*. À l'équilibre, forces et flux s'annulent : $F_k = 0$ et $J_k = 0$. On peut donc supposer que près de l'équilibre les flux seront des fonctions linéaires des forces[1]. Nous écrirons donc plus généralement (les L_{kj} sont les *coefficients phénoménologiques*) :

$$J_k = \sum_j L_{kj}\, F_j. \tag{16.1.2}$$

Cette relation implique qu'une force comme celle qui est liée au gradient $(1/T)$ est à l'origine d'un flux de chaleur, mais peut aussi provoquer d'autres flux, comme par exemple un flux de matière ou un courant électrique. Il en va ainsi dans l'effet thermoélectrique : un gradient thermique provoque à la fois un flux de chaleur et un courant électrique et vice versa (cf. la figure 16.1). On trouve aussi des effets de diffusion *croisés*, où un gradient de concentration d'un composé provoque un courant de diffusion d'un autre. De tels effets croisés furent observés bien avant la formulation de la thermodynamique des processus irréversibles. Ainsi, l'effet thermoélectrique fit l'objet de nombreux travaux dès les années 1850, et Kelvin en donna une première théorie [2]. Rappelons d'abord les principales lois linéaires expérimentales, en négligeant les effets croisés. Nous avons (cf. la table 15.1)

$$\text{conduction thermique (loi de Fourier) :} \qquad \mathbf{J}_q = -\kappa \nabla T(x) ; \tag{16.1.3}$$

$$\text{diffusion (loi de Fick) :} \qquad \mathbf{J}_k = -D_k \nabla n_k(x) ; \tag{16.1.4}$$

$$\text{conduction électrique (loi d'Ohm) :} \qquad I = \frac{V}{R}. \tag{16.1.5}$$

Introduisons à présent les effets croisés (16.1.2). Considérons à titre de premier exemple l'effet thermoélectrique (cf. figure 16.1). Nous avons un flux de chaleur $\mathbf{J}_q$ et un courant électrique $\mathbf{I}_e$. D'où les deux relations

$$\mathbf{J}_q = L_{qq} \nabla \left(\frac{1}{T} \right) + L_{qe} \frac{\mathbf{E}}{T} \tag{16.1.6}$$

---

1. Conformément aux lois de Fourier, de Fick, d'Ohm, et à la théorie cinétique.

$$\mathbf{I}_e = L_{ee}\frac{\mathbf{E}}{T} + L_{eq}\nabla\frac{1}{T} \tag{16.1.6a}$$

où nous retrouvons les L_{ij} de (16.1.2). Les coefficients L_{eq} et L_{qe} expriment le couplage entre les phénomènes irréversibles. Nous donnerons plus loin d'autres exemples de processus croisés. La thermodynamique des phénomènes irréversibles permet d'en donner une théorie unifiée. En portant (16.1.2) dans (16.1.1), nous avons

$$\sigma = \sum_{j,k} L_{jk}F_j F_k > 0. \tag{16.1.7}$$

Une matrice à deux dimensions sera définie positive lorsque

$$L_{11} > 0 \qquad L_{22} > 0 \qquad (L_{12} + L_{21})^2 < 4L_{11}\,L_{22}. \tag{16.1.8}$$

Les éléments diagonaux d'une matrice définie positive sont positifs. La condition pour qu'une matrice soit définie positive est que son déterminant soit positif, ainsi que ceux des matrices obtenues en supprimant une ou plusieurs lignes ou colonnes. Conformément au second principe, les *coefficients propres* L_{kk} doivent être positifs ; en revanche, les *coefficients croisés*, $L_{ik}(i \neq k)$, peuvent avoir un signe arbitraire. Nous verrons que les éléments L_{jk} obéissent aux relations de réciprocité d'Onsager $L_{jk} = L_{kj}$. La production positive d'entropie et les relations d'Onsager fondent la thermodynamique linéaire de non-équilibre.

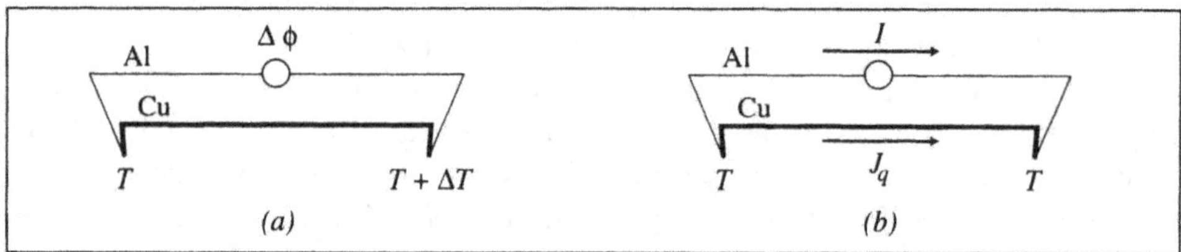

Figure 16.1 L'effet thermoélectrique est un exemple d'effet croisé entre forces et flux thermodynamiques. (a) Dans l'effet Seebeck, deux fils de métaux différents (ici Al et Cu) sont reliés, et les jonctions sont maintenues à des températures différentes. La force électromotrice ainsi produite varie selon les métaux utilisés. (b) Dans l'effet Peltier, les deux jonctions sont maintenues à la même température, et l'on fait passer un courant électrique dans le système. Ce courant provoque un flux de chaleur J_q d'une jonction à l'autre.

16.2 Relations d'Onsager et principe de symétrie

L'égalité $L_{jk} = L_{kj}$ liée aux effets croisés fut remarquée dès Kelvin. Mais les chercheurs considéraient ces relations de réciprocité comme de simples conjectures ; et c'est Onsager qui en présenta la première justification générale en 1931 [3]. Son approche est basée sur le principe de bilan détaillé (ou de réversibilité microscopique, voir le chapitre 9), valable pour les systèmes à l'équilibre. Ce principe peut se formuler à l'aide de la théorie thermodynamique des fluctuations d'équilibre décrite dans la section 14.2. Donnons d'abord un résumé de nos résultats.

- L'entropie $\Delta_i S$ associée aux fluctuations α_i peut s'écrire sous la forme

$$\Delta_i S = -\frac{1}{2}\sum_{kj} g_{kj}\alpha_k\alpha_j = \frac{1}{2}\sum_k F_k\,\alpha_k \tag{16.2.1}$$

où
$$F_k = \frac{\partial \Delta_i S}{\partial \alpha_k} = -\sum_j g_{kj}\alpha_j. \tag{16.2.2}$$

C'est la force thermodynamique associée au flux thermodynamique $d\alpha_k/dt$.

- La relation d'Einstein (14.2.2) donne la probabilité des fluctuations

$$P(\alpha_1, \alpha_2 \ldots \alpha_m) = Z \exp\left[\frac{\Delta_i S}{k_B}\right] = Z \exp\left[-\frac{1}{2k_B}\sum_{ij} g_{ij}\alpha_i\alpha_j\right] \tag{16.2.3}$$

où k_B est la constante de Boltzmann, et Z est une constante de normalisation.

- En partant de la distribution de probabilités (16.2.3), nous avons obtenu les corrélations
$$\langle F_i \alpha_j \rangle = -k_B \delta_{ij} \tag{16.2.4}$$
et
$$\langle \alpha_i \alpha_j \rangle = k_B \left(g^{-1}\right)_{ij} \tag{16.2.5}$$

où $(g^{-1})_{ij}$ est l'inverse de la matrice g_{ij}. Nous allons utiliser ces résultats pour démontrer les relations de réciprocité d'Onsager.

LES RELATIONS DE RÉCIPROCITÉ D'ONSAGER

La théorie d'Onsager part de l'hypothèse qu'une fluctuation α_k décroît selon la relation linéaire

$$J_k = \frac{d\alpha_k}{dt} = \sum_j L_{kj} F_j \tag{16.2.6a}$$

qui, grâce à (16.2.2), peut aussi s'écrire

$$J_k = \frac{d\alpha_k}{dt} = -\sum_{ji} L_{kj} g_{ji} \alpha_i = \sum_i M_{ki} \alpha_i \tag{16.2.6b}$$

où la matrice M_{ki} est le produit des matrices L_{kj} et g_{ji}. Nous avons déjà introduit le principe de bilan détaillé au chapitre 9. Nous allons montrer que ce principe implique que l'effet de α_i sur le flux $(d\alpha_k/dt)$ est le même que celui de α_k sur le flux $(d\alpha_i/dt)$.

$$\left\langle \alpha_i \frac{d\alpha_k}{dt} \right\rangle = \left\langle \alpha_k \frac{d\alpha_i}{dt} \right\rangle. \tag{16.2.7}$$

Une fois la validité de (16.2.7) admise, les relations de réciprocité découlent immédiatement de (16.2.6a). En multipliant (16.2.6a) par α_i et en prenant la moyenne, nous obtenons

$$\left\langle \alpha_i \frac{d\alpha_k}{dt} \right\rangle = \sum_j L_{kj} \langle \alpha_i F_j \rangle = -k_B \sum_j L_{kj} \delta_{ij} = -k_B L_{ki} \tag{16.2.8}$$

où nous avons utilisé la relation $\langle \alpha_i F_j \rangle = -k_B \delta_{ij}$. De même

$$\left\langle \alpha_k \frac{d\alpha_i}{dt} \right\rangle = \sum_j L_{ij} \langle \alpha_k F_j \rangle = -k_B \sum_j L_{ij} \delta_{kj} = -k_B L_{ik}. \tag{16.2.9}$$

D'où (moyennant 16.2.7) l'on tire les relations de réciprocité d'Onsager[2] :

$$L_{ki} = L_{ik}. \tag{16.2.10}$$

---

2. En présence d'un champ magnétique $\mathbf{B}$, les L_{ij} peuvent être fonction de $\mathbf{B}$. Les relations de réciprocité prennent alors la forme $L_{ki}(\mathbf{B}) = L_{ik}(-\mathbf{B})$.

Revenons à l'égalité (16.2.7). Onsager introduit la notion de *réversibilité microscopique* par l'énoncé suivant ([3] p. 418) :

Les transitions qui se produisent entre deux configurations A et B sont aussi nombreuses dans le sens A→B que dans le sens B→A.

Cette formulation découle du principe de bilan détaillé, que nous avons décrit au chapitre 9. Considérons une situation où α_i vaut $\alpha_i(t)$ en t tandis que α_k vaut $\alpha_k(t+\tau)$ en $t+\tau$, et comparons ce cas à celui où nous avons une valeur de α_k en t et de α_i en $t+\tau$. Le bilan détaillé exige qu'en moyenne ces deux situations se produisent avec la même fréquence

$$\langle \alpha_i(t)\, \alpha_k(t+\tau) \rangle = \langle \alpha_k(t)\, \alpha_i(t+\tau) \rangle . \tag{16.2.11}$$

L'ordre des fluctuations est insensible à la direction du temps. En effet, la relation (16.2.11) ne change pas quand on remplace τ par $-\tau$

$$\langle \alpha_i(t)\, \alpha_k(t-\tau) \rangle = \langle \alpha_k(t)\, \alpha_i(t-\tau) \rangle . \tag{16.2.11a}$$

C'est en cela que cette égalité exprime la réversibilité microscopique. De (16.2.11) découle directement la relation (16.2.7), en prenant τ assez petit,

$$\frac{d\alpha_k}{dt} \approx \frac{\alpha_k(t+\tau) - \alpha_k(t)}{\tau}$$

de sorte que

$$\left\langle \alpha_i \frac{d\alpha_k}{dt} \right\rangle = \left\langle \alpha_i(t)\frac{\alpha_k(t+\tau) - \alpha_k(t)}{\tau} \right\rangle = \frac{1}{\tau}\alpha_i(t)\alpha_k(t+\tau) - \alpha_i(t)\alpha_k(t) \tag{16.2.12}$$

$$\left\langle \alpha_k \frac{d\alpha_i}{dt} \right\rangle = \left\langle \alpha_k(t)\frac{\alpha_i(t+\tau) - \alpha_i(t)}{\tau} \right\rangle = \frac{1}{\tau}\alpha_k(t)\alpha_i(t+\tau) - \alpha_k(t)\alpha_i(t). \tag{16.2.13}$$

Nous obtenons ainsi (16.2.7), et par là les relations d'Onsager. Notons que le principe de bilan détaillé n'est valable qu'à l'équilibre. C'est une remarque générale : les coefficients phénoménologiques, qui apparaissent dans les relations linéaires, sont évalués à l'équilibre.

SYMÉTRIE DES PROCESSUS IRRÉVERSIBLES

Des considérations de symétrie restreignent les possibilités de couplage entre forces et flux. On sait que selon le principe de symétrie énoncé par Curie [4]

Lorsque certaines causes produisent certains effets, les éléments de symétrie des causes doivent se retrouver dans les effets produits. Lorsque certains effets révèlent une certaine dissymétrie, cette dissymétrie doit se retrouver dans les causes qui leur ont donné naissance.

Comme l'a montré Prigogine [5], ce principe permet d'exclure certains couplages entre forces et flux. Par exemple, une force thermodynamique comme l'affinité chimique, isotrope, et donc représentée par un scalaire, ne peut provoquer un courant de chaleur dirigé dans l'espace et donc associé à un vecteur. Ainsi, considérons un système avec transport de chaleur et réaction chimique. La production d'entropie sera

$$\sigma = \mathbf{J}_q \cdot \nabla \frac{1}{T} + \frac{\mathcal{A}}{T}\, v. \tag{16.2.14}$$

D'où les lois linéaires

$$\mathbf{J}_q = L_{qq}\nabla\frac{1}{T} + L_{qc}\frac{A}{T} \tag{16.2.15}$$

$$v = L_{cc}\frac{A}{T} + L_{cq}\nabla\frac{1}{T}. \tag{16.2.16}$$

En raison du principe de symétrie, le processus scalaire des réactions chimiques ne peut engendrer un courant de chaleur orienté : une cause scalaire ne peut produire un effet vectoriel. On a donc $L_{qc} = 0$. Par suite des relations de réciprocité, nous avons aussi $L_{cq} = 0$. De façon générale, nous ne pouvons coupler que des processus irréversibles de même symétrie (scalaires, vecteurs ou tenseurs d'ordre plus élevé). Dans le cas ci-dessus, nous avons donc

$$\mathbf{J}_q \cdot \nabla\frac{1}{T} \geq 0 \qquad \frac{A}{T}v \geq 0. \tag{16.2.17}$$

Voyons maintenant les implications des relations d'Onsager sur des exemples concrets.

16.3 Phénomènes thermoélectriques

Reprenons l'effet thermoélectrique. Nous avons vu (16.1.6 et 16.1.6a) que

$$\sigma = \mathbf{J}_q \cdot \nabla\left(\frac{1}{T}\right) + \frac{\mathbf{I}_e \cdot \mathbf{E}}{T}\,; \tag{16.3.1}$$

$$\mathbf{J}_q = L_{qq}\nabla\left(\frac{1}{T}\right) + L_{qe}\frac{\mathbf{E}}{T}\,; \tag{16.3.2}$$

$$\mathbf{I}_e = L_{ee}\frac{\mathbf{E}}{T} + L_{eq}\nabla\frac{1}{T}. \tag{16.3.3}$$

Dans un système à une seule dimension géométrique x, ces équations deviennent

$$\mathbf{J}_q = -\frac{1}{T^2}L_{qq}\frac{\partial}{\partial x}T + L_{qe}\frac{\mathbf{E}}{T}\,; \tag{16.3.4}$$

$$\mathbf{I}_e = L_{ee}\frac{\mathbf{E}}{T} - \frac{1}{T^2}L_{eq}\frac{\partial}{\partial x}T. \tag{16.3.5}$$

La loi de Fourier (16.1.3) pour la conduction de la chaleur s'applique lorsque $\mathbf{E} = 0$. Comparons d'abord le terme de conduction de chaleur $\mathbf{J}_q = -1/T^2 L_{qq}\left(\partial/\partial x\right)T$ à la loi de Fourier (16.1.3). Nous avons

$$\kappa = \frac{L_{qq}}{T^2}. \tag{16.3.6}$$

Dans le régime linéaire, les coefficients L_{qq}, L_{ee} sont considérés comme constants. Mais κT^2 devrait aussi être constant ; puisque $T(x)$ est une fonction de la position x, ce n'est le cas que dans l'approximation où la variation de T d'une extrémité du système à l'autre est petite par rapport à la valeur moyenne. En d'autres termes, il faudrait que pour tout x

$$\frac{|T(x) - T_{\mathrm{moy}}|}{T_{\mathrm{moy}}} \ll 1 \qquad \text{et} \qquad T^2 \approx T_{\mathrm{moy}}^2.$$

Pour obtenir la relation entre L_{ee} et la résistance R, notons que $V = -\Delta\phi = \int_0^{\ell_{sys}}$ (où ℓ_{sys} est la longueur du système). Nous supposons que le courant $\mathbf{I}_e$ est uniforme. À température homogène, le courant est entièrement dû à la différence de potentiel électrique. Intégrons (16.3.5) sur x

$$\int_0^{\ell_{sys}} \mathbf{I}_e \, dx = \frac{L_{ee}}{T} \int_0^{\ell_{sys}} E \, dx \qquad \text{ou} \qquad \mathbf{I}_e \, \ell_{sys} = \frac{L_{ee}}{T} V. \tag{16.3.7}$$

En comparant cette équation avec la loi d'Ohm (16.1.5a) nous avons

$$L_{ee} = \frac{T}{R/\ell_{sys}} = \frac{T}{r} \tag{16.3.8}$$

où r est la résistance par unité de longueur. La loi d'Ohm s'écrit alors de façon générale

$$\mathbf{I} = \frac{\mathbf{E}}{\varrho} \tag{16.3.9}$$

où ϱ est la résistance spécifique, $\mathbf{I}$ la densité de courant et $\mathbf{E}$ le champ électrique. En comparant (16.3.5) avec (16.3.9) nous obtenons

$$L_{ee} = \frac{T}{\varrho}. \tag{16.3.10}$$

L'EFFET SEEBECK

Les coefficients croisés L_{qe} et L_{eq} donnent lieu à des effets physiques intéressants. Dans l'effet Seebeck (cf. figure 16.1), une différence de température entre deux jonctions de métaux différents produit une force électromotrice de l'ordre de 10^{-5}V/K en la différence de température (elle varie selon les métaux utilisés). À courant nul la relation (16.3.5) nous donne

$$L_{ee}ET - L_{eq}\frac{\partial}{\partial x}T = 0. \tag{16.3.11}$$

Par intégration, nous obtenons une relation entre la différence de température et la différence de potentiel. Nous supposons que la variation totale de température ΔT est faible, d'où l'approximation $\int TE dx \approx T \int E dx = -T\Delta\phi$. D'où

$$L_{eq} = -L_{ee}T \left(\frac{\Delta\phi}{\Delta T}\right)_{I=0} \tag{16.3.12}$$

où la valeur du rapport $-(\Delta\phi/\Delta T)_{I=0}$ peut être mesurée: c'est la *puissance thermo-électrique*. La table 16.1 donne quelques valeurs de cette grandeur. Elle n'a pas de signe bien déterminé: elle peut donc être positive ou négative. Notons que la relation (16.3.12) exprime le coefficient L_{eq} en termes de grandeurs mesurables.

L'EFFET PELTIER

Ici les deux jonctions sont maintenues à température uniforme pendant qu'un courant I passe à travers le système (cf. la figure 16.1). Ce courant provoque un flux de chaleur J_q d'une jonction à l'autre, typiquement de l'ordre de 10^{-5} J s^{-1} par ampère [1]. Le rapport

$$\Pi = \left(\frac{J_q}{I_e}\right) \tag{16.3.13}$$

Composé	T	Peltier	Seebeck	L_{qe}/L_{eq}
Cu-Al	15.8	2.4	3.1	0.77
Cu-Ni	0.0	18.6	20.0	0.930
Cu-Ni	14.0	20.2	20.7	0.976
Cu-Fe	0.0	−10.16	−10.15	1.000
Cu-Bi	20.0	−71.0	−66.0	1.08
Fe-Ni	16.0	33.1	31.2	1.06
Fe-Hg	18.4	16.72	16.66	1.004

Table 16.1 Effets Seebeck et Peltier. On donne dans les colonnes la température en °C, les données pour l'effet Peltier Π/T ($\mu V K^{-1}$), l'effet Seebeck $-\Delta\phi/\Delta T$ ($\mu V K^{-1}$), et le rapport des coefficients L_{qe}/L_{eq} (Source : [1]).

correspond à l'effet Peltier, qui s'exprime en termes de coefficients phénoménologiques (la table 16.1 donne quelques valeurs typiques de Π/T). Les équations (16.3.4) et (16.3.5) deviennent alors

$$J_q = L_{qe}\frac{E}{T} \tag{16.3.14}$$

$$I_e = L_{ee}\frac{E}{T}. \tag{16.3.15}$$

En utilisant (16.3.8) et (16.3.13) nous obtenons

$$L_{qe} = \Pi L_{ee} = \Pi\frac{T}{r}. \tag{16.3.16}$$

La relation de réciprocité d'Onsager

$$L_{qe} = L_{eq} \tag{16.3.17}$$

nous donne la relation entre l'effet Seebeck et l'effet Peltier. À partir de (16.3.12) et de (16.3.16) nous obtenons

$$-L_{ee}T\left(\frac{\partial\phi}{\partial T}\right) = \Pi\, L_{ee} \quad\text{ou}\quad -\left(\frac{\partial\phi}{\partial T}\right) = \frac{\Pi}{T}. \tag{16.3.18}$$

Nous obtenons ainsi une relation entre deux effets mesurables séparément. La généralité ainsi obtenue est comparable à celle des résultats de la thermodynamique d'équilibre (la table 16.1 donne quelques valeurs expérimentales pour certaines paires de conducteurs ; on trouvera d'autres données dans [1]).

16.4 Diffusion

La production d'entropie par unité de volume due à la diffusion est

$$\sigma = -\sum_k \mathbf{J}_k \cdot \nabla\frac{\mu_k}{T} \tag{16.4.1}$$

où $\mathbf{J}_k$ est le courant de diffusion, et μ_k le potentiel chimique de l'espèce k. À température uniforme, les lois linéaires deviennent

$$\mathbf{J}_i = -\sum_k \frac{L_{ik}}{T}\nabla\mu_k. \tag{16.4.2}$$

Rattachons les coefficients L_{ik} aux coefficients de diffusion de la loi de Fick, qui en présence de plusieurs composants prend la forme générale

$$\mathbf{J}_i = -\sum_k D_{ik} \nabla n_k(\mathbf{x}) \qquad (16.4.3)$$

où $n_k(\mathbf{x})$ est la concentration du composé k au point $\mathbf{x}$ (la table 16.2 donne les coefficients de diffusion D_{ij} d'une solution de silicate fondu $CaO\text{-}Al_2O_3\text{-}SiO_2$ à diverses températures ; nous avons donné les coefficients de diffusion pour divers gaz et liquides au chapitre 10 [6, 7]).

$T(K)$	D_{11}	D_{12}	D_{21}	D_{22}
1723	(6.8±0.3)	(-2.0±0.5)	(-3.3±0.5)	(4.1±0.7)
1773	(10.0±0.1)	(-2.8±0.8)	(-4.2±0.8)	(7.3±0.4)
1823	(18.0±0.2)	(-4.6±0.6)	(-6.4±0.5)	(15.0±0.1)

Table 16.2 Coefficients D_{ij} $(m^2 s^{-1})$ de diffusion (multipliés ici par 10^{11}). On voit les effets croisés dans une solution de silicate fondu, de composition de masses de 40% CaO, 20% Al_2O_3 et 40% SiO [6, 7] (Source : [6, 7]).

Considérons pour simplifier un système à deux composés. La relation de Gibbs-Duhem donne

$$n_1 d\mu_1 + n_2 d\mu_2 = 0. \qquad (16.4.4)$$

Puisque pour un déplacement dans l'espace $d\mu_k = d\mathbf{r} \cdot \nabla \mu_k$ nous avons aussi

$$n_1 \nabla \mu_1 + n_2 \nabla \mu_2 = 0. \qquad (16.4.5)$$

Les forces thermodynamiques ne sont pas toutes indépendantes ; cela reste vrai pour les flux $\mathbf{J}_k$. Dans la plupart des cas, on suppose que la diffusion n'altère pas le volume [1][3]. On impose donc la condition

$$\mathbf{J}_1 \mathbf{v}_1 + \mathbf{J}_2 \mathbf{v}_2 = 0 \qquad (16.4.6)$$

où les $\mathbf{v}_k$ sont les volumes molaires partiels (nous utilisons ici $\mathbf{v}_k$ pour $V_{m,k}$ pour simplifier les notations).

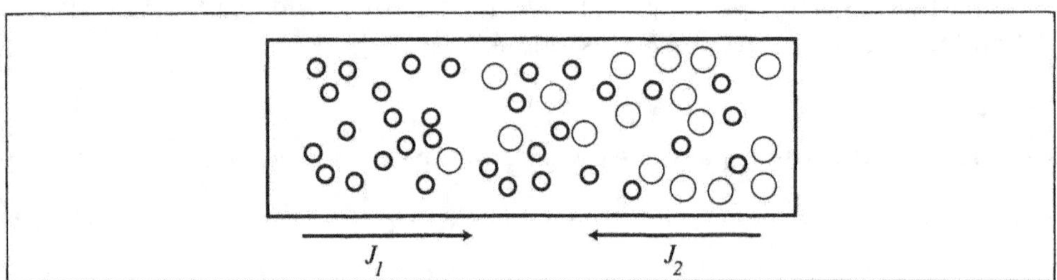

Figure 16.2 Diffusion dans un système binaire. Dans la plupart des situations, le flux de composants dû à la diffusion ne provoque pas de variation de volume.

---

3. Ainsi que nous le montrons dans l'appendice *Ad* 15.1, un flux volumique constant n'altère pas la production d'entropie.

En partant de (16.4.5) et (16.4.6), nous avons (exc. 16.4)

$$\sigma = -\frac{1}{T}\left(\mathbf{J}_1 - \frac{n_1}{n_2}\mathbf{J}_2\right)\cdot\nabla\mu_1 \tag{16.4.7}$$

et

$$\sigma = -\frac{1}{T}\left(1 + \frac{v_1 n_1}{v_2 n_2}\right)\mathbf{J}_1\cdot\nabla\mu_1. \tag{16.4.8}$$

D'où la loi linéaire

$$\mathbf{J}_1 = -L_{11}\frac{1}{T}\left(1 + \frac{v_1 n_1}{v_2 n_2}\right)\nabla\mu_1. \tag{16.4.9}$$

Comparons à la loi de Fick en notant que $\nabla\mu_1 = (\partial\mu_1/\partial n_1)\,\nabla n_1$. Nous avons

$$\mathbf{J}_1 = -L_{11}\frac{1}{T}\left(1 + \frac{v_1 n_1}{v_2 n_2}\right)\left(\frac{\partial\mu_1}{\partial n_1}\right)\nabla n_1 = -D_1\nabla n_1. \tag{16.4.10}$$

D'où

$$L_{11} = \frac{D_1 T}{\left(1 + \frac{v_1 n_1}{v_2 n_2}\right)\left(\frac{\partial\mu_1}{\partial n_1}\right)}. \tag{16.4.11}$$

Considérons une solution diluée. Pour des solutions diluées idéales, on se rappellera que $\mu_1 = \mu_0(p, T) + RT\ln x_1$ où $x_1 = n_1/(n_1 + n_2) \approx n_1/n_2$, avec $n_1 \ll n_2$. Dans ces conditions la relation entre L11 et D devient

$$L_{11} = \frac{D_1 n_1}{R}. \tag{16.4.12}$$

C'est la relation entre coefficient de diffusion et coefficient phénoménologique, déjà obtenue au chapitre 10. Pour vérifier les relations d'Onsager, il nous faut au moins un système à trois composants :

$$\sigma = -\frac{\mathbf{J}_1}{T}\cdot\nabla\mu_1 - \frac{\mathbf{J}_2}{T}\cdot\nabla\mu_2 - \frac{\mathbf{J}_3}{T}\cdot\nabla\mu_3. \tag{16.4.13}$$

L'équation de Gibbs-Duhem (16.4.5) et la condition sur les flux (16.4.6) deviennent ici

$$n_1\nabla\mu_1 + n_2\nabla\mu_2 + n_2\nabla\mu_2 = 0\,; \tag{16.4.14}$$

$$\mathbf{J}_1 v_1 + \mathbf{J}_2 v_2 + \mathbf{J}_3 v_3 = 0. \tag{16.4.15}$$

Posons que le corps indicé 3 est le solvant, tandis que les deux premiers se rapportent aux substances dissoutes. Grâce à (16.4.14) et (16.4.15), $\mathbf{J}_3$ et v_3 peuvent être éliminés. La production d'entropie s'écrit à l'aide des autres variables (exc. 16.5)

$$\sigma = \mathbf{F}_1\cdot\mathbf{J}_1 + \mathbf{F}_2\cdot\mathbf{J}_2 \tag{16.4.16}$$

avec

$$\mathbf{F}_1 = -\frac{1}{T}\left[\nabla\mu_1 + \frac{n_1 v_1}{n_3 v_3}\nabla\mu_1 + \frac{n_2 v_1}{n_3 v_3}\nabla\mu_2\right] \tag{16.4.17}$$

et

$$\mathbf{F}_2 = -\frac{1}{T}\left[\nabla\mu_2 + \frac{n_2 v_2}{n_3 v_3}\nabla\mu_2 + \frac{n_1 v_2}{n_3 v_3}\nabla\mu_1\right]. \tag{16.4.18}$$

Les lois linéaires correspondantes sont

$$\mathbf{J}_1 = L_{11}\mathbf{F}_1 + L_{12}\mathbf{F}_2\,; \tag{16.4.19}$$

$$\mathbf{J}_2 = L_{21}\mathbf{F}_1 + L_{22}\mathbf{F}_2. \tag{16.4.20}$$

Pour vérifier la relation de réciprocité $L_{12} = L_{21}$, nous devons d'abord rattacher les L_{ik} aux coefficients de diffusion D_{ik} dans les lois de Fick

$$\mathbf{J}_1 = -D_{11}\nabla n_1 - D_{12}\nabla n_2 \tag{16.4.21}$$

$$\mathbf{J}_2 = -D_{21}\nabla n_1 - D_{22}\nabla n_2. \tag{16.4.22}$$

Si $\mathbf{J}_2 = 0$, un gradient de concentration en n_1 produira un gradient de concentration en n_2. Nous considérons encore des systèmes à une seule dimension. Dès lors,

$$\frac{\partial \mu_1}{\partial x} = \frac{\partial \mu_1}{\partial n_1}\frac{\partial n_1}{\partial x} + \frac{\partial \mu_1}{\partial n_2}\frac{\partial n_2}{\partial x}. \tag{16.4.23}$$

De même pour le gradient de μ_2. En utilisant ces relations dans (16.4.17) et (16.4.18), et en les réintroduisant dans (16.4.19) et (16.4.20), les flux $\mathbf{J}_k$ peuvent s'écrire en termes des gradients de n_k. On obtient ainsi les relations suivantes entre les coefficients de diffusion et les coefficients phénoménologiques (cf. exc. 16.6)

$$L_{11} = \frac{dD_{11} - bD_{12}}{ad - bc} \qquad L_{12} = \frac{aD_{12} - cD_{11}}{ad - bc} \tag{16.4.24}$$

$$L_{21} = \frac{dD_{21} - bD_{22}}{ad - bc} \qquad L_{22} = \frac{aD_{22} - cD_{21}}{ad - bc} \tag{16.4.25}$$

où l'on a pris

$$a = \left(1 + \frac{n_1 v_1}{n_3 v_3}\right)\frac{\partial \mu_1}{\partial n_1} + \frac{n_2 v_1}{n_3 v_3}\frac{\partial \mu_2}{\partial n_1} \qquad b = \left(1 + \frac{n_2 v_2}{n_3 v_3}\right)\frac{\partial \mu_2}{\partial n_1} + \frac{n_2 v_2}{n_3 v_3}\frac{\partial \mu_1}{\partial n_1} \tag{16.4.26}$$

$$c = \left(1 + \frac{n_1 v_1}{n_3 v_3}\right)\frac{\partial \mu_1}{\partial n_2} + \frac{n_2 v_1}{n_3 v_3}\frac{\partial \mu_2}{\partial n_2} \qquad d = \left(1 + \frac{n_2 v_2}{n_3 v_3}\right)\frac{\partial \mu_2}{\partial n_2} + \frac{n_2 v_2}{n_3 v_3}\frac{\partial \mu_1}{\partial n_2}. \tag{16.4.27}$$

On notera une seule différence entre (16.4.26) et (16.4.27) : la dérivée $(\partial/\partial n_1)$ est remplacée par $(\partial/\partial n_2)$. Ces relations s'écrivent de manière plus compacte en notation matricielle (exc. 16.7). La relation d'Onsager implique donc que

$$aD_{12} + bD_{22} = cD_{11} + dD_{21}. \tag{16.4.28}$$

La table 16.3 présente les données expérimentales pour divers systèmes à trois composants [1, 6, 7]. Souvent la relation entre potentiel chimique et concentration n'est pas connue avec précision ; aussi la mesure des coefficients de diffusion est-elle assez délicate. Mais l'expérience confirme assez bien la relation d'Onsager.

$T(K)$	D_{11}	D_{12}	D_{21}	D_{22}	$L_{12/L_{21}}$
1723	(6.8±0.3)	(-2.0±0.5)	(-3.3±0.5)	(4.1±0.7)	1.46±0.44
1773	(10.0±0.1)	(-2.8±0.8)	(-4.2±0.8)	(7.3±0.4)	1.46±0.44
1823	(18.0±0.2)	(-4.6±0.6)	(-6.4±0.5)	(15.0±0.1)	1.29±0.36

Table 16.3 Données de diffusion croisée [6, 7] et vérification des relations d'Onsager dans un système de silicates fondus CaO–Al$_2$O$_3$– SiO (cf. Table 16.2).

X_1^*	X_2^*	D_{11}	D_{12}	D_{21}	D_{22}	$L_{12/L_{21}}$
0.25	0.50	1.848	-0.063	-0.052	1.797	1.052
0.26	0.03	1.570	-0.077	-0.012	1.606	0.980
0.70	0.15	2.132	0.051	-0.071	2.062	0.942
0.15	0.70	1.853	0.049	-0.068	1.841	0.915

Table 16.4 Mesures des coefficients de diffusion (multipliés par 10^{-9}) du toluène-chlorobenzène-bromobenzène à $T = 30°C$; vérification des relations d'Onsager (Source : [8]).

16.5 Réactions chimiques

Nous allons d'abord rattacher les coefficients phénoménologiques aux vitesses de réaction. Nous reprenons l'étude des vitesses de réaction du chapitre 9. Nous y avons déjà introduit le principe du bilan détaillé. Nous verrons ici que les relations d'Onsager sont automatiquement satisfaites dans le cas des réactions chimiques. La production d'entropie est alors

$$\sigma = \sum_k \frac{A_k}{T} \frac{1}{V} \left(\frac{d\xi_k}{dt} \right) = \sum_k \frac{A_k}{T} v_k. \tag{16.5.1}$$

Nous avons montré plus haut comment la vitesse v_k d'une réaction élémentaire se décompose en deux réactions opposées, et nous avons donné ainsi une mesure de l'affinité (9.2.6 et 9.5.9). On a donc pour chaque réaction

$$v = (R_{\mathrm{dir}} - R_{\mathrm{inv}}) ; \tag{16.5.2}$$

$$A = RT \ln \frac{R_{\mathrm{dir}}}{R_{\mathrm{inv}}}. \tag{16.5.3}$$

En portant (16.5.3) dans (16.5.2), nous avons

$$v = R_{\mathrm{dir}} \left(1 - \exp \left(\frac{A_k}{RT} \right) \right). \tag{16.5.4}$$

C'est là une expression utile pour discuter la validité des lois linéaires. Soulignons que (16.5.4) est valable pour une réaction élémentaire décomposable suivant (16.5.2). La formule (16.5.3) incorpore le principe du bilan détaillé, selon lequel les effets des réactions directe et inverse de toute étape élémentaire se compensent à l'équilibre. Notons aussi qu'à la limite $Ak \to \infty$, la vitesse est donnée par R_{dir}.

L'équation (16.5.4) montre que la vitesse de réaction v n'est pas seulement fonction de l'affinité : elle dépend aussi de tous les facteurs qui déterminent R_{dir}. Ainsi, la vitesse de réaction dépend de la présence de catalyseurs (rappelons qu'un catalyseur n'a pas d'influence sur l'état d'équilibre ou sur l'affinité, car il modifie semblablement les vitesses directe et inverse).

$$v_k = \sum_j L_{kj} \frac{A_j}{T}. \tag{16.5.5}$$

Si nous voulons comparer (16.5.4) aux lois linéaires, le plus instructif sera d'examiner quelques exemples.

RÉACTION UNIQUE

Considérons une réaction unique qui correspond à une étape élémentaire ; (16.5.4) devient

$$v = R_{\text{dir}} \left(1 - \exp - \left(\frac{\mathcal{A}}{RT} \right) \right). \tag{16.5.6}$$

À l'équilibre $\mathcal{A} = 0$. Près de l'équilibre,

$$\frac{\mathcal{A}}{RT} \ll 1. \tag{16.5.7}$$

On a $R_{\text{dir}} = R_{\text{dir, éq}} + \Delta R_{\text{dir}}$. D'où la relation linéaire entre v et $\mathcal{A}$:

$$v = R_{\text{dir, éq}} \frac{\mathcal{A}}{RT} + \dots \tag{16.5.8}$$

et par comparaison avec la loi linéaire $v = L\mathcal{A}/T$,

$$L = \frac{R_{\text{dir, éq}}}{R} = \frac{R_{\text{inv, éq}}}{R} : \tag{16.5.9}$$

les vitesses directe et inverse sont égales à l'équilibre.

RÉACTIONS MULTIPLES

Considérons les réactions

$$O_2(g) + 2C(s) \rightleftharpoons 2CO(g) \tag{16.5.10}$$

$$O_2(g) + 2CO(g) \rightleftharpoons 2CO_2(g) \tag{16.5.11}$$

$$2O_2(g) + 2C(s) \rightleftharpoons 2CO_2(g). \tag{16.5.12}$$

Il est clair que la troisième réaction est la somme des deux premières. Ces trois réactions ne sont donc pas indépendantes. L'affinité de la troisième réaction est la somme des deux premières. En effet, comme nous l'avons vu au chapitre 10, l'affinité d'une somme de réactions est la somme des affinités. Si toutes les réactions chimiques du système sont indépendantes, alors, au voisinage de l'équilibre, chaque vitesse v_k ne dépend que de l'affinité correspondante comme dans (16.5.8). Il n'y a pas de termes de couplage. Par contre, des termes de couplage apparaissent lorsque le nombre total de réactions n'est pas égal à celui de réactions indépendantes. Certaines affinités peuvent alors être exprimées en fonction des autres, comme dans le système (16.5.10-16.5.12). Considérons à présent l'exemple suivant :

$$W \rightleftharpoons X \qquad v_1 = R_{1\text{dir}} - R_{1\text{inv}} \qquad \mathcal{A}_1 ; \tag{16.5.13a}$$

$$X \rightleftharpoons Y \qquad v_2 = R_{2\text{dir}} - R_{2\text{inv}} \qquad \mathcal{A}_2 ; \tag{16.5.13b}$$

$$W \rightleftharpoons Y \qquad v_3 = R_{3\text{dir}} - R_{3\text{inv}} \qquad \mathcal{A}_3. \tag{16.5.13c}$$

Seules deux de ces réactions peuvent être traitées comme indépendantes, puisque la troisième est la somme des deux autres. On a donc

$$\mathcal{A}_1 + \mathcal{A}_2 = \mathcal{A}_3. \tag{16.5.14}$$

La production d'entropie est

$$\sigma = v_1 \frac{A_1}{T} + v_2 \frac{A_2}{T} + v_3 \frac{A_3}{T}. \tag{16.5.15}$$

En utilisant (16.5.14), cette expression s'écrit

$$\sigma = (v_1 + v_2) \frac{A_1}{T} + (v_2 + v_3) \frac{A_2}{T}$$

$$= v_1' \frac{A_1}{T} + v_2' \frac{A_2}{T} > 0 \tag{16.5.16}$$

où $v_1' = v_1 + v_2$ et $v_2' = v_2 + v_3$. En termes de ces vitesses et des affinités indépendantes, les lois linéaires deviennent

$$v_1' = L_{11} \frac{A_1}{T} + L_{12} \frac{A_2}{T} ; \tag{16.5.17}$$

$$v_2' = L_{21} \frac{A_1}{T} + L_{22} \frac{A_2}{T}. \tag{16.5.18}$$

Près de l'équilibre, c'est-à-dire si $A_k / RT \ll 1$, nous avons

$$v_1' = v_1 + v_3 = R_{1\mathrm{dir}} \left(1 - \exp - \left(\frac{A_1}{RT} \right) \right) + R_{3\mathrm{dir}} \left(1 - \exp - \left(\frac{A_3}{RT} \right) \right)$$

$$\approx R_{1\mathrm{dir,\,éq}} \frac{A_1}{RT} + R_{3\mathrm{dir,\,éq}} \frac{A_3}{RT} = \frac{R_{1\mathrm{dir,\,éq}} + R_{3\mathrm{dir,\,éq}}}{R} \frac{A_1}{T} + \frac{R_{3\mathrm{dir,\,éq}}}{R} \frac{A_2}{RT}. \tag{16.5.19}$$

Toutes les vitesses partielles sont prises à l'équilibre. Si nous comparons (16.5.19) avec (16.5.17) il vient

$$L_{11} = \left(\frac{R_{1\mathrm{dir,\,éq}} + R_{3\mathrm{dir,\,éq}}}{R} \right) \quad \text{et} \quad L_{12} = \frac{R_{3\mathrm{dir,\,éq}}}{R}. \tag{16.5.20}$$

De même

$$L_{22} = \left(\frac{R_{2\mathrm{dir,\,éq}} + R_{3\mathrm{dir,\,éq}}}{R} \right) \quad \text{et} \quad L_{21} = \frac{R_{3\mathrm{dir,\,éq}}}{R}. \tag{16.5.21}$$

Nous pouvons donc exprimer les coefficients phénoménologiques L_{ik} en termes des vitesses des réaction partielles à l'équilibre. On voit que $L_{12} = L_{21}$. Puisque le principe de bilan détaillé est incorporé dans le formalisme cinétique, les relations de réciprocité d'Onsager sont satisfaites. Notons que nous pouvons exprimer la production d'entropie par diverses expressions équivalentes

$$\sigma = \sum_k v_k \frac{A_k}{T} = \sum_k v_k' \frac{A_k'}{T} > 0 \tag{16.5.22}$$

où la somme est prise sur les affinités indépendantes. Le nombre de réactions indépendantes, et donc d'affinités indépendantes, est limité par le nombre d'espèces chimiques. Dans les systèmes fermés où la variation des concentrations est due seulement aux réactions chimiques, nous pouvons choisir les degrés d'avancement ξ_k pour définir l'état d'un système. Les potentiels chimiques μ_k sont alors des fonctions de x_k, p, T. Mais dans un système formé de r constituants, il y a au plus $(r - 1)$

degrés d'avancement de réaction indépendants. Les potentiels chimiques peuvent alors s'écrire sous la forme $\mu_k(\xi_1, \xi_2, \ldots \xi(r-1), p, T)$. Pour des valeurs données de la pression et de la température, il y a donc $(r-1)$ potentiels chimiques indépendants. Puisque les affinités A_k sont des fonctions linéaires des potentiels chimiques, dans un système formé de r espèces, il peut exister au plus $(r-1)$ affinités indépendantes.

RÉACTIONS COUPLÉES

Nous avons vu que les lois phénoménologiques linéaires deviennent valables si la condition $A_k/RT \ll 1$ est satisfaite. Mais lorsque la réaction globale

$$X \to Y \tag{16.5.23}$$

consiste en étapes intermédiaires successives, les relations linéaires peuvent rester valables même si l'affinité totale n'est pas petite par rapport à RT. Considérons à titre d'exemple la succession d'étapes intermédiaires

$$X \rightleftharpoons W_1 \rightleftharpoons W_2 \ldots W_m \rightleftharpoons Y. \tag{16.5.24}$$

La production d'entropie de cet ensemble de $(m+1)$ réactions est

$$T\sigma = A_1 v_1 + A_2 v_2 \ldots + A_{m+1}\, v_{m+1}. \tag{16.5.25}$$

La vitesse globale de la réaction (16.15.23) est déterminée par l'étape la plus lente. Supposons que ce soit la dernière, $W_m \rightleftharpoons Y$; nous avons des équations cinétiques de la forme

$$\frac{d[\mathbf{X}]}{dt} = -v_1 \qquad \frac{d[\mathbf{W}_1]}{dt} = v_1 - v_2 \qquad \ldots \qquad \frac{d[\mathbf{Y}]}{dt} = v_{m+1}. \tag{16.5.26}$$

La dernière étape étant déterminante, les concentrations des composés intermédiaires varient lentement, et nous pouvons prendre $d[W_k]/dt \approx 0$ (ce procédé est d'application courante pour obtenir la formule de Michaelis-Menten utilisée en cinétique enzymatique). Ceci implique

$$v_1 = v_2 \ldots = v_{m+1} = v. \tag{16.5.27}$$

La production d'entropie du système devient alors

$$T\sigma = (A_1 + A_2 \ldots + A_{m+1})\, v = A v \tag{16.5.28}$$

où l'affinité globale est

$$A = A_1 + A_2 \ldots + A_{m+1}. \tag{16.5.29}$$

Tant que $A_k/RT \ll 1$ pour chacune des réactions, nous sommes dans le domaine où les lois linéaires sont valables, et moyennant (16.5.8) nous avons

$$v_k = R_{\text{kdir,éq}} \frac{A_k}{RT}. \tag{16.5.30}$$

Dans ce cas, on obtient une loi linéaire même si $A \gg RT$. En effet, un calcul simple, basé sur les relations (16.5.27), (16.5.28) et (16.5.30), montre que

$$v = \frac{R_{\text{eff}}}{RT} A \tag{16.5.31}$$

avec

$$\frac{1}{R_{\text{eff}}} = \sum_k \frac{1}{R_{\text{kdir,éq}}}.$$ (16.5.32)

La relation $v = R_{\text{eff}}\left(1 - \exp-(\mathcal{A}/RT)\right)$ ne s'applique pas ici, puisque la réaction globale est une somme d'étapes élémentaires. On peut multiplier les exemples qui montrent que la loi linéaire entre vitesse globale et affinité totale a un domaine d'application plus étendu qu'il ne semble à première vue.

16.6 Conduction dans les solides anisotropes

Revenons à la description des phénomènes de transport. Dans un solide anisotrope, le flux de chaleur $\mathbf{J}_q$ ne suit pas nécessairement la direction du gradient de température. Partons de la production d'entropie

$$\sigma = \sum_{i=1}^{3} \mathbf{J}_{qi} \frac{\partial}{\partial x_i} \frac{1}{T}$$ (16.6.1)

où les x_i sont les coordonnées cartésiennes. Les lois phénoménologiques sont ici

$$\mathbf{J}_{qi} = \sum_k L_{ik} \frac{\partial}{\partial x_k} \frac{1}{T} = \sum_k \frac{-L_{ik}}{T^2} \frac{\partial T}{\partial x_k}.$$ (16.6.2)

Le courant de chaleur dans la direction i est rattaché aux gradients de la température dans les trois directions. La loi de Fourier pour la conduction de la chaleur s'écrit donc ici sous la forme générale

$$\mathbf{J}_{qi} = - \sum_k \kappa_{ik} \frac{\partial T}{\partial x_k}.$$ (16.6.3)

En comparant (16.6.2) et (16.6.3), il vient

$$L_{ik} = T^2 \kappa_{ik}.$$ (16.6.4)

La conductivité thermique est un tenseur du second rang, qui a neuf composantes κ_{ij}. Mais les relations de réciprocité supposent

$$\kappa_{ik} = \kappa_{ki}$$ (16.6.5)

ce qui revient à dire que la conductivité calorifique doit être un tenseur symétrique, qui n'a plus que 6 composantes distinctes. Pour de nombreux solides, la symétrie cristalline implique que $\kappa_{ik} = \kappa_{ki}$. Les relations de réciprocité ne donnent alors rien de neuf. Par contre, pour certains solides à symétrie plus faible, on a

$$\kappa_{12} = -\kappa_{21}.$$ (16.6.6)

Dans le langage traditionnel de la cristallographie, c'est le cas des cristaux à symétrie trigonale (C_3, C_{3i}), tétragonale $(C_4, 4, C_{4h})$ et hexagonale (C_6, C_{3h}, C_{6h}). Nous ne pouvons entrer ici dans un exposé détaillé qui serait étranger à la thermodynamique. Le fait remarquable est que (16.6.6) et la relation de réciprocité impliquent

$$\kappa_{12} = \kappa_{21} = 0.$$ (16.6.7)

La relation (16.6.6) implique qu'un gradient de température dans la direction x provoquerait un courant de chaleur suivant la direction positive de y, mais qu'un gradient suivant y provoquerait un courant de chaleur dans la direction négative de x. Les relations d'Onsager impliquent que cela n'est pas possible.

Avant la formulation des relations d'Onsager, Voigt et Curie avaient étudié la propagation de la chaleur dans les solides anisotropiques, et vérifié la relation (16.6.7) (cf. figure 16.3 ; on trouvera une autre méthode dans un travail de Miller [1]). Pour les cristaux d'apatite (phosphate de calcium) et de dolomite ($CaMg(CO_3)_2$), qui entrent dans la classe (16.6.6), on a trouvé expérimentalement [1] que $(\kappa_{12}/\kappa_{11}) < 0.0005$, ce qui confirme encore les relations de réciprocité.

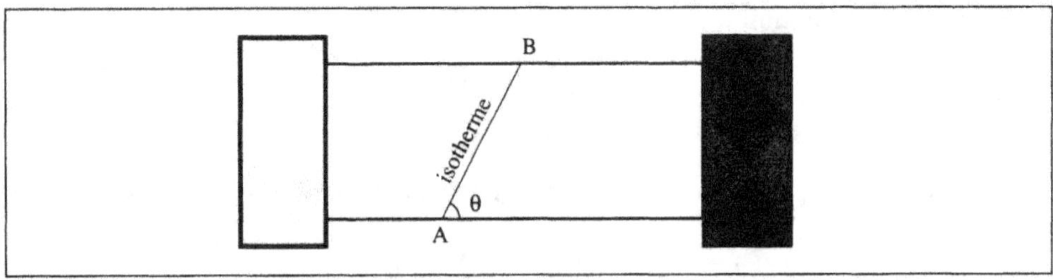

Figure 16.3 Méthode de Curie-Voigt pour vérifier les relations de réciprocité dans la conduction de chaleur. Un solide anisotrope dont la symétrie cristalline implique la relation $k_{12} = -k_{21}$ est placé au contact de deux réservoirs de chaleur maintenus à des températures distinctes. Si les relations de réciprocité sont valables, on a $k_{12} = k_{21} = 0$. Les isothermes doivent alors être perpendiculaires à la direction du flux.

16.7 Phénomènes électrocinétiques et relations de Saxen

Les phénomènes électrocinétiques sont dus au couplage entre un courant électrique et un flux de matière. Considérons deux chambres séparées par une paroi poreuse. Si un voltage V est appliqué entre les deux chambres (cf. la figure 16.4), un courant de matière passera jusqu'à ce qu'une différence de pression Δp établisse un état stationnaire. C'est la pression électro-osmotique. Inversement, en présence d'un flux de matière J, provoqué par exemple par la pression d'un piston, on observe le passage d'un courant électrique I.

Considérons un système discontinu, formé par deux chambres. L'entropie produite peut être considérée comme due à une réaction chimique liée à une différence de potentiel électrochimique [9]. On a donc (cf. chapitre 10)

$$\frac{d_i S}{dt} = \sum_k \frac{\tilde{A}_k}{T} \frac{d\xi_k}{dt} \tag{16.7.1}$$

où l'on a

$$\tilde{A}_k = \left(\mu_k^1 + z_k F \phi^1\right) - \left(\mu_k^2 + z_k F \phi^2\right) ; \tag{16.7.2}$$

$$d\xi_k = -dn_k^1 = dn_k^2. \tag{16.7.3}$$

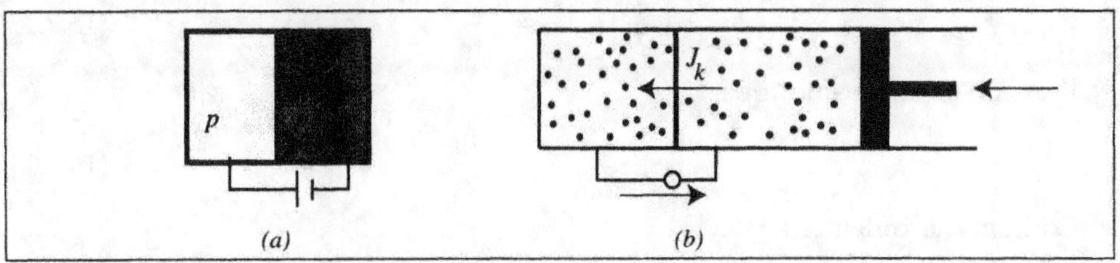

Figure 16.4 Phénomènes électrocinétiques. Deux enceintes contenant des électrolytes sont séparées par une paroi poreuse ou un capillaire. (a) Le potentiel V provoque une différence de pression Δp, dite pression électro-osmotique. (b) Si l'on provoque à l'aide d'un piston l'écoulement du fluide d'une enceinte vers l'autre, on observe un courant électrique I, dit courant d'écoulement.

Dans les équations ci-dessus, les indices supérieurs renvoient aux deux chambres ; ϕ est le potentiel électrique. Rappelons que $(\partial \mu_k / \partial p) = v_k$, le volume spécifique partiel. Nous pouvons donc écrire, pour une différence de pression suffisamment faible,

$$\left(\mu_k^1 - \mu_k^2\right) = v_k \Delta p \tag{16.7.4}$$

et (16.7.1) devient dès lors

$$\frac{d_i S}{dt} = \frac{1}{T} \sum_k \left(-v_k \frac{dn_k^1}{dt}\right) \Delta p + \frac{1}{T} \sum_k \left(-I_k\right) \Delta \phi \tag{16.7.5}$$

où $\Delta \phi = \phi^1 - \phi^2$ et $I_k = z_k F \, dn_k^1 / dt$ (c'est le courant électrique dû au flux du composant k). Sous forme compacte, on a

$$\frac{d_i S}{dt} = \frac{J \Delta p}{T} + \frac{I \Delta \phi}{T} \tag{16.7.6}$$

où le flux de matière est

$$J = - \sum_k v_k \frac{dn_k^1}{dt} \tag{16.7.7}$$

et le courant électrique

$$I = - \sum_k I_k. \tag{16.7.8}$$

Les relations linéaires qui découlent de (16.7.6) sont

$$I = L_{11} \frac{\Delta \phi}{T} + L_{12} \frac{\Delta p}{T} \tag{16.7.9}$$

$$J = L_{21} \frac{\Delta \phi}{T} + L_{22} \frac{\Delta p}{T} \tag{16.7.10}$$

avec la relation de réciprocité

$$L_{12} = L_{21}. \tag{16.7.11}$$

On mesure les grandeurs suivantes :

- Potentiel d'écoulement

$$\left(\frac{\Delta \phi}{\Delta p}\right)_{I=0} = -\frac{L_{12}}{L_{11}} ; \tag{16.7.12}$$

- Électro-osmose

$$\left(\frac{J}{I}\right)_{\Delta p=0} = \frac{L_{21}}{L_{11}} \; ; \tag{16.7.13}$$

- Pression électro-osmotique

$$\left(\frac{\Delta p}{\Delta \phi}\right)_{J=0} = -\frac{L_{21}}{L_{22}} \; ; \tag{16.7.14}$$

- Courant d'écoulement

$$\left(\frac{I}{J}\right)_{\Delta \phi=0} = \frac{L_{12}}{L_{22}}. \tag{16.7.15}$$

Les relations de réciprocité permettent d'écrire les relations de Saxen

$$\left(\frac{\Delta \phi}{\Delta p}\right)_{I=0} = -\left(\frac{J}{I}\right)_{\Delta p=0} \tag{16.7.16}$$

$$\left(\frac{\Delta p}{\Delta \phi}\right)_{J=0} = -\left(\frac{I}{J}\right)_{\Delta \phi=0} \tag{16.7.17}$$

qui furent d'abord basées sur des considérations cinétiques ; le formalisme thermo-dynamique a permis de montrer leur généralité.

16.8 Diffusion thermique

L'interaction entre flux de chaleur et de matière donne lieu à deux effets importants, l'effet Soret et l'effet Dufour. Dans le premier, le flux de chaleur conduit à un flux de matière. Dans le second, le gradient de concentration entraîne l'apparition d'un flux de chaleur. Écrivons la production d'entropie due aux flux de matière et de chaleur

$$\sigma = \mathbf{J}_u \cdot \nabla \frac{1}{T} - \sum_{k=1}^{w} \mathbf{J}_k \cdot \nabla \frac{\mu_k}{T}$$

$$= \left(\mathbf{J}_u - \sum_{k=1}^{w} \mathbf{J}_k \mu_k\right) \cdot \nabla \frac{1}{T} - \sum_{k=1}^{w} \mathbf{J}_k \cdot \frac{1}{T} \nabla \mu_k. \tag{16.8.1}$$

Cette expression ne sépare pas le gradient de température de celui de concentration, puisque le terme $\nabla \mu_k$ contient lui-même le gradient de T. On a

$$d\mu_k = \left(d\mu_k\right)_{p,T} + \left(\frac{\partial \mu_k}{\partial T}\right)_{n_k,p} dT + \left(\frac{\partial \mu_k}{\partial p}\right)_{n_k,T} dp \tag{16.8.2}$$

où l'on trouve la variation due aux seules concentrations

$$\left(d\mu_k\right)_{p,T} = \left(\frac{\partial \mu_k}{\partial n}\right)_{p,T} dn_k.$$

Nous nous limitons ici à des systèmes à l'équilibre mécanique ($d_p = 0$). Les relations

$$\left(\frac{\partial \mu_k}{\partial T}\right)_{n_k,p} = \frac{\partial}{\partial T}\left(\frac{\partial g}{\partial n_k}\right)_{p,T} = \left(\frac{\partial}{\partial n_k}\left(\frac{\partial g}{\partial T}\right)\right)_{p,T} = -\left(\frac{\partial s}{\partial n_k}\right)_{p,T}$$

permettent d'écrire (16.8.2) (avec $d_p = 0$)

$$d\mu_k = \left(d\mu_k\right)_{p,T} - s_{\mathrm{m}k} dT + \left(\frac{\partial \mu_k}{\partial p}\right)_{n_k,T} dp \tag{16.8.3}$$

où S_{mk} est l'entropie molaire partielle (cf. la section 5.5). Puisque la variation d'une grandeur Y avec la position peut s'écrire sous la forme $dY = (\Delta Y) \cdot d\mathbf{r}$, on a

$$\nabla \mu_k = \left(\nabla \mu_k \right)_{p,T} - s_{mk} \nabla T$$

$$= \left(\nabla \mu_k \right)_{p,T} + s_{mk} T^2 \nabla \frac{1}{T}. \tag{16.8.4}$$

Introduisons (16.8.4) dans (16.8.1) ; nous obtenons ainsi pour la production d'entropie

$$\sigma = \left(\mathbf{J}_u - \sum_{k=1}^{w} \mathbf{J}_k \left(\mu_k + T s_{mk} \right) \right) \cdot \nabla \frac{1}{T} - \sum_{k=1}^{w} \mathbf{J}_k \cdot \frac{1}{T} \left(\nabla \mu_k \right)_{p,T} \tag{16.8.5}$$

tandis que la relation $g = h - Ts$ nous donne $\mu_k + T s_{mk} = h_{mk}$ où h_{mk} est l'enthalpie molaire partielle. Nous pouvons dès lors introduire le courant de chaleur

$$\mathbf{J}_q \equiv \mathbf{J}_u - \sum_{k=1}^{w} h_{mk} \mathbf{J}_k \tag{16.8.6}$$

qui tient compte des flux de matière. On a dès lors

$$\sigma = \mathbf{J}_q \cdot \nabla \frac{1}{T} - \sum_{k=1}^{w} \mathbf{J}_k \cdot \frac{(\nabla \mu_k)_{p,T}}{T}. \tag{16.8.7}$$

Considérons un système à deux composants ($w = 2$). Comme nous l'avons rappelé en 16.4, la relation de Gibbs-Duhem implique (cf. (16.4.5))

$$n_1 \left(\nabla \mu_1 \right)_{p,T} + n_2 \left(\nabla \mu_2 \right)_{p,T} = 0. \tag{16.8.8}$$

En outre, nous avons déjà (cf. (16.4.6)) introduit la condition

$$\mathbf{J}_1 \mathbf{v}_1 + \mathbf{J}_2 \mathbf{v}_2 = 0. \tag{16.8.9}$$

Comme dans le calcul de (16.4.8), les relations (16.8.8) et (16.8.9) permettent de simplifier (16.8.7) et d'obtenir

$$\sigma = \mathbf{J}_q \cdot \nabla \frac{1}{T} - \frac{1}{T} \left(1 + \frac{v_1 n_1}{v_2 n_2} \right) \mathbf{J}_1 \cdot \left(\nabla \mu_1 \right)_{p,T} \tag{16.8.10}$$

et ainsi les lois linéaires des flux de chaleur et de matière s'écrivent sous une forme

$$\mathbf{J}_q = L_{qq} \nabla \frac{1}{T} - L_{q1} \frac{1}{T} \left(1 + \frac{v_1 n_1}{v_2 n_2} \right) \left(\nabla \mu_1 \right)_{p,T} \tag{16.8.11}$$

$$\mathbf{J}_1 = L_{1q} \nabla \frac{1}{T} - L_{11} \frac{1}{T} \left(1 + \frac{v_1 n_1}{v_2 n_2} \right) \left(\nabla \mu_1 \right)_{p,T} \tag{16.8.12}$$

que l'on peut comparer aux lois de Fourier (conduction de la chaleur) et de Fick (diffusion). Nous écrivons $\nabla \mu_1 = (\partial \mu_1 / \partial n_1) \nabla n_1$ et $\nabla(1/T) = -(1/T^2)\nabla T$, de sorte que les flux deviennent

$$\mathbf{J}_q = -\frac{L_{qq}}{T^2} \nabla T - L_{q1} \frac{1}{T} \left(1 + \frac{v_1 n_1}{v_2 n_2} \right) \frac{\partial \mu_1}{\partial n_1} \nabla n_1 ; \tag{16.8.13}$$

$$\mathbf{J}_1 = -\frac{L_{1q}}{T^2}\nabla T - L_{11}\frac{1}{T}\left(1 + \frac{\mathbf{v}_1 n_1}{\mathbf{v}_2 n_2}\right)\frac{\partial \mu_1}{\partial n_1}\nabla n_1. \tag{16.8.14}$$

Nous avons ainsi les coefficients de diffusion et de conductivité calorifique

$$D_1 = L_{11}\frac{1}{T}\left(1 + \frac{\mathbf{v}_1 n_1}{\mathbf{v}_2 n_2}\right)\frac{\partial \mu_1}{\partial n_1} \qquad \kappa = \frac{L_{qq}}{T^2}\,; \tag{16.8.15}$$

de plus, nous avons la relation de réciprocité

$$L_{q1} = L_{1q}. \tag{16.8.16}$$

À la place du flux $-\left(L_{1q}/T^2\right)\nabla T$ on écrit d'habitude $-n_1 D_{\mathrm{T}}\nabla T$, où D_{T} est par définition le *coefficient de thermodiffusion*. Le rapport de ce dernier au coefficient de diffusion ordinaire est le *coefficient de Soret* s_{T} :

$$s_{\mathrm{T}} = \frac{D_{\mathrm{T}}}{D_1} = \frac{L_{1q}}{D_1 T^2 n_1}. \tag{16.8.17}$$

Le gradient de température conduit à un état stationnaire (figure 16.5), où apparaît un gradient de concentration. En effet, l'état stationnaire s'obtient pour $\mathbf{J}_1 = 0$, et donc

$$\mathbf{J}_1 = -\frac{L_{1q}}{T^2}\nabla T - D_1\nabla n_1 = 0. \tag{16.8.18}$$

Cette relation donne le rapport des deux gradients

$$\frac{\nabla n_1}{\nabla T} = -\frac{n_1 D_{\mathrm{T}}}{D_1} = -n_1 s_{\mathrm{T}}. \tag{16.8.19}$$

Le coefficient de Soret a pour dimension T^{-1}. Il est en général relativement petit, de l'ordre de 10^{-2} à 10^{-3} K^{-1} [10]. La diffusion thermique a été utilisée pour séparer les isotopes [11]. Il faut noter que dans les solutions de polymères le coefficient de Soret peut devenir plus important.

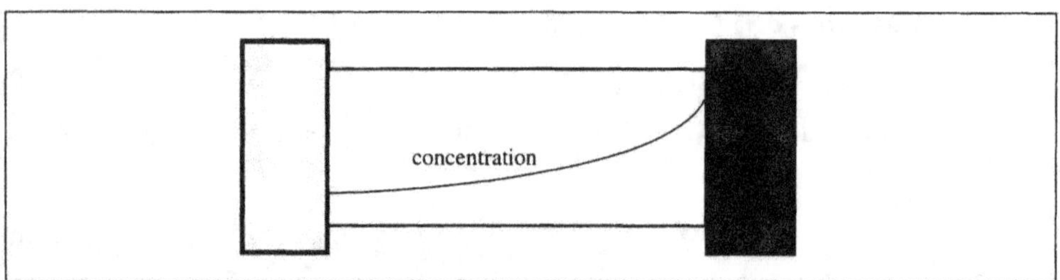

Figure 16.5 Thermodiffusion. Le gradient de température entraîne l'apparition d'un gradient de concentration.

Passons à l'étude du second effet de couplage. Le flux de chaleur entraîné par un flux de matière est décrit par le coefficient de Dufour D_{d}. On pose

$$n_1 D_{\mathrm{d}} = L_{q1}\frac{1}{T}\left(1 + \frac{\mathbf{v}_1 n_1}{\mathbf{v}_2 n_2}\right)\frac{\partial \mu_1}{\partial n_1}. \tag{16.8.20}$$

Puisque, comme nous l'avons vu, $L_{1Q}/T^2 = n_1 d_{\mathrm{T}}$, la relation de réciprocité $L_{1q} = L_{q1}$ donne la relation

$$\frac{D_{\mathrm{d}}}{D_{\mathrm{T}}} = T\left(1 + \frac{\mathbf{v}_1 n_1}{\mathbf{v}_2 n_2}\right)\frac{\partial \mu_1}{\partial n_1} \tag{16.8.21}$$

entre le coefficient de Dutour et le coefficient de diffusion thermique. Ces deux effets peuvent se mesurer séparément, et ici encore la relation de réciprocité se trouve confirmée par l'expérience.

Nous achevons ainsi notre revue des applications des relations d'Onsager. Nous voyons qu'elles s'appliquent à un vaste domaine en physique comme en chimie. Elles permettent de formuler des relations intéressantes entre des effets mesurables séparément, et cela sans devoir formuler d'autre hypothèse particulière que celle du voisinage de l'équilibre.

17 ÉTATS STATIONNAIRES DE NON-ÉQUILIBRE EN RÉGIME LINÉAIRE

17.1 États stationnaires de non-équilibre

Maintenir un système dans un état de non-équilibre revient à lui imposer des contraintes, conduisant à des flux d'échange d'énergie ou de matière. Nous venons d'étudier (cf. chapitre 16) quelques exemples d'états stationnaires au voisinage de l'équilibre. Ici nous abordons la signification thermodynamique de ces états stationnaires. De façon générale, un système maintenu hors de l'équilibre thermodynamique par des contraintes indépendantes du temps ne sera pas forcément dans un état stationnaire, indépendant du temps. En fait, et nous le verrons mieux dans les chapitres suivants, les systèmes maintenus loin de l'équilibre peuvent déployer tout un ensemble de comportements variés tels que des oscillations temporelles des concentrations, des ondes de propagation, voire du « chaos ». En revanche, nous allons voir que dans le régime linéaire les systèmes évoluent vers un état stationnaire dont la production d'entropie est constante. C'est là une extension intéressante de l'équilibre, caractérisé comme nous l'avons vu au chapitre 5 par un principe d'extremum du potentiel.

GRADIENTS THERMIQUES

Prenons un système de longueur L mis en contact d'un côté avec un réservoir thermique chaud (T_ch), et de l'autre côté avec un réservoir froid (T_f). Nous avons déjà discuté à plusieurs reprises la production d'entropie liée à un flux de chaleur (cf. la section 3.5, et pour plus de détails le chapitre 16). La production d'entropie par unité de volume en considérant les flux et les forces (cf. table 15.1) est donc de la forme suivante :

$$\sigma = \mathbf{J}_q \cdot \nabla \frac{1}{T}. \tag{17.1.1}$$

Prenons le gradient de température dans la seule direction x, la production d'entropie par unité de longueur sera

$$\sigma(x) = J_{qx} \frac{\partial}{\partial x} \frac{1}{T(x)} = -J_{qx} \frac{1}{T^2} \left(\frac{\partial T(x)}{\partial x} \right) \tag{17.1.2}$$

et nous obtenons ainsi la production d'entropie totale

$$\frac{d_{\mathrm{i}}S}{dt} = \int_0^L \sigma(x)dx = \int_0^L J_q \left(\frac{\partial}{\partial x} \frac{1}{T} \right) dx. \tag{17.1.3}$$

Au cours du temps, ce système atteindra une distribution stationnaire de température, et présentera un flux de chaleur uniforme J_q (une distribution stationnaire des températures $T(x)$ implique un flux de chaleur constant ; à défaut, le système accumulerait de la chaleur en certains endroits — ou en perdrait — et la température dépendrait du temps). L'évolution de la distribution des températures peut être calculée à l'aide des lois de Fourier :

$$c\frac{\partial T}{\partial t} = -\nabla \cdot \mathbf{J}_q \qquad \mathbf{J}_q = -\kappa \nabla T \tag{17.1.4}$$

où c est la chaleur spécifique à volume constant et κ est le coefficient de conductivité calorique. La première équation exprime la conservation de l'énergie (pour Fourier et nombre de ses contemporains, cette relation exprimait la « conservation du calorique »). En réunissant ces deux équations nous avons un système unidimensionnel

$$c\frac{\partial T}{\partial x} = \kappa\frac{\partial^2 T}{\partial x^2}. \tag{17.1.5}$$

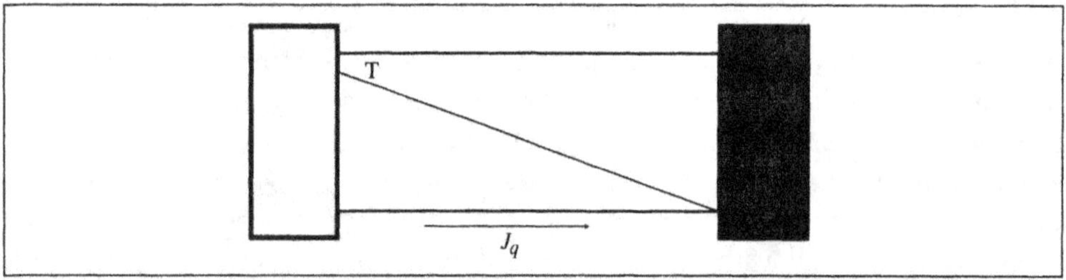

Figure 17.1 Gradient thermique associé à un flux de chaleur. À l'état stationnaire, le flux d'entropie sortant $J_{s,s} = d_iS/dt + J_{s,e}$. L'état stationnaire peut être obtenu à partir de l'équation de Fourier pour la conduction de la chaleur, ou à partir du théorème de production d'entropie minimum. On obtient ainsi une température $T(x)$, fonction linéaire de la position x.

À l'état stationnaire $((\partial T/\partial t) = 0)$, la température $T(x)$ est une fonction linéaire de x (figure 17.1) ; $\mathbf{J}_q$ est constant. Puisque le système est dans un état stationnaire, toutes les grandeurs thermodynamiques seront constantes, et en particulier

$$\frac{dS}{dt} = \frac{d_eS}{dt} + \frac{d_iS}{dt} = 0. \tag{17.1.6}$$

L'entropie totale ne peut être constante que si l'entropie sortante est compensée par la somme de l'entropie entrante et de l'entropie produite dans le système. C'est ce que montre l'intégrale (17.1.3) où J_q est constant :

$$\frac{d_iS}{dt} = \int_0^L J_q\left(\frac{\partial}{\partial x}\frac{1}{T}\right)dx = \frac{J_q}{T}\bigg|_0^L \cdot = \frac{J_q}{T_c} - \frac{J_q}{T_h} > 0 \tag{17.1.7}$$

où J_q/T_h est l'entropie entrante $J_{s,e}$ tandis que J_q/T_f est l'entropie sortante $J_{s,s}$. L'entropie échangée avec l'extérieur est donnée par $d_eS/dt = [(J_q/T_c) - (J_q/T_f)]$. Puisque la production d'entropie est positive, J_q doit lui aussi être positif. Nous avons donc le bilan de l'entropie :

$$\frac{d_iS}{dt} + \left(J_{s,e} - J_{s,s}\right) = \frac{dS}{dt} = 0. \tag{17.1.8}$$

Puisque $d_iS/dt > 0$, nous avons $J_{s,e} - J_{s,s}$. L'état de non-équilibre est maintenu dans un état stationnaire en évacuant vers le monde extérieur l'entropie produite par les phénomènes irréversibles.

SYSTÈMES CHIMIQUES OUVERTS

Un système chimique ouvert échange matière et énergie avec l'extérieur. Soit une réaction monomoléculaire comme l'isomérisation.

$$A \rightleftharpoons X \rightleftharpoons B. \tag{17.1.9}$$

La production d'entropie par unité de volume est

$$\sigma = \frac{A_1}{T}v_1 + \frac{A_2}{T}v_2. \tag{17.1.10}$$

Comme nous l'avons vu plus haut (cf. 9.5), si R_{dir} est la vitesse de la réaction directe et R_{inv} celle de la réaction inverse, nous avons

$$v = (R_{\mathrm{dir}} - R_{\mathrm{inv}}) \qquad A = RT \ln \frac{R_{\mathrm{dir}}}{R_{\mathrm{inv}}}. \tag{17.1.11}$$

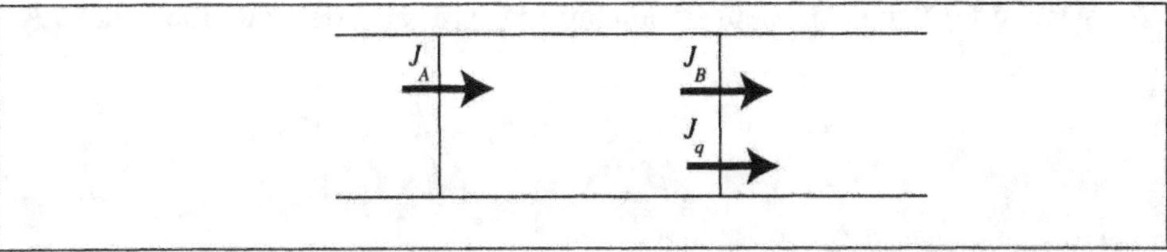

Figure 17.2 Système chimique ouvert. Les potentiels chimiques μ_A et μ_B sont maintenus à des valeurs de non-équilibre en injectant A et en extrayant B. La concentration de X se maintient ainsi à une valeur de non-équilibre. Le système est aussi maintenu à température constante, moyennant une sortie contrôlée de chaleur.

Nous supposons les concentrations et la température homogènes. Comme le montre la figure 17. 2, le système est en contact avec des réservoirs de potentiels chimiques μ_A et μ_B ; de plus, la chaleur de réaction est compensée par un flux de chaleur qui maintient le système à température constante.

À l'état stationnaire, l'entropie totale du système demeure constante, puiqu'on a (17.1.6) avec

$$\frac{d_i S}{dt} = \int_V \sigma dV > 0 \tag{17.1.12}$$

et il faut donc que

$$\frac{d_e S}{dt} = -\frac{d_i S}{dt} < 0. \tag{17.1.13}$$

Comme nous l'avons montré plus haut (cf. la section (15.5.7)), le flux d'entropie $\mathbf{J}_s$ est donné par l'expression

$$\mathbf{J}_s = \frac{\mathbf{J}_u}{T} - \sum_k \frac{\mu_k \mathbf{J}_k}{T} \tag{17.1.14}$$

où J_u est le flux d'énergie. Les échanges d'entropie s'obtiennent en intégrant $\mathbf{J}_s$ sur les frontières du système. Nous avons donc

$$\frac{d_e S}{dt} = \frac{1}{T}\frac{d\Phi}{dt} - \frac{\mu_A}{T}\frac{d_e N_A}{dt} - \frac{\mu_B}{T}\frac{d_e N_B}{dt} \tag{17.1.15}$$

où $d\Phi/dt$ est le flux total d'énergie (qui ne doit pas être confondu avec l'évolution temporelle de l'énergie dU/dt) tandis que dN_A/dt et dN_B/dt sont les flux de A et de B. Nous pouvons aussi (cf. (15.5.9)) exprimer le courant d'entropie sous la forme

$$\mathbf{J}_s = \frac{\mathbf{J}_q}{T} + \sum_k s_k \mathbf{J}_k$$

où l'entropie molaire partielle est $s_k = (\partial s/\partial n_k)_T$ tandis que $\mathbf{J}_q$ est le flux de chaleur. En l'absence de ce dernier, nous avons pour le flux d'entropie

$$\frac{d_e S}{dt} = s_A \frac{d_e N_A}{dt} + s_B \frac{d_e N_B}{dt} \tag{17.1.16}$$

qui doit être négatif pour un système stationnaire de non-équilibre. Cela signifie que les espèces chimiques qui sortent du système doivent emporter avec elles plus d'entropie que celles qui y entrent.

Il est facile de calculer la valeur stationnaire de [X] à l'aide des équations cinétiques :

$$\begin{aligned}
\frac{d[X]}{dt} &= v_1 - v_2 = (R_{1\mathrm{dir}} - R_{1\mathrm{inv}}) - (R_{2\mathrm{dir}} - R_{2\mathrm{inv}}) \\
&= k_{1\mathrm{dir}}[A] - k_{1\mathrm{inv}}[X] - k_{2\mathrm{dir}}[X] + k_{2\mathrm{inv}}[B].
\end{aligned} \tag{17.1.17}$$

À l'état stationnaire, $d[X]/dt = 0$, et donc

$$v_1 = v_2 \tag{17.1.18}$$

d'où on tire aussi

$$[X] = \frac{k_{1\mathrm{dir}}[A] + k_{2\mathrm{inv}}[B]}{k_{1\mathrm{inv}} + k_{2\mathrm{dir}}}. \tag{17.1.19}$$

Ce résultat s'étend aisément au système de réactions

$$X \rightleftharpoons W_1 \rightleftharpoons W_2 \ldots W_{n-1} \rightleftharpoons Y. \tag{17.1.20}$$

Ici encore, à l'état stationnaire (cf. exc. 17.4)

$$v_1 = v_2 \ldots = v_n. \tag{17.1.21}$$

CIRCUITS ÉLECTRIQUES

Les phénomènes dissipatifs qui se produisent dans les divers éléments des circuits électriques (résistances, capacités et inductions) produisent de l'entropie. Nous avons vu (cf. 10.1) qu'en présence d'un champ électrique

$$dU = TdS - pdV + \sum_k \mu_k dN_k + \sum_k Fz_k\phi_k dN_k \tag{17.1.22}$$

où $Fz_k dN_k$ correspond à un transfert de charge. La production d'entropie correspondante est

$$\begin{aligned}
\frac{d_i S}{dt} &= \frac{1}{t} \sum_k \mu_k \frac{dN_k}{dT} - \frac{(\phi_1 - \phi_2)}{T} \sum_k Fz_k \frac{dN_k}{dt} \\
&= \frac{1}{T} \sum_k \mathcal{A}_k v_k - \frac{(\phi_1 - \phi_2)}{T} \frac{dQ}{dt}.
\end{aligned} \tag{17.1.23}$$

Le premier terme est la production d'entropie due aux réactions chimiques. Puisque nous nous intéressons ici aux phénomènes électriques, nous la négligerons. Le facteur $(\phi_1 - \phi_2)$ s'identifie à la différence de potentiel V aux bornes de l'élément considéré, tandis que dQ/dt est le courant électrique I. Si R est la résistance, la loi d'Ohm donne pour la différence de potentiel $V_R = (\phi_1 - \phi_2) = IR$. La production d'entropie est donc

$$\frac{d_\mathrm{i}S}{dt} = \frac{V_R I}{T} = \frac{RI^2}{T} > 0 \tag{17.1.24}$$

où RI^2 est la chaleur ohmique par unité de temps, produite par le courant associé à une résistance. Dans le cas d'une capacité C, la diminution du potentiel dV_C liée à un transfert de charge dQ est donnée par $dV_C = -dQ/C$. Dans ce cas,

$$\frac{d_\mathrm{i}S}{dt} = \frac{V_C I}{T} = \frac{V_C}{T}\frac{dQ}{dt} = -\frac{C}{T}V_C\frac{dV_C}{dt}$$
$$= \frac{1}{T}\frac{d}{dt}\left(\frac{C V_C^2}{2}\right) = -\frac{1}{T}\frac{d}{dt}\left(\frac{Q^2}{2C}\right) > 0. \tag{17.1.25}$$

Le terme $C V_C^2/2 = Q^2/2C$ est l'énergie électrostatique emmagasinée dans la capacité. Une capacité idéale, une fois chargée, conserve indéfiniment sa charge. Il n'y a alors ni dissipation d'énergie ni production d'entropie. Mais une capacité réelle perd progressivement sa charge et évolue vers l'équilibre ; l'expression ci-dessus donne alors la production d'entropie. Enfin, la production d'entropie attachée à une induction s'écrit de la même manière, en notant que l'énergie stockée dans un inducteur L parcouru par un courant I est $LI^2/2$; le voltage aux bornes est $V_L = -LdI/dt$. Cette énergie est emmagasinée dans le champ magnétique. La production d'entropie associée à la dissipation de cette énergie est

$$\frac{d_\mathrm{i}S}{dt} = -\frac{1}{T}\frac{d}{dt}\left(\frac{LI^2}{2}\right) = -\frac{LI}{T}\frac{dI}{dt} = \frac{V_L I}{T} > 0. \tag{17.1.26}$$

Comme dans les capacités idéales, les inductions idéales conservent d'énergie ; le courant subsiste indéfiniment, comme dans un supraconducteur. Par contre, dans une induction réelle, le courant diminue avec le temps.

Dans tous les cas, la production d'entropie (17.1.24)-(17.1.26) correspond au produit d'une force et d'un flux thermodynamiques. Nous pouvons chaque fois écrire des relations linéaires entre flux et forces :

$$I = L_R\frac{V_R}{T} \tag{17.1.27}$$

$$I = L_C\frac{V_C}{T} \tag{17.1.28}$$

$$I = L_L\frac{V_L}{T} \tag{17.1.29}$$

où L_R, L_C, L_L sont les coefficients phénoménologiques. Pour des résistances, la loi d'Ohm permet d'associer L_R/T à I/R. Pour une capacité, nous pouvons introduire $R_C = (T/L_C)$ qui correspond à la dissipation progressive de la charge. L'équation

(17.1.28) peut être représentée par un circuit équivalent (figure 17.3). Si nous remplaçons I par dQ/dt dans (17.1.28), nous obtenons une équation différentielle qui décrit la diminution de la charge au cours du temps. Enfin, pour l'induction, nous pouvons identifier la résistance interne à $R_L = (T/L_L)$. La formule (17.1.29) décrit la diminution du courant. Notons enfin que la production d'entropie divisée par la température correspond toujours au produit d'un voltage et d'un courant.

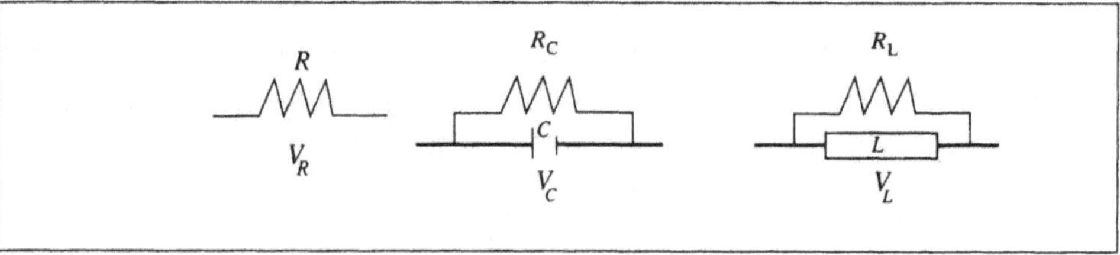

Figure 17.3 Les éléments des circuits électriques comme les résistances R, les capacités C et les inductances L dissipent de l'énergie et produisent de l'entropie.

17.2 Production d'entropie minimum

Nous venons de voir quelques exemples d'états stationnaires de non-équilibre où une ou plusieurs forces thermodynamiques sont maintenues à des valeurs différentes de zéro. Ainsi, la loi de Fourier (17.1.5) nous montre que l'état stationnaire correspond à un flux constant de chaleur. Dans le système chimique ouvert (17.1.9), l'équation cinétique (17.1.17) montre qu'à l'état stationnaire les vitesses des deux réactions sont égales. Ce résultat s'étend au cas de plusieurs étapes intermédiaires (17.1.20).

Nous avons aussi vu au chapitre 16 comment des flux J_k ($k = 1\ldots n$) sont couplés aux forces thermodynamiques F_k. Le système peut être maintenu hors de l'équilibre en imposant à certaines forces F_k ($k = 1\ldots s$) des valeurs non nulles, tandis que les autres forces F_k ($k = s+1\ldots n$) restent libres. Dans ces conditions, on trouve généralement que les flux qui correspondent aux forces imposées atteignent des valeurs J_k constantes ($k = 1\ldots n$), tandis que les forces libres s'ajustent de manière à ce que les flux correspondants s'annulent : $J_k = 0$ ($k = s+1\ldots n$). Il en va ainsi dans la thermodiffusion. L'état stationnaire y correspond à un flux de chaleur constant et à un flux de matière nul (figure 16.5). Dans ces conditions, il a été possible de démontrer [1] le *théorème de production d'entropie minimum*, formulé en toute généralité :

Dans le régime linéaire, auquel s'appliquent les relations d'Onsager, la production interne d'entropie $d_iS/dt = \int \sigma dV$ atteint une valeur minimum à l'état stationnaire de non-équilibre.

Rayleigh était déjà à la recherche d'un tel critère lorsqu'il suggéra son « principe de moindre dissipation de l'énergie » [3]. Onsager, dans son article célèbre sur les relations de réciprocité, nota que « le taux de croissance de l'entropie joue le rôle d'un potentiel » [4]. Voyons quelques exemples de cet énoncé. Considérons un système dans lequel deux forces et les flux correspondants sont couplés. La production d'entropie par unité de temps, que nous noterons P est donnée par

$$P \equiv \frac{d_i S}{dt} = \int (F_1 J_1 + F_2 J_2)\, dV. \tag{17.2.1}$$

Supposons que la force F_1 soit maintenue fixe grâce à une contrainte appropriée (par exemple un contact avec un réservoir). À l'état stationnaire on a $J_1 =$ constante et $J_2 = 0$. En d'autres termes, si F_1 est fixé, F_2 s'ajuste de manière que J_2 soit nul. Montrons que dans cet état stationnaire la production d'entropie est minimum. Les relations linéaires sont

$$J_1 = L_{11} F_1 + L_{12} F_2 \qquad \text{et} \qquad J_2 = L_{21} F_1 + L_{22} F_2. \tag{17.2.2}$$

En introduisant (17.2.2) dans (17.2.1) et en utilisant les relations d'Onsager $L_{12} = L_{21}$ nous avons

$$P = \int \left(L_{11} F_1^2 + 2 L_{12} F_1 F_2 + L_{22} F_2^2 \right) dV. \tag{17.2.3}$$

Si F_1 est déterminé, P pris comme fonction de F_2 sera minimum lorsque

$$\frac{\partial P}{\partial F_2} = \int 2\,(L_{22} F_2 + L_{21} F_1)\, dV = 0. \tag{17.2.4}$$

Cette équation vaut pour un volume arbitraire, et l'intégrand est donc nul. On a

$$J_2 = L_{21} F_1 + L_{22} F_2 = 0. \tag{17.2.5}$$

Ce résultat se généralise aisément à un nombre arbitraire de forces et de flux. L'état stationnaire est l'état à production d'entropie minimum, où les flux J_k, qui correspondent aux forces non contraintes, s'annulent. Donnons à présent quelques exemples.

EXEMPLE 1. RÉACTIONS CHIMIQUES

Considérons d'abord les réactions (17.1.9) déjà discutées ci-dessus (figure 17.2).

$$A \rightleftharpoons X \rightleftharpoons B. \tag{17.2.6}$$

Comme plus haut, les flux de A et de B maintiennent les potentiels chimiques μ_A et μ_B à des valeurs fixées constantes, et dès lors

$$\mathcal{A} \equiv \mathcal{A}_1 + \mathcal{A}_2 = (\mu_A - \mu_X) + (\mu_X - \mu_B) = (\mu_A - \mu_B) \tag{17.2.7}$$

a aussi une valeur donnée $\mathcal{A}$. Dans la section précédente, l'approche cinétique nous a permis de montrer que l'état stationnaire de non-équilibre correspond (17.1.18) à la condition

$$v_1 = v_2. \tag{17.2.8}$$

Nous allons montrer à présent que cette condition s'obtient à l'aide du principe de production d'entropie minimum. Si nous supposons le système homogène, la production d'entropie par unité de volume est

$$\sigma = \frac{P}{V} = \frac{1}{V} \frac{d_i S}{dt} = \frac{\mathcal{A}_1}{T} v_1 + \frac{\mathcal{A}_2}{T} v_2$$

$$= \frac{\mathcal{A}_1}{T} v_1 + \frac{(\mathcal{A} - \mathcal{A}_1)}{T} v_2. \tag{17.2.9}$$

La valeur du potentiel chimique (ou de la concentration) de X à l'état stationnaire détermine la valeur de A1 et par suite celle de la production d'entropie (17.2.9). Dans le régime linéaire, puisque les deux réactions sont indépendantes, nous avons

$$v_1 = L_{11}\frac{\mathcal{A}_1}{T} \qquad v_2 = L_{22}\frac{\mathcal{A}_2}{T} = L_{22}\frac{\left(\bar{\mathcal{A}} - \mathcal{A}_1\right)}{T} \qquad (17.2.10)$$

où nous avons utilisé la relation (17.2.7). En introduisant (17.2.10) dans (17.2.9) nous obtenons

$$\sigma\left(\mathcal{A}_1\right) = L_{11}\frac{\mathcal{A}_1^2}{T^2} + L_{22}\frac{\left(\bar{\mathcal{A}} - \mathcal{A}_1\right)^2}{T^2}. \qquad (17.2.11)$$

Cette fonction atteint son minimum lorsque

$$\frac{\partial\sigma\left(\mathcal{A}_1\right)}{\partial\mathcal{A}_1} = \frac{L_{11}}{T^2}2\mathcal{A}_1 - \frac{L_{22}}{T^2}2\left(\bar{\mathcal{A}} - \mathcal{A}_1\right) = 0 \qquad (17.2.12)$$

c'est-à-dire

$$\frac{L_{11}\mathcal{A}_1}{T} - \frac{L_{22}\mathcal{A}_2}{T} = v_1 - v_2 = 0. \qquad (17.2.13)$$

La production d'entropie est minimum. Nous aurions pu aussi exprimer σ en fonction de la concentration [X] du composant X. La valeur de [X] qui minimise σ correspond à l'état stationnaire. Ainsi, nous avons vu (cf. section 9.5) que la production d'entropie pour les deux réactions (17.2.6) peut aussi s'écrire

$$\sigma = \frac{1}{V}\frac{d_i S}{dt} = R\left(\left(R_{1\text{dir}} - R_{1\text{inv}}\right)\ln\frac{R_{1\text{dir}}}{R_{1\text{inv}}} + \left(R_{2\text{dir}} - R_{2\text{inv}}\right)\ln\frac{R_{2\text{dir}}}{R_{2\text{inv}}}\right) \qquad (17.2.14)$$

où les $R_{1\text{dir}}$ et $R_{1\text{inv}}$ sont les vitesses directe et inverse de la réaction k ; R est comme toujours la constante des gaz. En supposant que les réactions (17.2.6) sont des étapes élémentaires, les vitesses s'écrivent

$$R_{1\text{dir}} = k_{1\text{dir}}[A] \quad R_{1\text{inv}} = k_{1\text{inv}}[X] \quad R_{2\text{dir}} = k_{2\text{dir}}[X] \quad R_{2\text{inv}} = k_{2\text{inv}}[B]. \qquad (17.2.15)$$

À l'équilibre, chaque réaction est compensée par la réaction inverse. Il est facile de calculer les concentrations d'équilibre de $[A]_{\text{éq}}$, $[X]_{\text{éq}}$ et $[B]_{\text{éq}}$ à l'aide du principe de bilan détaillé

$$[X] = \frac{k_{1\text{dir}}}{k_{1\text{inv}}}[A]_{\text{éq}} = \frac{k_{2\text{dir}}}{k_{2\text{inv}}}[B]_{\text{éq}}. \qquad (17.2.16)$$

Définissons à présent de petits écarts aux concentrations d'équilibre

$$\delta_A = [A] - [A]_{\text{éq}} \quad \delta_X = [X] - [X]_{\text{éq}} \quad \delta_B = [B] - [B]_{\text{éq}} \qquad (17.2.17)$$

où δ_A et δ_B sont déterminés par les flux entrants ; δ_X est libre. En introduisant (17.2.17) dans (17.2.14), la production d'entropie σ s'écrit (si on néglige les termes supérieurs)

$$\sigma(\delta_X) = R\left[\frac{\left(k_{1\text{dir}}\,\delta_A - k_{1\text{inv}}\,\delta_X\right)^2}{k_{1\text{dir}}[A]_{\text{éq}}} + \frac{\left(k_{2\text{dir}}\,\delta_X - k_{2\text{inv}}\,\delta_B\right)^2}{k_{2\text{dir}}[X]_{\text{éq}}}\right] \qquad (17.2.18)$$

et si on prend $(\partial\sigma/\partial\delta_X) = 0$, on obtient

$$\delta_X = \frac{k_{1\text{dir}}\,\delta_A + k_{2\text{inv}}\,\delta_B}{k_{1\text{inv}} + k_{2\text{dir}}}. \qquad (17.2.19)$$

Cette valeur de δ_X qui minimise σ correspond à l'état stationnaire. En effet,

$$\frac{d[X]}{dt} = k_{1\text{dir}}[A] - k_{1\text{inv}}[X] - k_{2\text{dir}}[X] + k_{2\text{inv}}[B] = 0. \tag{17.2.20}$$

Introduisons (17.2.17), nous avons pour l'état stationnaire

$$\frac{d[X]}{dt} = k_{1\text{dir}}\,\delta_A - k_{1\text{inv}}\,\delta_X - k_{2\text{dir}}\,\delta_X + k_{2\text{inv}}\,\delta_B = 0. \tag{17.2.21}$$

La valeur de δ_X obtenue ici correspond à (17.1.19). La valeur de δ_X pour l'état stationnaire est donc aussi celle pour laquelle la production d'entropie est minimum.

EXEMPLE 2. SÉQUENCE DE RÉACTIONS CHIMIQUES

Le résultat ci-dessus peut s'étendre à des systèmes plus complexes, par exemple à l'ensemble de réactions

$$X \rightleftharpoons W_1 \rightleftharpoons W_2 \ldots W_{n-1} \rightleftharpoons Y. \tag{17.2.22}$$

La production d'entropie est alors (pour un volume $V = 1$)

$$\sigma = \frac{d_i S}{dt} = \frac{1}{T}\left(v_1 \mathcal{A}_1 + v_2 \mathcal{A}_2 \ldots + v_n \mathcal{A}_n\right). \tag{17.2.23}$$

L'affinité de la réaction globale $X \rightleftharpoons Y$ est la somme des affinités des réactions intermédiaires :

$$\bar{\mathcal{A}} = \sum_k \mathcal{A}_k. \tag{17.2.24a}$$

Le flux entrant de X et le flux sortant de Y maintiennent $\bar{\mathcal{A}}$ à une valeur constante différente de zéro. On a donc

$$\mathcal{A}_n = \sum_{k}^{n-1}\left(\bar{\mathcal{A}} - \mathcal{A}_k\right). \tag{17.2.24b}$$

La production d'entropie devient ainsi une fonction des (n-1) affinités indépendantes

$$\sigma = \frac{1}{T}\left(v_1 \mathcal{A}_1 + v_2 \mathcal{A}_2 \ldots + v_{n-1}\mathcal{A}_{n-1} + v_n \sum_{k=1}^{n-1}\left(\bar{\mathcal{A}} - \mathcal{A}_k\right)\right) \tag{17.2.25}$$

et donc, en appliquant les relations linéaires $v_k = L_{kk}(A_k/T)$ à cette équation, il vient

$$\sigma = \frac{1}{T^2}\left[L_{11}\mathcal{A}_1^2 + L_{22}\mathcal{A}_2^2 + \ldots L_{(n-1)(n-1)}\mathcal{A}_{n-1}^2 + L_{nn}\left(\sum_{k=1}^{n-1}\left(\bar{\mathcal{A}} - \mathcal{A}_k\right)\right)^2\right]. \tag{17.2.26}$$

Un calcul élémentaire montre que la condition pour la production d'entropie minimum $(\partial\sigma/\partial \mathcal{A}_k) = 0$ conduit à $v_k = v_n$. Donc

$$v_1 = v_2 \ldots = v_{n-1} = v_n. \tag{17.2.27}$$

Les équations cinétiques pour les réactions (17.2.22) étant

$$\frac{d[W]_k}{dt} = v_k - v_{k+1}. \tag{17.2.28}$$

L'état stationnaire $d[W]_k/dt$ est donc celui pour lequel la production d'entropie est minimum.

EXEMPLE 3. RÉACTIONS CHIMIQUES COUPLÉES

Donnons un exemple de réaction chimique où l'une des affinités n'est pas soumise à une contrainte de non-équilibre. Pour cela, considérons la synthèse de HBr à partir de H_2 et de Br_2. Nous supposons que l'affinité de la réaction globale

$$H_2 + Br_2 \rightleftharpoons 2HBr \tag{17.2.29}$$

est maintenue à une valeur constante différente de zéro par une injection de H_2 et Br_2, et par l'extraction de molécules de HBr. Dans cette réaction figurent des produits intermédiaires H et Br :

$$Br_2 \overset{1}{\rightleftharpoons} 2Br\,; \tag{17.2.30}$$

$$Br + H_2 \overset{2}{\rightleftharpoons} HBr + H\,; \tag{17.2.31}$$

$$Br_2 + H \overset{3}{\rightleftharpoons} HBr + Br. \tag{17.2.32}$$

L'affinité de la réaction globale (17.2.29) est

$$\bar{A} = A_2 + A_3. \tag{17.2.33}$$

L'affinité A_1 de la réaction (17.2.30) est libre. La production d'entropie est dans ces conditions

$$\begin{aligned}
\sigma &= \frac{1}{T}\left(v_1 A_1 + v_2 A_2 + v_3 A_3\right) \\
&= \frac{1}{T}\left(v_1 A_1 + v_2 A_2 + v_3\left(\bar{A} - A_2\right)\right).
\end{aligned} \tag{17.2.34}$$

Grâce aux lois linéaires $v_k = L_{kk}(A_k/T)$ et en fixant $(\partial\sigma/\partial A_k) = 0$ pour les deux affinités indépendantes nous voyons que la production d'entropie atteint un extremum pour

$$v_1 = 0 \qquad \text{et} \qquad v_2 = v_3. \tag{17.2.35}$$

Cet état est aussi l'état stationnaire ; nous avons

$$\frac{d[H]}{dt} = v_2 - v_3\,; \tag{17.2.36}$$

$$\frac{d[Br]}{dt} = 2v_1 - v_2 + v_3. \tag{17.2.37}$$

L'état stationnaire de ces équations cinétiques est le même que celui donné en (17.2.35).

EXEMPLE 4. CONDUCTION THERMIQUE

À titre d'exemple de système continu, considérons une fois de plus la conduction de chaleur (figure 17.1). Dans un système unidimensionnel, la production d'entropie est

$$P \equiv \frac{d_i S}{dt} = \int_0^L J_q\left(\frac{\partial}{\partial x}\frac{1}{T}\right) dx. \tag{17.2.38}$$

Moyennant la relation linéaire $J_q = L_{qq}\,(\partial(1/T)/\partial x)$, on obtient

$$P = \int_0^L L_{qq} \left(\frac{\partial}{\partial x}\frac{1}{T} \right)^2 dx. \tag{17.2.39}$$

Parmi les fonctions $T(x)$, il nous faut trouver celle qui minimise la production d'entropie P. C'est un problème classique du calcul des variations. Considérons l'intégrale

$$I = \int_0^L \Lambda(f(x), \dot f(x))\, dx \tag{17.2.40}$$

où Λ est une fonction de f et de sa dérivée $\dot f \equiv (\partial f/\partial x)$ (nous écrirons par commodité $\dot f$ pour $(\partial f/\partial x)$). On montre dans le calcul des variations que cette intégrale prend sa valeur extrémale lorsque la fonction $f(x)$ est la solution de l'équation de Lagrange

$$\frac{d}{dx}\frac{\partial \Lambda}{\partial \dot f} - \frac{\partial \Lambda}{\partial f} = 0. \tag{17.2.41}$$

Appliquons cette équation à la production d'entropie (17.2.39); nous identifions f à $(1/T)$, de sorte que nous avons $\Lambda = L_{qq}\dot f^2$. Nous supposons comme en (16.3.6) que $L_{qq} = \kappa T^2 \approx \kappa T_{\text{moy}}^2$ est constant (κ est la conductivité thermique, et T_{moy} est la température moyenne). Dès lors, l'équation (17.2.41) devient pour la production d'entropie

$$\frac{d}{dx} L_{qq}\dot f = 0. \tag{17.2.42}$$

Donc, puisque $f = 1/T$,

$$L_{qq}\dot f = L_{qq}\frac{\partial}{\partial x}\frac{1}{T} = J_q = \text{constante}. \tag{17.2.43}$$

Puisque $L_{qq} = \kappa T^2 \approx \kappa T_{\text{moy}}^2$, cette condition peut aussi s'écrire

$$\kappa\frac{\partial T}{\partial x} = \text{constante}. \tag{17.2.44}$$

Nous voyons ainsi que la fonction $T(x)$ qui minimise la production d'entropie P est linéaire en x. En d'autres termes, la production d'entropie est minimum lorsque le courant de chaleur est uniforme sur toute la longueur du système. Ce résultat correspond à celui obtenu pour les vitesses d'une séquence de réactions (cf. l'exemple 2 ci-dessus), qui à l'état stationnaire sont constantes tout au long de la chaîne. L'état stationnaire obtenu dans la section précédente par l'équation de conduction thermique (17.1.5) est identique à celui obtenu par le principe de production minimum d'entropie.

EXEMPLE 5. ÉTATS STATIONNAIRES DANS LES CIRCUITS ÉLECTRIQUES

Nous venons de voir que la production d'entropie pour les éléments d'un circuit électrique est donnée par $Td_iS/dt = VI$, où V est la différence de potentiel aux bornes, et I le courant. S'il y a plusieurs éléments k, nous avons les relations linéaires $I_k = L_{kk}(V_k/T)$. Considérons n éléments de circuit connectés en série (figure 17.4). Nous supposons que le voltage total V est maintenu à une valeur constante (tout comme les températures des réservoirs étaient maintenues constantes dans l'exemple de la conduction thermique). Nous avons

$$V = \sum_{k=1}^{n} V_k. \tag{17.2.45}$$

La production d'entropie totale est

$$P = \frac{d_i S}{dt} = \frac{1}{T} \left(V_1 I_1 + V_2 I_2 \ldots + V_n I_n \right)$$

$$= \frac{1}{T^2} \left(L_{11} V_1^2 + L_{22} V_2^2 \ldots + L_{(n-1)(n-1)} V_{n-1}^2 + L_{nn} \left(\sum_{k=1}^{n-1} (V - V_k) \right)^2 \right) \tag{17.2.46}$$

où nous avons utilisé (17.2.45) pour éliminer V_n. Cette relation est semblable à (17.2.26), obtenue pour une séquence de réactions chimiques. Nous pouvons minimiser la production d'entropie par rapport aux $(n-1)$ V_k indépendants, en posant $(\partial P / \partial V_k) = 0$. Le résultat, semblable à celui obtenu pour les réactions chimiques, est que les flux I_k doivent être égaux

$$I_1 = I_2 \ldots = I_n. \tag{17.2.47}$$

La production d'entropie est minimum lorsque le courant est uniforme le long du circuit (nous renvoyons le lecteur aux commentaires de Feynman dans [5], p. 19-14, qui avait déjà noté cette relation entre production d'entropie et uniformité du courant électrique). La condition que le courant électrique soit uniforme s'impose à l'état stationnaire parce que nous n'observons pas alors d'accumulation de charge dans une partie du système. Dans les systèmes électriques, la relaxation vers l'état stationnaire est très rapide, et on observe des courants continus.

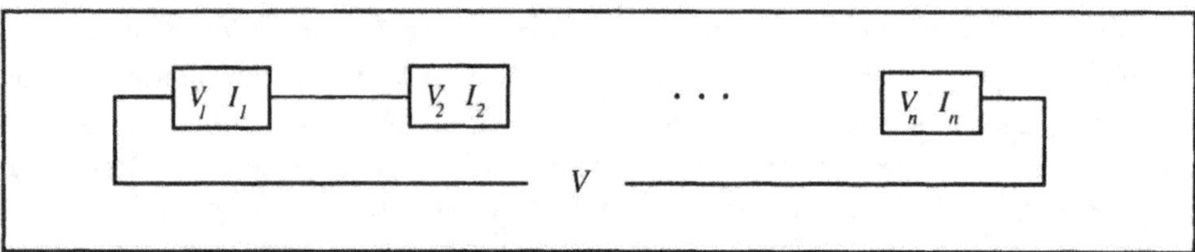

Figure 17.4 Circuit électrique de potentiel global V. (17.2.45). Dans le régime linéaire, la production d'entropie est minimum lorsque les flux sont égaux ($I_1 = I_2 \ldots = I_n$): le système se trouve alors dans un état stationnaire de non-équilibre.

Les exemples traités ci-dessus illustrent un trait commun; dans une séquence de systèmes couplés, la production d'entropie est extrémale lorsque les flux sont uniformes à travers le système. Dans les réactions chimiques, c'était le cas des vitesses v_k; dans les systèmes thermiques c'était celui du flux de chaleur J_q; dans les circuits électriques, c'est celui des courants I_k.

17.3 Évolution de la production d'entropie et stabilité

Nous allons considérer à présent la stabilité des états stationnaires de non-équilibre. Nous avons vu au chapitre 14 que près de l'équilibre les fluctuations font régresser l'entropie et que les processus irréversibles ramènent le système vers l'état d'équilibre. Si le système est isolé, l'entropie correspond à un maximum ; et la production d'entropie tend vers zéro tandis que le système revient à l'état d'équilibre. Cette dernière propriété s'étend au domaine linéaire, au voisinage de l'équilibre. Considérons la variation temporelle de la production d'entropie due aux réactions chimiques au voisinage de l'équilibre.

$$P \equiv \frac{d_i S}{dt} = \sum_k \frac{\mathcal{A}_k}{T} \frac{d\xi}{dt} = \sum_k \frac{\mathcal{A}_k}{T} v_k. \tag{17.3.1}$$

Dans cette équation, les affinités $\mathcal{A}_k$ sont des fonctions des paramètres ξ_k. Dans le régime linéaire, $v_k = \sum_i L_{ki}(\mathcal{A}_i/T)$, et dès lors

$$P = \sum_{i,k} \frac{L_{ik}}{T^2} \mathcal{A}_i \mathcal{A}_k. \tag{17.3.2}$$

Nous avons (à p et T constants),

$$\frac{d\mathcal{A}_k}{dt} = \sum_j \left(\frac{\partial \mathcal{A}_k}{\partial \xi_j} \right)_{p,T} \frac{d\xi_j}{dt}. \tag{17.3.3}$$

On obtient ainsi l'expression

$$\frac{dP}{dt} = \frac{1}{T^2} \sum_{i,j,k} L_{ik} \left[\mathcal{A}_k \left(\frac{\partial \mathcal{A}_i}{\partial \xi_j} \right) \frac{d\xi_j}{dt} + \mathcal{A}_i \left(\frac{\partial \mathcal{A}_k}{\partial \xi_j} \right) \frac{d\xi_j}{dt} \right] \tag{17.3.4}$$

qui, moyennant les relations d'Onsager et en posant $d\xi_k/dt \equiv v_k = \sum_i L_{ki}(\mathcal{A}_i)/T$, se ramène à

$$\frac{dP}{dt} = \frac{2}{T} \sum_{i,j} \left(\frac{\partial \mathcal{A}_i}{\partial \xi_j} \right) v_i v_j. \tag{17.3.5}$$

Le signe de cette expression est négatif (cf. les conditions de stabilité étudiées (14.1.9b)). Nous avons vu en effet que

$$\Delta_i S = \frac{1}{2T} \sum_{i,j} \left(\frac{\partial \mathcal{A}_i}{\partial \xi_j} \right)_{\text{éq}} \delta\xi_i \, \delta\xi_j < 0. \tag{17.3.6}$$

Puisque $\delta\xi_k$ peut être positif ou négatif, la condition (17.3.6) pour la stabilité de l'état d'équilibre implique que la matrice $\left(\partial \mathcal{A}_i/\partial \xi_j \right)$ soit définie négative. Au voisinage de l'état d'équilibre, cette matrice reste définie négative. Nous avons donc alors les deux inégalités fondamentales qui conditionnent la production d'entropie :

$$P > 0; \tag{17.3.7}$$

$$\frac{dP}{dt} = \frac{2}{T} \sum_{i,j} \left(\frac{\partial \mathcal{A}_i}{\partial \xi_j} \right) v_i v_j < 0. \qquad (17.3.8)$$

Ces conditions déterminent la stabilité des états stationnaires proches de l'état d'équilibre (figure 17.5). Lorsque le système est à l'état stationnaire, P prend sa valeur minimum. Si une fluctuation donne à P une valeur plus élevée, les processus irréversibles ramènent P à cette valeur minimum. Le résultat pour les états de non-équilibre peut se démontrer de manière plus générale [6]. Les deux inégalités (17.3.7) et (17.3.8) illustrent Duhem et Jouguet un théorème général de Lyapunov sur les conditions de stabilité des états, que nous présenterons au chapitre suivant. Il est temps de conclure ce chapitre sur deux remarques.

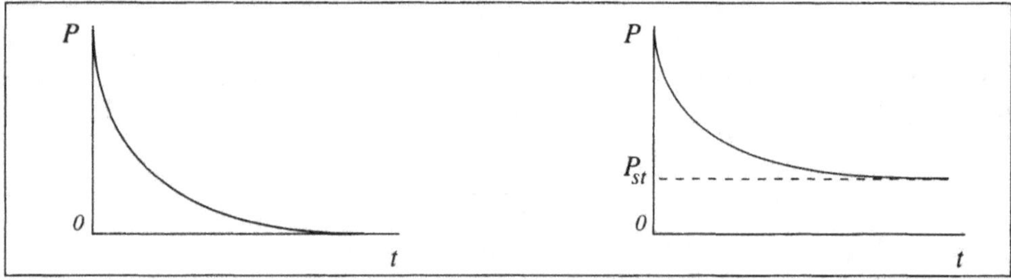

Figure 17.5 Variation temporelle de la production d'entropie $P = d_i S/dt = \sum_k F_k J_k$. (a) Si une fluctuation éloigne le système de l'état d'équilibre, la valeur de P régresse jusqu'à sa veleur d'équilibre $P = 0$. (b) Dans le régime linéaire, une fluctuation à partir d'un état stationnaire de non équilibre augmente la valeur de P ; les processus irréversibles ramènent ensuite P à sa valeur minimum P_{st}.

Déjà dans le régime linéaire au voisinage de l'équilibre l'irréversibilité peut avoir un rôle constructif. Ainsi, dans le phénomène de thermodiffusion étudié au chapitre 16, le flux irréversible de chaleur provoque l'apparition d'un gradient de concentration, et donc l'apparition d'une inhomogénéité : on peut alors parler d'une forme de démixtion produite par l'irréversibilité.

Ce rôle constructif devient décisif loin de l'équilibre, ainsi que nous le verrons au chapitre 18. Dans le régime linéaire comme à l'équilibre, les états stationnaires restent stables. C'est la différence qui spécifie le domaine du « loin de l'équilibre » : la stabilité n'y est plus garantie, ce qui ouvre la possibilité d'apparition de structures nouvelles, les « structures dissipatives », dont on sait aujourd'hui l'importance dans la description du monde qui nous entoure, marqué par l'instabilité et la dissipation.

V

LOIN DE L'ÉQUILIBRE :
L'ORDRE PAR FLUCTUATIONS

18 THERMODYNAMIQUE NON LINÉAIRE

18.1 Loin de l'équilibre

Nous abordons à présent les systèmes loin de d'équilibre. Ici les flux thermodynamiques J_α ne sont plus des fonctions linéaires des forces thermodynamiques F_α. Nous avons vu que dans le cas des réactions chimiques un système reste dans le régime linéaire si les affinités A_k sont petites par rapport à RT. La valeur de RT à $T = 300$ K est d'environ 2.5 kJ/mol. Puisque les affinités chimiques peuvent atteindre des valeurs de l'ordre de 10 à 100 kJ/mol, la région non linéaire est très accessible (exc. 18.1).

La situation est différente pour les phénomènes de transport comme la conduction thermique ou la diffusion. Seule une petite fraction des collisions moléculaires contribue aux transformations chimiques. Mais toutes les collisions interviennent dans les processus de transport. L'accès au domaine non linéaire est donc plus rare dans les systèmes où ne jouent que ces seuls processus.

Dans la nature, les systèmes soumis à des contraintes qui les maintiennent loin de l'équilibre sont très nombreux. Ainsi, la terrestre est soumise à un flux d'énergie qui nous vient du Soleil. C'est en gros ce flux qui alimente la vie terrestre. Il est responsable de la situation de notre écosphère, qui est elle aussi un système loin de l'équilibre (exc. 18.2).

Comme nous le verrons dans les sections suivantes, le fait nouveau et fondamental est que loin de l'équilibre les états stationnaires peuvent perdre leur stabilité. Le système passe alors à un autre état accessible. En d'autres termes, les processus irréversibles au sein du système et les conditions aux limites ne déterminent plus l'état de non-équilibre de manière univoque ; des fluctuations d'origine interne ou externe peuvent conduire les systèmes vers de nouveaux états, qui sont souvent dotés d'une organisation plus marquée. Une nouvelle cohérence supramoléculaire apparaît alors ; nous en verrons plusieurs exemples. Contrairement à ce qui se passe à l'équilibre ou près de l'équilibre, il n'existe généralement plus de potentiel correspondant (à l'état stationnaire) à un extremum (cf. chapitres 5 et 17). C'est pourquoi les fluctuations ne régressent plus nécessairement.

Dans le domaine non linéaire, de petits facteurs — qui échappent souvent au contrôle du laboratoire — peuvent s'avérer décisifs pour le destin du système. Le déterminisme qui caractérise la dynamique classique n'est plus ici d'application, non plus que l'unicité des états d'équilibre ou des états stationnaires. Nous sommes ainsi confrontés à une nature dont la description exige l'introduction de concepts probabilistes, capables d'engendrer de nouvelles structures organisées, y compris la vie. Les processus que nous associons à la créativité de la nature sont indissolublement liés aux conditions de non-équilibre qui prévalent dans notre univers.

18.2 Propriétés générales de la production d'entropie

Nous avons vu que dans le régime linéaire les états stationnaires correspondent à un prinicpe démontrable de production d'entropie minimum. Ce théorème permettait d'assurer la stabilité des états stationnaires.

Loin de l'équilibre, il n'existe en revanche plus de principe variationnel : les états éloignés de l'équilibre peuvent devenir instables et faire place à de nouveaux états organisés. La thermodynamique a permis de préciser les conditions d'apparition de ces nouveaux états.

Puisque la production d'entropie est de la forme $P = \int_V \sigma dV = \int_V \sum_k F_k J_k dV$, sa variation temporelle peut se décomposer en deux termes

$$\frac{dP}{dt} = \int_V \left(\frac{d\sigma}{dt}\right) dV = \int_V \left(\sum_k \frac{dF_k}{dt} J_k\right) dV + \int_V \left(\sum_k F_k \frac{dJ_k}{dt}\right) dV$$

$$\equiv \frac{d_F P}{dt} + \frac{d_J P}{dt} \tag{18.2.1}$$

où $d_F P/dt$ résulte de la variation des forces F_k et de celle des flux J_k. On indique ici deux propriétés générales [1-3] :

(i) Dans le régime linéaire,

$$\frac{d_F P}{dt} = \frac{d_J P}{dt} \tag{18.2.2}$$

(ii) Pour des conditions aux limites indépendantes du temps (même en dehors du régime linéaire)

$$\frac{d_F P}{dt} \leq 0 \tag{18.2.3}$$

avec $d_F P/dt$ à l'état stationnaire. La première des relations ci-dessus découle immédiatement des relations linéaires $J_k = \sum_k L_{ki} F_i$ (16.1.2) et des relations de réciprocité d'Onsager $L_{ki} = L_{ik}$ (16.2.10). Notons d'abord que

$$\sum_k dF_k J_k = \sum_{ki} dF_k L_{ki} F_i = \sum_{ki} (dF_k L_{ik}) F_i = \sum_i dJ_i F_i. \tag{18.2.4}$$

En introduisant ce résultat dans les définitions de $d_F P$ et de $d_J P$ (18.2.1), nous avons

$$\frac{d_F P}{dt} = \int_V \left(\sum_k \frac{dF_k}{dt} J_k\right) dV = \int_V \left(\sum_k F_k \frac{dJ_k}{dt} J_k\right) dV = \frac{d_J P}{dt} = \frac{1}{2}\frac{dP}{dt}. \tag{18.2.5}$$

La propriété générale (18.2.3) appliquée à (18.2.5) nous donne un résultat déjà rencontré au chapitre précédent : la production d'entropie tend vers sa valeur minimum

$$\frac{dP}{dt} = 2\frac{d_F P}{dt} < 0 \tag{18.2.6}$$

dans le régime linéaire. Quant à l'inégalité (18.2.3), c'est une fois de plus la conséquence des conditions de stabilité étudiées au chapitre 14. Donnons-en un exemple simple, celui d'une réaction chimique unique dans un système fermé. Nous avons (à p et T constants)

$$\frac{d_F P}{dt} = \frac{v}{T}\frac{d\mathcal{A}}{dt} = \frac{v}{T}\left(\frac{\partial \mathcal{A}}{\partial \xi}\right)_{p,T}\frac{d\xi}{dt}$$

$$= \frac{1}{T}\left(\frac{\partial \mathcal{A}}{\partial \xi}\right)_{p,T} v^2 \leq 0. \tag{18.2.7}$$

Une démonstration plus générale est présentée dans l'appendice 18.1. L'inégalité (18.2.3) a pour effet d'exclure toute évolution spontanée qui augmenterait $d_F P$. Les seules évolutions permises par la thermodynamique sont donc celles où l'effet du changement des forces F prises seules tend à diminuer la production d'entropie.

La thermodynamique de non-équilibre, basée sur l'hypothèse de l'équilibre local, conduit donc à deux inégalités : $P \geq 0$ et $d_F P \leq 0$. La production d'entropie est positive, et l'évolution diminue les forces thermodynamiques. Cela n'implique pas que la production d'entropie diminue : il y a aussi le terme $d_J P$ (cf. (18.2.1)). L'inégalité $d_F P \leq 0$ est un critère d'évolution important. Si l'évolution correspond à une seule variable, par exemple la concentration X (en supposant pour simplifier une seule réaction), nous avons

$$d_F P = v(\mathrm{X})\left(\frac{\partial \mathcal{A}}{\partial \mathrm{X}}\right) d\mathrm{X} \leq 0.$$

Nous pouvons traiter le second membre comme la différentielle d'une fonction $W(\mathrm{X})$

$$dW = v(\mathrm{X})\left(\frac{\partial \mathcal{A}}{\partial \mathrm{X}}\right) d\mathrm{X}.$$

Cette évolution se caractérise par un potentiel cinétique $W(\mathrm{X})$, et l'état stationnaire correspond à un extremum de ce potentiel. Mais c'est là un cas exceptionnel. Le fait nouveau est que même pour des contraintes données loin de l'équilibre, et indépendantes du temps, le système n'atteint plus nécessairement un état stationnaire. L'évolution d'un tel système peut se poursuivre indéfiniment. Donnons-en un exemple simple[1], qui comporte deux réactions. Loin de l'équilibre, la formule de réciprocité d'Onsager ne s'applique plus. Considérons le cas extrême où

$$v_1 = \ell\mathcal{A}_2 \qquad v_2 = -\ell\mathcal{A}_1.$$

Nous avons alors

$$d_F P = \ell\,(\mathcal{A}_2 d\mathcal{A}_1 - \mathcal{A}_1 d\mathcal{A}_2) \leq 0\,;$$

en coordonnées polaires r, θ cette inégalité s'écrit

$$d_F P = -\ell r^2 d\theta \leq 0.$$

Le système effectue une rotation irréversible dont le sens est donné par le signe du paramètre ℓ. Cette oscillation continue indéfiniment pour autant que les contraintes extérieures se maintiennent. Les réactions oscillantes loin de l'équilibre sont aujourd'hui bien connues (cf. chapitre 19) ; mais il est remarquable que la thermodynamique

---

1. Cet exemple est inspiré par le modèle dit « prédateur-proie » de Lotka et Volterra ; cf. l'ouvrage de ce dernier, *Théorie mathématique de la lutte pour la vie*.

loin de l'équilibre ait permis de prévoir ce type de comportement. Notons la différence avec le régime linéaire où le système atteint un état stationnaire (pour des contraintes indépendantes du temps). Nous pouvons aussi appliquer l'inégalité $d_F P/dt \leq 0$ pour étudier la stabilité des états stationnaires. Une condition suffisante de stabilité est que, pour toutes les fluctuations permises à partir de l'état stationnaire considéré, $\delta_F P > 0$. Mais pour étudier cette stabilité, il est plus commode d'utiliser la méthode de Lyapunov, que nous présenterons en quelques mots.

18.3 Stabilité des états stationnaires de non-équilibre

Ce mathématicien russe avait dès le XIXe siècle formulé une théorie générale de la stabilité [4]. Nous appliquerons ici sa méthode pour préciser les conditions de stabilité des états de non-équilibre.

THÉORIE DE LA STABILITÉ DE LYAPUNOV

Notons X_s un état stationnaire d'un système physique. De façon générale, X peut être un vecteur à r dimensions, de composantes X_k. L'évolution temporelle de X correspond à un ensemble d'équations de la forme

$$\frac{dX_k}{dt} = Z_k \left(X_1, X_2 \dots X_n \,;\, \lambda_j \right) \tag{18.3.1}$$

où les λ_j sont des paramètres qui peuvent ou non être des fonctions du temps. L'encadré 18.1 donne un exemple simple d'une telle équation. Si les X_k dépendent non seulement du temps t, mais aussi de la position, (18.3.1) sera une équation différentielle partielle. À l'état stationnaire, les concentrations X_{ks} sont les solutions des équations

$$\frac{dX_k}{dt} = Z_k \left(X_1, X_2 \dots X_n \,;\, \lambda_j \right) = 0. \tag{18.3.2}$$

Pour étudier la stabilité de cet état, considérons le comportement d'une petite perturbation δX_k. Nous définissons d'abord une fonction positive $L(\delta X_k)$ de δX_k, que nous considérons comme une distance de l'état perturbé à l'état stationnaire. Si cette distance décroît avec le temps de manière monotone, l'état stationnaire est stable. C'est la condition de stabilité

$$L(\delta X_k) > 0 \qquad \frac{dL(\delta X_k)}{dt} < 0. \tag{18.3.3}$$

Toute fonction L qui satisfait à la condition (18.3.3) est une *fonction de Lyapunov*. Cette condition est d'une extrême généralité. La méthode de Lyapunov a trouvé des applications dans de nombreux domaines, en dynamique comme en théorie des milieux continus ; on a même pu l'étendre à des états non stationnaires, par exemple des états périodiques (cf. [4]), mais nous n'aborderons pas ici ces généralisations.

LA DÉRIVÉE SECONDE DE L'ENTROPIE COMME FONCTION DE LYAPUNOV

Nous avons déjà vu que la variation seconde de l'entropie a un signe déterminé dans tout système thermodynamique (cf. le chapitre 13). Si nous prenons la densité d'entropie $s(\mathbf{x})$ comme une fonction de la densité d'énergie $u(\mathbf{x})$ et des concentrations

---

Excursus 18.1 Équations cinétiques et théorie de la stabilité de Lyapunov

Soit un système chimique ouvert

$$S + T \xrightarrow{k_1} A$$

$$S + A \xrightarrow{k_2} B$$

$$A + B \xrightarrow{k_3} P$$

Nous supposons pour des raisons de simplicité que l'on peut ignorer les réactions inverses. Si le système est soumis à un flux entrant de S et de T et à un flux sortant de P en sorte que les concentrations soient constantes, on a les équations cinétiques suivantes pour les concentrations de A et B (avec $X_1 = [A]$ et $X_2 \equiv [B]$)

$$\frac{dX_1}{dt} \equiv Z_1(X_j, [S], [T]) = k_1[S][T] - k_2[S]X_1 - k_3X_1X_2.$$

$$\frac{dX_2}{dt} \equiv Z_2(X_j, [S], [T]) = k_2[S]X_1 - k_3X_1X_2.$$

Dans ce système, [S] et [T] correspondent aux paramètres λ_j de (18.3.1). Les états stationnaires X_{1s} et X_{2s} s'obtiennent en annulant ces équations :

$$X_{1s} = \frac{k_1[T]}{2k_2} \qquad X_{2s} = \frac{k_2[S]}{2k_3}.$$

On évalue la stabilité de cet état par l'analyse de l'évolution des perturbations δX_1 et δX_2 imposées à cet état stationnaire. Une fonction de Lyapounov possible serait

$$L(\delta X_1, \delta X_2) = \left[(\delta X_1)^2 + (\delta X_2)^2 \right] > 0.$$

Si l'on a $dL(\delta X_1, \delta X_2)/dt < 0$, l'état stationnaire X_{1s}, X_{2s} est stable.

$n(\mathbf{x})$, $s(u, n_k)$, l'écart de la valeur de l'entropie par rapport à sa valeur à l'état stationnaire, peut s'écrire en négligeant des termes d'ordre supérieur

$$\Delta S = \int \left[\left(\frac{\partial s}{\partial u} \right)_{nk} \delta u + \sum_k \left(\frac{\partial s}{\partial n_k} \right)_u \delta n_k \right] dV$$

$$+ \frac{1}{2} \int \left[\left(\frac{\partial^2 s}{\partial u^2} \right) (\delta u)^2 + 2 \sum_k \left(\frac{\partial^2 s}{\partial u \partial n_k} \right) \delta u \delta n_k + \sum_{ij} \left(\frac{\partial^2 s}{\partial n_i \partial n_j} \right) \delta n_i \delta n_j \right] dV$$

$$= \delta S + \frac{1}{2} \delta^2 S. \tag{18.3.4}$$

Puisque le système est dans un état stationnaire de non-équilibre, les forces thermodynamiques et les flux correspondants ne sont pas nuls. La variation première est à présent différente de zéro $\delta S \neq 0$, car l'entropie n'est plus un maximum comme c'est le cas à l'équilibre. Pourtant, la dérivée seconde $\delta^2 S$ garde un signe déterminé à cause des conditions de stabilité (cf. (12.4.10) :

$$\frac{1}{2}\delta^2 S < 0. \tag{18.3.5}$$

Pour sa dérivée temporelle, nous avons la formule

$$\frac{d}{dt}\frac{\delta^2 S}{2} = \sum_k \delta F_k \delta J_k \tag{18.3.6}$$

dont on trouvera la démonstration dans l'appendice 18.2 (cf. 14.1.16). La dérivée temporelle de $\delta^2 S$ conserve donc la même forme même sous des conditions de non-équilibre. La différence est que près de l'équilibre on a $\sum_k \delta F_k \delta J_k = \sum_k F_k J_k$, tandis que loin de l'équilibre le signe peut varier. Le second membre de (18.3.6) est la production d'entropie d'excès. Notons que ce n'est l'accroissement de la production d'entropie qu'au voisinage de l'équilibre ; la variation de la production d'entropie loin de l'équilibre est $\delta P = \delta_F P + \delta_J P$ (cf. 18.2.1). Il est remarquable que les expressions (18.3.5) et (18.3.6) définissent une fonction de Lyapunov $L = -\delta^2 S$ si

$$\sum_k \delta F_k \delta J_k > 0. \tag{18.3.7}$$

On voit ainsi qu'un état stationnaire de non-équilibre sera stable à la condition que

$$\frac{d}{dt}\frac{\delta^2 S}{2} = \sum_k \delta F_k \delta J_k > 0. \tag{18.3.8}$$

On notera que si cette dérivée est négative, le système *peut* être instable : c'est une condition nécessaire mais non suffisante pour l'apparition d'une instabilité.

EXEMPLE

Puisque l'inégalité $\delta^2 S < 0$ est satisfaite à l'équilibre et hors d'équilibre, la stabilité d'un état est assurée si l'inégalité (18.3.2) est satisfaite. Appliquons ce critère à des systèmes simples pour en examiner la signification physique. Soit la réaction

$$A + B \rightleftharpoons C + D. \tag{18.3.9}$$

Nous avons pour les vitesses directe et inverse

$$R_{\text{dir}} = k_{\text{dir}}[A][B] \qquad \text{et} \qquad R_{\text{inv}} = k_{\text{inv}}[A][B]. \tag{18.3.10}$$

Supposons que ce système soit maintenu hors d'équilibre par des flux appropriés. Comme nous l'avons vu (cf. 9.5), l'affinité $\mathcal{A}$ (qui est la force thermodynamique F) et la vitesse de réaction v (qui est le flux thermodynamique J) sont $\mathcal{A} = RT \ln(R_{\text{dir}}/R_{\text{inv}})$ et $v = (R_{\text{dir}} - R_{\text{inv}})$. La dérivée temporelle de $\delta^2 S$, la « production d'entropie d'excès » (18.3.8), s'écrit à l'aide de $\delta F = \delta \mathcal{A}/T$ et $\delta J = \delta v$; il est aisé de voir (exc. 18.4) que pour une perturbation $\delta[B]$ de l'état stationnaire on a

$$\frac{1}{2}\frac{d\delta^2 S}{dt} = \sum_\alpha \delta J_\alpha \delta F_\alpha = \frac{\delta \mathcal{A}}{T}\delta v = Rk_{\text{dir}}\frac{[A]_s}{[B]_s}\left(\delta[B]\right)^2 > 0 \tag{18.3.11}$$

où l'indice s indique les valeurs des concentrations à l'état stationnaire, lequel est stable puisque $d\delta^2 S/dt$ est positif. La situation change radicalement dans le cas d'une réaction autocatalytique.

$$2X + Y \rightleftharpoons 3X \qquad (18.3.12)$$

qui est une étape du système d'équation dit *Brusselator*, — que nous décrirons au chapitre suivant. Considérons l'état stationnaire de non-équilibre. Introduisons une perturbation δX. Nous avons les vitesses directe et inverse $R_{\text{dir}} = k_{\text{dir}}[X]^2[Y]$ et $R_{\text{inv}} = k_{\text{inv}}[X]^3$. Dès lors, la production d'entropie d'excès devient

$$\frac{1}{2}\frac{d\delta^2 S}{dt} = \frac{\delta \mathcal{A}}{T}\delta v = -R\left(2k_{\text{dir}}[X]_{\text{s}}[Y]_{\text{s}} - 3k_{\text{inv}}[X]_{\text{s}}^2\right)\frac{(\delta X)^2}{[X]_{\text{s}}}. \qquad (18.3.13)$$

Ici la production d'entropie d'excès peut devenir négative, surtout si $k_{\text{dir}} \gg k_{\text{inv}}$; l'état stationnaire peut s'avérer instable. C'est là un résultat majeur : la catalyse joue un rôle fondamental dans la stabilité des états stationnaires loin de l'équilibre. Or, nous savons aujourd'hui que la catalyse est un phénomène très général. Le mécanisme qui constitue la base des processus du vivant est catalytique, puisque les acides nucléiques engendrant les protéines et les protéines les acides nucléiques.

Cette discussion est reprise dans le diagramme de stabilité de la figure 18.1. Le paramètre Δ mesure la distance à l'équilibre. L'état d'équilibre correspond donc à $\Delta = 0$. Une fois perturbé, le système rejoint par relaxation un état stationnaire noté X_{s}. Cet état stationnaire est un prolongement continu de l'état d'équilibre, et c'est pourquoi nous parlons de *branche thermodynamique*. Tant que la condition (18.3.8) est satisfaite, cette branche est stable ; sinon, elle peut devenir instable. Dans ce cas, le système peut évoluer vers une nouvelle branche — un nouvel état stationnnaire — qui correspond souvent, nous le verrons plus loin, à une structure *plus organisée*.

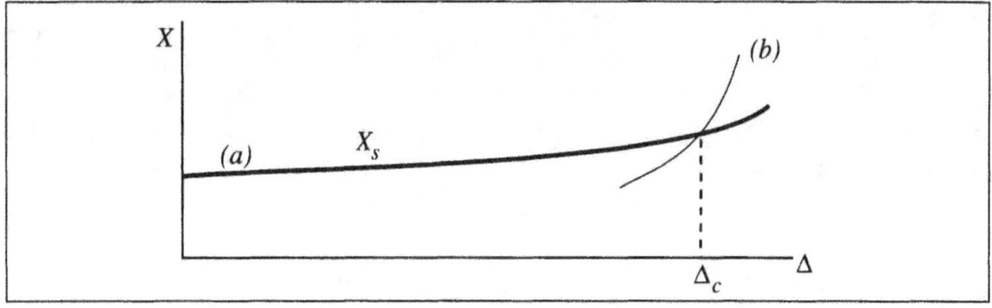

Figure 18.1 À chaque valeur de Δ, qui mesure la distance à l'équilibre, corrrespond un état du système. Pour $\Delta = 0$, le système est à l'équilibre. Pour Δ petit, le système est dans un état proche de l'équilibre : c'est la branche thermodynamique *(a)*. Mais au-delà de la valeur critique Δ_c les états situés sur la branche thermodynamique sont instables et les fluctuations peuvent pousser le système vers d'autres états *(b)* : c'est le phénomène de *bifurcation*.

Si l'on connaît les équations qui décrivent la cinétique du système, il existe une méthode simple pour déterminer le point où la branche thermodynamique devient instable. Cette méthode est basée sur l'analyse linéaire de la stabilité que nous exposons brièvement ici.

18.4 Analyse linéaire de la stabilité

Comme nous l'avons vu en (18.3.1), les équations cinétiques d'un système chimique sont de la forme

$$\frac{dX_k}{dt} = Z_k \left(X_1, X_2 \ldots X_n ; \ \lambda_j \right) \tag{18.4.1}$$

où les X_k correspondent à des concentrations variables (par exemple [X] et [Y] dans (18.3.12)), tandis que les λ_j correspondent à des paramètres maintenus à des valeurs constantes. Ces paramètres peuvent correspondre à concentrations maintenues à ces valeurs de non-équilibre ; de manière générale, ce sont des contraintes imposées au système. Supposons d'abord que l'on ait pour les concentrations une solution stationnaire :

$$Z_k \left(X_1^0, X_2^0 \ldots X_n^0 ; \ \lambda_j \right) . \tag{18.4.2}$$

Cette solution est-elle stable ? Considérons une petite perturbation

$$X_k = X_k^0 + x_i(t). \tag{18.4.3}$$

Développons en série de Taylor le second membre de (18.4.1) :

$$Z_k \left(X_i^0 + x_i \right) = Z_k \left(X_i^0 \right) + \sum_j \left(\frac{\partial Z_k}{\partial X_j} \right)_0 x_j + \ldots \tag{18.4.4}$$

où l'indice 0 exprime que la dérivée est calculée à l'état stationnaire X_i^0. Dans l'analyse de la stabilité linéaire, seuls les termes linéaires en x_j sont pris en compte ; les termes d'ordre supérieur sont négligés. Nous réintroduisons (18.4.4) dans (18.4.1) ; puisque X_i^0 est un état stationnaire, nous obtenons pour $x_i(t)$ les équations linéaires

$$\frac{dx_i}{dt} = \sum_j \Lambda_{kj} \left(\lambda \right) x_j \tag{18.4.5}$$

où $\Lambda_{kj} \left(\lambda \right) = \left(\partial Z_k / \partial X_j \right)$ est une fonction du paramètre λ. En notation matricielle, l'équation (18.4.5) peut s'écrire

$$\frac{d\mathbf{x}}{dt} = \Lambda \mathbf{x} \tag{18.4.6}$$

où les Λ_{ij} sont les éléments de la matrice Λ, dite parfois *matrice jacobienne*. Nous pouvons donner une solution générale à (18.4.6) si ses vecteurs propres ψ_k et ses valeurs propres ω_k sont connus. On a

$$\Lambda \psi_k = \omega_k \psi_k. \tag{18.4.7}$$

On sait qu'une matrice à n dimensions peut en général avoir n valeurs propres et n vecteurs propres. Une fois connus les vecteurs propres et les valeurs propres de cette matrice, les solutions de (18.4.6) prennent la forme

$$\mathbf{x} = \exp \left(\omega_k t \right) \psi_k. \tag{18.4.8}$$

Pour le vérifier, il suffit de remplacer (18.4.8) dans (18.4.6). Puisqu'une combinaison linéaire des solutions d'une équation linéaire est aussi une solution, la solution générale de (18.4.6) s'écrit

$$\mathbf{x} = \sum_k c_k \exp(\omega_k t)\, \psi_k \tag{18.4.9}$$

où les c_k sont des constantes déterminées par des conditions initiales. La stabilité dépend du comportement de la perturbation. Celle-ci peut être amplifiée ou amortie avec le temps, ce qui dépend des valeurs propres. Si la partie réelle de l'une au moins d'entre elles est positive, la solution (18.4.8) croît exponentiellement, et le vecteur propre correspondant est un *mode instable*. Si les parties réelles de toutes les valeurs propres sont négatives, toute perturbation au voisinage de l'état stationnaire régressera vers zéro.

Nous pouvons conclure : *la condition nécessaire et suffisante de la stabilité d'un état stationnaire est que les parties réelles de toutes les valeurs propres de la matrice jacobienne associée soient négatives.* Que la partie réelle d'une valeur propre soit positive suffit pour que l'état soit instable.

Notons que cette conclusion ne s'applique qu'aux petites perturbations ; l'approximation linéaire (18.4.5) n'est sinon plus valable. La croissance exponentielle de la perturbation ne pourra se poursuivre indéfiniment ; elle cessera en fin de compte, par suite de l'action de termes non linéaires. Le système passera ainsi d'un état instable vers un état nouveau et plus stable.

EXEMPLE

Nous appliquerons ici la théorie de la stabilité linéaire à un ensemble d'équations cinétiques que nous étudierons plus en détail dans le chapitre suivant

$$\frac{d[\mathrm{X}]}{dt} = k_1[\mathrm{A}] - k_2[\mathrm{B}][\mathrm{X}] + k_3[\mathrm{X}]^3[\mathrm{Y}] - k_4[\mathrm{X}] = Z_1\,; \tag{18.4.10}$$

$$\frac{d[\mathrm{Y}]}{dt} = k_2[\mathrm{B}][\mathrm{X}] - k_3[\mathrm{X}]^2[\mathrm{Y}] = Z_2. \tag{18.4.11}$$

Ici [A] et [B] sont les paramètres (concentration maintenue à une valeur fixe) correspondant à λ (18.4.1). Il est aisé de trouver les solutions stationnaires de ces équations

$$[\mathrm{X}]_{\mathrm{s}} = \frac{k_1}{k_4}[\mathrm{A}] \qquad\qquad [\mathrm{Y}]_{\mathrm{s}} = \frac{k_4 k_2}{k_3 k_1}\frac{[\mathrm{B}]}{[\mathrm{A}]}. \tag{18.4.12}$$

La matrice jacobienne évaluée à l'état stationnaire est

$$\Lambda = \begin{bmatrix} \dfrac{\partial Z_1}{\partial[\mathrm{X}]} & \dfrac{\partial Z_1}{\partial[\mathrm{Y}]} \\[2mm] \dfrac{\partial Z_2}{\partial[\mathrm{X}]} & \dfrac{\partial Z_2}{\partial[\mathrm{Y}]} \end{bmatrix} = \begin{bmatrix} k_2[\mathrm{B}] - k_4 & k_3[\mathrm{X}]_{\mathrm{s}}^2 \\[2mm] -k_2[\mathrm{B}] & -k_3[\mathrm{X}]_{\mathrm{s}}^2 \end{bmatrix} \tag{18.4.13}$$

et l'état stationnaire (18.4.12) devient instable si les parties réelles des valeurs propres de (18.4.13) deviennent positives. Nous pouvons écrire l'*équation aux valeurs propres* ou *équation caractéristique* de la matrice Λ, dont les racines sont les valeurs propres

$$\mathrm{Det}\,[\Lambda - \lambda I] = 0 \tag{18.4.14}$$

où Det est le déterminant. Pour une matrice 2x2 telle que (18.4.13), on voit aisément que l'équation caractéristique est

$$\lambda^2 - (\Lambda_{11} + \Lambda_{22})\,\lambda + (\Lambda_{11} - \Lambda_{22} - \Lambda_{21}\Lambda_{12}) = 0. \qquad (18.4.15)$$

Si les éléments Λ_{ij} sont réels, comme c'est le cas dans les systèmes chimiques, les solutions de l'équation caractéristique doivent être des paires de solutions complexes conjuguées. Nous étudierons les solutions de (18.4.15) en fonction de la concentration de [B]. Nous verrons que leurs parties réelles, d'abord négatives près de l'équilibre, peuvent devenir positives. Le point auquel les parties réelles s'annulent sera le point de transition qui correspond à la perte de stabilité. Puisque le coefficient du terme linéaire de (18.4.15) est égal et de signe opposé à la somme des racines, nous avons (les deux racines sont $\lambda_\pm$)

$$\lambda_+ + \lambda_- = (\Lambda_{11} + \Lambda_{22}) = k_2[B] - k_4 - k_3[X]_S^2 \qquad (18.4.16)$$

avec les conditions d'usage. Le critère ci-dessus pour la transition de la stabilité à l'instabilité conduit donc à l'inégalité

$$[B] > \frac{k_4}{k_2} + \frac{k_3}{k_2}[X]_S^2 \qquad \text{ou} \qquad [B] > \frac{k_4}{k_2} + \frac{k_3}{k_2}\frac{k_1^2}{k_4^2}[A]^2. \qquad (18.4.17)$$

Nous utilisons ici (18.4.12) pour $[X]_S$. On voit que si pour une valeur donnée de [A] la valeur de [B] croît, le critère (18.4.17) pourra être satisfait, et l'état stationnaire (18.4.12) devient instable. Nous verrons au chapitre suivant que cette instabilité conduit à un régime oscillant.

L'analyse linéaire de la stabilité ne permet pas de prédire l'état vers lequel le système évoluera. Pour cela, il faut étudier les équations non linéaires ; elles n'admettent pas toujours une solution analytique simple, mais l'ordinateur permet souvent d'obtenir des solutions numériques sans grande difficulté.

19 LES STRUCTURES DISSIPATIVES

19.1 Rôle constructif des processus irréversibles

L'un des enseignements les plus profonds de la thermodynamique de non-équilibre tient au double rôle des processus irréversibles, destructeurs d'ordre près de l'équilibre et créateurs d'ordre loin de l'équilibre. Or, de façon générale, aucun principe d'extremum ne permet de prédire vers quel état évoluera un système hors d'équilibre. Contrairement aux états d'équilibre, dont l'évolution tend vers un état qui minimise un potentiel thermodynamique, les états de non-équilibre apportent un élément d'imprédictibilité, même lorsque les équations cinétiques sont connues. Lorsque la branche thermodynamique devient instable, plusieurs états deviennent accessibles. Sous l'influence de fluctuations ou d'autres facteurs aléatoires, le système évolue vers un état parmi de nombreux autres possibles. Les nouveaux états sont souvent des états organisés, caractérisés par un nouvel ordre spatio-temporel.

Il existe des exemples bien connus, tels les tourbillons en hydrodynamique ou les inhomogénéités des concentrations dans les systèmes chimiques ; ou encore les variations temporelles périodiques de ces concentrations. La diversité que nous observons dans la nature est une conséquence de la situation de non-équilibre de l'univers. Le passage vers des états organisés à la suite de fluctuations peut être décrit comme un ordre par fluctuations [1, 2]. Ces structures organisées sont le résultat de phénomènes dissipatifs. C'est pourquoi il est naturel de leur donner le nom de *structures dissipatives* [3]. Ces structures et l'ordre par fluctuations constituent le cadre conceptuel des phénomènes que nous décrivons dans ce chapitre.

19.2 Instabilités, bifurcations et brisements de symétrie

Nous avons montré dans le chapitre précédent que la branche thermodynamique peut devenir instable lorsqu'un système est loin de l'équilibre. Nous avons vu que la variation seconde de l'entropie $\delta^2 S$ permet de formuler (cf. (18.3.7)) une condition nécessaire d'instabilité. Pour aller plus loin et décrire l'évolution d'un système hors d'équilibre, il faut se donner les caractéristiques cinétiques, par exemple les vitesses des réactions chimiques ou des équations hydrodynamiques[1]. Il faut donc étudier les solutions des équations différentielles qui correspondent aux comportements cinétiques ou thermodynamiques. Dans cette étude, nous rencontrerons des relations entre instabilité, multiplicité des solutions et brisement de symétrie, ainsi que le phénomène de bifurcation, qui correspond à l'apparition de nouvelles solutions de ces équations différentielles décrivant la cinétique. Nous allons illustrer ces relations sur l'exemple d'une équation différentielle non linéaire simple. Nous montrerons

---

1. Il est intéressant d'opposer le comportement générique des systèmes près de l'équilibre au comportement spécifique des systèmes loin de l'équilibre : c'est l'origine de la variété des phénomènes que nous observons dans la nature.

ensuite comment ces concepts peuvent servir à décrire des classes plus générales de systèmes loin de l'équilibre. Considérons l'équation

$$\frac{d\alpha}{dt} = -\alpha^3 + \lambda\alpha \qquad (19.2.1)$$

où (comme au chapitre 18) λ est un paramètre de contrôle. L'équation (19.2.1) présente une symétrie évidente : elle demeure invariante lorsque l'on change le signe de α. Ceci signifie que si $\alpha(t)$ est une solution, $-\alpha(t)$ en est une autre. Si $a(t) \neq -a(t)$, nous avons deux solutions distinctes. Il existe une relation entre la symétrie de l'équation différentielle et la multiplicité de ses solutions. Les états stationnaires qui satisfont à la condition (19.2.1) sont

$$\alpha = 0 \qquad \text{et} \qquad \alpha = \pm\sqrt{\lambda}. \qquad (19.2.2)$$

Si une solution perd la symétrie de l'équation de départ (en d'autres termes, lorsque $a \neq -a$), on parle de *solution à symétrie brisée*. Ici la solution $\alpha = 0$ reste évidemment invariante lorsque α change de signe ; mais ce n'est plus le cas pour la solution $\alpha = \pm\sqrt{\lambda}$. Cette dernière brise donc la symétrie de l'équation. Cette distinction joue un rôle essentiel dans l'étude des systèmes de non-équilibre. La nature est riche de situations à symétrie brisée, et la plupart d'entre elles (par exemple la dominance de la matière sur l'antimatière) sont liées aux conditions de non-équilibre.

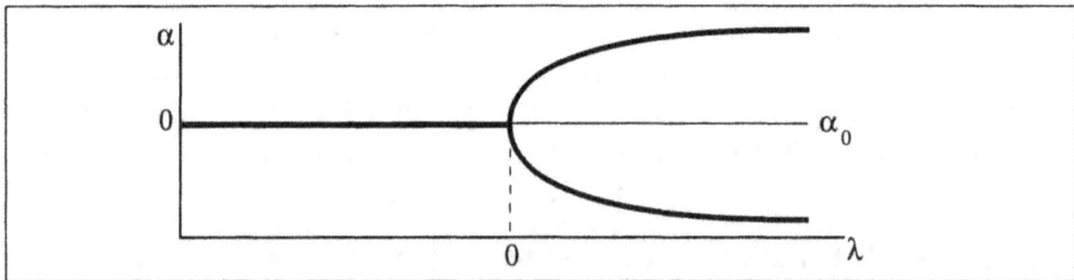

Figure 19.1 Bifurcation en $\lambda = 0$ des solutions de (19.2.1). En ce point, le système passe de la solution $\alpha = 0$ à la solution $\alpha = \pm\lambda$: pour $\lambda > 0$, la solution $\alpha = 0$ est instable.

La physique du problème nous oblige à ne retenir que les solutions réelles de l'équation (19.2.1). Pour $\lambda < 0$ il n'existe qu'une seule solution stationnaire réelle, alors que pour $\lambda > 0$ il existe trois solutions (figure 19.1). La valeur critique $\lambda = 0$ à laquelle les nouvelles solutions apparaissent est un *point de bifurcation*. Les équations non linéaires présentent souvent ce phénomène de bifurcation à partir d'une branche donnée, et ce aussi bien dans les équations différentielles ordinaires que dans les équations différentielles partielles.

Examinons à présent la stabilité des solutions. Nous pouvons vérifier que la solution $\alpha = 0$ devient instable au point où apparaissent les nouvelles solutions. Comme nous l'avons vu, un état stationnaire α_s est stable si une petite perturbation $\delta(t)$ imposée à cette solution régresse avec le temps, ce qui ramène le système à l'état stationnaire. Nous devons donc examiner l'évolution temporelle de $\alpha = \alpha_s + \delta(t)$. Introduisons cette expression dans (19.2.1) ; conformément à l'analyse de stabilité linéaire exposée ci-dessus (18.4), ne gardons que les termes du premier degré en δ. Nous obtenons ainsi

$$\frac{d\delta}{dt} = -3\alpha_s^2\delta + \lambda\delta. \tag{19.2.3}$$

L'état stationnaire $\alpha_s = 0$ est stable lorsque $\lambda < 0$, car la fluctuation $\delta(t)$ régresse alors exponentiellement. Au contraire, pour $\lambda > 0$, cette solution est instable : $\delta(t)$ croît exponentiellement. Par contre, les états stationnaires $\alpha = \pm\sqrt{\lambda}$ sont alors stables. Donc, lorsque λ passe des valeurs négatives aux valeurs positives, la solution $\alpha = 0$ devient instable, et le système évoluera vers l'une ou l'autre des nouvelles solutions qui apparaissent au point de bifurcation $\lambda = 0$.

Mais quoique l'équation différentielle (19.2.1) soit déterministe, elle ne nous apprend pas quel état sera réalisé ; cela dépendra des fluctuations. C'est un exemple de l'*ordre par fluctuations* évoqué ci-dessus. Notons que l'apparition de la bifurcation des deux nouvelles solutions au point même où l'ancienne solution perd sa stabilité n'est pas une coïncidence ; c'est une propriété générale des solutions des équations non linéaires, dont l'étude déborderait le cadre de notre exposé.

BIFURCATIONS ET STRUCTURES DISSIPATIVES

Dans les systèmes loin de l'équilibre, la perte de stabilité de la branche thermodynamique et la transition vers des structures dissipatives présentent les mêmes caractéristiques que dans l'exemple simple que nous venons d'étudier. Le rôle du paramètre λ est joué par les contraintes qui maintiennent le système hors de l'équilibre thermodynamique (par exemple le maintien de certaines concentrations à des valeurs fixes).

Notons X_i l'état du système comme nous l'avons fait dans la section 18.4. L'équation qui décrit l'évolution temporelle du système sera de la forme

$$\frac{\partial X_i}{\partial t} = Z_i\,(X_1\ldots\,;\,\lambda)\,. \tag{19.2.4}$$

S'il s'agit d'un système chimique homogène, Z_i est déterminé par les vitesses des réactions. Pour un système non homogène, Z_i contiendra des dérivées partielles dues à la diffusion ou à d'autres phénomènes de transport. Quelle que soit la complexité de Z_i, l'instabilité d'une solution de (19.2.4) pour une valeur donnée de λ et l'apparition par bifurcation de solutions nouvelles se fera par le même mécanisme que dans l'exemple (19.2.1) : les symétries inhérentes à (19.2.4) déterminent la multiplicité des solutions. Par exemple, dans un système isotrope, les équations seront invariantes par rapport à l'inversion $r \to -r$; si $X_i(r, t)$ est une solution, $X_i(-r, t)$ en sera aussi une ; par contre, si $X_i(r, t) \neq X_i(-r, t)$, il existera deux solutions distinctes, images l'une de l'autre.

Soit X_{si} une solution stationnaire de (19.2.4). Nous pouvons étudier sa stabilité en considérant l'évolution de $X_i = X_{si} + \delta_i$ où δ_i est une petite perturbation. Si cette perturbation δ_i décroît exponentiellement, l'état stationnaire X_{si} est stable. Nous avons vu que c'est le cas lorsque la valeur de λ est inférieure à une valeur critique λ_c (chapitre 18). Pour $\lambda > \lambda_c$, les perturbations δ_i, au lieu de régresser, croîtront exponentiellement, et par suite l'état X_{si} sera instable. Comme nous le verrons plus loin, au voisinage de λ_c les nouvelles solutions ont souvent la forme

$$X_i\left(\mathbf{r}, t\,;\ \lambda\right) = X_{si}\left(\lambda_c\right) + \alpha_i \psi_k\left(\mathbf{r}, t\right) \tag{19.2.5}$$

où $X_{si}\left(\lambda_c\right)$ est l'état stationnaire pour $\lambda = \lambda_c$; les α_i sont un ensemble d' « amplitudes » qu'il s'agit de déterminer, et les $\psi_k\left(\mathbf{r}, t\right)$ sont des fonctions que l'on peut obtenir à partir des équations (19.2.4). La théorie générale des bifurcations conduit à des équations qui donnent l'évolution temporelle des amplitudes α_i

$$\frac{d\alpha_i}{dt} = G\left(\alpha_i, \lambda\right). \tag{19.2.6}$$

L'équation (19.2.1) est un exemple de ce type de description. La multiplicité des solutions de (19.2.6) correspond à celle de l'équation (19.2.4).

Ainsi voit-on que les notions d'instabilité, de bifurcation, d'ordre par fluctuations, de multiplicité des solutions et de symétrie sont étroitement liées entre elles. Dans les sections suivantes, nous tenterons d'illustrer ces concepts en montrant des cas d'évolution de systèmes hors d'équilibre vers des structures organisées.

19.3 Symétrie chirale et biologie

Le lien entre brisement de symétrie et irréversibilité évoque un cas fameux : les molécules qui permettent le fonctionnement de la vie présentent en effet une *dissymétrie* remarquable.

Rappelons que certaines molécules existent sous deux formes, qui s'obtiennent par réflexion dans un miroir (la forme initiale n'est donc pas identique à celle obtenue par réflexion). Un exemple simple est celui d'une molécule formée d'un atome de carbone C et de quatre résidus D_i. Nous pouvons alors avoir deux configurations (figures 19.2 et 19.3), formées des mêmes atomes disposés dans des ordres inverses. Suivant le sens de rotation, on parlera de molécules gauches ou droites ; les deux formes sont dites *énantiomères*, et sont notées L (pour lévogyre) et D (pour dextrogyre).

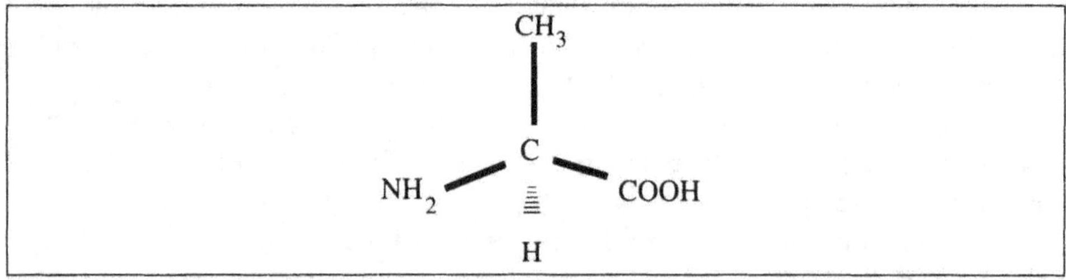

Figure 19.2 Exemple de molécule énantiomère. Les protéines sont exclusivement composées d'acides aminés lévogyres ; on donne ici l'exemple de la composition de la L-alanine.

Un exemple bien connu est celui des acides aminés, qui constituent la base du codage des protéines. Ce molécules possèdent deux formes énantiomères ; or, presque tous les acides aminés que l'on rencontre dans les structures biologiques appartiennent à la forme lévogyre.

Nous rencontrons la même distribution remarquable avec les riboses de l'ADN et de l'ARN : ce sont des formes dextrogyres. Ce fait est d'autant plus remarquable que les réactions chimiques ne marquent elles-mêmes aucune préférence pour l'une de ces deux formes symétriques (sinon les interactions « électrofaibles »[2], qui ne conservent pas la parité, introduisent une faible différence entre les énergies de formation des formes gauche ou droite). Il s'agit donc d'un phénomène propre au vivant [4-6], comme l'a bien remarqué le biologiste Crick, qui suggère que

> Le grand principe unificateur de la biochimie est que les molécules essentielles pour la vie ont la même orientation dans tous les organismes.

C'est Pasteur qui mit en évidence la dissymétrie des molécules vivantes, et sut conclure que la vie est fonction de la dissymétrie de l'Univers. La raison de ce phénomène demeure inconnue aujourd'hui encore. Mais la théorie des structures dissipatives permet d'esquisser le processus par lequel ce brisement de symétrie peut s'instaurer ; nous savons à tout le moins qu'il ne peut se produire que dans des conditions de non-équilibre, puisqu'à l'équilibre les concentrations des deux énantiomères doivent être égales. La dissymétrie demande une production préférentielle de l'un des énantiomères ; cette production est toujours accompagnée d'une conversion entre les énantiomères, que l'on appelle racémisation. Le processus de racémisation conduit à un état où les concentrations des deux formes sont égales à l'équilibre.

Montrons à présent comment en présence de phénomènes autocatalytiques la branche thermodynamique — qui correspond à des concentrations égales des deux formes énantiomères — peut devenir instable. Ce sera aussi un exemple du rôle décisif de la catalyse, souligné dans le chapitre 18. L'instabilité conduit par la bifurcation vers deux états asymétriques, dans chacun desquels l'un des énantiomères domine. À la suite de fluctuations, le système évolue vers l'un des deux états possibles. C'est un exemple d'ordre par fluctuations.

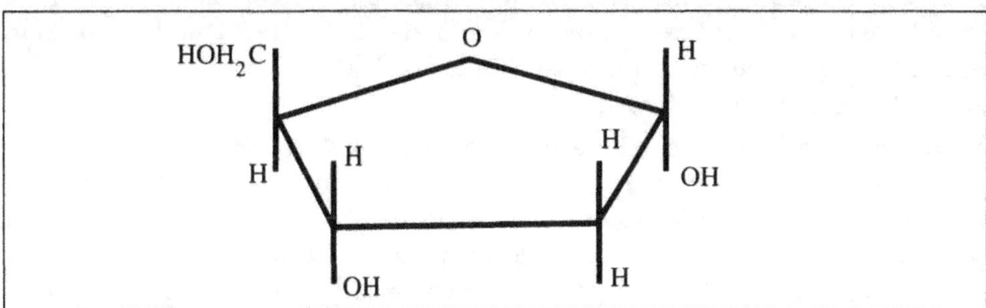

Figure 19.3 La 2-déoxy-D-ribose est un élément constitutif de l'ADN. Son image énantiomère, la 2-déoxy-L-ribose, est absente de la chimie du vivant.

Déjà en 1953 [7], Frank présentait un modèle de réaction simple autocatalytique, susceptible d'amplifier une faible asymétrie initiale. Nous présenterons ici une variante de ce modèle, qui met en évidence le rôle joué par la distance à l'équilibre

---

2. Les forces électrofaibles sont responsables de la radioactivité β.

dans l'apparition de l'instabilité, et nous décrirons la bifurcation entre états à symétrie brisée. Le modèle comporte les étapes suivantes :

$$S + T \rightleftharpoons X_L \tag{19.3.1}$$

$$S + T + X_L \rightleftharpoons 2X_L \tag{19.3.2}$$

$$S + T \rightleftharpoons X_D \tag{19.3.3}$$

$$S + T + X_D \rightleftharpoons 2X_D \tag{19.3.4}$$

$$X_L + X_D \longrightarrow P \tag{19.3.5}$$

où les vitesses sont $k_{1\mathrm{dir}}$ et $k_{1\mathrm{inv}}$ dans (19.3.1) et (19.3.3) ; $k_{2\mathrm{dir}}$ et $k_{2\mathrm{inv}}$ dans (19.3.2) et (19.3.4) ; et k_3 dans (19.3.5). Pour des raisons de symétrie, les vitesses des réactions directes ((19.3.1) et (19.3.3)), tout comme celles des réactions autocatalytiques ((19.3.2) et (19.3.4)), sont ici prises égales entre elles.

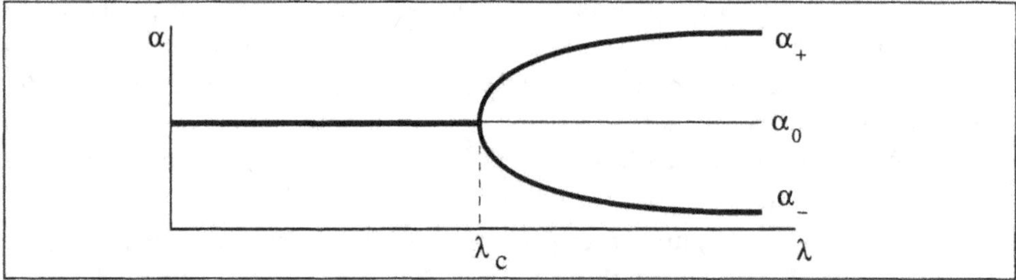

Figure 19.4 Schéma d'une réaction autocatalytique simple produisant les formes X_L et X_D. Loin de l'équilibre, pour $\lambda > \lambda_c$, une structure dissipative apparaît, dans laquelle $X_L \neq X_D$; on parle d'état à symétrie brisée. Le diagramme de bifurcation utilise les variables auxiliaires définies en (19.3.8).

Les énantiomères X_L et X_D sont produits par la réaction ((19.3.1) et (19.3.3)) à partir de réactifs S et T sans énantiomères[3]. Ensuite, les énantiomères X_L et X_D se reproduisent séparément par un processus autocatalytique ((19.3.2) et (19.3.4)). Enfin, les deux formes énantiomères réagissent l'une avec l'autre, et produisent un composé inactif P : c'est la racémisation.

On voit aisément qu'à l'équilibre le système sera dans un état symétrique, c'est-à-dire [XL] = [XD]. Considérons à présent un système ouvert dans lequel les réactifs S et T sont injectés, tandis que le produit final P est extrait. Pour des raisons de simplicité, nous supposons que l'injection de S et T maintient constantes leurs concentrations, et qu'en raison de l'extraction de P la réaction inverse de (19.3.5) peut être négligée. Les équations cinétiques sont

$$\frac{d[X]_L}{dt} = k_{1\mathrm{dir}}[S][T] - k_{1\mathrm{inv}}[X]_L + k_{2\mathrm{dir}}[X]_L[S][T] - k_{2\mathrm{inv}}[X]_L^2 - k_3[X]_L[X]_D \tag{19.3.6}$$

$$\frac{d[X]_D}{dt} = k_{1\mathrm{dir}}[S][T] - k_{1\mathrm{inv}}[X]_D + k_{2\mathrm{dir}}[X]_D[S][T] - k_{2\mathrm{inv}}[X]_D^2 - k_3[X]_L[X]_D. \tag{19.3.7}$$

---

3. Les molécules dont les énantiomères sont identiques, par exemple NH_3, sont appelées *achirales*.

Pour marquer la différence entre états symétrique et asymétrique, introduisons les variables

$$\lambda = [S][T] \qquad \alpha = \frac{[X]_L - [X]_D}{2} \qquad \beta = \frac{[X]_L + [X]_D}{2}. \tag{19.3.8}$$

Réécrivons les équations (19.3.6) et (19.3.7) en ces termes. Nous obtenons (exc. 9.4)

$$\frac{d\alpha}{dt} = -k_{1\text{inv}}\alpha + k_{2\text{dir}}\lambda\alpha - 2k_{2\text{inv}}\alpha\beta; \tag{19.3.9}$$

$$\frac{d\beta}{dt} = k_{1\text{dir}}\lambda - k_{1\text{inv}}\beta + k_{2\text{dir}}\lambda\beta - k_{2\text{inv}}\left(\beta^2 + \alpha^2\right) - k_3\left(\beta^2 - \alpha^2\right). \tag{19.3.10}$$

Les états stationnaires de ces équations s'obtiennent après un bref calcul. Le lecteur trouvera ailleurs [8] une discussion des solutions de (19.3.9-19.3.10) et de leur stabilité. Nous présentons ici les principaux résultats (cf. la figure 19.5).

Pour de petites valeurs de λ, l'état stationnaire est

$$\alpha_s = 0 \tag{19.3.11}$$

$$\beta_s = \frac{2k_{2\text{inv}}\beta_a + \sqrt{\left(2k_{2\text{inv}}\beta_a\right)^2 + 4\left(k_{2\text{inv}} + k_3\right)k_{1\text{dir}}\lambda}}{2\left(k_{2\text{inv}} + k_3\right)} \tag{19.3.12}$$

où

$$\beta_a = \frac{k_{2\text{dir}}\lambda - k_{1\text{dir}}}{2k_{2\text{inv}}}.$$

Nous obtenons une solution symétrique : [XL]=[XD] (les indices s et a se rapportent aux solutions symétrique et asymétrique). L'analyse de stabilité exposée au chapitre précédent permet de montrer que cette solution symétrique devient instable lorsque λ dépasse la valeur critique

$$\lambda_c = \frac{s + \sqrt{s^2 - 4\,k_{2\text{dir}}^2\,k_{1\text{inv}}^2}}{2\,k_{2\text{dir}}^2} \tag{19.3.13}$$

où

$$s = 2k_{2\text{dir}}\,k_{1\text{inv}} + \frac{k_{2\text{inv}}^2\,k_{1\text{dir}}}{k_3 - k_{2\text{inv}}}. \tag{19.3.14}$$

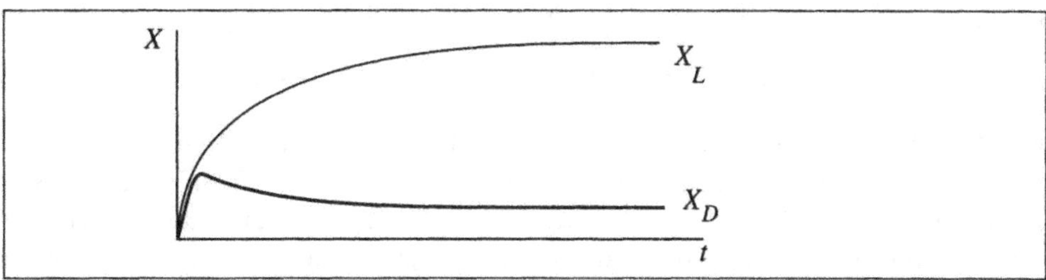

Figure 19.5 Évolution temporelle de X_L et X_D par simulation numérique. Pour $\lambda > \lambda_c$, une faible fluctuation de X_L croît et entraîne l'apparition d'un état à symétrie brisée, présentant des concentrations différentes X_L et X_D.

Le système (19.3.9) et (19.3.10) conduit aux solutions stationnaires asymétriques

$$\alpha_a = \pm\sqrt{\beta_a^2 - \frac{k_{1\text{dir}}\,\lambda}{k_3 - k_{2\text{inv}}}}\;;\tag{19.3.15}$$

$$\beta_a = \frac{k_{2\text{dir}}\,\lambda - k_{1\text{inv}}}{2k_{2\text{inv}}}.\tag{19.3.16}$$

On ne connaît encore aucun exemple expérimental dans lequel ce mécanisme simple aurait produit une situation asymétrique. En revanche, l'un de nous (D.K.) a obtenu l'apparition préférentielle de l'un des énantiomères durant la cristallisation de $NaClO_3$ (ces cristaux sont optiquement actifs) dans des conditions loin de l'équilibre [9,10]. De toutes manières, ce modèle conduit à des remarques intéressantes sur le contrôle et la sensibilité des bifurcations, que nous allons présenter ici.

ASYMÉTRIE DES BIOMOLÉCULES

On propose ici une discussion du problème de l'asymétrie des molécules du vivant[4]. Remarquons d'abord que l'exemple traité ci-dessus montre qu'un système chimique éloigné de l'équilibre peut produire et maintenir une asymétrie chirale ; mais il ne donne qu'un cadre général. Nous ne savons pas pourquoi de nombreuses biomolécules brisent la symétrie chirale (on consultera à ce sujet les réflexions de Bonner [11, 12]). De même, nous ne savons pas si cette asymétrie chirale s'est développée au cours de processus prébiotiques, c'est-à-dire « avant » la vie, ou si dans les formes primitives de vie existaient à la fois les formes droites et gauches des acides aminés, la sélection s'étant exercée par la suite. Les deux hypothèses ont leurs partisans. On aimerait aussi savoir si la dominance des amino-acides de la série L (lévogyre) résulte du hasard ou de l'asymétrie (très faible mais systématique) liée aux interactions électrofaibles mises en évidence aux échelles atomiques et moléculaires [4-6, 13, 14]. La question reste ouverte faute de preuves expérimentales.

La théorie du brisement de symétrie dans des conditions de non-équilibre nous permet d'évaluer l'impact des divers modèles proposés. Considérons par exemple un brisement de symétrie prébiotique qui se serait produit dans les océans. Dans ce cas, nous pouvons introduire, comme plus haut, un paramètre de contrôle λ. Pour $\lambda < \lambda_c$, le système est à l'état symétrique ; pour $\lambda > \lambda_c$, cet état symétrique devient instable, et fait place à un état asymétrique. En partant de considérations de symétrie [15, 16], on peut décrire la bifurcation par une équation de la forme

$$\frac{d\alpha}{dt} = -A\alpha^3 + B\,(\lambda - \lambda_c)\,\alpha + Cg + \sqrt{\epsilon}\,f(t)\tag{19.3.17}$$

quelle que soit la complexité du modèle réactionnel qui détermine la valeur des paramètres A, B et C. Nous avons introduit deux effets nouveaux : un terme de fluctuation $\sqrt{\epsilon}\,f(t)$ dépendant du temps ; et le paramètre g, qui prend en compte un biais faible mais systématique, détruisant la symétrie de la bifurcation. On parle

---

4. Les résultats présentés ici ne seront pas utilisés dans le reste de cet ouvrage ; cette section peut donc être passée en première lecture.

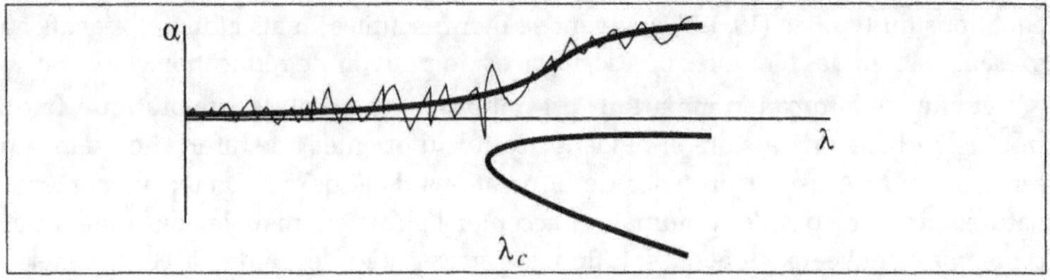

Figure 19.6 Phénomène de bifurcation « imparfaite » (19.3.17) dû à la présence d'un biais qui favorise l'une des branches. La probabilité de passage vers la branche supérieure est donnée en (19.3.18).

alors de bifurcation « imparfaite ». Les deux branches (cf. la figure 19.1) ne jouent plus de rôles symétriques (cf. la figure 19.6).

Nous voulons illustrer sur cet exemple l'extraordinaire sensibilité des bifurcations à des biais systématiques et à d'autres effets. Ce sont des questions importantes, puisqu'elles montrent comment contrôler des bifurcations. Dans le cas des molécules énantiomères, le paramètre g pourrait provenir des forces électrofaibles [5, 14] ou de toute autre forme de dissymétrie d'origine terrestre ou extraterrestre [11, 17]. Cette influence systématique se manifeste par le fait que la vitesse de production ou de destruction de l'un des énantiomères dépasse légèrement celle de l'autre.

L'analyse de cette équation montre [16, 18] que la sensibilité de la bifurcation au biais g dépend de la vitesse à laquelle le système franchit le point critique. Prenons par exemple $\lambda = \lambda_0 + \gamma t$ (avec $\gamma > 0$), et supposons que la valeur initiale λ_0 soit inférieure à λ_c. Au cours du temps, λ croît jusqu'à dépasser λ_c. Ce processus peut correspondre, par exemple, à une croissance lente des concentrations des biomolécules dans les océans. Des travaux récents [16, 18] ont étudié l'effet de l'imperfection C_g et de la vitesse de croissance de λ sur la probabilité P que le système brise la symétrie et évolue vers l'état dissymétrique favorisé par l'imperfection. Nous nous limitons ici à reproduire les résultats acquis. On obtient

$$P = \frac{1}{2\pi} \int_{-\infty}^{N} \exp\left(\frac{-x^2}{2}\right) dx \qquad \text{où} \qquad N = \frac{C_g}{\sqrt{\epsilon/2}} \left(\frac{\pi}{B\gamma}\right)^{1/4}. \qquad (19.3.18)$$

Comme il est prévisible, P augmente avec le biais g (via l'augmentation de N, qui s'annule pour $g = 0$); de plus, il dépend de manière très sensible de γ. Une variation lente accroît la valeur de P. Ce qui est remarquable, c'est la forte sensibilité du processus de bifurcation aux valeurs de g et de γ. Ainsi, l'interaction électrofaible pourrait conduire à un biais de l'ordre de 10^{-17} en faveur de l'un des énantiomères — un nombre très petit. Pourtant, l'énantiomère ainsi favorisé peut dominer au bout d'un temps de l'ordre de 10^4 à 10^5 années [16].

Ce scénario n'a pas reçu de confirmation expérimentale. De nombreux modèles restent disponibles pour expliquer l'origine de la dissymétrie des biomolécules [19]. Notons que si on admet que le choix de la chiralité a *suivi* l'apparition de la vie, des équations du type de (19.3.17) peuvent se montrer utiles ; mais alors les réactifs en présence seront des biomolécules déjà dotées du pouvoir de réplication.

Cet effet de bifurcation imparfaite est important du point de vue pratique. Si on trouve le « biais » nécessaire, il devient possible d'orienter une bifurcation dans un sens souhaité. Ainsi, la présence de bifurcations dans de nombreux phénomènes naturels ne force pas l'être humain à accepter l'aléatoire, mais le confronte à des problèmes nouveaux dont la solution est susceptible de l'aider à contrôler son environnement.

19.4 Oscillations chimiques

Abordons maintenant ici un exemple de structure dissipative dont la symétrie temporelle est rompue par suite d'un comportement périodique des réactifs. Les premières observations mettant en évidence des variations périodiques des concentrations furent accueillies avec un certain scepticisme. On avait alors peine à croire qu'un tel comportement soit compatible avec les principes de la thermodynamique. Ce fut vrai lorsque furent publiées les expériences de Bray (1921) et de Belusov (1959) [20]. Or, si des oscillations des concentrations autour des valeurs d'équilibre constitueraient une violation du second principe, ce n'est pas le cas pour des oscillations autour d'états éloignés de l'équilibre. Ce point une fois admis [3], les réactions oscillantes suscitèrent aussitôt un intérêt considérable.

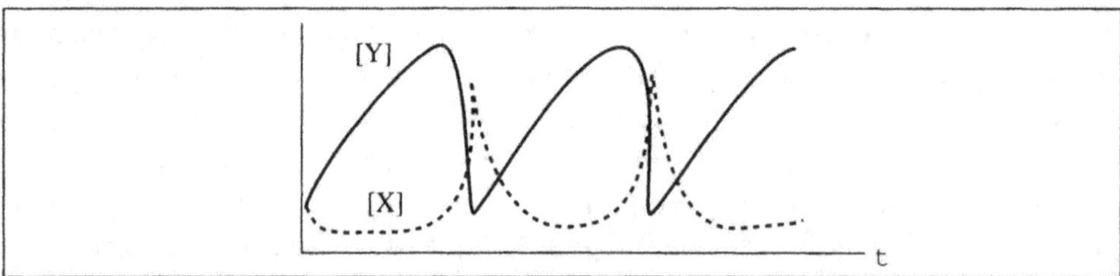

Figure 19.7 Le Brusselator : oscillations de X et Y obtenues par simulation numérique. (Source : algorithme donné dans l'appendice de calcul numérique).

En 1968, Prigogine et Lefever présentèrent un modèle simple de réaction chimique qui montrait comment une instabilité pouvait apparaître loin de l'équilibre et donner lieu à des comportements oscillants [21]. Ce modèle permit de mieux comprendre les ondes de propagation chimiques et de nombreux autres phénomènes qui se produisent loin de l'équilibre. L'influence de ce modèle lui a valu un nom : c'est le *Brusselator*. On parle aussi de *modèle trimoléculaire* en raison de la présence d'une étape trimoléculaire dans la réaction décrite :

$$A \xrightarrow{k_1} X ; \qquad\qquad (19.4.1)$$

$$B + X \xrightarrow{k_2} Y + D ; \qquad\qquad (19.4.2)$$

$$2X + Y \xrightarrow{k_3} 3X ; \qquad\qquad (19.4.3)$$

$$X \xrightarrow{k_4} E. \qquad\qquad (19.4.4)$$

On voit le caractère catalytique de ce schéma : X produit Y, mais est produit en retour par Y (réactions 19.4.2 et 19.4.3). Le bilan est A + B → D + E. Les concentrations des réactifs A et B sont maintenues à des valeurs constantes par injection dans le réacteur. Les produits D et E sont extraits au fur et à mesure de leur production. Enfin, le système est maintenu homogène. Nous avons pour simplifier considéré le cas où les réactions inverses sont suffisamment lentes pour être négligées. Nous nous plaçons donc d'emblée loin de l'équilibre, et le principe du bilan détaillé ne s'applique pas. Les équations cinétiques sont alors

$$\frac{d[X]}{dt} \equiv Z_1 = k_1[A] - k_2[B][X] + k_3[X]^2\,[Y] - k_4[X]\,; \qquad (19.4.5)$$

$$\frac{d[Y]}{dt} \equiv Z_2 = k_2[B][X] - k_3[X]^2\,[Y]. \qquad (19.4.6)$$

La solution stationnaire est

$$[X]_s = \frac{k_1}{k_4}[A] \qquad [Y]_s = \frac{k_4 k_2[B]}{k_3 k_1[A]}. \qquad (19.4.7)$$

Comme nous l'avons montré dans la section 18.4, la stabilité de l'état stationnaire dépend des valeurs propres de la matrice jacobienne (18.4.13) évaluées à l'état stationnaire

$$\begin{bmatrix} \dfrac{\partial Z_1}{\partial [X]} & \dfrac{\partial Z_1}{\partial [Y]} \\[2ex] \dfrac{\partial Z_2}{\partial [X]} & \dfrac{\partial Z_2}{\partial [Y]} \end{bmatrix} \qquad (19.4.8)$$

et puisque la forme explicite de cette matrice est

$$\begin{bmatrix} k_2[B] - k_4 & k_3[X]_S^2 \\[2ex] -k_2[B] & -k_3[X]_S^2 \end{bmatrix} \qquad (19.4.9)$$

on voit aisément — comme nous l'avons montré dans la section 18.4 — que l'état stationnaire (19.4.7) devient instable lorsqu'une des valeurs propres a une partie réelle positive. Ceci conduit à l'inégalité

$$[B] > \frac{k_4}{k_2} + \frac{k_3}{k_2}\frac{k_1^2}{k_4^2}[A]^2. \qquad (19.4.10)$$

Le système passe alors dans un état oscillant (figure 19.7). Le caractère catalytique ne suffit pas pour produire ce comportement ; il y faut aussi la condition (19.4.10).

LA RÉACTION DE BELUSOV-ZHABOTINSKY

Une fois compris que les réactions oscillantes sont compatibles avec les principes de la thermodynamique, les résultats de Belusov (1951-1959) et ceux de Zhabotinsky (1964) suscitèrent un vif intérêt ; mais ces recherches menées en URSS [22, 24] ne furent guère remarquées en Occident avant que les publications de l'École de Bruxelles attirent l'attention sur leur importance. Elles furent reprises au début des années 1970 par Field, Körös et Noyes [23], qui proposèrent un modèle simplifié (dit FKN) pour la

---

Excursus 19.1   Réaction de Belusov-Zhabotinsky et modèle FKN

Le schème retenu par Field-Köros-Noyes (FKN) pour la réaction de Belusov-Zhabotinsky consiste en plusieurs étapes. Dans cette modélisation, $[H^+]$ est absorbé dans la définition des constantes cinétiques.

- Génération de $HBrO_2$ (schème : $A + Y \rightarrow X + P$)

(a) $BrO_3^- + Br^- + 2\,H^+ \rightarrow HBrO_2 + HBrO$

- Production autocatalytique de $HBrO_2$ (schème : $A + X \rightarrow 2X + 2Z$)

(b) $BrO_3^- + HBrO_2 + H^+ \rightarrow 2BrO_2^{\cdot} + H_2O$

(c) $BrO_2^{\cdot} + Ce^{3+} + H^+ \rightarrow HBrO_2 + Ce^{4+}$

La réaction qui combine ces deux dernières étapes est autocatalytique (voir le rôle du composé HBrO2). L'étape la plus lente, qui détermine la vitesse de réaction, est (b), et le modèle se récapitule sous la forme

(d) $BrO_3^- + HBrO_2 \xrightarrow{H^+ Ce^{3+}} 2\,Ce^{4+} + 2\,HBrO_2$

- Consommation de HBrO2 (schème : $X + Y \rightarrow 2P$ et $2X \rightarrow A + P$)

(e) $HBrO_2 + Br^- + H^+ \rightarrow 2\,HBrO$

(f) $2HBrO_2 \rightarrow BrO_3^- + HBrO + H^+$

- Oxydation des composants organiques (schème : $B + Z \rightarrow (f/2)Y$)

(g) $CH_2(COOH)_2 + Br_2 \rightarrow BrCH(COOH)_2 + H^+ + Br^-$

(h) $Ce^{4+} + \frac{1}{2}[CH_2(COOH)_2 + BrCH(COOH)_2] \rightarrow \frac{f}{2}\,Br^- + Ce^{3+} + $ produits

L'oxydation des composants organiques est le résultat de réactions complexes. On la décrit globalement par une réaction unique, dont (h) est l'étape limitante. Dans le modèle FKN, la concentration [B] de l'espèce organique est supposée constante. Le coefficient stœchiométrique effectif f est pris comme un paramètre variable. Les oscillations apparaissent lorsque f est compris entre 0.5 et 2.4.

---

réaction de Belusov-Zhabotinsky, qui n'introduit que trois variables indépendantes (cf. l'encadré 19.1).

En bref, la réaction de Belusov-Zhabotinsky est une réaction d'oxydation d'un composé organique, l'acide malonique $CH_2(COOH)_2$. Elle se déroule en solution aqueuse, et peut être facilement observée en utilisant les réactifs aux concentrations suivantes

$$[H^+] = 2.0M \qquad [CH_2(COOH)_2] = 0.28M$$

$$[Br_3^-] = 6.3 \times 10^{-2}M \qquad [Ce^{4+}] = 2 \times 10^{-3}M$$

Après une première phase d'induction, on voit clairement le comportement oscillant en suivant la concentration de l'ion $[Ce^{4+}]$: on assiste à des variations périodiques de couleur qui vont du jaune à l'incolore ; d'autres variantes plus spectaculaires ont été introduites depuis (on trouvera plus de détails dans l'article de Field et Burger [24]).

L'encadré 19.1 donne une version simplifiée du mécanisme sur la base duquel le modèle FKN fut développé[5]. L'écriture de ce modèle repose sur certaines identifications : $A = Br\,O_3^-$, $X = H\,Br\,O_2$, $Y = Br^-$, $Z = Ce^{4+}$, $P = [H\,Br\,O]$ et $B = [Org]$ (c'est la molécule organique qui sera oxydée). Lors de la construction du modèle, $[H^+]$ est inclus dans les constantes de vitesse. Le schème réactionnel FKN est le suivant (on donne chaque fois la fonction, mécanisme réactionnel et la constante de vitesse) :

$$\text{génération de X} \qquad A + Y \to X + P \qquad k_1[A][Y]\,; \qquad (19.4.11)$$

$$\text{reproduction de X} \qquad A + X \to 2X + 2Z \qquad k_2[A][X]\,; \qquad (19.4.12)$$

$$\text{consommation de X} \qquad X + Y \to 2P \qquad k_3[X][Y]\,; \qquad (19.4.13)$$

$$\text{consommation de X} \qquad 2X \to A + P \qquad k_4[X]^2\,; \qquad (19.4.14)$$

$$\text{oxydation de B} \qquad B + Z \to (f/2)Y \qquad k_5[B][Z]. \qquad (19.4.15)$$

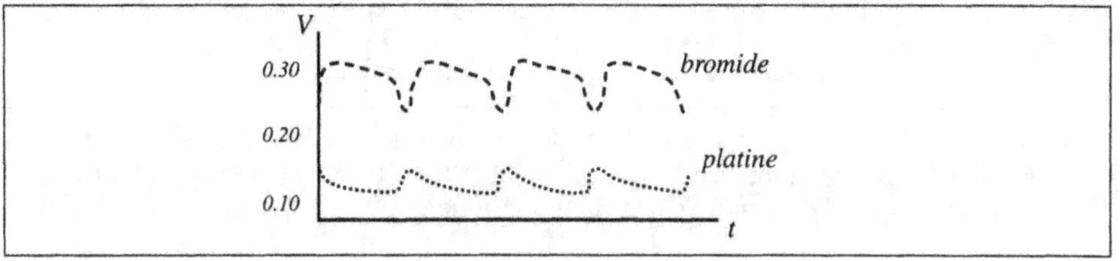

Figure 19.8 Oscillations de la réaction Belusov-Zhabotinsky mesurées au moyen d'électrodes. La fréquence est d'environ une minute (Source : John Pojman).

Les équations cinétiques correspondantes sont

$$\frac{d[X]}{dt} = k_1[A][Y] + k_2[A][X] - k_3[X][Y] - 2k_4[X]^2\,; \qquad (19.4.16)$$

$$\frac{d[Y]}{dt} = -k_1[A][Y] - k_3[X][Y] + (f/2)k_5[B][Z]\,; \qquad (19.4.17)$$

$$\frac{d[Z]}{dt} = 2k_2[A][X] - k_5[B][Z]. \qquad (19.4.18)$$

Le calcul permet de trouver les états stationnaires. Pour évaluer leur stabilité, on évalue les racines d'une équation algébrique du troisième degré (exc. 19.7). Il existe des méthodes analytiques [25] pour l'étude du comportement de ces systèmes, dont la discussion déborderait le cadre de cet exposé. Pour les simulations numériques (cf. programmes en fin d'ouvrage), on peut prendre les valeurs suivantes [25]. Pour les constantes cinétiques (en $mol^{-1}\ell\,s^{-1}$) : $k_1 = 1.28$; $k_2 = 8$; $k_3 = 8 \times 10^5$; $k_4 = 2 \times 10^3$; $k_5 = 1$. Pour les concentrations : $[B] = 0.02$; $[A] = 0.06$. On prendra enfin $0.5 < f < 2.4$. La réaction de Belusov-Zhabotinsky présente divers types de comportement, tels que des oscillations, des états stables multiples et des ondes de propagation; elle peut même présenter des phénomènes chaotiques[6]. Elle a ainsi permis l'étude d'un grand nombre de phénomènes spectaculaires [24, 25].

---

5. D'autres modèles ont introduit jusqu'à 22 variables.

6. Par définition, un système est chaotique lorsqu'il présente une *sensibilité aux conditions initiales* : deux trajectoires aussi proches l'une de l'autre que l'on voudra au départ divergeront exponentiellement avec le temps.

Les travaux menés au cours de ces dernières décennies ont permis de mettre en évidence de nombreuses réactions chimiques oscillantes. Les travaux de De Kepper et Boissonade en France [32], et ceux d'Irving Epstein et de ses collaborateurs aux États-Unis [26-28], ont abouti à une méthode systématique pour la description de ces réactions. Dans le cadre des systèmes biochimiques, la glycolyse est l'un des exemples les plus intéressants. Une monographie récente d'Albert Goldbeter en donne une description détaillée [29] : en même temps qu'une revue des systèmes biochimiques oscillants, cette étude contient des remarques importantes sur l'origine et la signification des rythmes biologiques.

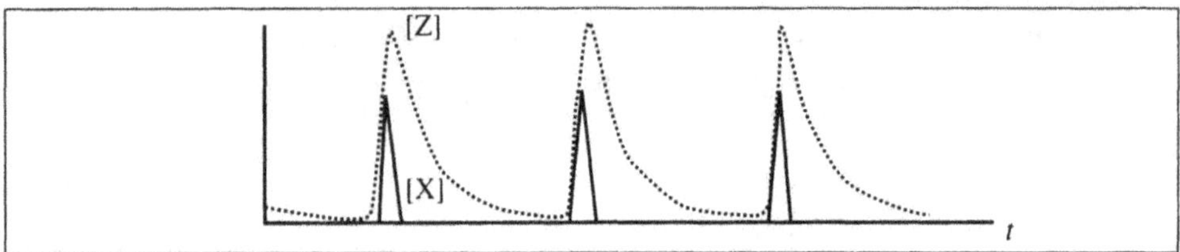

Figure 19.9 Simulation numérique du régime de comportement oscillant dans le modèle FNK de la réaction Belusov-Zhabotinsky. On a défini ici [X] = [HBr O_2] et [Z] = [Ce^{4+}] (Source : algorithme donné dans l'appendice de calcul numérique).

Il est remarquable que dans les réactions de chimie inorganique que nous avons présentées (par exemple, dans la réaction de Belusov-Zhabotinsky) les molécules impliquées sont simples, tandis que la réaction est complexe et présente de nombreux intermédiaires. En biochimie ou en biologie, c'est l'inverse : la cinétique est relativement simple mais les molécules sont compliquées : ces oscillations semblent donc constituer le fruit d'une longue évolution chimique.

19.5 Structures de Turing et ondes de propagation

La nature produit des formes où se croisent régularité et désordre, que nous admirons sur les ailes des papillons, la parure des poissons exotiques ou l'« épouvantable symétrie » du tigre de William Blake. Quelle peut être l'origine de ces structures étonnantes ? La thermodynamique des systèmes loin de l'équilibre peut apporter un élément de réponse. Ce problème relève d'abord de l'embryologie[7] ; En 1952 [30], Turing proposa un mécanisme conduisant loin de l'équilibre à des structures spatiales qui résultaient de la combinaison de processus de réactions chimiques et de diffusion. C'est un autre exemple de structure dissipative.

On assista alors à la naissance d'une véritable cristallographie de non-équilibre, dans laquelle la concentration de l'un des constituants s'accumule dans certaines régions de l'espace, et celle de l'autre dans d'autres. Le but de Turing était d'expliquer la morphogénèse qui préside au développement embryologique. Nous savons aujourd'hui que la morphogénèse constitue un processus complexe, qui ne se réduit pas aux seuls mécanismes de réaction et de diffusion, et que la génétique y intervient.

---

7. Voir l'exposé de L. Wolpert, *Triumph of the Embryo*, 1991, Oxford University Press.

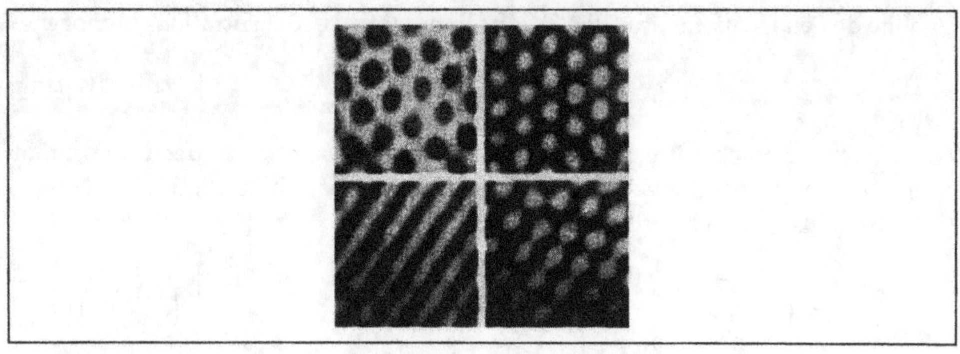

Figure 19.10 Les structures de Turing sont produites en présence de réactions chimiques et de diffusion. On a ici une observation expérimentale d'une structure de Turing dans une réaction chimique, du modèle dit CIMA (chlorite-iodide, acide malonique). Chacun des quatre carrés (de dimension 1 mm) montre un régime donné de la réaction, et ses distributions de concentration caractéristiques (Source : Harry Swinney).

Mais les mécanismes étudiés par Turing y jouent un rôle important. Ses conclusions devaient attirer à nouveau l'attention du monde scientifique au cours des années 1970, suite à l'intérêt soulevé par les systèmes chimiques loin de l'équilibre. Nous montrerons ici à l'aide du Brusselator en quoi consiste une structure de Turing, et quelles en sont les conditions d'apparition.

Pour des raisons de commodité, nous considérons un système unidimensionnel (s'étendant de $-L$ à $+L$), dans lequel se produisent des réactions chimiques et des processus de diffusion. En présence de diffusion, les équations cinétiques (19.4.5) et (19.4.6) deviennent

$$\frac{d[X]}{dt} = D_X \left(\frac{\partial^2 [X]}{\partial r^2} \right) + k_1[A] - k_2[B][X] + k_3[X]^2 [Y] - k_4[X]; \qquad (19.5.1a)$$

$$\frac{d[Y]}{dt} = D_Y \left(\frac{\partial^2 [Y]}{\partial r^2} \right) + k_2[B][X] - k_3[X]^2 [Y]. \qquad (19.5.1b)$$

Ici D_X et D_Y sont les coefficients de diffusion. Il faut définir les conditions aux limites. On maintient usuellement soit les concentrations des réactifs ou leurs flux (ou une combinaison des deux) à des valeurs constantes aux limites. Nous supposerons ici que les flux aux limites sont nuls ; l'extension à d'autres cas ne présente pas de difficultés. Puisque le flux dû à la diffusion est proportionnel aux gradients de la concentration, l'imposition d'un flux nul aux limites suppose que les gradients s'y annulent. Comme précédemment, nous supposons que [A] et [B] sont maintenus à des valeurs fixes et uniformes dans tout le système — convention propre à simplifier les calculs, mais délicate à assurer dans la pratique.

L'effet normal de la diffusion serait d'homogénéiser les concentrations ; mais en présence de réactions chimiques autocatalytiques loin de l'équilibre, la diffusion peut conduire à des structures spatiales. Comme nous allons le montrer, ce phénomène demande que les coefficients de diffusion soient différents. Étudions en effet la stabilité de l'état stationnaire (19.4.7) correspondant aux concentrations homogènes.

$$[X]_s = \frac{k_1}{k_4}[A] \qquad [Y]_s = \frac{k_4 k_2[B]}{k_3 k_1[A]}. \tag{19.5.3}$$

Nous avons vu au chapitre 18 que la stabilité de cette solution dépend du comportement des perturbations δX et δY. Dans l'approximation appliquée à ((19.5.1a)-(19.5.1b)) nous avons en écriture matricielle

$$\frac{\partial}{\partial t}\begin{pmatrix} \delta X \\ \delta Y \end{pmatrix} = \begin{bmatrix} D_X \frac{\partial^2}{\partial r^2} & 0 \\ 0 & D_Y \frac{\partial^2}{\partial r^2} \end{bmatrix}\begin{pmatrix} \delta X \\ \delta Y \end{pmatrix} + \begin{bmatrix} k_2[B] - k_4 & k_3[X]_S^2 \\ -k_2[B] & -k_3[X]_S^2 \end{bmatrix}\begin{pmatrix} \delta X \\ \delta Y \end{pmatrix}. \tag{19.5.4}$$

Supposons d'abord $D_X = D_Y = D$; cette équation devient

$$\frac{\partial}{\partial t}\begin{pmatrix} \delta X \\ \delta Y \end{pmatrix} = D\frac{\partial^2}{\partial r^2} I \begin{pmatrix} \delta X \\ \delta Y \end{pmatrix} + M \begin{pmatrix} \delta X \\ \delta Y \end{pmatrix} \tag{19.5.5}$$

où I est la matrice unité, et M est la matrice du second terme de (19.5.4). Pour une équation linéaire de ce type, la partie spatiale des solutions s'écrit sous la forme d'une combinaison de $\sin(Kx)$ et de $\cos(Kx)$ (les nombres K sont déterminés par les conditions aux limites). Nous devons donc étudier le comportement d'une perturbation de la forme

$$\begin{pmatrix} \delta X(t) \\ \delta Y(t) \end{pmatrix} \sin Kr \qquad \text{et} \qquad \begin{pmatrix} \delta X(t) \\ \delta Y(t) \end{pmatrix} \cos Kr. \tag{19.5.6}$$

En introduisant (19.5.6) dans (19.5.5) nous obtenons

$$\frac{\partial}{\partial t}\begin{pmatrix} \delta X(t) \\ \delta Y(t) \end{pmatrix} = \left(-DK^2 I + M\right)\begin{pmatrix} \delta X(t) \\ \delta Y(t) \end{pmatrix}. \tag{19.5.7}$$

Dès lors, si λ_+ et λ_- sont les valeurs propres de la matrice M, la diffusion les transformera en $(\lambda_+ - DK^2)$ et $(\lambda_- - DK^2)$. Mais puisque l'instabilité dépend du signe de la partie réelle de la valeur propre, nous voyons qu'ici $(D_X = D_Y)$ la diffusion ne peut conduire à une instabilité ; au contraire, la diffusion renforcera la stabilité. Pour que de nouvelles instabilités apparaissent, les coefficients de diffusion doivent être différents. Nous avons alors en lieu et place de la matrice $\left(-K^2 DI + M\right)$,

$$\begin{bmatrix} k_2[B] - k_4 - K^2 D_X & k_3[X]_S^2 \\ -k_2[B] & -k_3[X]_S^2 - K^2 D_Y \end{bmatrix} \tag{19.5.8}$$

où deux cas sont à distinguer :

• a) Les valeurs propres λ_+ et λ_- de la matrice (19.5.8) sont réelles et l'une d'elles est positive. La perturbation instable sera alors de la forme

$$\begin{pmatrix} c_1 \\ c_2 \end{pmatrix} \sin(Kr) \exp(\lambda_+ t) \qquad \text{ou} \qquad \begin{pmatrix} c_1 \\ c_2 \end{pmatrix} \cos(Kr) \exp(\lambda_+ t) \tag{19.5.9}$$

où c_1, c_2 sont les vecteurs propres correspondants. Dans ce cas, nous assisterons à la formation d'une structure spatiale $\sin(Kr)$ ou $\cos(Kr)$ sans oscillations temporelles.

• b) Les valeurs propres λ_+ et λ_- forment un couple de solutions complexes conjuguées ; les solutions (19.5.4) seront de la forme

$$\begin{pmatrix} c_1 \\ c_2 \end{pmatrix} \sin(Kr) \exp\left((\lambda_{\text{ré}} \pm i\,\lambda_{\text{im}})\,t\right) \text{ ou } \begin{pmatrix} c_1 \\ c_2 \end{pmatrix} \cos(Kr) \exp\left((\lambda_{\text{ré}} \pm i\,\lambda_{\text{im}})\,t\right). \quad (19.5.10)$$

Comme ci-dessus, si la partie réelle $\lambda_{\text{ré}}$ est positive la perturbation (19.5.10) croît. Mais dans ce cas la perturbation instable présentera tout à la fois des oscillations temporelles dues au facteur $\exp(i\,\lambda_{\text{im}}\,t)$ et des variations spatiales dues au facteur $\sin(Kr)$ ou $\cos(Kr)$. On observera une onde chimique qui se propage dans le système.

Voyons ces conditions de plus près. Rappelons que le produit des valeurs propres est le déterminant de la matrice (19.5.8) ; nous avons donc

$$(\lambda_+ \lambda_-) = \left((k_2[B] - k_4 - K^2 D_X)(-k_3[X]_S^2 - K^2 D_Y)\right) - \left((-k_2[B])(k_3[X]_S^2)\right). \quad (19.5.11)$$

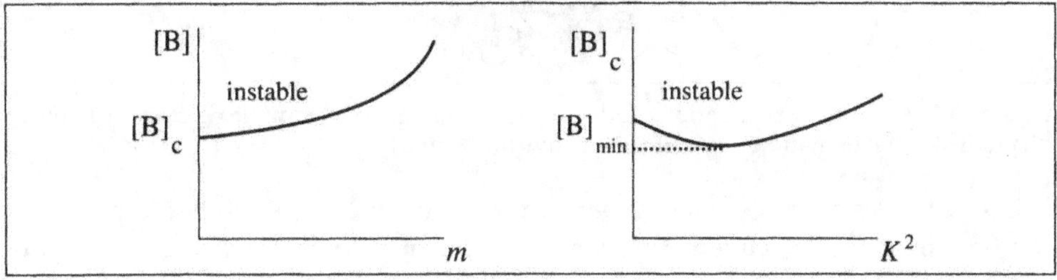

Figure 19.11 À gauche : diagramme de stabilité pour D_X et D_Y voisins. L'instabilité apparaît lorsque $[B] = [B]_c$ et $K = 0$, ce qui conduit à des oscillations temporelles homogènes. À droite : D_X et D_Y sont très différents. Le minimum de $[B]$ est atteint pour $K \neq 0$. On a alors une structure spatiale.

Avant l'apparition de l'instabilité, les deux valeurs propres sont négatives et le déterminant est positif. Supposons que par suite d'une variation du paramètre $[B]$ λ_+ devienne positif. Pour $\lambda_+ = 0$, le déterminant est nul, et pour $\lambda_+ = 0$, il sera négatif. La condition d'instabilité est donc que le déterminant soit négatif

$$\left((k_2[B] - k_4 - K^2 D_X)(-k_3[X]_S^2 - K^2 D_Y)\right) - \left((-k_2[B])(k_3[X]_S^2)\right) < 0. \quad (19.5.12)$$

En injectant les valeurs de (19.5.3), cette inégalité devient

$$[B] > \frac{1}{k_2}\left[k_4 + K^2 D_X\right]\left[1 + \frac{k_3 k_1^2 [A]^2}{k_4^2}\frac{1}{K^2 D_Y}\right] \quad (19.5.13)$$

et l'on a ainsi la condition pour qu'une structure de Turing apparaisse dans le Brusselator. La valeur critique $[B]_c$ en fonction de K^2 est donc donnée par le membre droit de cette inégalité.

$$[B]_c \frac{1}{k_2}\left[k_4 + K^2 D_X\right]\left[1 + \frac{k_3 k_1^2 [A]^2}{k_4^2}\frac{1}{K^2 D_Y}\right] \quad (19.5.14)$$

La fonction $[B]$ présente un minimum, (figure 19.12 (b)). Celui-ci une fois atteint, nous obtenons une structure stationnaire inhomogène dont la longueur d'onde est K_{min}.

Ce minimum est atteint pour les valeurs (exc. 19.9) :

$$K^2_{min} = A\sqrt{\frac{k_3 k_1^2}{k_4 D_X D_Y}} \quad \text{et} \quad [B]_c = [B]_{min} = \left[\sqrt{k_4} + A\sqrt{\frac{D_X k_3 k_1^2}{D_Y k_4^2}}\right]^2. \qquad (19.5.15)$$

Des ondes chimiques ont été observées dans la réaction de Belusov-Zhabotinsky ; mais ce n'est que tout récemment que l'on a pu observer des structures de Turing en laboratoire [31], en évitant soigneusement l'effet des convections.

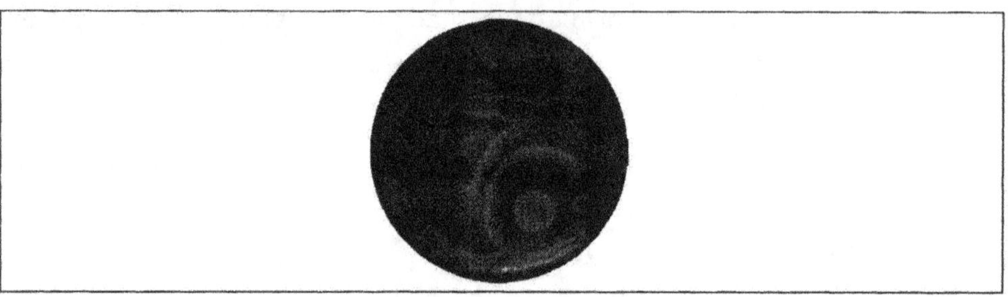

Figure 19.12 Ondes de propagation produites expérimentalement par une réaction de Belusov-Zhabotinsky ; le diamètre de la boîte est d'environ 10 cm.

Les exemples montrés dans ce chapitre ne constituent qu'une petite partie des comportements que peuvent présenter les systèmes soumis à des conditions de non-équilibre. Le lecteur trouvera dans la bibliographie des références consacrées à cet ensemble de phénomènes : oscillations, ondes, structures de Turing, formation de structures macroscopiques sur des surfaces catalytiques, multistabilité, chaos temporel ou spatio-temporel... Ces phénomènes ne relèvent pas seulement de la chimie, puisqu'on a pu les décrire aussi en hydrodynamique, dans les systèmes optiques et dans de nombreux autres domaines.

19.6 Instabilité structurelle et évolution biologique

Concluons ce chapitre sur quelques remarques à propos d'une autre forme d'instabilité, dite *instabilité structurelle*, qui est en relation étroite avec l'évolution biologique. Nous venons de voir des instabilités qui apparaissent dans un ensemble donné de réactions chimiques. Mais une instabilité peut aussi survenir à la suite de l'introduction d'un composant chimique nouveau, qui provoque de nouvelles réactions, lesquelles peuvent déstabiliser le système et le conduire à un nouvel état organisé. L'introduction de molécules nouvelles modifie ainsi la structure du réseau de réactions.

Cette forme nouvelle d'instabilité se produit dans la formation des molécules autoréplicantes, sous l'effet d'une injection constante de monomères. Considérons un ensemble de polymères qui présente des réactions autocatalytiques conduisant à une autoréplication. En général, cette autoréplication conduit à des erreurs aléatoires ou « mutations » : chacune de ces mutations introduit une espèce chimique nouvelle et par là de nouvelles réactions.

Certaines de ces mutations peuvent provoquer l'apparition d'un polymère dont la vitesse de réplication sera plus élevée. La mutation agira alors comme une fluctuation,

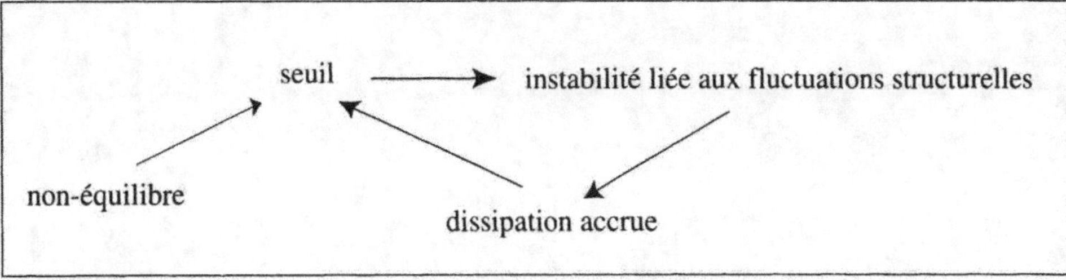

Figure 19.13 Instabilité structurelles : l'évolution moléculaire permet l'apparition de processus nouveaux, qui ont pour effet d'accroître la production d'entropie.

et sera susceptible de provoquer des instabilités. Le nouveau polymère pourra alors dominer le système et provoquer une modification significative de la population. Ce mécanisme correspond à une forme d'évolution darwinienne à l'échelle moléculaire : c'est un modèle de survie du plus apte. Manfred Eigen et ses collègues ont mené de nombreuses études sur ces instabilités structurelles et l'évolution moléculaire qui en résulte [34-37]. La discussion de ces modèles déborderait le cadre de notre ouvrage. Notons toutefois une propriété thermodynamique intéressante (figure 19.13) : ces instabilités structurelles augmentent la dissipation ou la production d'entropie du système, puisqu'elles accroissent la vitesse d'autoréplication. On voit le contraste avec les situations proches de l'équilibre (chapitre 17) où la production d'entropie fait évoluer le système vers un minimum. Loin de l'équilibre, on observe souvent une tendance opposée : de nouveaux mécanismes apparaissent, qui conduisent à une augmentation de la production d'entropie. Les exemples de ce phénomène sont nombreux, en chimie comme en hydrodynamique.

Enfin, la formation des molécules biologiques comme le DNA tel que nous le connaissons résulte sans aucun doute d'une évolution biologique très complexe. Mais nous savons désormais que les instabilités, les fluctuations et l'évolution y jouent un rôle important : la vie ne peut se développer que dans un univers éloigné de l'équilibre thermodynamique.

20 PERSPECTIVES

Introduction

Ce dernier chapitre reprend brièvement le problème du domaine de validité de l'hypothèse de l'équilibre local à laquelle cet ouvrage a recouru. Nous indiquons ensuite quelques sujets de recherche où les nouveaux concepts, comme l'ordre par fluctuation et les structures dissipatives, trouvent des applications intéressantes.

La méthode de l'équilibre local a montré sa fécondité dans de nombreuses situations. Nous avons montré dans cet ouvrage qu'elle permet de mettre en évidence la différence fondamentale entre systèmes près de l'équilibre et systèmes loin de l'équilibre.

Il n'en est pas moins vrai que cette méthode suppose une idéalisation. Nous avons déjà signalé au chapitre 15 qu'il existe des situations où l'hypothèse de l'équilibre local ne s'applique certainement pas. C'est notamment le cas des milieux raréfiés où le libre parcours moyen est de l'ordre des dimensions du système. En chaque point l'énergie moyenne dépend des températures aux limites. Les collisions sont trop rares pour établir l'équilibre local. Des problèmes importants de l'astrophysique relèvent de cette catégorie, en raison de la faible densité du milieu interstellaire.

On connaît aussi le cas des gradients forts, où l'on croyait assister à la mise en échec des lois linéaires comme la loi de Fourier pour la conduction de la chaleur. Curieusement, les simulations numériques vérifient les lois linéaires dans un domaine plus vaste que prévu — notre connaissance reste réduite dans ce domaine. Nous avons déjà mentionné au chapitre 15 les efforts déployés pour inclure ces effets non linéaires dans le cadre d'une thermodynamique élargie [1].

Enfin, on observe des effets de mémoire qui apparaissent après des temps longs par rapport au temps de relaxation. Ce domaine fut inauguré par les simulations numériques d'Alder et Wainright [2], qui ont montré que les processus de non-équilibre présentent de « longues queues » temporelles.

L'approche vers l'équilibre n'est donc pas simplement exponentielle comme on l'a cru longtemps, mais polynomiale (par exemple en $t^{-3/2}$) — et donc beaucoup plus lente. Pour expliquer cet effet, il faut suivre une molécule en mouvement par rapport à son milieu ; cette molécule transmet sa quantité de mouvement au milieu, qui à son tour réagit sur elle. C'est cette réaction du milieu qui conduit au phénomène des longues queues de distribution [3,4]. À cause de ces effets, l'équilibre local est certainement une approximation ; mais elle suffit pour la discussion d'un vaste ensemble de problèmes[1]. Ici encore, beaucoup reste à faire, tant sur le plan expérimental que sur le plan théorique. Aucune science n'est définitive ; toute

---

1. Ces effets modifient aussi les lois qui décrivent les phénomènes de transport (par exemple la loi de Fick, cf. le chapitre 16), en y introduisant des effets de mémoire ; mais l'importance de ces effets demeure sujette à discussion.

théorie est basée sur des idéalisations. Passons maintenant à l'énumération de quelques domaines dans lesquels la thermodynamique de non-équilibre, sous la forme présentée ici, a conduit à des applications intéressantes. Nous voulons stimuler ici l'intérêt du lecteur, sans chercher à être complets (nous renvoyons aux travaux mentionnés dans la bibliographie).

20.1 Science des matériaux

Prenons d'abord la science des matériaux. Elle connaît aujourd'hui une véritable révolution dans laquelle les fluctuations, les structures dissipatives et les phénomènes d'auto-organisation jouent un rôle décisif.

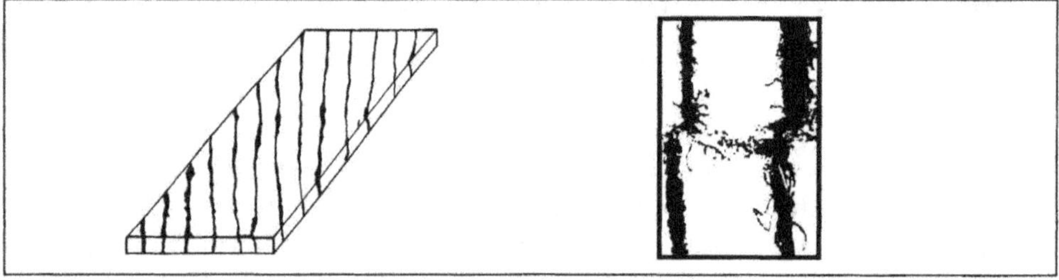

Figure 20.1 Structure en échelle des bandes de glissement permanent dans un monocristal de cuivre sous fatigue. Les bandes noires obliques qui figurent sur l'échantillon montré à gauche correspondent aux régions à haute densité de dislocations. Entre ces « murs », on peut observer les dislocations individuelles (visibles sur le cliché agrandi à droite). La distance typique entre deux bandes est de deux microns.

Ces matières ont fait l'objet d'une récente monographie de Walgraef [5]. Les technologies nouvelles (laser, irradiation, implantation d'ions) permettent de produire des matériaux dans des conditions éloignées de l'équilibre, et d'échapper ainsi aux contraintes qui pèsent sur les diagrammes de phase à l'équilibre. On a pu dire que nous échappons ainsi à la « tyrannie » de la règle des phases. Voici quelques exemples repris de cet ouvrage :

- Dans des conditions de non-équilibre, nous pouvons produire des matériaux nouveaux comme des quasi-cristaux, des supraconducteurs à haute température...

- Sous ces mêmes conditions, nous savons désormais comment produire des matériaux composites satisfaisant à diverses contraintes, qui demandent un contrôle de fabrication sur des dimensions qui vont de l'échelle atomique à celle du micron.

- De nombreux matériaux sont soumis à des processus de déformation, d'irradiation, de corrosion ou d'autres formes de dégradation. Or, le développement de défauts comme les dislocations présente des « phénomènes collectifs » qui peuvent souvent se décrire à l'aide des équations réaction-diffusion étudiées au chapitre 19. Nous avons vu que ces équations peuvent en particulier conduire à des instabilités, et produire des structures régulières. Ces phénomènes affectent les propriétés de ces matériaux : ils doivent donc être étudiés et contrôlés.

- Des exemples d'auto-organisation des dislocations observés dans un monocristal de cuivre sont présentés dans la figure 20.1. On y distingue clairement des structures spatiales du type des structures de Turing étudiées au chapitre 19.

20.2 Biologie

La biologie présente des phénomènes innombrables d'instabilité et d'auto-organisation [7]. Nous résumons ici deux cas bien étudiés, qui se rapportent au niveau cellulaire et aux populations d'insectes sociaux.

Un exemple désormais classique est celui du cycle de vie de l'acrasiale *Dictyostelium discoideum* (cf. la figure 20.2). En (a), les acrasiales existent à l'état unicellulaire. Chaque acrasiale se déplace dans son milieu, se nourrit de divers aliments comme des bactéries, et prolifère par division cellulaire. La population des acrasiales prise dans son ensemble constitue alors un système essentiellement homogène et uniforme.

Mais lorsque ces acrasiales se trouvent dans des conditions de rareté alimentaire, on observe un comportement tout différent. On peut provoquer ce comportement au laboratoire en imposant une contrainte, c'est-à-dire en plongeant les acrasiales dans un milieu qui ne leur fournit pas suffisamment de nourriture. C'est un exemple de variation de contrainte extérieure, que nous avons étudiée dans les chapitres 18 et 19.

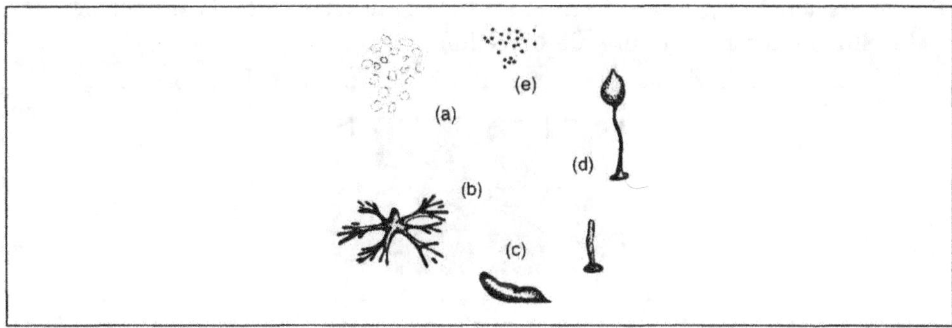

Figure 20.2 Cycle de vie de l'acrasiale *Dictyostelium discoideum*. Cet être unicellulaire vit usuellement en régime individuel (à gauche), mais s'agrège dans certaines conditions jusqu'à former un plasmode qui présente plusieurs caractéristiques d'un organisme *sui generis* (à droite), dont la division cellulaire, la motricité et la reproduction, puisqu'il émet des spores (en haut) qui donneront jour à de nouveaux individus.

Les cellules répondent à cette situation nouvelle en s'agrégeant : on observe un mouvement d'ensemble dirigé vers un centre (b) : l'homogénéité de la population est donc brisée : l'espace est désormais « structuré ». Un corps multicellulaire, le plasmodium apparaît (c). Ce corps se déplace, sans doute pour chercher des conditions plus favorables de température et d'humidité. Au terme de cette migration, le plasmodium se différencie (d), et donne lieu à l'apparition de deux espèces de cellules, dont certaines constituent une tige, tandis que d'autres forment un fruit, porteur de spores. Finalement, les spores se disséminent dans le nouveau milieu ambiant (e), et si les conditions sont favorables, ils donnent naissance à des acrasiales : le cycle de vie est ainsi bouclé.

Examinons de plus près ce processus d'agrégation (figure 20.3). En un premier temps, les cellules émettent des signaux chimiques : ce signal est formé d'une substance que les acrasiales synthétisent, l'adénosine monophosphate (cAMP). Ce processus de production et d'émission est un phénomène périodique. C'est donc une horloge chimique. Mais on rencontre ici des phénomènes nouveaux. Ainsi l'on constate que certaines cellules jouent un rôle particulier ; on pourrait presque les appeler des cellules « pionniers ». Les molécules de cAMP émises par ces cellules diffusent dans le milieu ambiant et atteignent la surface des cellules voisines. Deux types d'événements se produisent alors.

D'abord, un déplacement chimiotactique conduit les cellules vers les régions où la concentration de cAMP est déjà plus forte ; ce mouvement se dirige donc vers les cellules pionnières, et donne lieu ainsi à l'apparition de structures spatiales macroscopiques : comme nous l'avons déjà dit, la densité cesse donc d'être uniforme (figure 20.3). On voit l'analogie de ce processus avec les ondes chimiques observées dans la réaction de Belousov-Zhabotinsky.

En second lieu, l'agrégation est accélérée par l'amplification du signal, moyennant une nouvelle émission de cAMP par les cellules sensibilisées, et la diffusion de cette substance dans le milieu. Ces mécanismes assurent la structuration et le contrôle d'un vaste territoire, ce qui permet dans la suite la formation d'un organisme multicellulaire comprenant près de 10^5 cellules.

Figure 20.3 Ondes concentriques et ondes spirales produites durant la phase d'agrégation des populations de *Dictyostelium discoideum* (Source : Peter C. Newell).

La réponse de ces acrasiales à la famine conduit ainsi à un niveau d'organisation supérieure, un comportement collectif. Cette transition est une réponse à un environnement hostile. Tout comme dans les chapitres précédents, des phénomènes catalytiques jouent un rôle essentiel. En effet, le déplacement chimiotactique provoque une amplification de la première hétérogénéité produite par l'émission périodique du cAMP par une cellule pionnière. Il augmente en effet la densité des cellules près du centre d'émission initial, formé par la cellule pionnière. Il y a là donc une boucle de rétroaction positive, semblable à l'autocatalyse chimique.

De plus, on constate un second mécanisme de rétroaction, cette fois à l'échelle intracellulaire, responsable de l'émission périodique de cAMP et dès lors du mouvement chimiotactique. La molécule de cAMP est produite à partir d'un composé du milieu cellulaire, l'adénosine triphosphate (ATP), qui est l'un des porteurs de l'énergie cellulaire (grâce à la liaison phosphate). Mais pour effectuer la transformation de l'ATP en cAMP à la vitesse nécessaire, il faut un catalyseur. Dans les systèmes biologiques, la catalyse est assurée par des molécules particulières, les enzymes. Certaines enzymes ont un site actif unique, que les réactifs doivent atteindre pour que la transformation ait lieu. Mais il s'agit plus souvent d'enzymes porteuses de plusieurs sites actifs, dont certaines jouent un rôle catalytique et d'autres un rôle régulateur. On observe alors des effets coopératifs mettant en jeu plusieurs sites.

La fonction catalytique est profondément modifiée lorsque certaines molécules, dites effecteurs allostériques, sont liées aux sites régulateurs. Les molécules réagissant à un site catalytique — ou produites à partir d'un tel site — peuvent aussi agir comme effecteurs allostériques. Ce phénomène déclenche une boucle de rétroaction, qui peut être positive (activation) ou négative (inhibition).

L'enzyme qui catalyse la conversion ATP → cAMP est l'adénylate cyclase qui se fixe à l'intérieur de la membrane cellulaire (figure 20.4). Cette enzyme interagit avec un récepteur R situé à l'extérieur de la membrane. Le cAMP produit diffuse dans le milieu extracellulaire à travers la membrane, se lie au récepteur et l'active. Nous avons ainsi une boucle de rétroaction positive, car le cAMP stimule ainsi sa propre production : la rétroaction amplifie les signaux et induit un comportement oscillant. On voit l'identité du mécanisme avec celui des réactions catalytiques.

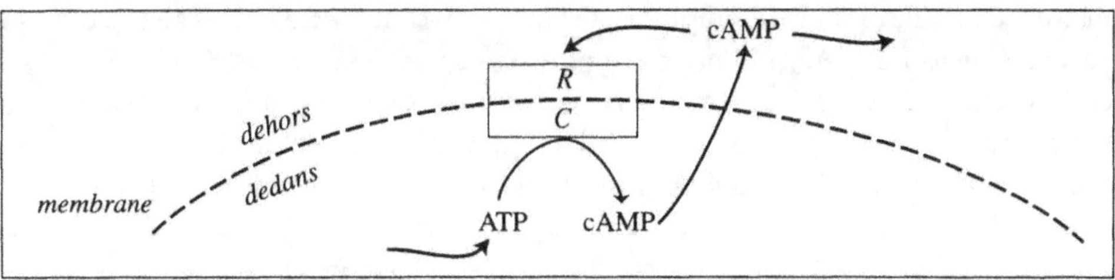

Figure 20.4 Synthèse périodique du cAMP chez *Dictyostelium discoideum*. L'enzyme à la base de la transformation ATP → cAMP est notée *C* et le récepteur *R* (Source : A. Goldbeter).

On connaît d'autres exemples d'instabilité et de bifurcation en biologie. L'un des plus simples s'observe dans le comportement des populations d'insectes sociaux. Donnons à une population de fourmis le choix entre deux pistes : par exemple, deux ponts identiques conduisent d'un nid de fourmis vers une source de nourriture (figure 20.5). Au début de l'expérience, les deux ponts sont parcourus par un nombre égal de fourmis. Mais à la longue presque toutes les fourmis n'empruntent plus qu'un seul des deux ponts : c'est le résultat de l'effet amplificateur de signaux chimiques déposés par les fourmis au cours de leur passage. Ce signal, formé de substances chimiques appelées phéromones, encourage une fourmi à passer par un endroit déjà fréquenté par une autre fourmi. D'où un effet autocatalytique. La situation de départ est symétrique : il est impossible de prédire quel est le pont qui sera « choisi ». Si l'on répète l'expérience, chaque pont sera choisi avec la même probabilité. Nous sommes en présence d'une bifurcation avec brisement de symétrie.

Un problème fondamental de la biologie est évidemment celui de l'origine de la vie. Différents modèles ont été proposés à ce sujet, notamment par Eigen et Kaufmann. Une chose est certaine, c'est que la vie n'est possible que dans un univers loin de l'équilibre. C'est même un facteur essentiel pour l'existence même de biomolécules,

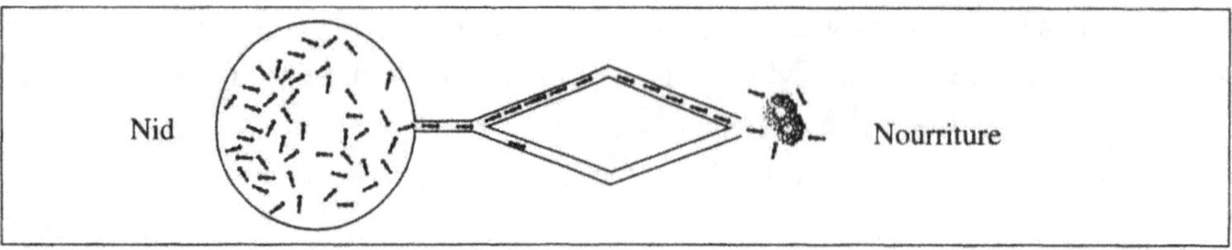

Figure 20.5 Bifurcation observée chez des insectes sociaux. Choix devant deux chemins qui conduisent à la même source de nourriture chez des fourmis. (Source : J.-L. Deneubourg).

dont la probabilité de formation à l'équilibre serait négligeable (que l'on pense à la complexité de molécules telles que l'ADN).

20.3 Géologie

Passons à un autre domaine de recherche. La géologie présente elle aussi des applications de la physique de non-équilibre. De nombreux dépôts géologiques présentent des structures macroscopiques spectaculaires, et cela à diverses échelles : nous observons des couches métamorphiques dont l'épaisseur va du millimètre au mètre, des configurations granitiques de l'ordre du centimètre, et des agates dont les rubans se mesurent en millimètres (figure 20.6). L'interprétation classique attribue ces structures à des séquences temporelles, par exemple à des modifications de l'environnement ou du climat. Il semble aujourd'hui possible d'y voir l'effet de brisements de symétrie induites par des contraintes de non-équilibre [6].

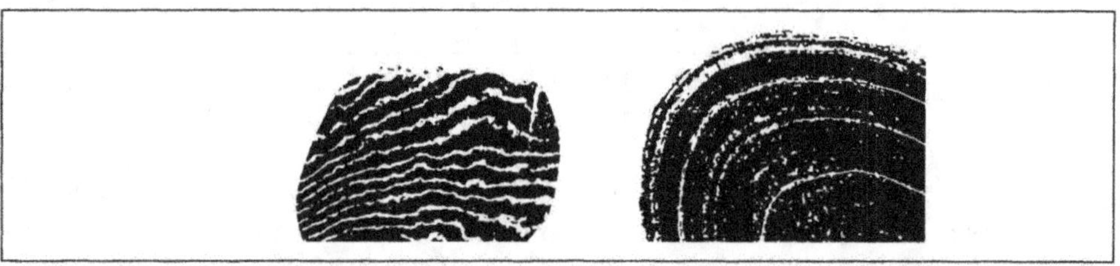

Figure 20.6 Structures macroscopiques susceptibles de se déployer durant les processus de minéralisation. (a) Formation dite *Skarn* de Sa Leone (Sardaigne). Les bandes claires (épaisses de 1-2 mm) portent des composés de calcium et de fer ; les bandes sombres (épaisses de 5-8 mm) contiennent de la magnétite et du quartz. (b) Dirorite orbiculaire de Epoo (Finlande). Les couches concentriques alternées sont respectivement riches en biotite (couches sombres) et en plagiocase (couches claires) ; le rayon global est de l'ordre de 10 cm.

20.4 Climat terrestre

Disons enfin quelques mots du climat terrestre, qui présente par certains côtés des questions semblables à celles qui ont occupé les physico-chimistes. On sait à présent que les conditions climatiques des derniers 200 à 300 millions d'années étaient très différentes de celles que nous connaissons aujourd'hui.

Durant cette longue période, et si l'on excepte l'ère quaternaire, la dernière, qui débute voici environ deux millions d'années, les continents étaient dépourvus de glaces, et le niveau des mers était 80 mètres au-dessus de celui d'aujourd'hui. Le

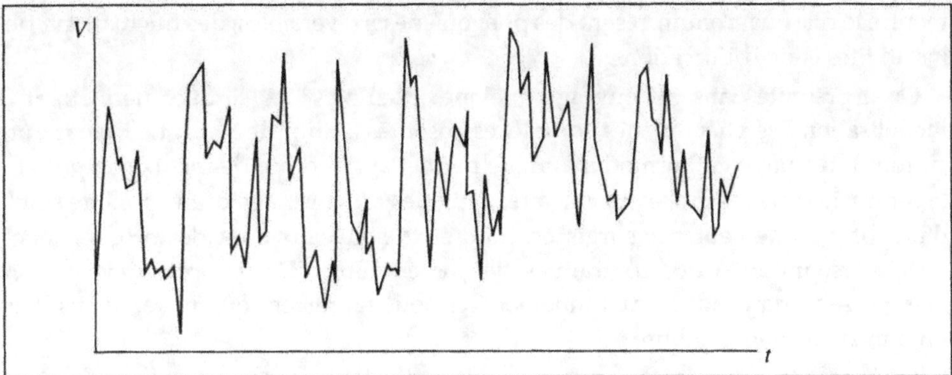

Figure 20.7 Variation du volume des glaces terrestres au cours du dernier million d'années, estimées par des carottes géologiques [6].

climat était doux, et les températures des zones équatoriales (25 à 30°C) et polaires (8 à 10°C) différaient moins que ce n'est le cas à présent.

C'est au cours du Tertiaire, et plus précisément voici environ 40 millions d'années, que s'instaura un contraste plus net entre pôles et tropiques. En un laps de temps relativement bref (environ 100 milliers d'années), la température marine baissa de plusieurs degrés au sud de la Nouvelle Zélande. C'est sans doute l'effet de l'apparition du courant antarctique, qui réduisit les échanges de chaleur entre latitudes différentes. Il en résulta un refroidissement marqué des masses d'eau désormais captives près des régions polaires. Une fois encore, nous avons affaire à un mécanisme de rétroaction [6].

Au début du Quaternaire, cette différence de température était assez marquée pour entraîner la formation et le maintien de glaces continentales. L'hémisphère nord traversa une série d'âges glaciaires, ce qui entraîna les glaciers vers les latitudes moyennes. Ces épisodes de glaciation présentent une périodicité moyenne de l'ordre de cent mille ans (figure 20.7).

La dernière avancée des glaces continentales dans l'hémisphère nord culmina voici quelque 18 mille ans, et nous en voyons encore de nombreux effets. Les glaces continentales représentent aujourd'hui quelque 30 millions de kilomètres cubes, confinés pour l'essentiel dans l'Antarctique et le Groenland, alors que la dernière glaciation maximale s'est traduite par quelque 80 millions de kilomètres cubes de glaces continentales, envahissant l'Amérique du Nord et l'Europe. L'énormité de ces masses d'eau gelées abaissa le niveau des mers de quelque 120 mètres par rapport au niveau d'aujourd'hui. Une partie importante des glaces a fondu depuis. L'instabilité intrinsèque de l'écosystème terrestre a pour conséquence qu'il est difficile d'isoler l'incidence propre à l'effet anthropique : l'action humaine sur l'environnement et le climat.

Conclusions

Ce rapide survol de quelques domaines importants de la recherche contemporaine montre le rôle quasi omniprésent des phénomènes irréversibles, des fluctuations, des instabilités et des bifurcations.

On a présenté dans cet ouvrage quelques exemples très simples permettant la modélisation des phénomènes complexes observés autour de nous. Le lecteur aura surtout retenu que la thermodynamique permet aujourd'hui de mieux comprendre le contraste entre les processus linéaires typiques du voisinage d'un équilibre stable d'une part ; et de l'autre le surgissement d'états nouveaux dans des processus non linéaires soumises à des contraintes de non-équilibre. De tels phénomènes sont omniprésents dans notre environnement, et nous rappellent que nous vivons dans un univers de non-équilibre.

La thermodynamique a été la première discipline à présenter une image historique de la nature. La nature a une histoire. Pendant deux siècles la physique a semblé poursuivre l'idéal d'une description géométrique du monde, comme celle que nous lisons dans la relativité générale d'Einstein. La relativité est certes l'une des plus grandes réussites de l'esprit humain. Mais cette vision géométrique est incomplète.

Nous voyons mieux à présent combien des éléments narratifs jouent un rôle décisif dans la description physique, et avec eux l'orientation du temps. Celle-ci constitue le fait commun à tous les objets qui peuplent cette bulle en expansion qu'est notre univers. Nous vieillissons tous dans la même direction temporelle : les étoiles et les rochers aussi, quelque différents que soient les mécanismes. Or, le temps — et nous savons à présent qu'il faut plutôt dire : la flèche du temps — constituait la dimension existentielle fondamentale de la vie humaine, comme en témoignent les philosophes et les gens de lettres. Ce temps ne séparera plus l'homme de la nature.

APPENDICES

Ad 1.1 Dérivées partielles

Dérivées de plusieurs variables

Dans le cas où une variable dépend de plusieurs autres, sa dérivée partielle par rapport à chacune d'entre elles sera définie en maintenant les autres constantes. Nous prendrons ici l'exemple des gaz parfaits, où l'énergie $U(T, V, N_k)$ est une fonction des variables V, T et N_k). Ainsi, pour $U(T, V, N) = (5/2)\,NRT - aN^2/V$, les dérivées partielles sont

$$\left(\frac{\partial U}{\partial T}\right)_{V,N} = \frac{5}{2}NR\,; \tag{A1.1.1}$$

$$\left(\frac{\partial U}{\partial N}\right)_{V,T} = \frac{5}{2}RT - a\frac{2N}{V}\,; \tag{A1.1.2}$$

$$\left(\frac{\partial U}{\partial V}\right)_{N,T} = a\frac{N^2}{V^2}\,. \tag{A1.1.3}$$

Les indices des parenthèses indiquent quelles sont les variables maintenues constantes dans la différentiation. La différentielle dU est

$$dU = \left(\frac{\partial U}{\partial T}\right)_{V,N} dT + \left(\frac{\partial U}{\partial N}\right)_{V,T} dN + \left(\frac{\partial U}{\partial V}\right)_{N,T} dV. \tag{A1.1.4}$$

Pour les dérivées croisées on a les relations

$$\left[\frac{\partial}{\partial V}\left(\frac{\partial U}{\partial T}\right)_V\right]_T = \left[\frac{\partial}{\partial T}\left(\frac{\partial U}{\partial V}\right)_T\right]_V\,;$$

$$\frac{\partial^2 U}{\partial V\,\partial T} = \frac{\partial^2 U}{\partial T\,\partial V}\,. \tag{A1.1.5}$$

De même, pour les dérivées d'ordre supérieur comme $\partial^3 U/\partial T^2 \partial V$, l'ordre de différentiation ne joue pas de rôle.

Relations entre dérivées partielles

Soit x, y et z. On a les relations suivantes :

$$\left(\frac{\partial x}{\partial y}\right)_z = \left(\frac{\partial y}{\partial x}\right)_z^{-1}\,; \tag{A1.1.6}$$

$$\left(\frac{\partial x}{\partial y}\right)_z \left(\frac{\partial y}{\partial z}\right)_x \left(\frac{\partial z}{\partial x}\right)_y = -1. \tag{A1.1.7}$$

Considérons enfin une fonction de x et de y, $f = f(x, y)$, autre que z. On a alors

$$\left(\frac{\partial f}{\partial x}\right)_z = \left(\frac{\partial f}{\partial x}\right)_y + \left(\frac{\partial f}{\partial y}\right)_x \left(\frac{\partial y}{\partial x}\right)_z\,. \tag{A1.1.8}$$

Ad **15.1 Production d'entropie**

TRANSFORMATIONS QUI LAISSENT σ INVARIANT

La production d'entropie demeure invariante sous certaines transformations. Ainsi, pour des systèmes en équilibre mécanique, σ est invariant par la transformation suivante [13] :

$$\mathbf{J}_k \rightarrow \mathbf{J}'_k = \mathbf{J}_k + \mathbf{v}_E\, n_k \qquad (A15.1.1)$$

où les $\mathbf{J}_k$ sont les flux de matière, les n_k sont les concentrations et $\mathbf{v}_E$ est une vitesse d'ensemble arbitraire. Ce théorème pose qu'une vitesse uniforme imposée à tous les composants du système laisse la production d'entropie invariante. Pour démontrer ce théorème, nous établissons d'abord une relation que les potentiels chimiques vérifient dans un système à l'équilibre mécanique. Si $n_k \mathbf{f}_k$ est la force qui agit sur le composant k, nous avons à l'équilibre mécanique :

$$\sum_k n_k \mathbf{f}_k - \nabla p = 0. \qquad (A15.1.2)$$

Cette condition peut s'écrire en termes des potentiels chimiques à l'aide de l'équation de Gibbs- Duhem :

$$sdT - dp + \sum_k n_k d\mu_k = 0. \qquad (A15.1.3)$$

Puisque l'on a $\qquad dp = (\nabla p) \cdot d\mathbf{r} \qquad$ et $\qquad d\mu_k = (\nabla \mu_k) \cdot d\mathbf{r} \qquad (A15.1.4)$ et à T constant :

$$\nabla p = \sum_k n_k \nabla \mu_k. \qquad (A15.1.5)$$

La condition (A15.1.2) devient

$$\sum_k (n_k \mathbf{f}_k - n_k \nabla \mu_k) = 0. \qquad (A15.1.6)$$

Or, en présence de forces externes $\mathbf{f}_k$ par mole agissant sur le composant k, à T constant et moyennant $\mathbf{f}_k = -\tau_k \nabla \psi$, la production d'entropie s'écrit avec

$$\sigma = \sum_k \frac{\mathbf{J}_k}{T} \cdot (\mathbf{f}_k - \nabla \mu_k). \qquad (A15.1.7)$$

En introduisant (A15.1.1) dans (A15.1.7) il vient

$$\sigma = \sum_k \frac{\mathbf{J}'_k}{T} \cdot (\mathbf{f}_k - \nabla \mu_k) - \mathbf{v}_E \cdot \sum_k (n_k \mathbf{f}_k - n_k \nabla \mu_k). \qquad (A15.1.8)$$

En raison de la condition de l'équilibre mécanique (A15.1.6), la seconde sommation sur k s'annule. Il en découle l'invariance annoncée

$$\sigma = \sum_k \frac{\mathbf{J}_k}{T} \cdot (\mathbf{f}_k - \nabla \mu_k) = \sum_k \frac{\mathbf{J}'_k}{T} \cdot (\mathbf{f}_k - \nabla \mu_k) \qquad (A15.1.9)$$

pour une transformation $\mathbf{J}_k \rightarrow \mathbf{J}'_k = \mathbf{J}_k + \mathbf{v}_E\, n_k$.

AUTRES FORMES DE LA PRODUCTION D'ENTROPIE

D'autres définitions du flux de chaleur $\mathbf{J}_q$ donnent des expressions différentes pour σ. Un exemple élémentaire est celui où $\mathbf{J}_q$ est identifié à $\mathbf{J}_u$; le flux associé à $\nabla(1/T)$ sera alors le flux de chaleur. Une autre forme de σ se présente lorsque pour la force associée au flux de matière $\mathbf{J}_q$ on prend $-\nabla\mu_k$ au lieu de $-\nabla\left(\mu_k/T\right)$. En séparant le gradient de μ_k de celui de $(1/T)$, il est aisé de montrer que l'on peut écrire (15.5.12) sous la forme

$$\sigma = \mathbf{J}'_u \cdot \nabla\frac{1}{T} - \sum_k \left(\frac{\mathbf{J}_k \cdot \nabla\mu_k}{T}\right) + \sum_k \frac{\mathbf{I}_k \cdot (-\nabla\psi)}{T} + \sum_j \frac{\mathcal{A}_j v_j}{T} \qquad (A15.1.10a)$$

où

$$\mathbf{J}'_u = \mathbf{J}_u - \sum_k \mu_k \mathbf{J}_k = \mathbf{J}_q + \sum_k \left(u_k^0 - \mu_k\right)\mathbf{J}_k = \mathbf{J}_q + \sum_k T s_k \mathbf{J}_k. \qquad (A15.1.10b)$$

Il peut être utile d'écrire cette expression en termes de gradient de μ à T constant. On observe que

$$\frac{\partial\mu_k}{\partial x} = \left(\frac{\partial\mu_k}{\partial T}\right)_{n_k} \frac{\partial T}{\partial x} + \sum_k \left(\frac{\partial\mu_k}{\partial n_k}\right)_T \frac{\partial n_k}{\partial x}.$$

Dès lors,

$$\nabla\mu_k = \frac{\partial\mu_k}{\partial T}\nabla T + (\nabla\mu)_T \qquad (A15.1.11)$$

où $(\nabla\mu_k)_T = \sum_k (\partial\mu_k/\partial n_k)_T \nabla n_k$. Il découle de (A15.1.11) que nous avons

$$\nabla\frac{\mu_k}{T} = \left[\mu_k - T\left(\frac{\partial\mu_k}{\partial T}\right)\right]\nabla\frac{1}{T} + \frac{(\nabla\mu)_T}{T}$$

$$= u_k^0 \nabla\frac{1}{T} + \frac{(\nabla\mu)_T}{T} \qquad (A15.1.12)$$

où nous avons utilisé (cf. exc. 15.2) la relation suivante

$$u_k^0 \equiv \left(\frac{\partial u^0}{\partial n_k}\right)_T = \mu_k + T s_k = \mu_k - T\left(\frac{\partial\mu}{\partial T}\right)_{n_k} \qquad (A15.1.13)$$

et nous pouvons ainsi introduire (A15.1.12) dans (A15.1.10a) ; il vient

$$\sigma = \mathbf{J}_q \cdot \nabla\frac{1}{T} - \sum_k \left(\frac{\mathbf{J}_k \cdot (\nabla\mu_k)_T}{T}\right) + \sum_k \frac{\mathbf{I}_k \cdot (-\nabla\psi)}{T} + \sum_j \frac{\mathcal{A}_j v_j}{T}. \qquad (A15.1.14)$$

Indiquons la relation entre les flux de chaleur définis ici et ceux qu'utilisent de Groot et Mazur [12] : $\mathbf{J}_u = \mathbf{J}_q{}^{DM}$ et $\mathbf{J}_q = \mathbf{J}'_q{}^{DM}$ (les indices DM renvoient à leur traité).

Ad **18.1 Critère d'évolution thermodynamique**

On montre ici que quelle que soit la distance à l'équilibre, l'inégalité

$$\frac{d_F P}{dt} \leq 0$$

reste vraie. Avec le temps, la contribution des forces thermodynamiques à la production d'entropie diminue. C'est un critère d'évolution d'une grande généralité, puisqu'il reste valable loin de l'équilibre. La validité de cette condition dépend de celle de l'équilibre local. Nous avons vu (chapitre 12) que la variation seconde de l'entropie $\delta^2 S$ est négative, en raison des conditions de stabilité (les grandeurs comme la capacité calorifique c_V, la compressibilité isotherme κT et la forme quadratique $-\sum_{ij}(\partial\mathcal{A}_i/\partial\xi_i)\,\delta\xi_i\delta\xi_j$ sont positives). Ces inégalités restent vraies pour un élément de volume dV en équilibre local. Pour les réactions chimiques, on renvoie le lecteur à la discussion ci-dessus (cf. 18.2.7) qui traite le cas d'une réaction unique. La démonstration s'étend trivialement à plusieurs réactions et aux systèmes ouverts.

Commençons par la relation valable à T constant

$$\frac{d_F P}{dt} = -\int \sum_k \mathbf{J}_k \cdot \frac{\partial}{\partial t}\nabla\left(\frac{\mu_k}{T}\right) dV = -\int \frac{1}{T}\sum_k \mathbf{J}_k \cdot \nabla\left(\frac{\partial\mu_k}{\partial t}\right) dV. \quad (A.18.1.1)$$

Grâce à l'identité $\nabla \cdot (f\mathbf{J}) = f\nabla \cdot \mathbf{J} + \mathbf{J} \cdot \nabla f$, le membre de droite peut se réécrire

$$-\int \frac{1}{T}\nabla \cdot \left[\mathbf{J}_k\left(\frac{\partial\mu_k}{\partial t}\right)\right] dV + \int \frac{1}{T}\left(\frac{\partial\mu_k}{\partial t}\right)\nabla \cdot \mathbf{J}_k dV. \quad (A18.1.2)$$

Conformément au théorème de Gauss, le premier terme peut être converti en une intégrale de surface. Puisque l'on suppose que la valeur du potentiel μ_k est indépendante du temps aux limites (les conditions aux limites sont indépendantes du temps), cette intégrale s'annule. Grâce aux relations

$$\frac{\partial\mu_k}{\partial t} = \sum_j \frac{\partial\mu_k}{\partial n_j}\frac{\partial n_j}{\partial t} \qquad \text{et} \qquad \frac{\partial n_k}{\partial t} = -\nabla \cdot \mathbf{J}_k \qquad (A18.1.3)$$

le second terme peut s'écrire

$$\int \frac{1}{T}\left(\frac{\partial\mu_k}{\partial t}\right)\nabla \cdot \mathbf{J}_k dV = -\frac{1}{T}\int \sum_j \frac{\partial\mu_k}{\partial n_j}\left(\frac{\partial n_j}{\partial t}\right)\left(\frac{\partial n_k}{\partial t}\right) dV. \quad (A18.1.4)$$

En combinant ces relations nous arrivons à

$$\frac{d_F P}{dt} = -\frac{1}{T}\int \sum_{jk} \frac{\partial\mu_k}{\partial n_j}\left(\frac{\partial n_j}{\partial t}\right)\left(\frac{\partial n_k}{\partial t}\right) \leq 0. \quad (A18.1.5)$$

Le membre de droite de cette expression est négatif, parce que l'inégalité

$$-\sum_{jk} \frac{\partial\mu_k}{\partial n_j}\left(\frac{\partial n_j}{\partial t}\right)\left(\frac{\partial n_k}{\partial t}\right) \leq 0$$

est valable pour les systèmes à l'équilibre local (cf. (12.4.9)). Ces considérations s'étendent à des cas plus généraux [1].

Ad **18.2 Critère de stabilité thermodynamique**

On donne ici une démonstration de la relation

$$\frac{d}{dt}\frac{\delta^2 S}{2} = \sum_k \delta F_k \delta J_k \qquad (A.18.2.1)$$

qui est essentielle pour comprendre le rôle de la catalyse loin de l'équilibre. Nous prenons d'abord la dérivée temporelle de $\delta^2 S/2$ en utilisant la définition de (18.3.4). Pour la commodité des notations, nous noterons $\dot{x}$ les dérivées temporelles. La dérivée de $\delta^2 S$, $\delta^2 \dot{S}$, s'écrit

$$\int \left[\frac{\partial^2 s}{\partial u^2} 2\delta u(\delta \dot{u}) + 2\sum_k \frac{\partial^2 s}{\partial u \partial n_k}(\delta \dot{u}\delta n_k + \delta u \delta \dot{n}_k) + 2\sum_{ik}\frac{\partial^2 s}{\partial n_i \partial n_k}\delta \dot{n}_i \delta n_k\right]dV \quad (A.18.2.2)$$

où nous avons utilisé la relation

$$\frac{\partial^2 s}{\partial n_i \partial n_k} = \frac{\partial^2 s}{\partial n_k \partial n_i}.$$

En observant que $(\partial s/\partial u)_{n_k} = (1/T)$ et $(\partial s/\partial n_k)_u = -(\mu_k/T)$ nous pouvons écrire (A.18.2.2) sous la forme

$$\delta^2 \dot{S} = \int 2\left[\left(\frac{\partial}{\partial u}\frac{1}{T}\right)\delta u\,(\delta \dot{u}) + \sum_k \left(\frac{\partial}{\partial n_k}\frac{1}{T}\right)\delta \dot{u}\delta n_k\right]dV$$

$$+ 2\left[\sum_k \frac{\partial}{\partial u}\left(\frac{-\mu_k}{T}\right)\delta u \delta \dot{n}_k + \sum_{ik}\frac{\partial}{\partial n_i}\frac{-\mu_k}{T}\delta n_i \delta \dot{n}_k\right]dV. \quad (A.18.2.3)$$

Puisque u et n_k sont les variables indépendantes,

$$\delta\left(\frac{1}{T}\right) = \sum_k \left(\frac{\partial}{\partial n_k}\frac{1}{T}\right)\delta n_k + \left(\frac{\partial}{\partial u}\frac{1}{T}\right)\delta u \qquad (A.18.2.4)$$

$$\delta\left(\frac{\mu_i}{T}\right) = \sum_k \left(\frac{\partial}{\partial n_k}\frac{\mu_i}{T}\right)\delta n_k + \left(\frac{\partial}{\partial u}\frac{\mu_i}{T}\right)\delta u \qquad (A.18.2.5)$$

Les expressions (A.18.2.4) et (A.18.2.5) nous permettent de ramener (A.18.2.3) à la forme simple

$$\delta^2 \dot{S} = 2\int \left[\delta\left(\frac{1}{T}\right)\delta \dot{u} + \sum_k \delta\left(\frac{-\mu_i}{T}\right)\delta \dot{n}_k\right]dV. \qquad (A.18.2.6)$$

Cette relation peut s'écrire en termes de variations des forces thermodynamiques, $\delta\nabla(1/T)$ et $\delta\nabla(-\mu_k/T)$, et des flux correspondants $\delta\mathbf{J}_u$ et $\delta\mathbf{J}_k$ à l'aide des équations de bilan pour la densité d'énergie u et les concentrations n_k

$$\dot{u} = -\nabla \cdot \mathbf{J}_u \qquad (A.18.2.7)$$

$$\dot{n}_k = -\nabla \cdot \mathbf{J}_k + \sum_i \nu_{ki}\, v_i \qquad (A.18.2.8)$$

où ν_{ki} est le coefficient stœchiométrique du composant k dans la réaction i, et v_i est la vitesse de la réaction i. À l'état stationnaire ces dérivées sont nulles. Donc, pour une perturbation de l'état stationnaire nous avons

$$\delta \dot{u} = -\nabla \cdot \delta \mathbf{J}_u \tag{A.18.2.9}$$

$$\delta \dot{n}_k = -\nabla \cdot \delta \mathbf{J}_k + \sum_i \nu_{ki}\, \delta v_i. \tag{A.18.2.10}$$

En introduisant ces expressions dans (A.18.2.6) et moyennant l'identité

$$\nabla \cdot (f\mathbf{J}) = f\nabla \cdot \mathbf{J} + \mathbf{J} \cdot \nabla f \tag{A.18.2.11}$$

où f est une fonction scalaire et $\mathbf{J}$ un champ de vecteurs, nous utilisons un théorème de Gauss

$$\int_V (\nabla \cdot \mathbf{J})\, dV = \int_{\Sigma} \mathbf{J} \cdot d\mathbf{a} \tag{A.18.2.12}$$

où Σ est la surface qui entoure le volume V et $d\mathbf{a}$ l'unité d'aire, l'expression (A.18.2-6) peut s'écrire

$$\begin{aligned}
\frac{1}{2}\delta^2 \dot{S} = -&\int_{\Sigma} \delta\left(\frac{1}{T}\right) \delta \mathbf{J}_u \cdot d\mathbf{a} + \int_V \delta\nabla\left(\frac{1}{T}\right) \delta \mathbf{J}_u dV \\
+&\int_{\Sigma} \sum_k \delta\left(\frac{\mu_k}{T}\right) \delta \mathbf{J}_k \cdot d\mathbf{a} - \int_V \sum_k \delta\nabla\left(\frac{\mu_k}{T}\right) \delta \mathbf{J}_k dV \\
+&\int_V \left[\sum_i \delta\left(\frac{\mathcal{A}_i}{T}\right) \delta v_i\right] dV
\end{aligned} \tag{A.18.2.13}$$

où nous avons utilisé la relation $\sum_k \nu_{ki}\delta\left(\mu_k/T\right) = \delta\left(\mathcal{A}_i/T\right)$. Puisque les flux à la surface sont fixés par les conditions aux limites et ne sont pas soumis à des fluctuations, les termes de surface s'annulent, ce qui nous amène au résultat annoncé

$$\begin{aligned}
\frac{1}{2}\delta^2 \dot{S} &= \int_V \delta\nabla\left(\frac{1}{T}\right) \delta \mathbf{J}_u dV - \int_V \sum_k \delta\nabla\left(\frac{\mu_k}{T}\right) \delta \mathbf{J}_k dV + \int_V \left[\sum_i \delta\left(\frac{\mathcal{A}_i}{T}\right) \delta v_i\right] dV \\
&= \sum_\alpha \delta F_\alpha \delta J_\alpha.
\end{aligned} \tag{A.18.2.14}$$

CALCUL NUMÉRIQUE

Il convient de donner quelques indications pour le traitement de problèmes physico-chimiques sur ordinateur.

Il existe aujourd'hui des langages informatiques de haut niveau particulièrement adaptés au calcul scientifique. Nous donnons ici quelques exemples de calcul pratique ; on a pris pour support le langage Mathematica de St. Wolfram.

L'ÉQUATION DE VAN DER WAALS

A. Pression de van der Waals

```
a=3.59; (* L^2.atm.mol^-2*)
b=0.0427; (* L.mol^-1*)
R=0.0821; (* L.atm.K^-1.mol^-1 *)
PVW[V_,T_] : = (R*T/(V-b)) - (a/(V^2)) ;
PID[V_,T_] : = R*T/V ;
PID[1.5,300]
PVW[1.5,300]
TC=(8/27)*(a/(R*b))
Plot[{PVW[V,320],PVW[V,128],PVW[V,150]},{V,0.05,0.3}]
```

B. Constantes critiques pour l'équation de van der Waals

```
p[V_,T_] : =(R*T/(V-b)) -(a/V^2) ;
(* Au point critique,
la première et la seconde dérivée
de p par rapport à V sont nulles*)
D[p[V,T],V] (* dérivée première *)
D[p[V,T],V,V]  (* dérivée seconde *)
(* Solution pour T et V
lorsque les dérivées première et seconde sont nulles *)
Solve[{(-6*a)/V^4 + (2*R*T)/(-b + V)^3==0,
(2*a)/V^3 - (R*T)/(-b + V)^2==0},{T,V}]
T = (8*a)/(27*b*R) ; V = 3*b;
p[V,T]
pc = a/(27*b^2) ; Tc = (8*a)/(27*b*R) ; Vc = 3*b;
```

C. Loi des états correspondants

```
p[V_,T_] : =(R*T/(V-b)) -(a/V^2) ;
T = Tr*(8*a)/(27*b*R) ; V = Vr*3*b; pc = a/(27*b^2) ;
(* La pression réduite pr = p/pc.  *)
p[V,T]/pc
Simplify[(27*b^2*(-a/(9*b^2*Vr^2) +
(8*a*Tr)/(27*b*(-b + 3*b*Vr))))/a]
(* La relation obtenue pour les variables réduites
est la loi des états correspondants *)
pr = (8*Tr)/(3*Vr -1)) - 3/Vr^2
```

SOLUTIONS D'ÉQUATIONS DIFFÉRENTIELLES

A. Cinétique linéaire

```
k=0.12 ;
Soln1=NDSolve[{X'[t]== -k*X[t],X[0]==2.0},X,{t,0,10}]
Plot[Evaluate[X[t]/.Soln1],{t,0,10}]
```

B. Réaction $X + 2Y \rightleftharpoons 2Z$

```
kf=0.5 ; kr=0.05 ;
Soln2=NDSolve[{
X'[t]  ==  -kf*X[t]*(Y[t]^2)+kr*Z[t]^2,
Y'[t]  ==  2*(-kf*X[t]*(Y[t]^2)+kr*Z[t]^2),
Z'[t]  ==  2*(kf*X[t]*(Y[t]^2)-kr*Z[t]^2),
X[0]   ==  2.0,Y[0] == 3.0,Z[0]  ==  0.0},{X,Y,Z},{t,0,3}]
Plot[Evaluate[{X[t],Y[t],Z[t]}/.Soln2],{t,0,3}]
```

C. : Réaction de racémisation $L \rightleftharpoons D$ et production d'entropie résultante

```
kf = 1.0 ; kr=1.0 ;
Soln3 = NDSolve[{
XL'[t]  ==  -kf*XL[t]+kr*XD[t],
XD'[t]  ==  -kr*XD[t]+kf*XL[t],
XL[0]   ==  2.0,XD[0]==0.001},  {XL,XD},{t,0,3}]
```

La production d'entropie en fonction du temps s'obtient à partir de la solution numérique à l'aide de l'expression (9.5.20).

```
R=8.314 ;
sigma=R*(kf*XD[t]-kf*XL[t])*Log[(kf*XD[t])/(kf*XL[t])] ;
Plot[Evaluate[sigma/.Soln3],{t,0,0.5}]
```

ÉTUDE DE SYSTÈMES DYNAMIQUES

A. Solution des équations (19.3.6) et (19.3.7)

```
(* Cinétique et brisement de symétrie chirale *)
k1f=0.5 ; k1r=0.1 ; k2f=0.1 ; k2r=0.2 ; k3f=0.5 ;
S=0.5 ; T=0.5 ;
Soln1=NDSolve[{XL'[t]==k1f*S*T - k1r*XL[t]
+ k2f*S*T*XL[t] - k3f*XL[t]*XD[t],
XD'[t]==k1f*S*T - k1r*XD[t]
+k2f*S*T*XD[t]-k3*XL[t]*XD[t],
XL[0]==0.002, XD[0]==0.0},
{XL,XD},{t,0,100},MaxSteps->500]
Plot[Evaluate[{XL[t],XD[t]}/.Soln1],{t,0,100}]
```

B. Exemple de cycle-limite : le Brusselator

```
k1=1.0 ; k2=1.0 ; k3=1.0 ; k4=1.0 ; A=1.0 ; B=3.0 ;
Soln2=NDSolve[{
X'[t]== k1*A-k2*B*X[t]+k3*(X[t]^2)*Y[t]-k4*X[t],
Y'[t]==k2*B*X[t]-k3*(X[t]^2)*Y[t],
X[0]==1.0,Y[0]==1.0},{X,Y},{t,0,20},MaxSteps->500]
Plot[Evaluate[{X[t]}/.Soln2],{t,0,20}]
Plot[Evaluate[{X[t],Y[t]}/.Soln2],{t,0,20}]
```

C. Modèle FKN de la réaction de Belousov-Zhabotinsky

```
(* X=HBrO2 Y=Br- Z=Ce4+ B=Org A=BrO3- *)
k1=1.28 ; k2=8.0 ; k3=8.0*10^5 ; k4=2*10^3 ; k5=1.0 ;
A=0.06 ; B=0.02 ; f=1.5 ;
Soln3=NDSolve[{X'[t]==
k1*A*Y[t]+k2*A*X[t]-k3*X[t]*Y[t]-2*k4*X[t]^2,
Y'[t]==-k1*A*Y[t]-k3*X[t]*Y[t]+(f/2)*k5*B*Z[t],
Z'[t]==2*k2*A*X[t]-k5*B*Z[t],
X[0]==2*10^-7,
Y[0]==0.00002,
Z[0]==0.0001},
{X,Y,Z}, {t,0,500},MaxSteps->1000]
Plot[Evaluate[{X[t]}/.Soln3],{t,0,500},PlotRange->{0.0,10^-4}]
Plot[Evaluate[{Y[t]}/.Soln3],{t,0,500},PlotRange->{0.0,10^-4}]
(* Les valeurs de Z[t] peuvent être représentées
par la commande PlotRange->{0,2*10^- 3}*)
```

EXEMPLES ET EXERCICES

Exemple 1.1   L'atmosphère est composée de 78.08 % de N_2, et de 20.95 % de O_2. On calcule la pression partielle des deux gaz.

Si les composants étaient séparés, les volumes occupés par chacun à la pression d'1 atm correspondraient aux pourcentages. Ainsi, l'azote N_2, que l'on trouve dans 1 ℓ d'air sec, occupera un volume de 0.781 ℓ à la pression d'1 atm. Selon la loi des gaz parfaits, à pression et température déterminées, le nombre de moles $N = V(p/RT)$: il est donc proportionnel au volume. Les pourcentages correspondent donc, et 1 mole d'air contient 0.781 moles de N_2. Selon la loi de Dalton (voir (1.3.5)), la pression partielle est proportionnelle au nombre de moles : celle de N_2 est donc 0.781 atm et celle de O_2 est 0.209 atm.

Exemple 1.2   À l'aide de l'approximation des gaz parfaits, on estime les variations de l'énergie totale interne de 1 ℓ de N_2 à $p = 2.0$ atm lorsque T augmente de 10 K. On évalue l'énergie nécessaire pour chauffer 1 mole de N_2 de 0 K à 298 K.

L'énergie d'un gaz parfait dépend seulement du nombre de moles et de la température. Pour un gaz diatomique comme N_2, l'énergie par mole est $(5/2)RT + U_0$. Pour N moles de N_2, la variation d'énergie ΔU qui correspond à un changement de température de T_1 à T_2 est $\Delta U = (5/2)NR(T_2 - T_1)$. Dans le cas ci-dessus,

$$N = \frac{pV}{RT} = \frac{2.0 \text{ atm} \times 1\ell}{0.0821\ell \text{ .atm .mol}^{-1}\text{K}^{-1} \ 298.15\text{K}} = 8.17 \times 10^{-2}\text{mol},$$

$$\Delta U = 8.17 \times 10^{-2}\text{mol} \ (5/2) \ (8.314\text{J .mol}^{-1}\text{ K}^{-1}) \times 10\text{K} = 17\text{J}.$$

On observera les unités différentes utilisées ici pour R. L'énergie requise pour chauffer 1 mol de N_2 de 0 K à 298 K est donc

$$(5/2)RT = (5/2)(8.314\text{Jmol}^{-1}\text{K}^{-1}) \times 298\text{K} = 6.10\text{kJmol}^{-1}.$$

Exemple 1.3   Pour T=300 K, 1.0 mole de CO_2 occupe un volume de 1.5 ℓ. On calcule la pression à partir de l'équation des gaz parfaits et de l'équation de Van der Waals. (Pour les constantes a et b, cf. table 1.1).

La pression sera respectivement pour ces deux équations

$$p_{\text{parfait}} = 1\text{mol} \ 0.0821\text{atm . } \ell \text{ . mol}^{-1} \text{.K}^{-1} \times 300\text{K} \ (1.5\ell)^{-1} = 16.4 \text{ atm} ;$$

$$p_{\text{vw}} = \frac{NRT}{V - Nb} - a\frac{N^2}{V^2}.$$

Les constantes a et b sont données dans la table 1.1 en ℓ^2 atm mol^{-2} et en ℓ mol^{-1} respectivement. On prend donc ici $R = 0.0821$ atm ℓ mol^{-1} K^{-1}. On obtient ainsi

$$p = \frac{1\text{mol}(0.0821\text{atm}\ell\text{mol}^{-1}\text{K}^{-1})300\text{K}}{1.5\ell - 1\text{mol}(0.0427\ell\text{mol}^{-1})} - 3.59\ell^2\text{atmmol}^{-2}\frac{1\text{mol}}{1.5^2\ell} = 15.3\text{atm}.$$

Exercice 1.1 On considère deux récipients identiques, l'un contenant du $CO_2(g)$, l'autre de l'He(g). On suppose qu'ils contiennent le même nombre de molécules, et qu'ils sont maintenus à la même température. La pression exercée par un gaz étant l'effet des collisions moléculaires sur les parois du bocal, on attend intuitivement que la pression exercée par les molécules de $CO_2(g)$ sera plus forte que celle exercée par l'He(g). Comparez cette supposition avec la pression que permet de prédire la loi des gaz parfaits. Comment expliquez-vous la prédiction de la loi des gaz parfaits, que l'expérience confirme ?

Exercice 1.2 Décrivez une méthode expérimentale basée sur la loi des gaz parfaits pour obtenir la masse moléculaire d'un gaz.

Exercice 1.3 (a) Calculer, à l'aide de l'équation d'état des gaz parfaits, le nombre de moles de gaz par m^3 d'air pour $p = 1$ atm et $T = 298$ K.

(b) La teneur en CO_2 de l'atmosphère est de quelque 360 ppmv (parties par million en volume). Supposant une pression de 1 atm, calculer le % de CO_2 dans une couche atmosphérique de 10 km au niveau du sol (le rayon terrestre est 6370 km ; la quantité effective de CO_2 dans l'atmosphère est d'environ 6×10^{16} moles).

(c) La teneur de l'atmosphère en O_2 est de 20.946 % par unité de volume. Utilisez les résultats précédents (b) pour estimer la quantité totale d'O_2 dans l'atmosphère.

(d) La vie consomme sur terre environ 47×10^{14} moles de O_2 chaque année. Si la production de O_2 photosynthétique devait cesser soudainement, combien de temps faudrait-il pour que l'oxygène présent dans l'atmosphère soit entièrement consommé ?

Exercice 1.4 La production des engrais a commencé avec le processus de Haber, qui est la réaction $3H_2 + N_2 \rightarrow 2NH_3$ à 500 K et sous 300 atm. On suppose que la réaction se déroule à volume et température constants. Que vaudra la pression finale si la pression initiale due à 300 mol H_2 et 100 mol N_2 est de 300 atm ? Même question si le système contient initialement 240 mol H_2 et 160 mol N_2 à une pression de 300 atm.

Exercice 1.5 Les constantes de van der Waals pour N_2 sont données dans la table 1.1. Soit 0.5 mole de $N_2(g)$ dans un ballon de 10 ℓ ; $T = 300$ K. Comparez les pressions prédites par l'équation d'état des gaz parfaits et par l'équation d'état de van der Waals.

(a) Quel est le % d'erreur si on utilise la loi des gaz parfaits au lieu de l'équation de van der Waals ?

(b) En fixant $V = 10$ ℓ, utilisez Maple ou Mathematica pour représenter p en fonction de N pour $N = 1$ à 100, moyennant l'équation des gaz parfaits et celle de van der Waals. Que remarque-t-on pour la différence entre les pressions prédites ?

Exercice 1.6 Pour 1 mole de Cl_2 dans un volume de 2.5 ℓ à $T = 298$ K, calculer la différence d'énergie (en %) entre U_{parfait} et U_{vw}. Quelle est la différence en % par rapport à $U_{\text{parfait}} = (5/2)NRT$? (utiliser la table 1.1).

Exercice 1.7 (a) Utilisez la loi des gaz parfaits pour calculer le volume d'une mole de gaz à la température $T = 298$ K et pour une pression d'une atmosphère. Ce volume est le volume d'Avogadro.

(b) L'atmosphère de Vénus est composée pour l'essentiel (98 %) de $CO_2(g)$. La température de surface est d'environ 750°K et la pression est d'environ 90 atmosphères. Calculez le volume d'une mole de $CO_2(g)$ sous ces conditions : c'est le volume d'Avogadro sur Vénus. Le modèle du gaz parfait fournirait-il une bonne approximation sous ces conditions ?

(c) Utilisez Maple ou Mathematica et l'équation de van der Waals pour obtenir le volume d'Avogadro sur Vénus, et comparez-le (en %) avec le résultat obtenu à partir de l'équation des gaz parfaits.

Exercice 1.8 Le paramètre b de van der Waals mesure le volume exclu en raison de la taille finie des molécules. Estimez la taille d'une molécule à partir des données de la table 1.1.

Exercice 1.9 L'équation de van der Waals permet d'améliorer l'équation des gaz parfaits, mais sa validité demeure limitée. Comparez les valeurs expérimentales aux valeurs prédites à partir de l'équation de van der Waals pour une mole de CO_2 à $T = 40°C$.

p	V_m
1	25.5740
10	2.4490
25	0.9000
50	0.3800
80	0.1187
100	0.0693
200	0.0525
500	0.0440
1000	0.0400

Valeurs expérimentales pour l'exercice 1.9 (source : [C]). La pression p est en atm, et le volume molaire V_m en ℓ mol^{-1}.

Exercice 1.10 Utiliser Maple ou Mathematica pour représenter les courbes $p(V)$ de van der Waals pour certains des gaz de la table 1.1. (voir les programmes de l'appendice). En particulier, comparer les courbes de van der Waals et l'équation des gaz parfaits pour CO_2 et He.

Exercice 1.11 À l'aide de l'équation de van der Waals, partir de (1.4.2) pour obtenir (1.4.3) et (1.4.4).

Exercice 1.12 À l'aide de la table 1.1 et de (1.4.4), donner les valeurs critiques de la température T_c, de la pression p_c et le volume molaire critique V_{mc} pour CO_2, H_2 et CH_4. Ecrire un programme Maple ou Mathematica pour calculer les constantes a et b de van der Waals en fonction de T_c, p_c et V_{mc} pour un gaz quelconque.

Exercice 1.13 Utilisez Maple ou Mathematica pour obtenir l'équation (1.4.6) à partir de (1.4.5).

Exemple 2.1 Une balle de fusil d'une masse de 20.0 g se déplace à une vitesse de 350 m/s et vient se ficher dans un bloc de bois. On calcule le nombre de calories que cet événement dégage.

L'énergie cinétique EC de la balle est convertie en chaleur. On a donc

$$EC = mv^2/2 = (1/2)\ 20.0 \times 10^{-3}\ \text{kg} \times (350\ \text{m/s})^2 = 1225\ \text{J}\,;$$

$$1225\ \text{J} = 1225\ \text{J}/(4.184\ \text{J cal}^{-1}) = 292.6\ \text{cal}.$$

Exemple 2.2 On calcule l'énergie ΔU nécessaire pour faire passer la température de 2.50 moles d'un gaz parfait monoatomique de 15 °C à 65 °C.

Puisque $c_V = (\partial U/\partial T)_V$ nous avons

$$\Delta U = \int_{T_i}^{T_f} c_V \, dT = c_V \left(T_f - T_i \right).$$

Puisque la chaleur spécifique d'un gaz parfait monoatomique est $(3/2)R$,

$$\Delta U = (3/2)\,(8.314\ \mathrm{J\ mol^{-1}\ K^{-1}})\,(2.5\ \mathrm{mol})\,(65\text{-}15)\ \mathrm{K} = 1559\ \mathrm{J}$$

Exemple 2.3 On mesure la vitesse du son dans CH_4 à 41°C ; on trouve 466 m/s. On calcule la valeur du rapport des chaleurs spécifiques γ à cette température.

L'équation (2.3.17) donne la relation entre γ et la vitesse du son :

$$\gamma = \frac{MC^2}{RT} = \frac{16.04 \times 10^{-3}\mathrm{kg}\ (466\mathrm{m/s})^2}{8.314\ \mathrm{J\ .mol^{-1}\ K^{-1}}\ (314.15\mathrm{K})} = 1.33.$$

Exemple 2.4 Une mole de $N_2(g)$ à 25°C et à la pression de 1 bar subit un processus d'expansion isotherme à la pression de 0.132 bar. On calcule le travail fourni.

Pour une expansion isotherme, le travail vaut $-NRT \ln V_f/V_i$. Pour un gaz parfait, à T constant, $p_i V_i = p_f V_f$. On a donc

$$\text{Travail} = -NRT \ln \left(\frac{V_f}{V_i} \right) = -NRT \ln \left(\frac{p_i}{p_f} \right) ;$$

$$= -1\mathrm{mole}(8.314\mathrm{JK^{-1}mol^{-1}}) \ln \frac{1\ \mathrm{bar}}{0.132\ \mathrm{bar}} = -5.03\mathrm{kJ}.$$

Exemple 2.5 On calcule la chaleur de combustion du propane dans la réaction à 25°C

$$C_3H_8(g) + 5\ O_2(g) \rightarrow 3\ CO_2(g) + 4\ H_2O\ (l).$$

La table des chaleurs de formation à 298.15 K permet d'écrire

$$\Delta H^0_{\text{réaction}} = -\Delta H^0_f\,[\,C_3H_8\,] - 5\Delta H^0_f\,[\,O_2\,] + 3\Delta H^0_f\,[\,CO_2\,] + 4\Delta H^0_f\,[\,H_2O\,] ;$$

$$= -(-103.85\mathrm{kJ}) - (0\mathrm{kJ}) + 3(-393.51\mathrm{kJ}) + 4(-285.83\mathrm{kJ}) = -2220\mathrm{kJ}.$$

Exemple 2.6 Pour la réaction $N_2(g) + 3\ H_2(g) \rightarrow 2NH_3(g)$, à $T = 298.15$ K, l'enthalpie standard de réaction est -46.11 kJ/mol. À volume constant, si 1 mole de $N_2(g)$ réagit avec 3 moles de $H_2(g)$, on évalue l'énergie dégagée.

L'enthalpie standard de la réaction est la chaleur libérée à une pression constante de 1 bar. À volume constant, puisque aucun travail mécanique n'est fourni, la chaleur libérée est égale à la variation de l'énergie interne ΔU. On utilise (2.4.9). Dans la réaction ci-dessus, $\Delta N_{\text{réaction}} = -2$. Et donc,

$$\Delta U_{\text{réaction}} = \Delta H_{\text{réaction}} - (-2)RT = -46.11\mathrm{kJ} + 2(8.314\mathrm{JK^{-1}})298.15 = -41.15\mathrm{kJ}.$$

Exercice 2.1 Pour une force $F = -\partial V(x)/\partial x$ dérivant du potentiel $V(x)$, utiliser la loi du mouvement de Newton pour montrer que la somme des énergies potentielle et cinétique est constante.

Exercice 2.2 Combien de joules de chaleur dissipent les freins d'une voiture de 1000 kg si elle s'arrête à partir d'une vitesse de 50 km/h ? Si on utilise cette chaleur pour chauffer un litre d'eau en partant d'une température de 30°C, estimer la température finale, sachant que la chaleur spécifique de l'eau est environ 1 cal par mℓ (1 cal= 4.184 J).

Exercice 2.3 Un fabricant fournit un radiateur de 500 W.

(a) Sous une tension de 110 V, quel sera le courant qui passe dans le radiateur ?

(b) Sachant que la chaleur latente de fusion de la glace est de 6 kJ par mole, combien de temps faudra-t-il à ce radiateur pour fondre 1 kg de glace à 0°C ?

Exercice 2.4 Utiliser la relation $dW = -pdV$ pour montrer que

(a) Le travail fourni durant une expansion isotherme de N moles d'un gaz parfait passant d'un volume V_i à un volume V_f est $W = -NRT \ln \left(V_f/V_i \right)$.

(b) Pour un gaz parfait, calculer le travail fourni durant une expansion isotherme d'une mole de $V_i = 10$ ℓ à $V_f = 20$ ℓ à la température $T = 350$ K.

(c) Reprendre le calcul (a) en utilisant l'équation de van der Waals à la place de celle des gaz parfaits. Montrer que

$$W = -NRT \ln \frac{V_f - Nb}{V_i - Nb} + aN^2 \left(\frac{1}{V_i} - \frac{1}{V_f} \right).$$

Exercice 2.5 Sachant que la chaleur spécifique du gaz Ar est $c_V = (3R/2) = 12.47$ JK^{-1}mol^{-1}, calculer la vitesse du son dans l'argon à $T = 298$ K moyennant la relation des gaz parfaits entre c_p et c_V. Faire de même pour N$_2$ (ici $c_V = 20.74$ JK^{-1}mol^{-1}).

Exercice 2.6 Calculer la vitesse du son dans He, N$_2$ et CO$_2$ à l'aide de la relation (2.3.17) et des valeurs de γ dans la table 2.2, puis les comparer aux vitesses observées qui figurent dans la même table.

Exercice 2.7 Partir des relations (2.3.5), (1.3.11) et (2.2.15). Utiliser ces expressions et l'équation de van der Waals pour trouver une expression explicite de la différence entre c_p et c_V.

Exercice 2.8 Pour l'azote à $p = 1$ atm, et $T = 298$ K, calculer la variation de la température lorsqu'il est soumis à une compression adiabatique sous une pression de 1.5 atm (pour l'azote, on a $\gamma = 1.404$).

Exercice 2.9 On sait (2.4.11) que pour de nombreux gaz la valeur empirique de la chaleur molaire spécifique est $c_p = a + bT + gT^2$. Les valeurs de a, b et g sont données dans la table 2.3. Calculer la variation de l'enthalpie d'une mole de CO$_2$(g) chauffée de 350 K à 450 K sous une pression $p = 1$ atm.

Exercice 2.10 À l'aide de la table des données thermodynamiques qui contient les chaleurs de formation des mélanges à $T = 298.15$ K, calculer les chaleurs standards pour les réactions suivantes :

(a) H$_2$(g) + F$_2$(g) $\rightarrow$ 2 H F (g) ;

(b) C$_7$H$_{16}$(g) + 11 O$_2$(g) $\rightarrow$ 7 C O$_2$(g) + 8 H$_2$O (l) ;

(c) 2 N H$_3$(g) + 6 N O (g) $\rightarrow$ 3 H$_2$O$_2$(l) + 4 N$_2$(g).

Exercice 2.11 L'essence de moteur de voiture est un mélange de divers hydrocarbones : heptane (C$_7$H$_{16}$), octane (C$_8$H$_{18}$) et nonane (C$_9$H$_2$O). À l'aide de la table 2.4 (énergies de liaison), évaluer l'enthalpie de la combustion d'un gramme de chacun de ces fluides. (Dans une réaction de combustion, un composé organique réagit avec O$_2$(g) pour produire CO$_2$(g) et H$_2$O (g)).

Exercice 2.12 Calculer l'énergie libérée par la combustion d'1 g de sucrose et la comparer avec l'énergie mécanique nécessaire pour hisser 100 kg sur une hauteur de 1 m. La combustion du glucose correspond à la réaction

C$_{12}$H$_{22}$O$_{11}$(s) + 12 O$_2$(g) $\rightarrow$ 11 H$_2$O (l) + 12 C O$_{2)}$(g).

Exercice 2.13 Soit la réaction C H$_4$(g) + 2 O$_2$(g) $\rightarrow$ C O$_2$(g) + 2 H$_2$O (l). On suppose qu'il y a au départ 3.0 moles de C H$_4$ et 2.0 moles de O$_2$, et que l'avancement de la réaction est $\xi = 0$. Lorsque $\xi = 0.25$

moles, quelles seront les concentrations des réactifs et des produits ? Quelle est alors la chaleur libérée ? Quelle est la valeur de ξ lorsque tout O_2 a réagi ?

Exercice 2.14   Le soleil rayonne de l'énergie à 3.9×10^{26} J/s environ. Quelle sera à cette allure la variation de la masse du soleil sur un million d'années ? La masse du soleil est d'environ 2×10^{30} kg.

Exercice 2.15   Calculer l'énergie libérée par la réaction $2\,^1\mathrm{H} + 2\mathrm{n} \rightarrow\,^4\mathrm{He}$ connaissant les masses suivantes :

masse de $^1\mathrm{H}$ =1.0078 uma, masse de n =1.0087 uma, masse de $4\,^4\mathrm{He}$ = 4.0026 uma.

(1 uma = 1.6605×10^{-27} kg ; c'est l'unité de masse atomique décrite au § 2.6).

Exemple 3.1   On dessine le graphique S/T pour le cycle de Carnot. Pendant les variations adiabatiques réversibles, la variation de l'entropie est nulle. Le graphique est donc

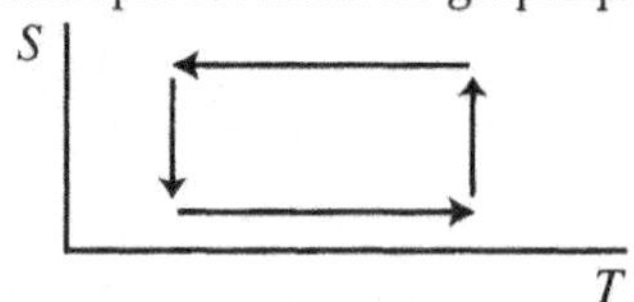

Exemple 3.2   Une pompe à chaleur maintient la température interne d'une maison à 20°C alors que la température extérieure est de 3.0°C. On calcule la quantité de travail minimum requise pour transférer 100 J de chaleur vers l'intérieur.

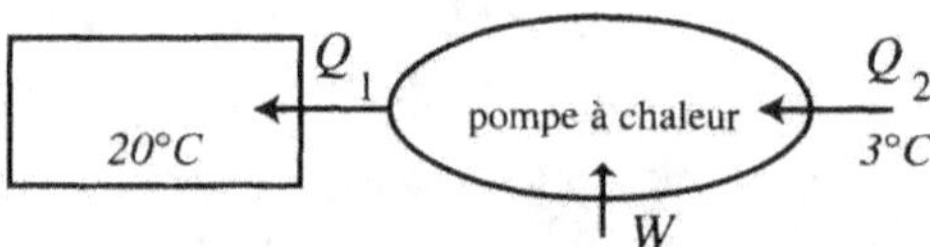

La pompe à chaleur idéale est une machine de Carnot tournant à l'envers. Elle utilise le travail pour pomper de la chaleur d'une basse température vers une haute température. Pour une pompe idéale, $Q_1/T_1 = Q_2/T_2$. Pour $Q_1 = 100$ J, $T_2 = 293$ K, et $T_1 = 276$ K, on a $Q_2 = 276$ K $(100$ J $/$ 293 K$) = 94$ J. La pompe absorbe donc 94 J de l'extérieur, et fournit 100 J à l'intérieur. Il découle du premier principe que le travail nécessaire $W = Q_1 - Q_2$ sera 100 J - 94 J = 6 J.

Exemple 3.3   La chaleur spécifique d'un solide est Cp=125.48 J K^{-1}. On calcule la variation de son entropie s'il est chauffé de 273 K à 373 K. Il s'agit d'un transfert de chaleur réversible. On sait que $d_eS = dQ/T$. On a donc : $S_{\text{final}} = 125.48$ J K^{-1} $\ln(373/273) = 39.2$ J K^{-1} .

Exercice 3.1   Montrer la relation entre la machine à mouvement perpétuel de seconde espèce et le théorème de Carnot.

Exercice 3.2   Un réfrigérateur réversible extrait une chaleur de 45 kJ d'un réservoir thermique, et fournit 67 kJ à un réservoir à 300 K. On demande la température du réservoir froid.

Exercice 3.3   Quel est le travail maximum que l'on peut obtenir à partir d'une quantité de chaleur de 1000 J fournie à une machine à vapeur dont le réservoir à haute température est à 120°C et le condensateur à 25°C ?

Exercice 3.4   La température de l'énergie solaire qui atteint la terre sous forme de lumière est d'environ 6000°C (la température de la lumière mesure l'intensité des couleurs, et donc des diverses longueurs d'onde, et non pas la sensation de chaleur perçue).

(a) La température d'une cellule à énergie solaire est de 298.15 K. Calculer son efficacité maximum possible pour convertir cette énergie en travail.

(b) Si les cellules photo-électriques d'un ordinateur de poche reçoivent 102 J d'énergie solaire, quelle sera l'énergie maximum disponible pour son fonctionnement ?

Exercice 3.5 La chaleur de combustion de l'essence est d'environ 47.0 kJ . mol^{-1}. Si un moteur fonctionne entre 1500 K et 750 K, quelle est la hauteur maximum que 5.0 mol d'essence peuvent faire atteindre à un avion de 400 kg ?

Exercice 3.6 La chaleur spécifique c_p d'une substance est $c_p = a + bT$ où $a = 20.35$ J K^{-1}et $b = 0.20$ J K^{-2}. Calculer la variation d'entropie si la température de cette substance passe de 298.15 K à 304.0 K.

Exercice 3.7 Quelle est la variation d'entropie lorsqu'une chaleur de 0.5 J passe d'une phase à 70°C vers une autre à 25°C ? Si le processus se déroule en 0.23 s, quelle est la vitesse de variation de l'entropie ?

Exercice 3.8 Quelle est l'entropie de 1.0 ℓ de N$_2$(g) à $T = 350$ K et $p = 2.0$ bar, sachant que $S_{om} = 191.61$ J/(K^{-1}mol^{-1}) à $T = 298.15$ K et $p = 1$ bar.

Exercice 3.9 (a) On demande de calculer l'énergie solaire qui atteint la surface terrestre par m^2 par sec (c'est la *constante solaire*). La température de ce rayonnement est d'environ 6000 K. Utiliser le théorème de Carnot pour estimer en W la puissance maximum qu'une cellule solaire d'1 m^2 peut fournir. La constante solaire est le flux d'énergie solaire, et vaut environ 1.3 kW/m^2. Une large part de cette énergie est réfléchie : on dit que l'albedo de la surface terrestre est d'un tiers.

(b) Le coût de l'électricité aux USA est compris dans l'intervalle 0.8-0.15\$/kWh (1 kWh = $10^3 \times$ 3600 J.) On suppose que l'efficacité d'une cellule solaire disponible dans le commerce est seulement d'environ 5 % ; que sa durée de vie est de 30 ans ; et qu'elle produit du courant durant 5 heures par jour en moyenne. Combien devrait coûter un 1 m^2 de cellules solaires si l'énergie produite doit coûter 0.15 \$/kWh ? On prendra des valeurs raisonnables pour les grandeurs qui ne sont pas définies dans l'énoncé.

Exemple 4.1 Si la variation du nombre de moles est entièrement due à une seule réaction, on montre que l'entropie est fonction de V, U et de ξ ; et que $(\partial S/\partial \xi)_{U,V} = A/T$ (4.4.5).

L'entropie est fonction de U, V et N_k. La relation (4.4.3), donne les variations dS. Si ξ est l'avancement de la réaction qui modifie N_k, on a $dN_k = \nu_k d\xi (k = 1, 2 \ldots s)$ où les ν_k sont les coefficients stœchiométriques des s espèces chimiques qui interviennent dans la réaction ; ν_k est négatif pour les réactifs et positif pour les produits (pour les espèces qui ne participent pas à la réaction, $\nu_k = 0$). La variation d'entropie dS peut alors s'écrire

$$dS = \frac{1}{T} \left(dU + pdV - \sum_{k}^{s} \mu_k \nu_k d\xi \right)$$

et on a

$$A = - \sum_{k} \mu_k \nu_k \qquad dS = \frac{1}{T} (dU + pdV) + A d\xi$$

Ceci montre que S est fonction de U, V et ξ et que $(\partial S/\partial \xi)_{U,V} = A/T$. Si $N_1(0)$ est le nombre de moles de N_1 au temps $t = 0$ etc., et si on suppose que $\xi = 0$ à $t = 0$, il suit que les nombres de moles sont en tout temps $N_1(0) + \nu_1\xi(t)$, $N_2(0) + \nu_2\xi(t)$, $N_s(0) + \nu_s\xi(t)$. Tous les autres nombres de moles sont constants. On a donc $S = S(U, V, N_1(0) + \nu_1\xi(t), N_2(0) + \nu_2\xi(t), N_s(0) + \nu_s\xi(t)$. Ainsi, pour un nombre de moles initial $N_k(0)$, dans un système fermé qui n'est le siège que d'une réaction, l'entropie est fonction de U, V et x.

Exercice 4.1   Dans une cellule vivante, qui constitue un système ouvert échangeant de l'énergie et de la matière avec l'extérieur, l'entropie peut décroître ($dS < 0$). Expliquez comment cette inégalité est possible à l'aide des termes $d_e S$ et $d_i S$. Comment le second principe demeure-t-il valable ici ?

Exercice 4.2   En unités de mesure SI, quelles sont les unités de l'entropie, du potentiel chimique et de l'affinité ?

Exercice 4.3   Quelles grandeurs parmi les fonctions suivantes ne sont pas des grandeurs extensives ?

$$S_1 = (N/V)\left[s_0 + C_V \ln T + R \ln V\right];$$

$$S_2 = N\left[s_0 + C_V \ln T + R \ln(V/N)\right];$$

$$S_3 = N^2\left[s_0 + C_V \ln T + R \ln(V/N)\right]?$$

Exercice 4.4   Soit une réaction A $\rightarrow$ 2B en phase gazeuse (A et B sont à l'état gazeux), qui se produit dans un volume déterminé V à température T constante. Dans l'approximation des gaz parfaits, pour tout temps t (N_A et N_B sont des nombres de moles) :

(i) Donner une expression pour l'entropie totale.

(ii) On suppose qu'à l'instant $t = 0$, $N_A(0) = N_{A0}$, $N_B(0) = 0$ et $\xi(0) = 0$. Au temps t, exprimer les concentrations $N_A(t)$ et $N_B(t)$ en termes de $\xi(t)$.

(iii) Au temps t, écrire l'entropie totale en fonction de T, V et $\xi(t)$ (et de $N_A(0)$, qui est une constante).

Exercice 4.5   (a) Utiliser le fait que S est fonction de U, V et N_k pour obtenir la relation

$$\left(\frac{\partial}{\partial V}\,\frac{\mu_k}{T}\right)_{U,N_k} + \left(\frac{\partial}{\partial N_k}\,\frac{p}{T}\right)_{U,V} = 0.$$

(b) Pour un gaz parfait, montrer que l'on a

$$\left(\frac{\partial}{\partial V}\,\frac{\mu_k}{T}\right)_{U,N_k} = -\frac{R}{V}.$$

(c) Pour un gaz parfait, montrer que l'on a $(\partial S/\partial V)_{T,N_k} = nR$ (où n = moles / unité de volume).

Exemple 5.1   On montre que la variation de la valeur de l'énergie libre de Helmholtz F correspond au travail produit lorsque T et N_k sont constants, ce qui justifie le terme d'*énergie libre* : c'est l'énergie disponible pour un travail.

Soit un gaz parfait en contact avec un réservoir thermique à température T. L'expansion de ce gaz peut produire du travail (figure 3.2). Nous allons voir que la variation de F correspond au travail fourni à T et N_k constants. On utilise (5.1.5). À T et N_k constants, $dF = -pdV$. On peut intégrer les deux membres de cette égalité, et voir ainsi que la variation de F est égale au travail fourni par le gaz.

$$\int_{F_1}^{F_2} dF = F_2 - F_1 = \int_{F_1}^{F_2} -pdV.$$

Exemple 5.2 Pour un système fermé, siège d'une réaction, on montre que $\left(\partial F/\partial \xi\right)_{T,V} = -\mathcal{A}$.

La variation de F est encore donnée par (5.1.5). Puisque le système est fermé, les variations de N_k sont dues aux réactions. Nous avons $dN_k = \nu_k dx$, où les ν_k sont les coefficients stœchiométriques (négatifs pour les réactifs, positifs pour les produits). On a donc

$$dF = -pdV - SdT + \sum_k \nu_k \mu_k d\xi.$$

Puisque $\sum_k \nu_k \mu_k = -\mathcal{A}$, nous pouvons écrire $dF = -pdV - SdT - \mathcal{A}d\xi$. Si on prend F en fonction de V, T et x,

$$dF = \left(\frac{\partial F}{\partial V}\right)_{T,\xi} dV + \left(\frac{\partial F}{\partial T}\right)_{V,\xi} dT + \left(\frac{\partial F}{\partial \xi}\right)_{V,T} d\xi.$$

Exemple 5.3 En utilisant l'équation de Gibbs-Duhem (5.2.4) et $G_{\mathrm{m}} = \sum_k x_k \mu_k$ (l'énergie molaire libre de Gibbs, où x_k est la fraction molaire), on établit la relation (5.1.17).

Nous pouvons écrire

$$dG_{\mathrm{m}} = \sum_k dx_k \mu_k + \sum_k x_k d\mu_k.$$

Puisque p et T sont constants, $dT = dp = 0$. De plus, $x_k = N_k/N$, où N est le nombre total de moles. Si on divise l'équation de Gibbs-Duhem par N, et si on prend $dp = dT = 0$, on a $\sum_k x_k d\mu_k = 0$. En réintroduisant ce résultat dans l'expression de dG_{m} ci-dessus, nous voyons qu'à p et T constants

$$(dG_{\mathrm{m}})_{p,T} = \sum_k \mu_k dx_k.$$

Exercice 5.1 Utiliser les relations $Td_iS = -\gamma dA$ et $Td_eS = dU + pdV$ dans les énoncés généraux du Premier et du Deuxième Principe, et tenter d'obtenir la relation $dU = TdS - pdV + \gamma dA$ (on suppose que $dN_k = 0$).

Exercice 5.2 Durant l'expansion isotherme d'un gaz d'un volume V_i à un volume V_f, comment varie l'énergie libre de Helmholtz F ?

Exercice 5.3 Utiliser les relations $dU = dQ - pdV$, $Td_eS = dQ$ et $Td_iS = -\sum_k \mu_k dN_k$ pour établir l'équation (5.1.13).

Exercice 5.4 Utiliser les mêmes relations pour obtenir l'équation (5.1.21).

Exercice 5.5 Écrire l'équation de Helmholtz (5.2.11) à partir de (5.2.10).

Exercice 5.6 (a) Utiliser l'équation de Helmholtz (5.2.11) pour montrer qu'à T constant l'énergie d'un gaz parfait est indépendante du volume.

(b) Utiliser l'équation de Helmholtz (5.2.11) et celle de van der Waals pour calculer $(\partial N/\partial V)_T$ pour N moles d'un gaz.

Exercice 5.7 Obtenir (5.2.13) à partir de (5.2.12).

Exercice 5.8 Supposant que ΔH varie peu avec la température, intégrer l'équation de Gibbs-Helmholtz (5.2.14) et exprimer ΔG_f à la température T_f en termes de ΔG_i, et de la température correspondante T_i et de ΔH.

Exercice 5.9 Obtenir l'expression explicite de l'énergie libre de Helmholz d'un gaz parfait en fonction de de T, V et N.

Exercice 5.10 La variation de l'énergie libre de Gibbs d'une substance donnée en fonction de la température est donnée par la relation $G = aT + b + c/T$. Déterminer comment l'entropie et l'enthalpie de cette substance varient avec la température.

Exercice 5.11 Montrer que (5.4.10) se ramène à $c_p - c_V = R$ dans le cas des gaz parfaits.

Exercice 5.12 (a) En minimisant l'énergie libre $\Delta F(h)$ donnée en (5.6.1) comme une fonction de h, obtenir l'expression $h = 2\gamma \cos\theta \, (\varrho \, gr)^{-1}$ pour la hauteur de la montée due à la capillarité.

(b) On suppose que l'angle de contact θ entre l'eau et le verre est presque nul ; calculer la hauteur de l'eau dans un capillaire de diamètre 0.1 mm.

Exercice 5.13 (a) En raison de la tension superficielle, la pression est plus forte dans une bulle qu'à l'extérieur. Soit Δp cette différence. Le travail fourni ΔpdV, dû à un accroissement du rayon r, est égal à l'accroissement de l'énergie de surface γdA. Montrer que $\Delta p = 2\gamma/r$.

(b) Calculer la pression d'excès Δp dans des bulles d'eau de rayon 1.0 mm et 1.0 μm.

Exemple 6.1 On montre que pour un gaz de van der Waals la chaleur spécifique c_V est égale à celle d'un gaz parfait.

La relation entre c_V pour les gaz réels et parfaits est donnée par (6.2.9). Pour une mole d'un gaz de van der Waals, nous avons l'équation (6.2.1). Puisque c'est une fonction linéaire de T, la dérivée $\left(\partial^2 p/\partial T^2\right)_V = 0$, et l'intégrale de (6.2.9) est nulle. La chaleur spécifique c_V des gaz de van der Waals est donc égale à celle des gaz parfaits.

Exemple 6.2 On calcule l'énergie interne totale d'un gaz réel en utilisant l'équation de Berthelot (6.2.2).

L'énergie interne d'un gaz réel peut se calculer à l'aide de la relation (6.2.7). On dispose de l'équation de Berthelot (6.2.2). Dans ce cas l'intégrale devient

$$\int_\infty^V T^2 \left(\frac{\partial}{\partial T}\frac{p}{T}\right)_V dV = -\int_\infty^V \frac{aN^2}{V^2} T^2 \left(\frac{\partial}{\partial T}\frac{1}{T^2}\right) dV = \int_\infty^V \frac{2aN^2}{T}\frac{1}{V^2} dV = -\frac{2aN^2}{TV}.$$

On a donc : $U_{\text{réel}}(T, V, N) = U_{\text{parfait}}(T, N) - 2aN^2(TV)^{-1}$.

Exercice 6.1 Pour un gaz parfait, donner les expressions explicites de $F(V, T, N) = U - TS$ en fonction de V, T et N ; et de $G = U - TS + pV$ en fonction de p, T et N. Utiliser la relation $\mu = \left(\partial F/\partial N\right)_{V,T}$ pour exprimer μ en fonction de la densité (N/V) et de T. Montrer que l'on a $\mu = \mu^0(T) + RT \ln p$ où $\mu^0(T)$ est une fonction de T.

Exercice 6.2 (a) Exprimer l'entropie de mélange de deux gaz de concentrations (N/V), avec N_1 et N_2 nombres de moles ; les volumes de départ sont V_1 et V_2. Montrer que l'entropie de mélange peut s'écrire $\Delta S_{\text{mélange}} = -RN[x_1 \ln x_2 + x_2 \ln x_2]$; x_1 et x_2 sont les fractions molaires et N est le nombre total de moles.

(b) Utiliser l'approximation de Stirling $\ln N! = N \ln N - N$ pour dériver l'expression (6.1.15) à partir de (6.1.14).

Exercice 6.3 Pour N_2 les valeurs critiques sont $p_c = 33.5$ atm, $T_c = 126.3$ K et $V_{mc} = 90.1 \times 10^{-3}\ell/\text{mol}$. Utiliser les équations (6.2.1a)-(6.2.3b) pour calculer les constantes a et b pour les équations de van der Waals, Berthelot et Dieterici. Représenter sur un graphique les courbes $p - V_m$ pour les trois équations d'état à T = 300 K, 200 K et 100 K, pour des valeurs de V_m allant de 0.1 ℓ à 10 ℓ. Commenter les différences entre les trois courbes.

Exercice 6.4 Utiliser l'équation de van der Waals pour exprimer la pression en fonction de la densité (N/V). On suppose que la quantité $b(N/V)$ est petite; et on utilise la série $(1 - x)^{-1} = 1 + x + x^2 + x^3 \dots$ (pour $x < 1$) pour obtenir une équation du type de l'équation du viriel (6.2.4). Comparer les deux séries pour p, et montrer que les constantes de van der Waals et les coefficients du viriel $B(T)$ et $C(T)$ sont liés par les relations $B = b - a(RT)^{-1}$ et $C = b^2$.

Exercice 6.5 Montrer que l'équation de Helmholtz (cf. (5.2.11)) peut s'exprimer sous la forme $\left(\partial U/\partial V\right)_T + p = T\left(\partial p/\partial T\right)_V$.

Exercice 6.6 (i) L'énergie d'un gaz parfait est $U = c_V NT$ où $c_V = 28.46$ JK^{-1} pour CO_2. Calculer la différence ΔU entre U_{parfait} et U_{vw} pour $N = 1$; $T = 300$ K à $V = 0.5\ell$.

(ii) Utiliser Maple ou Mathematica pour construire un graphique à trois dimensions de $\Delta U/U_{\text{parfait}}$ pour une mole de CO_2 et des volumes $V = 22.0$ ℓ à 0.5 ℓ et des températures $T = 200$ à 500 K.

Exercice 6.7 À partir de (6.2.7), dériver la relation (6.2.9) et la définition $Nc_{V,\text{réel}} = \left(\partial U_{\text{réel}}/\partial T\right)_V$.

Exercice 6.8 Utiliser l'équation de van der Waals pour le CO_2.

(i) Exprimer le facteur de compressibilité Z. Pour $T = 300$ K et $N = 1$, représenter $Z(V)$ pour des valeurs de $V = 22.0$ à $V = 0.5$ ℓ.

(ii) Exprimer $(F_{vw} - F_{\text{parfait}})$ pour une mole de CO_2 en fonction de T et V; T s'exprime en K, V en ℓ, et $(F_{vw} - F_{\text{parfait}})$ en J.

Exercice 6.9 À l'aide de la relation $\mu = \left(\partial F/\partial N\right)_{V,T}$ montrer que pour un gaz de van der Waals on a la relation (avec $n = N/V$):

$$\mu(n, T) = (U_0 - 2an) + \left[\frac{c_V}{R} + \frac{1}{1 - nb}\right] RT - T\left[s_0 + c_V \ln T - R \ln \frac{N}{1 - nb}\right].$$

Exercice 6.10 Utiliser les relations (6.2.24) et (6.2.25) pour obtenir (6.2.26).

Exemple 7.1 Une réaction chimique se développe dans CCl_4 liquide à la température ambiante, mais à vitesse très faible. Pour accroître cette vitesse jusqu'à une valeur souhaitée, il faut élever la température à 80°C. La température d'ébullition de CCl_4 étant 77°C à $p = 1.00$ atm, la pression doit être accrue pour que CCl_4 n'entre pas en ébullition à 77°C. À l'aide des données de la table 7.1, on calcule la pression à laquelle CCl_4 entrera en ébullition à 85°C. L'équation de Clausius-Clapeyron permet d'écrire

$$\ln p - \ln(1.0 \text{ atm}) = \frac{30 \times 10^3}{8.314}\left(\frac{1}{350} - \frac{1}{358}\right) = 0.230.$$

On a donc $p = (1.0 \text{ atm})\, e^{0.23} = 1.26$ atm.

Exemple 7.2   On évalue le nombre de phases d'un système qui contient deux liquides non miscibles (par exemple CCl_4 et CH_3OH). Il y en a trois : une couche riche en CCl_4, une couche riche en CH_3OH et une phase vapeur, mélange de CCl_4 et de CH_3OH.

Exemple 7.3   On détermine le nombre de degrés de liberté d'un mélange liquide à deux composants en équilibre avec sa vapeur.

On a ici $C = 2$, $P = 2$. Le nombre de degrés de liberté est donc $f = 2 - 2 + 2 = 2$. Nous pouvons choisir T et la fraction molaire x_1 de l'un des composants. La pression pour laquelle laquelle la phase gazeuse est en équilibre avec la phase liquide est déterminée par x_1 et T.

Exemple 7.4   On calcule le nombre de degrés de liberté que possède une solution aqueuse de l'acide faible CH_3COOH. Soit la réaction

$$CH_3COOH \;\rightleftharpoons\; CH_3COO^- + H^+.$$

Le nombre de composants est $C = 4$ (eau, CH_3COOH, CH_3COO^- et H^+). Le nombre de phases est $P = 1$. Il y a une réaction chimique en équilibre, et donc $R = 1$. Mais puisque les concentrations de CH_3COO^- et de H^+ sont égales, le nombre de degrés de liberté est diminué de 1. Il sera donc $f = C-R-P + 2 - 1 = 4-1-1 + 2-1 = 3$.

Exercice 7.1   La chaleur d'évaporation de l'hexane est de 30.8 kJ mol^{-1}. Le point d'ébullition de l'hexane à 1.00 atm est 68.9°C. Quelle sera la température d'ébullition à une pression de 0.5 atm ?

Exercice 7.2   La pression atmosphérique diminue avec l'altitude. Leur relation est donnée de manière approchée par la formule $p = p_0 e^{-Mgh/RT}$, où $M = 0.0289$ kg. mol^{-1}, où $g = 9.81$ ms^{-2}, et h est l'altitude mesurée au-dessus du niveau de la mer. En supposant que l'enthalpie d'évaporation de l'eau est $\Delta H_{\text{évaporation}} = 40.6$ kJ mol^{-1}, quelle sera sa température d'ébullition à une altitude de 5 km ?

Exercice 7.3   Le CO_2 présente une transition du solide au gaz ; c'est une sublimation. Sachant que le point triple du CO_2 est à $T = 216.58$ K et $p = 518$ kPa, comment obtenir du CO_2 liquide ?

Exercice 7.4   Dans un système à deux composants, quel est le nombre maximum de phases qui peuvent être en équilibre ?

Exercice 7.5   Déterminer le nombre de degrés de liberté des systèmes suivants :

(a) CO_2 solide en équilibre avec CO_2 gazeux ;

(b) une solution aqueuse de fructose ;

(c) $Fe(s) + H_2O(g) \rightleftharpoons FeO(s) + H_2(g)$.

Exercice 7.6   Sur la figure 7.8, montrer que $PA + PB + PC = 1$ pour tout point P.

Exercice 7.7   Dans la représentation triangulaire des fractions molaires d'une solution ternaire, montrer que le long d'une ligne qui joint un sommet à un point du côté opposé, le rapport de deux des fractions molaires demeure constant tandis que celle du troisième composant varie.

Exercice 7.8   Sur le graphique triangulaire, déterminer des points pour représenter les compositions suivantes : (a) $x_A = 0.2$, $x_B = 0.4$, $x_C = 0.4$ (b) $x_A = 0.5$, $x_B = 0$, $x_C = 0.5$ (c) $x_A = 0.3$, $x_B = 0.2$, $x_C = 0.5$ (d) $x_A = 0$, $x_B = 0$, $x_C = 1.0$.

Exercice 7.9   Formuler la règle du levier (7.4.6) à partir de (7.4.5).

Exercice 7.10   Dans l'équation de van der Waals en variables réduites, les valeurs p_r, V_r, T_r sont égales à 1. Considérez de petites déviations autour du point critique $p_r = 1 + \delta p$ et $V_r = 1 + \delta V$ sur l'isotherme critique. Montrer que δV est proportionnel à $(\delta p)^{1/3}$. Cette relation correspond à la prédiction classique (7.5.2).

Exemple 8.1 Dans les océans, à la profondeur de 100 m, la concentration de O_2 est environ 0.25×10^{-3} mol/ℓ. On compare cette valeur avec celle que prédit la loi de Henry, en supposant l'équilibre entre oxygène atmosphérique et oxygène dissous.

La pression partielle p_{O_2} de O_2 dans l'atmosphère est d'environ 0.2 atm. En utilisant la constante de Henry (table 8.1), on a pour la fraction molaire x_{O_2} de l'oxygène dissous $p_{O_2} = K_{O_2} x_{O_2}$. On a donc

$$x_{O_2} = \frac{p_{O_2}}{K_{O_2}} = \frac{0.21\,\text{atm}}{4.3 \times 10^4\,\text{atm}} = 4.8 \times 10^{-6}$$

et il y a 4.8×10^{-6} moles de O_2 par mole de H_2O. En notant qu'un litre d'eau est égal à 55.55 moles, la fraction molaire O_2 peut être notée en concentration (mol/ℓ) :

$$c_{O_2} = 4.8 \times 10^{-6} \times 55.55 = 2.7 \times 10^{-4}\,\text{mol}/\ell$$

ce qui correspond à la concentration mesurée de O_2 dans les océans.

Exemple 8.2 Dans une solution aqueuse de NH_3 à 25.0°C, la fraction molaire de NH_3 est 0.05. Pour cette solution, on calcule la pression partielle de la vapeur d'eau en supposant l'idéalité. Pour une tension de vapeur 3.40 kPa, on calcule l'activité a de l'eau et son coefficient d'activité γ.

Si p^* est la tension de vapeur de l'eau pure à 25.0°C, la loi de Raoult (8.1.10) donne pour la tension de vapeur de la solution $p = x_{H_2O}\, p^* = 0.95 p^*$. On calcule la valeur de p^* comme suit. L'ébullition de l'eau a lieu à 373.0 K sous une pression de $p = 1.0$ atm. L'équation de Clausius-Clapeyron (7.1.9) nous donne la tension de vapeur à 25.0°C (298.0 K). Avec $p_2 = 1$ atm, $T_2 = 373.0$ K, $T_1 = 298.0$ K, $\Delta H_{\text{évaporation}} = 40.66$ kJ/mol (cf. table 7.1), la tension de vapeur p_1 sera (en atm), puisque $\ln(p_1) = -3.299$:

$$p_1 = \exp(-3.299\ \text{atm}) = 0.0369\ \text{atm, soit } 101.3 \times 0.0369\ \text{kPa} = 3.73\ \text{kPa}.$$

La tension de vapeur d'une solution considérée comme idéale est $p = 0.95 \times 3.73$ kPa $= 3.54$ kPa. Pour une solution idéale, l'activité est la même que la fraction molaire x_1. Suivant la relation (8.1.6), l'activité est $a = p/p^*$. Donc, si la pression de vapeur mesurée est 3.40 kPa, l'activité sera $a_1 = 3.40/3.738 = 0.909$. Le coefficient d'activité est défini pour $a_k = \gamma_k x_k$. Nous avons ici $\gamma_1 = a_1/x_1 = 0.909/0.95 = 0.96$.

Exemple 8.3 L'eau des cellules vivantes contient de nombreux ions. Sa pression osmotique est celle d'une solution de NaCl d'environ 0.15 M. On calcule la pression osmotique à $T = 27$°C.

La pression osmotique dépend d'abord du nombre de particules par unité de volume. Puisque le NaCl se dissocie en ions Na^+ et Cl^-, la molalité colligative de la solution étudiée est 0.3 M. À l'aide de l'équation de van't Hoff (8.2.14), on calcule la pression osmotique π :

$$\pi = RT[S] = \left(0.0821\ \ell\text{atmK}^{-1}\right)(300\ \text{K})\,0.3 = 7.40\,\text{atm}.$$

Si une cellule animale est plongée dans l'eau, le flux d'eau entrant exerce une pression d'environ 7.4 atm, ce qui devrait la faire imploser. Les parois des cellules végétales sont assez solides pour soutenir cette poussée.

Exemple 8.4   À $p = 1$ atm, le point d'ébullition d'un mélange azéotropique de C_2H_5OH et de CCl_4 est 338.1 K. La chaleur de vaporisation du C_2H_5OH est 38.58 kJ/mol et son point d'ébullition est 351.4 K. On calcule le coefficient d'activité de l'éthanol dans l'azéotrope.

On applique (8.5.3) ; $\Delta H_{1,\,\text{évaporation}} = 38.58$ kJ, $T = 338.1$ K et $T^* = 351.4$ K :

$$\ln\left(\gamma_{k,1}\right) = \frac{38.56 \times 10^3}{8.314}\left(\frac{1}{338.1} - \frac{1}{351.4}\right) = 0.519$$

et $\gamma_{k,1} = 1.68$.

Exercice 8.1   Obtenir la relation (8.1.8) à partir de (8.1.7).

Exercice 8.2   La composition de l'atmosphère figure dans la table 8.1.

(a) Calculer les tensions partielles de N_2, O_2 et CO_2.

(b) En utilisant la constante de Henry, calculer les concentrations de N_2, de O_2 et de CO_2 dans l'eau d'un lac.

Exercice 8.3   Obtenir la relation (8.2.5) à partir de (8.2.4) pour de petites variations du point d'ébullition d'une solution.

Exercice 8.4   (a) La solubilité de N_2(g) dans l'eau est à peu près la même que dans le sérum sanguin. Calculer la concentration (en mol ℓ^{-1}) de N_2 dans le sang.

(b) La densité de l'eau de mer est 1.01 g/mℓ. Quelle est la pression à une profondeur de 100 m ? Que sera la concentration (en mol ℓ^{-1}) de N_2 dans le sérum sanguin à cette profondeur ? Si le plongeur remonte trop vite, le N_2 en excès peut former des bulles dans le sang, ce qui provoque des troubles (douleur, paralysie, détresse respiratoire, etc.)

Exercice 8.5   À l'aide de la loi de Raoult, prédire le point d'ébullition d'une solution de sucre à 0.5 M. Faire de même avec du NaCl, en notant que le nombre de particules ioniques par molécule est le double de celui d'une solution non ionique. La loi de Raoult est une propriété colligative, qui dépend donc du nombre de particules de soluté.

Exercice 8.6   Le glycol d'éthylène (OH-CH_2-CH_2-OH) sert comme antigel ; son point d'ébullition est 197°C et son point de congélation est -17.4°C.

(a) Chercher la densité du glycol d'éthylène ; écrire une formule générale pour le point de congélation d'un mélange de $0 \sim 100$ mℓ de glycol d'éthylène dans un litre d'eau.

(b) Par temps froid (~ -10°C), quelle est la quantité minimale de glycol d'éthylène qu'il faut introduire dans l'eau du radiateur d'une voiture ?

(c) Quel sera le point d'ébullition d'un liquide qui contient 300 mℓ de glycol d'éthylène par litre d'eau ?

Exercice 8.7   Que sera le point d'ébullition d'une solution de 20.0 g d'urée $(NH_2)_2CO$ dans 1.25 kg de nitrobenzène (utiliser la table 8.2) ?

Exercice 8.8   Une dose de 1.89 g d'un composé inconnu est dissoute dans 50 mℓ d'acétone. La modification du point d'ébullition est 0.64°C. Calculer la masse molaire du composé inconnu. La densité de l'acétone est 0.7851 g/mℓ ; la valeur du produit de solubilité K_b figure dans la table 8.2.

Exercice 8.9   On prépare une solution de 4.0 g d'hémoglobine dans 100 mℓ d'eau ; la pression osmotique mesurée est de 0.013 atm à 280 K.

(a) Calculer la masse moléculaire de l'hémoglobine.

(b) Si 4 g de NaCl sont dissous dans 100 mℓ d'eau, que sera la pression osmotique ? Les poids moléculaires de quelques protéines : ferricytochrome c 12744 ; myoglobine 16951 ; lysozyme 14314 ; immunoglobuline G 156000 ; Myosine 570000.

Exercice 8.10 Les concentrations des constituants ioniques de l'eau de mer sont : Cl^- : 0.55 ; Na^+ : 0.46 ; SO_4^{2-} : 0.028 ; Mg^{2+} : 0.054 ; Ca^{2+} : 0.010 ; K^+ : 0.010 ; HCO_3^- : 0.0023. De nombreux autres ions sont présents à des concentrations beaucoup plus faibles. Évaluer la pression osmotique de l'eau de mer due à ses constituants ioniques.

Exercice 8.11 La concentration de NaCl dans l'eau de mer est environ 0.5 M. Dans le processus de l'osmose inverse, l'eau de mer est pressée à travers une membrane imperméable aux ions pour obtenir de l'eau pure. La pression appliquée doit être plus forte que la pression osmotique.

(a) À 25°C quelle est la pression minimum nécessaire à l'osmose inverse ? Quel est le travail nécessaire pour obtenir ainsi un litre d'eau pure ?

(b) Si le coût d'1 kW/heure d'énergie électrique est d'environ 0.15 \$, quel sera le coût énergétique de la production de 100 ℓ d'eau pure à partir de l'eau de mer par osmose inverse (on suppose que le processus a une efficacité de 50%) ?

(c) Suggérer un autre procédé pour obtenir de l'eau pure à partir d'eau de mer.

Exercice 8.12 Soient des cubes de cuivre de côté 1 cm. Un atome de Cu par million est un ion Cu^+ ; utiliser la loi de Coulomb pour calculer la force entre deux cubes distants de 10 cm.

Exercice 8.13 Calculer la force ionique et le coefficient d'activité d'une solution de $CaCl_2$ à 0.02 M.

Exercice 8.14 Le produit de solubilité de AgCl est 1.77×10^{-10}. Calculer la concentration des ions Ag^+ en équilibre avec AgCl solide.

Exercice 8.15 Montrer que dans une solution parfaite $\Delta V_{\text{mélange}} = 0$.

Exercice 8.16 Dans un azéotrope binaire, les potentiels chimiques du deuxième composant peuvent s'écrire, en phase liquide et gazeuse,

$$\mu_{2,\text{g}}(T, p, x) = \mu_{2,\text{g}}(T, p) + RT \ln(\gamma_{2,\text{g}} x_2)$$

et

$$\mu_{2,\text{l}}(T, p, x) = \mu_{2,\text{l}}(T, p) + RT \ln(\gamma_{2,\text{l}} x_2)$$

où μ^* est le potentiel chimique de la substance pure. On notera que la fraction molaire est la même dans les deux phases. Utiliser (5.3.7) pour obtenir (8.5.1).

Exemple 9.1 À la température T, l'énergie moyenne $h\nu$ d'un photon thermique est en gros égale à $k_B T$. Comme nous l'avons vu au chapitre 2, des paires électron-positron seront produites spontanément à haute température, lorsque l'énergie du photon est plus grande que l'énergie au repos $2\,mc^2$ d'une paire électron-positron (où m est la masse de l'électron). On calcule la température à laquelle se produit cette production de paires électron-positron.

La production de paires dépend de la condition

$$h\nu = k_B T = 2mc^2 = (2 \times 9.10 \times 10^{-31} \text{kg})\,(3.0 \times 10^8 \text{ms}^{-1})^2 = 1.6 \times 10^{-13} \text{J}.$$

La température correspondante est

$$T = (1.64 \times 10^{-13} \text{J})\,(1.38 \times 10^{-23} \text{JK}^{-1})^{-1} = 1.19 \times 10^{10} \text{K}.$$

Exemple 9.2 Considérons une réaction de second ordre $2X \rightarrow$ (produits), décrite par l'équation différentielle $d[X]/dt = -2k_{\text{dir}}[X]^2$.

(a) On montre que la demi-vie $t_{1/2}$ pour cette réaction dépend de la valeur initiale de [X], et est égale à $1/([X]_0 2k_{\text{dir}})$.

(b) Pour $2k_{\text{dir}} = 2.3 \times 10^{-1}\text{mol}^{-1}\ell s^{-1}$, on calcule la valeur de [X] au temps $t = 60$ s pour une concentration initiale $[X]_0 = 0.50$ mol ℓ^{-1}.

a) Ainsi que le montre l'encadré 9.4, la solution de l'équation est

$$\frac{1}{[X]} - \frac{1}{[X]_0} = 2k_{\text{dir}}\, t.$$

En multipliant les deux membres par $[X]_0$ il vient

$$\frac{[X]_0}{[X]} = 1 + [X]_0 2k_{\text{dir}}\, t.$$

Puisqu'à $t = t_{1/2}$ (la demi-vie), $[X]_0/[X] = 2$, nous devons avoir

$$[X]_0 2k_{\text{dir}} t_{1/2} = 1 \qquad \text{ou} \qquad t_{1/2} = \frac{1}{[X]_0 2k_{\text{dir}}}.$$

b) Si la concentration initiale est $[X]_0 = 0.50\ M$, on a $2k_{\text{dir}} = 0.23$ $\text{M}^{-1}\text{s}^{-1}$ et $t = 60$ s, et nous avons $1/[X] - 1/0.5 = 0.23 \times 60$ M^{-1}. D'où $[X] = 0.063$ M.

Exemple 9.3 Dans la réaction de dissociation de l'eau $H_2O \rightleftharpoons OH^- + H^+$, l'enthalpie de la réaction est $\Delta H_{\text{réaction}} = 55.84$ kJ. À 25°C, la constante d'équilibre est $K = 1.00 \times 10^{-14}$, et le pH = 7.0. On calcule la valeur du pH à 50°C.

Étant donnée la valeur de $K(T)$ à une température T_1, on montre qu'il est possible grâce à l'équation de van't Hoff (9.3.19) de calculer sa valeur pour une autre température T_2.

Pour cet exemple, nous avons pour K à 50°C :

$$\ln K = \ln 10^{-14} + \frac{-55.84 \times 10^3}{8.314}\left[\frac{1}{298} - \frac{1}{323}\right] = -30.49.$$

Et donc, à 50°C, K est égal à exp $[-30.49] = 5.73 \times 10^{-14}$. Puisque l'on a pour la constante d'équilibre $K = [OH^-][H^+]$, et $[OH^-] = [H^+]$,

$$pH = -\log[H^+] = -\log[\sqrt{K}] = -0.5\log\left[5.73 \times 10^{-14}\right] = 6.62.$$

Exercice 9.1 Lorsque l'énergie cinétique moyenne des molécules est voisine de l'énergie de liaison, les collisions moléculaires sont susceptibles de briser ces liaisons. L'énergie cinétique moyenne des molécules est $3RT/2$. (a) L'énergie de la liaison C-H est environ 414k J/mol. À quelle température cette liaison va-t-elle se rompre, par exemple dans le méthane ? (b) L'énergie de liaison moyenne par particule du noyau (neutron ou proton) est entre 6 et 9×10^6 eV (ou 6-9 $\times 10^8$ kJ/mol). À quelle température les réactions nucléaires peuvent-elles se produire ?

Exercice 9.2 Pour la réaction $Cl + H_2 \rightarrow HCl + H$, l'énergie d'activation est $E_a = 23.0$ kJ/mol et $k_0 = 7.9 \times 10^{10}$ $\text{mol}^{-1}\ ell\ \text{s}^{-1}$. Quelle est la valeur de la constante cinétique à $T = 300$ K ? Si on a $[Cl] = 1.5 \times 10^{-4}$ mol ℓ^{-1} et $[H_2] = 1 \times 10^{-5}$ mol ℓ^{-1}, quelle sera la constante cinétique de la réaction directe à $T = 350$ K ?

Exercice 9.3 Lors de la décomposition de l'urée en milieu acide, on a mesuré à diverses températures en °C les valeurs suivantes de la constante cinétique ($k/\text{s}^{-1} \times 10^{-8}$) : 50, 2.29 ; 55, 4.63 ; 60, 9.52 ; 65, 0.187 ; 70, 0.372.

(a) À l'aide de la formule d'Arrhenius, calculer l'énergie d'activation E_a et le facteur pré-exponentiel k_0.

(b) Appliquer la théorie des états de transition et représenter $\ln(k/T)$ en fonction de $1/T$ pour obtenir les valeurs de ΔH et de ΔS correspondant à l'état de transition.

Exercice 9.4 La dimérisation du radical triphényl-méthyl Ph_3C^+ correspond à la réaction A $\rightleftharpoons$ 2B. Les constantes directe et inverse mesurées sont $k_{\text{dir}} = 0.406\ell\,\text{mol}^{-1}\,\text{s}^{-1}$ et $k_{\text{inv}} = 3.83 \times 10^2 \ell\,\text{mol}^{-1}\,\text{s}^{-1}$. On suppose que la réaction consiste en une seule étape élémentaire. À $t = 0$ la concentration initiale de A et B est $[A]_0 = 0.041$ mol/ℓ et $[B]_0 = 0.015$ mol/ℓ.

(a) Quelles sont les vitesses de réaction directe et inverse à $t = 0$?

(b) Quelle est la vitesse globale de la réaction à $t = 0$?

(c) Si $\xi_{\text{éq}}$ est l'avancement de la réaction à l'équilibre ($\xi = 0$ à $t = 0$), écrire les concentrations d'équilibre de A et B en termes de $[A]_0$, $[B]_0$ et $\xi_{\text{éq}}$.

(d) Calculer la valeur de $\xi_{\text{éq}}$ (utiliser Maple ou Mathematica), et donner les concentrations d'équilibre de $[A]$ et $[B]$.

Exercice 9.5 (a) Écrire les équations cinétiques pour X $+$ Y $\rightleftharpoons$ 2Z.   (b) De même pour ξ.   (c) Lorsque le système atteint l'équilibre thermique, $\xi = \xi_{\text{éq}}$. Si $[X]_0$, $[Y]_0$ et $[Z]_0$ sont les concentrations initiales, donner les concentrations d'équilibre en termes de concentrations initiales et de $\xi_{\text{éq}}$.

Exercice 9.6 La désintégration radioactive est une réaction du premier ordre. Si N est le nombre de noyaux radioactifs à un moment donné, $dN/dt = -kN$. Le ^{14}C est radioactif avec une demi-vie de 5730 années. Quelle est la valeur de k ?

Exercice 9.7 La stridulation des criquets varie avec la température. Un graphique en fonction de $(1/T)$ montre qu'elle est bien décrite par la loi d'Arrhenius (cf. K.J. Laidler, *J. Chem. Ed.* **49** (1972), 343). Comment expliquer cette observation ?

Exercice 9.8 Lorsque le CO_2 se dissout dans l'eau, il produit de l'acide carbonique H_2CO_3 (c'est pourquoi la pluie est un peu acide). À 25°C, la constante d'équilibre K_a de la réaction $H_2CO_3 \rightleftharpoons HCO_3^- + H^+$ correspond à $pK_a = 6.63$. L'enthalpie de cette réaction $\Delta H_{\text{réaction}} = 7.66$ kJ mol^{-1}. Calculer le pH à 25°C et à 35°C.

Exercice 9.9 Donner les constantes d'équilibre pour les réactions suivantes à $T = 298.15$ K, en consultant les tables pour $\mu_0(p_0, T_0) = \Delta G_f^0$

(i) $2\,NO_2(g) \rightleftharpoons N_2O_4(g)$

(ii) $2\,CO(g) + O_2(g) \rightleftharpoons 2\,CO_2(g)$

(iii) $N_2(g) + O_2(g) \rightleftharpoons 2\,NO(g)$.

Exercice 9.10 Pour une réaction de la forme $aX + bY \rightleftharpoons cZ$, montrer que les constantes d'équilibre K_c et K_p sont reliées par $Kc = (RT)^\alpha K_p$ où $\alpha = a + b - c$.

Exercice 9.11 Considérons la réaction de $N_2(g)$ avec $H_2(g)$: $N_2(g) + 3H_2(g) \rightleftharpoons 2NH_3(g)$

(i) Calculer la constante d'équilibre de cette réaction à 25°C à l'aide des tables thermodynamiques.

(ii) En supposant que l'enthalpie de réaction $\Delta H_{\text{réaction}}$ ne varie que peu, utiliser l'équation de van't Hoff pour obtenir $\Delta G_{\text{réaction}}$ et la constante d'équilibre à 400°C .

Exercice 9.12 Le gaz 2-butène a deux formes isomères dites *cis* et *trans*. Pour la réaction *cis*-2-butène $\rightleftharpoons$ *trans*-2-butène, $\Delta G^0_{\text{réaction}} = -2.41$ kJ/mol. Calculer la constante d'équilibre de cette réaction à $T = 298.15$ K. Si la quantité totale de butène est de 2.5 mol, et en supposant l'équation des gaz parfaits, déterminer le nombre de moles de chaque isomère.

Exercice 9.13 L'introduction d'un catalyseur modifie-t-elle l'affinité d'une réaction ?

Exercice 9.14 Exprimer la production d'entropie de la réaction X + 2Y $\rightleftharpoons$ 2Z en termes des vitesses directe et inverse à l'aide de la relation (9.5.11).

Exemple 10.1 On utilise la formule barométrique pour estimer la pression à l'altitude de 3 km. La température de l'atmosphère n'est pas uniforme, et n'est donc pas en équilibre. On suppose une température moyenne $T = 270$ K.

La formule $p(h) = p(0) \exp\left(-gMh/RT\right)$ donne la pression à l'altitude h. Puisque 78% de l'atmosphère est fait de N_2, nous utiliserons la masse molaire de N_2 pour M_k. La pression à l'altitude de 3 km sera

$$p(3 \text{ km}) = 1 \text{ atm} \exp\left[-\frac{(9.8\text{ms}^{-2})(28 \times 10^{-3}\text{kg mol}^{-1})\, 3 \times 10^3\text{m}}{(8.3141\text{JK}^{-1}\text{mol}^{-1})(270 \text{ K})}\right]$$

$$= 1 \text{ atm} \exp[-0.366] = 0.69 \text{ atm.}$$

Exemple 10.2 On calcule le potentiel de membrane pour la situation décrite sur la figure 10.4. La différence en volts de part et d'autre de la membrane est

$$V = \phi^\alpha - \phi^\beta = \frac{RT}{F} \ln \frac{1}{0.1} = 0.0257 \ln(10) = 0.0592\text{V.}$$

Exemple 10.3 On calcule le potentiel de cellule pour la cellule montrée sur la figure 10.6, ainsi que la constante d'équilibre pour la réaction

$$\text{Zn(s)} + 2\text{H}^+ \rightarrow \text{H}_2(\text{g}) + \text{Zn}^{2+}.$$

Pour les deux réactions aux électrodes, nous avons

$$2\text{H}^+ + 2\text{e}^- \rightarrow \text{H}_2(\text{g}) \qquad (V = 0);$$

$$\text{Zn(s)} \rightarrow \text{Zn}^{2+} + 2\text{e}^- \qquad (V = +0.763);$$

Le potentiel total de cellule est $V = 0 + 0.763\ V = 0.763\ V$. La constante d'équilibre est

$$K = \exp \frac{2FV_0}{RT} = \exp\left[\frac{2 \times 9.648 \times 10^4 \times 0.763}{8.314 \times 298.15}\right] = 6.215 \times 10^{25}.$$

Exercice 10.1 Utiliser le potentiel chimique d'un gaz parfait dans (10.1.9) et dériver la formule barométrique (10.1.10). Estimer le point d'ébullition de l'eau à l'altitude de 2.5 km. On suppose une température moyenne $T = 270$ K.

Exercice 10.2 Un radiateur électrique est branché sur un courant à un voltage de 220 V, et consomme un courant de 2 amp. Si sa température est 200°C, quel est le taux de production d'entropie due à ce radiateur ?

Exercice 10.3 Utiliser les potentiels standards de la table 10.1 pour calculer les constantes d'équilibre à $T = 25°C$ pour les réactions électrochimiques

(i) $Cl_2(g) + 2\,Li(s) \rightarrow 2\,Li^+ + 2\,Cl^-$

(ii) $Cd(s) + Cu^{2+} \rightarrow Cd^{2+} + Cu(s)$

(iii) $2\,Ag(s) + Cl_2(g) \rightarrow 2\,Ag^+ + 2\,Cl^-$

Exercice 10.4 Supposons que la réaction $Ag(s) + Fe^{3+} + Br^- \rightarrow AgBr(s) + Fe^{2+}$ ne soit pas en équilibre. Elle produit une force électromotrice. Les réactions de demi-cellule qui correspondent à l'oxydation et à la réduction de cette cellule sont

$Ag(s) + Br^- \rightarrow AgBr(s) + e^- (V_0 = -0.071\ V)$

$Fe3+ + e- \rightarrow Fe2+ (V_0 = 0.771\ V)$

(a) Calculer V_0 pour cette réaction.

(b) Quelle est la force électromotrice pour les activités suivantes à $T = 298.15\ K$:

$a_{Fe^{3+}} = 0.98$; $a_{Br^-} = 0.3$; $a_{Fe^{2+}} = 0.01$?

(c) Quelle sera la force électromotrice à $T = 0.0°C$?

Exercice 10.5 La concentration d'ions K^+ est beaucoup plus élevée dans une cellule nerveuse qu'à l'extérieur de la cellule. La différence de potentiel de membrane mesurée est 70 mV. Supposant que le système est à l'équilibre, donner le taux de concentration des K^+ à l'extérieur et à l'intérieur de la cellule.

Exercice 10.6 Vérifier que

$$n(x, t) = \frac{n(0)}{2\sqrt{\pi Dt}}\ \exp\left[\frac{-x^2}{4Dt}\right]$$

est la solution de l'équation de diffusion (10.3.11). À l'aide de Mathematica ou de Maple, dessiner cette solution (à diverses valeurs de t) pour l'un des gaz de la table 10.2 (on suppose $n(0) = 1$). Donner la distance parcourue par une molécule en un temps t, connaissant le coefficient de diffusion D.

Exercice 10.7 Calculer le courant de diffusion qui correspond à la distribution barométrique.

Exercice 10.8 En utilisant la relation (10.4.9) $a(\theta) = n(\theta)/n_{\text{total}}$ pour l'orientation du dipôle, obtenir l'expression (10.4.10). Donner une expression explicite pour la fonction $F(T)$ en termes de μ_0 et de C.

Exercice 10.9 Le moment de dipôle électrique de l'eau est $6.14 \times 10^{-30} C_m$. Dans un champ électrique de 10 V/m, trouver la proportion de molécules dont l'orientation par rapport au champ est dans la gamme $10° < \theta < 20°$ pour $T = 298\ K$.

Exemple 11.1 À l'aide de l'équation d'état, on calcule la densité d'énergie, la pression d'un rayonnement thermique à 6000 K (proche de la température du rayonnement solaire), et la pression pour une température $T = 10^7 K$.

La densité d'énergie est donnée par la loi de Stefan-Boltzmann $u = \beta T^4$ où $\beta = 7.56 \times 10^{-16} Jm^{-3}K^{-4}$ (11.2.6). La densité d'énergie est donc (à 6000 K)

$u(6000\ K) = 7.56 \times 10^{-16} Jm^{-3}K^{-4}(6000K)^4 = 0.98 Jm^{-3}$

La pression due au rayonnement thermique est donnée par

$$p = u/3 = (0.98/3)\text{Jm}^{-3} = 0.33\text{Pa} \approx 3 \times 10^{-6}\text{atm}.$$

À $T = 10^7$ K, la densité d'énergie et la pression sont

$$u(10^7\text{K}) = 7.56 \times 10^{-16}\text{Jm}^{-3}\text{K}^{-4}(10^7\text{K})^4 = 7.56 \times 10^{12}\text{Jm}^{-3}$$

$$p = u/3 = 2.52 \times 10^{12}\text{Pa} = 2.5 \times 10^7\text{atm}.$$

Exercice 11.1 Utiliser (11.2.1) et (11.2.2) dans l'équation de Helmholtz (11.2.4) pour obtenir (11.2.5).

Exercice 11.2 À l'aide de la formule de Planck (11.1.3) pour $u(\nu, T)$ dans (11.1.4), établir la loi de Stefan-Boltzmann (11.2.6) et trouver une expression de la constante de Stefan-Boltzmann β.

Exercice 11.3 Montrer que (11.3.5) découle de (11.3.4).

Exercice 11.4 Durant la phase primordiale de son évolution, l'univers était empli de rayonnement thermique à très haute température. Pendant la phase d'expansion adiabatique, la température du rayonnement diminue. À partir de la valeur actuelle de $T = 2.8$ K, donner le rapport du volume présent de l'univers à son volume lorsque $T = 10^{10}$K.

Exercice 11.5 Donner la distribution de l'énergie de Planck $u(\nu)$ pour $T = 6000$ K. $\lambda_{\max} = 483$ nm pour le rayonnement thermique solaire. Que sera la valeur de $\lambda_{\max}$ si la température de la surface du soleil est de 10000 K ?

Exercice 11.6 Exprimer la formule de Planck (11.1.3) en fonction de la longueur d'onde λ au lieu de la fréquence ν.

Exercice 11.7 On suppose que la température moyenne sur la surface terrestre est de 288 K. Estimer le montant de l'énergie rayonnée sous forme de rayonnement thermique. Si l'énergie totale de la terre est quasi constante, le rayonnement solaire absorbé doit égaler le rayonnement renvoyé par la terre. On suppose que la température de ce rayonnement est de 6000 K. Estimer la production totale d'entropie sur la surface terrestre.

Exercice 12.1 Pour un gaz parfait en équilibre à la température de 300 K, calculer la variation de l'entropie due à une fluctuation de $\delta T = 1.0 \times 10^{-3}$ K dans un volume $V = 1.0 \times 10^{-6}\text{m}\ell$.

Exercice 12.2 On demande d'établir les expressions (12.3.1) et (12.3.2) des variations du premier et du second ordre pour l'entropie dues aux fluctuations de volume à N constant.

Exercice 12.3 Expliquer la signification physique de la condition (12.4.4) pour la stabilité par rapport à un processus de réaction chimique.

Exercice 12.4 On suppose que la variation du nombre de moles est due à une réaction chimique ; obtenir l'expression (12.4.5) à partir de l'expression (12.4.9). Cette condition peut être utilisée pour dériver le principe de Le Châtelier-Braun (4.3).

Exercice 13.1 Utiliser l'équation de Gibbs-Duhem avec p et T constants, $\sum_k N_k d\mu_k = 0$, et $\left(\partial\mu_k/\partial N_i\right) = \left(\partial\mu_i/\partial N_k\right)_{p,T}$. Utiliser $d\mu_k = \sum_i \left(\partial\mu_k/\partial N_i\right)_{p,T} dN_i$ pour montrer que

$$\sum_i \left(\frac{\partial\mu_k}{\partial N_i}\right)_{p,T} N_i = 0.$$

Le déterminant de la matrice des éléments μ_{ki} (cf. 13.2.3) est donc nul, et l'une des valeurs propres de la matrice (13.2.5) est nulle.

Exercice 13.2 Montrer que si la matrice 2×2 (13.2.5) a une valeur propre négative, l'inégalité (13.2.2) peut être violée.

Exercice 13.3 Montrer que si la matrice (13.2.5) a des valeurs propres positives, $\mu_{11} > 0$ et $\mu_{22} > 0$.

Exercice 13.4 Dans une solution binaire, en supposant que les deux phases sont symétriques (c'est-à-dire que la fraction molaire dominante est la même des deux côtés), obtenir la courbe de coexistence en égalant les potentiels des deux phases.

Exercice 13.5 Utiliser (13.2.7) et (13.2.9) pour montrer que la condition conduit à l'équation (13.2.10).

Exercice 13.6 Dans une transformation d'équilibre, établir (13.3.4) en posant $\mathcal{A} = 0$ durant le processus.

Exercice 14.1 Étudier la variation de $\delta^2 F$ pour trouver la condition de stabilité par rapport aux fluctuations thermiques, N_k et V étant constants.

Exercice 14.2 Établir l'expression (14.2.5) pour un système idéal dans lequel $\mu_k = \mu_{k_0}(T) + RT \ln x_k$.

Exercice 14.3 (a) Évaluer la constante de normalisation Z pour (14.2.6).

(b) Calculer la probabilité $P(\delta T)$ des fluctuations de la variable δT.

(c) Calculer ensuite les valeurs moyennes du carré de ces fluctuations en intégrant l'expression $\int_{-\infty}^{+\infty} (\delta T)^2 P(\delta T) d(\delta T)$.

Exercice 14.4 Utiliser l'expression (14.2.11) pour obtenir (14.2.17).

Exercice 14.5 On considère un gaz parfait à température donnée et $p = 1$ atm. On suppose que ce gaz a deux composants A et B en équilibre avec $A \rightleftharpoons B$. Dans un petit volume dV, calculer le nombre des molécules qui devraient être converties de A en B pour modifier l'entropie de k_B.

Exercice 15.1 On suppose que la relation de Gibbs (4.4.11) $dU = TdS - pdV + \sum_k \mu_k dN_k$ est valable pour un petit élément de volume dV. Établir la validité de la relation $TdSs = du - \sum_k \mu_k dn_k$. Ici comme ailleurs $s = (S/V)$, $u = (U/V)$ et $n_k = (Nk/V)$.

Exercice 15.2 (a) Montrer $\left(\text{avec } s_k = \left(\partial s/\partial n_k\right)_T\right)$ que

$$u_k \equiv \left(\frac{\partial u}{\partial n_k}\right)_T = \mu_k + Ts_k = \mu_k - T\left(\frac{\partial \mu}{\partial T}\right)_{n_k}$$

Exercice 15.3 À l'aide du principe de conservation de l'énergie (15.4.3) et de l'équation de bilan de concentrations (15.3.10), montrer que le courant défini par (15.4.11) satisfait l'équation de conservation de l'énergie (15.4.8).

Exercice 15.4 Obtenir (15.4.18) et (15.4.19) à partir de (15.4.16) et de (15.4.17).

Exercice 15.5 Obtenir (A15.1.10a) et (A15.1.10b) à partir de (15.5.12).

Exercice 16.1 Vérifier que les relations (6.1.9) doivent être satisfaites pour une matrice 2×2 définie positive.

Exercice 16.2 Imaginer des exemples d'application de l'égalité (16.2.11). Existe-t-il des exemples où cette égalité ne s'applique pas ?

Exercice 16.3 Évaluer le *courant de diffusion croisée* d'un composant dû au gradient d'un autre composant. Utiliser les données de la table 16.2.

Exercice 16.4 Obtenir (6.4.7) à partir de (6.4.1) et de (6.4.5).

Exercice 16.5 Montrer que la production d'entropie pour la diffusion dans un système ternaire est donnée par (16.4.16).

Exercice 16.6 Pour la diffusion dans un système ternaire, montrer que les coefficients phénoménologiques sont donnés par les relations (16.4.24)-(16.4.27) (utiliser Mathematica ou Maple).

Exercice 16.7 Pour la diffusion dans un système ternaire, écrire les équations (16.4.17)-(16.4.27) en notation matricielle.

Exercice 16.8 Reprendre l'une des réactions décrites dans le chapitre 10, et discuter les conditions sous lesquelles les lois linéaires peuvent s'appliquer.

Exercice 16.9 Utiliser (16.5.27), (16.5.28) et (16.5.30) pour obtenir la relation (16.5.31).

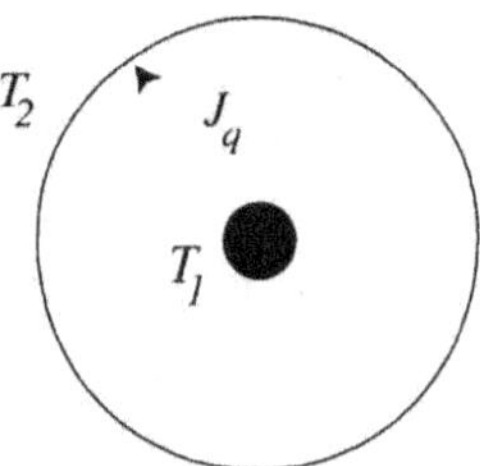

Exercice 17.1 a) Utiliser la loi de Fourier pour établir l'équation différentielle de la conduction de la chaleur.

b) Montrer que dans un système 1–dimensionnel l'état stationnaire du système correspond à une distribution linéaire de température.

c) Dans les planètes, le noyau est plus chaud que la surface. Considérer une sphère de rayon R dont le noyau de rayon R_1 est à une température plus chaude T_1, tandis que la surface est à une température plus froide (voir dessin). Utiliser la loi de Fourier pour donner la distribution stationnaire de $T(r)$ et le flux de chaleur J_q en fonction de la distance radiale r. On notera que la conductivité thermique de la terre ne peut rendre compte du flux de chaleur mesuré à la surface de la terre. Le transport de chaleur est donc sans doute dû aussi à des processus convectifs à l'intérieur de la Terre.

Exercice 17.2 (a) Utiliser la relation $s_\mathrm{m} = S_\mathrm{mo} + c_V \ln T$ pour l'entropie molaire d'un système. Exprimer l'entropie totale du système de la figure 17.1 en se donnant la densité ϱ, dont on supposera qu'elle ne varie pas avec T.

(b) Supposer que le système est soustrait à l'influence des réservoirs de chaleur et isolé. (i) Quelle sera la température finale du système lorsqu'il atteindra l'équilibre ? (ii) Quelle est l'entropie finale du système ? (iii) Quel sera l'accroissement de l'entropie comparé à l'état initial de non-équilibre ?

Exercice 17.3 Écrire un programme Mathematica pour la réaction (17.2.20) ; étudier la relaxation de [X] et la production d'entropie σ à sa valeur stationnaire.

Exercice 17.4 Considérons la série de réactions (17.1.20) ; montrer que l'état stationnaire d'équilibre est donné par (17.1.21).

Exercice 17.5 Soit une capacité idéale C mise en série avec une inductance L. Le voltage aux bornes de la capacité est $V_C = -Q/C$, et aux bornes de l'inductance $V_L = -L dI/dt$. Dans ce circuit idéal, la somme des deux voltages doit être nulle. Écrire une équation différentielle pour Q et montrer que la grandeur $(LI^2/2) + (Q^2/2C)$ est constante dans le temps (c'est une forme de la conservation de l'énergie). Montrer que si on ajoute une résistance R au circuit, l'équation $dU/dt = -V_R I$ conduit à l'équation bien connue $Ld^2Q/dt + RdQ/dt + Q/C = 0$.

Exercice 17.6 Utiliser les équations (17.1.28) et (17.1.29) pour obtenir la variation temporelle de $I(t)$ et $Q(t)$ dans un système capacité-inductance. Utiliser ces expressions dans (17.1.25) et (17.1.26) pour obtenir la production d'entropie à tout instant t en supposant un courant initial I_0 et une charge initiale Q_0.

Exercice 17.7 Établir le théorème de production minimum d'entropie dans le cas d'un nombre arbitraire de forces thermodynamiques, dont les unes se verront assigner des valeurs données tandis que les autres demeurent libres.

Exercice 17.8 Dans la réaction (17.2.6), montrer que la production d'entropie par unité de volume est (17.2.18). Montrer que la production d'entropie atteint une valeur minimum sous la condition (17.2.19).

Exercice 18.1 Calculer les affinités des réactions pour diverses valeurs de concentration. Comparer les résultats à RT, pour $T = 298$ K. Déterminer les valeurs pour lesquelles le système est dans le régime linéaire.

(i) Racémisation : L $\rightleftharpoons$ D, où L et D sont des énantiomères.

(ii) $N_2O_4(g) \rightleftharpoons 2N\,O_2(g)$ (utiliser les pressions partielles).

Exercice 18.2 (a) Quels sont les faits qui montrent que l'atmosphère terrestre n'est pas à l'équilibre thermodynamique ?

(b) Chercher les données utiles pour décider si les atmosphères de Vénus et Mars sont à l'équilibre chimique.

Exercice 18.3 Vérifier la propriété générale $d_F P \leq 0$ pour la réaction chimique A $\rightleftharpoons$ B (en système fermé et ouvert).

Exercice 18.4 (a) Établir l'inégalité (18.3.11) pour une perturbation $\delta[B]$ des états stationnaires de la réaction (18.3.9).

(b) Donner la production d'entropie d'excès (18.3.13) relative à une perturbation $\delta[X]$ des états stationnaires de la réaction (18.3.12).

Exercice 18.5 Donner la production d'entropie d'excès et analyser la stabilité des états stationnaires des réactions suivantes :

(a) W $\rightleftharpoons$ X $\rightleftharpoons$ Z, où les concentrations de W et de Z sont maintenues à des valeurs de non-équilibre.

(b) W + X $\rightleftharpoons$ 2X, X $\rightleftharpoons$ Z ; ici aussi les concentrations de W et de Z sont maintenues à des valeurs de non-équilibre.

Exercice 18.6 Montrer que les états stationnaires de (18.4.10) et de (18.4.11) sont donnés par (18.4.12).

Exercice 18.7 Soit l'équation polynomiale $x^n + A_1 x^{n-1} + A_2 x^{n-2} \ldots + A_n$. Montrer que l'on a $A_1 = -\sum_i \lambda_i$ et $A_n = (-1)^n \prod_i \lambda_i$, où les λ_i sont les racines.

Exercice 18.8 Appliquer la théorie linéaire de la stabilité aux équations suivantes. Donner les états stationnaires et analyser leur stabilité en fonction du paramètre λ.

(i) $\dot{x} = -Ax^3 + C\lambda x$;

(ii) $\dot{x} = -Ax^3 + Bx^2 + C\lambda x$;

(iii) $\dot{x} = \lambda x - 2xy$; $\dot{y} = -y + xy$;

(iv) $\dot{x} = -5x + 6y + x^2 - 3xy + 2y^2$; $\dot{y} = \lambda x - 14y + 2x^2 - 5xy + 4y^2$.

Exercice 19.1 Analyser la stabilité des solutions $\alpha = 0$ et $\alpha = \pm\lambda$ pour l'équation (19.2.1) ; montrer explicitement que pour $\lambda > 0$ la solution $\alpha = 0$ devient instable tandis que les solutions sont stables.

Exercice 19.2 Appliquer le principe du bilan détaillé au schème réactionnel (19.3.1) - (19.3.5). Vérifier que les concentrations de X_L et X_D sont égales à l'équilibre.

Exercice 19.3 Utiliser les variables $alpha$, β et λ définies dans (19.3.8), et vérifier que les équations (19.3.9) et (19.3.10) sont identiques à (19.3.6) et (19.3.7).

Exercice 19.4 Montrer que (19.4.7) donne les états stationnaires du Brusselator (19.4.5) et (19.4.6).

Exercice 19.5 (a) Utiliser les variables suivantes sans dimension définies

$$x = \frac{[X]}{X_0} \qquad y = \frac{[Y]}{Y_0} \qquad z = \frac{[Z]}{Z_0} \qquad \tau = \frac{t}{T_0}$$

où

$$X_0 = \frac{k_2[A]}{2k_4} \qquad Y_0 = \frac{k_2[A]}{k_3} \qquad Z_0 = \frac{(k_2[A])^2}{k_4 k_5[B]} \qquad T_0 = \frac{1}{k_5[B]}$$

et montrer que les équations cinétiques (19.4.16)-(19.4.18) peuvent s'écrire sous la forme (Tyson 1982) ; déterminer les états stationnaires.

$$\epsilon\frac{dx}{d\tau} = qy - xy + x(1 - x)$$

$$\epsilon'\frac{dy}{d\tau} = -qy - xy + fz$$

$$\frac{dz}{d\tau} = x - y$$

où on a pris

$$\epsilon = \frac{k_5[B]}{k_2[A]} \qquad \epsilon' = \frac{k_5 k_4[B]}{k_3 k_2[A]} \qquad q = \frac{2k_1 k_4}{k_3 k_2}.$$

Exercice 19.6 Utiliser le programme Mathematica de l'appendice 19.1 et déterminer le domaine du paramètre f pour lequel des oscillations apparaissent. Représenter la relation entre la période des oscillations et la valeur de f.

Exercice 19.7 Montrer que le minimum de (19.5.14) est atteint pour les valeurs données en (19.5.15).

NOTES

CHAPITRE 1

1. Prigogine, I., et Stengers I., *La nouvelle alliance* ; Cardwell D. S. L., *From Watt to Clausius. The Rise of Thermodynamics in the Early Industrial Age* ; Fox, R. "The challenge of a new technology : theorists and the high-pressure steam engine before 1824", in *Actes du colloque : Sadi Carnot et l'essor de la thermodynamique*, p. 149-167.

2. Mach, E., *Prinzipien der Wärmelehre* ; voir Hoffmann, D., und Laitko, H., *Ernst Mach. Studien und Dokumente zu Leben und Werk.*

3. Conant, J. B., ed. *Harvard Case Histories in Experimental Science* 1, 1957.

4. Mason, S. F., *A History of the Sciences* ; McKie, D. and Robinson, E., eds., *Partners in science : letters of James Watt and Joseph Black.*

5. Segrè, E., *From Falling Bodies to Radio Waves.*

6. Planck, M., *Treatise on Thermodynamics.*

7. Avogadro, A. *Journal de Physique*, **73**, 1811, p. 58-76 ; on se souvient que l'hypothèse d'Avogadro prend place dans la discussion sur la composition de la matière en molécules et sur les proportions définies dans les réactions. Comme le dit Fr. Dagognet (1968), « Pour comprendre le monde, l'ordonner et le refléter dans un discours qui le livre, il suffit de le fractionner et de ressaisir l'alphabet avec lequel il a été composé » : c'est la vieille idée des *stoicheia.*

CHAPITRE 2

1. Kuhn, T., *The Essential Tension.*

2. Steffens, H. J., *James Prescott Joule and the Concept of Energy.*

3. Prigogine, I., et I. Stengers, *La nouvelle alliance.*

4. Dornberg, J., "Count Rumford : the most successful Yank abroad, ever".

5. Segrè, E., *From Falling Bodies to Radio Waves.*

6. Mach, E., *Prinzipien der Wärmelehre.*

7. Weinberg, S., *The First Three Minutes.*

8. Mason, S. F., *A History of the Sciences.*

9. Leicester, H. M., "Germain Henri Hess and the Foundations of Thermochemistry".

10. Davis, T. W., *J. Chem. Ed.*, 1951, **28** : p. 584-585.

11. Leicester, H. M., *The Historical Background of Chemistry.*

12. *The National Bureau of Standards Tables of Chemical Thermodynamic Properties*, 1982.

13. Atkins, P. W., *Physical Chemistry.*

14. De Donder, Th., *Leçons de Thermodynamique et de Chimie-Physique.*

15. De Donder, Th., and Van Rysselberghe P., *Affinity.*

16. Prigogine, I., and Defay, R., *Chemical Thermodynamics.*

17. Mason, S. F., *Chemical Evolution.*

18. *Physics Today*, Dec. 1995, p. 17-19.

CHAPITRE 3

1. Carnot, S., *Réflexions sur la puissance motrice du feu*. On consultera aussi Mendoza, E., ed., *Reflections on the Motive Force of Fire by Sadi Carnot and other Papers on the Second Law of Thermodynamics by É. Clapeyron and R. Clausius*; Payen, J., *Capital et machine à vapeur au XVIIIe siècle. Les frères Périer et l'introduction en France de la machine à vapeur de Watt*; et Fox, R., "The fire piston and its origin in Europe".

2. Kastler, A. "L'Œuvre Posthume de Sadi Carnot", in *Actes du Colloque : Sadi Carnot et l'essor de la Thermodynamique*.

3. Segrè, E., *From Falling Bodies to Radio Waves*.

4. Clausius, R., "Über verschiedene für die Anwendung bequeme Formen der Hauptglei-chungen der mechanischen Wärmetheorie", *Annalen der Physik und Chemie*, **125**, 1865, 353; *Abhandlungen über die mechanische Wärmetheorie*; on doit à Clausius l'expression fameuse *die Art der Bewegung welche wir Wärme nennen*, « cette forme du mouvement que nous appelons chaleur »; voir sa note "Über die bewegende Kraft der Wärme", qui fut éditée par Planck.

5. La relation $S = k_B \ln W$ est gravée sur la tombe de Boltzmann au Zentralfriedhof de Vienne — tout près de celles de Beethoven et Schubert. Le symbole W figure pour l'allemand *Wahrscheinlichkeit*, bien que la définition de ce nombre ne soit pas normée à l'unité (Glansdorff et Grecos 1981); nous suivons l'usage en notant Ω. Sur cette discussion, cf. Schrödinger, E., *Die Krise des Atombegriffes*, manuscrit de son *Antrittsrede* du 13 avril 1956 à l'*Auditorium maximum* de l'Université de Vienne (et les commentaires de Hans Kirchmayr lors de l'ouverture des *Schrödinger lectures* à Dublin le 6 décembre 1995; voir aussi Planck, M., *Treatise on Thermodynamics*, et Brush, S., *The Kind of Motion we call Heat : A History of the Kinetic Theory of Gases in the 19th century*.

6. Bridgman, P. W., *The Nature of Thermodynamics*.

7. Bertrand, J. L. F., *Thermodynamique*.

8. Duhem, P., *Energétique*.

9. Brouzeng, P., "Duhem's Contribution to the Development of Modern Thermodynamics".

10. Natanson, L., *Zsch. Physik. Chem.*, 1896. **21**: p. 193.

11. Lohr, E., *Math. Naturw. Kl.*, 1916. **339**.

12. Jaumann, G., *Math. Naturw. Klasse*, 1911., **120**, abt.2: p. 385.

13. Jaumann, G., *Math. Naturw. Kl.*, 1918, **95**: p. 461.

14. De Donder, Th., *Leçons de Thermodynamique et de Chimie-Physique*.

15. De Donder, Th., *L'Affinité*.

16. De Donder, Th. and Van Rysselberghe, P., *Affinity*.

17. Prigogine, I., *Étude thermodynamique des processus Irréversibles*.

18. Prigogine, I., *Introduction to Thermodynamics of Irreversible Processes*.

19. Prigogine, I., and Defay, R., *Chemical Thermodynamics*.

20. Alder, B.J. and Wainright, T., "Molecular Dynamics by Electronic Computers".

21. Nernst, W., *A New Heat Theorem*.

CHAPITRE 4

1. Leicester, H. M., *The Historical Background of Chemistry*.

2. De Donder, Th., *L'Affinité*.

3. De Donder, Th. and Van Rysselberghe, P., *Affinity*.

4. Gibbs, J. W., "On the equilibrium of heterogeneous substances".

5. Gibbs, J. W., "On the equilibrium of heterogeneous substances".

6. Gibbs, J. W., *The Scientific Papers of J. Willard Gibbs*, Vol.1 : *Thermodynamics*.

7. Gerhartl, F. J., *J. Chem. Ed.*, 1994. **71** : p. 539- 548.

8. Lewis, G. N. and Randall, M., *Thermodynamics and Free Energy of Chemical Substances*.

CHAPITRE 5

1. Feynman, R. P., *The Feynman Lectures on Physics*.

2. Seul, M. and Andelman, D., *Science*, 1995, **267** : p. 476-483.

3. Callen, H. B., *Thermodynamics*.

4. Defay, R., Prigogine, I., and Bellemans, A., *Surface Tension and Absorption*.

CHAPITRE 6

1. Prigogine, I., and Defay, R., *Chemical Thermodynamics*.

CHAPITRE 7

1. Stanley, H. E., *Introduction to Phase Transitions and Critical Phenomena*.

2. Ma, S.-K., *Modern Theory of Critical Phenomena*.

3. Pfeuty, P. and Toulouse, G., *Introduction to the Renormalization Group and Critical Phenomena*.

4. Prigogine, I., and Defay, R. *Chemical Thermodynamics*.

CHAPITRE 8

1. Laidler, K. J., *The World of Physical Chemistry*.

2. Prigogine, I., and Defay, R. *Chemical Thermodynamics*.

3. Prigogine I., *The Molecular Theory of Solutions*.

CHAPITRE 9

1. Weinberg, S., *The First Three Minutes*.

2. Taylor, R. J., *The Origin of the Chemical Elements*.

3. Norman, E. B., *J. Chem. Ed.*, 1994, **71** : p. 813-820.

4. Clayton, D. D., *Principles of Stellar Evolution and Nucleosynthesis*, 1983, Chicago : University of Chicago Press.

5. Laidler, K. J., *The World of Physical Chemistry*.

6. Laidler, K. J., *J. Chem. Ed.*, 1984, **61** : p. 494-498.

7. Prigogine, I., and Defay, R., *Chemical Thermodynamics*.

CHAPITRE 10

1. Guggenheim, E. A., *Modern Thermodynamics*.

2. Prigogine, I., and Mazur, P. *Physica*, 1953, **19** : p. 241.

CHAPITRE 11

1. Broda, E., *Ludwig Boltzmann, Mensch, Physiker und Philosoph*, 1986, Wien : Deuticke, 2e éd ; voir les commentaires de Planck, M., *Theory of Heat Radiation ; Treatise on Thermodynamics*.

2. Kondepudi, D. K., *Foundations of Phys*, (1987), **17**, p. 713-722.

CHAPITRE 12

1. Glansdorff, P., and Prigogine I., *Thermodynamics of Structure Stability and Fluctuations*.

2. Prigogine, I., and Defay, R., *Chemical Thermodynamics*.

3. Jouguet, E., « Notes de Mécanique Chimique », *Jour. École Polytech. de Paris*, 2e série, 1921, **21** : p. 61.

4. Duhem, P., *Traité élémentaire de Mécanique Chimique*.

CHAPITRE 13

1. Hildebrandt, J. M., Prausnitz, J.M., and Scott, R. L., *Regular and Related Solutions*, 1970, New York : Van Nostrand-Reinhold.

2. Van Ness, H. C., and Abbott, M. M., *Classical Thermodynamics of Nonelectrolyte Solutions*.

3. Prigogine, I., and Defay, R., *Chemical Thermodynamics*.

CHAPITRE 14

1. Gibbs, J. W., *The Scientific Papers of J. Willard Gibbs*, Vol.1 : *Thermodynamics*.

2. Callen, H. B., *Thermodynamics*.

3. Petrosky, T. and Prigogine, I., *Chaos, solitons and Fractals*, **7** (1996), 441-497.

CHAPITRE 15

1. Alder, B. J. and Wainright T., "Molecular Dynamics by Electronic Computers".

2. Prigogine, I., *Physica*, 1949, **15** : p. 272-284.

3. Prigogine, I., and Xhrouet, E., *Physica*, 1949, **15** : p. 913.

4. Prigogine, I., and Mahieu, M., *Physica*, 1950, **16** : p. 51.

5. Present, R. D., *J. Chem. Phys.*, 1959., **31** : p. 747.

6. Ross, J. and Mazur, P., *J. Chem. Phys.*, 1961, **35** : p. 19.

7. Baras, Fl. and Malek-Mansour, M., *Physica* A, 1992. **A188** : p. 253-276.

8. Jou, D. *et alii*, *Extended irreversible thermodynamics*.

9. Jou, D. *et alii*, *Extended irreversible thermodynamics*.

10. Müller, I. and Ruggeri, T., *Extended Thermodynamics*.

11. Salamon, P. and Sieniutycz, S., ed., *Extended Thermodynamic Systems*.

12. De Groot, S.R. and Mazur, P., *Non-Equilibrium Thermodynamics*.

13. Prigogine, I., *Étude Thermodynamique des Processus Irréversibles*.

CHAPITRE 16

1. Miller, D. G., *Chem. Rev.*, 1960, **60** : p. 15-37.

2. Thomson, W., *Proc. Roy. Soc.* (Edinburgh), 1854, **3** : p. 225.

3. Onsager, L., *Phys. Rev.*, 1931, **37** : p. 405-426.

4. Curie, P., « Sur la symétrie des phénomènes physiques ».

5. Prigogine, I., *Étude Thermodynamique des Processus Irréversibles*.

6. Sugawara, H., Nagata, K., and Goto, K., *Metall. Trans.* B., 1977, **8** : p. 605.

7. Spera, F. J. and Tria, A., *Science*, 1993. **259** : p. 204-206.

8. Kett, T. K. and Anderson, D. K., *J. Phys. Chem.*, 1969, **73** : p. 1268-1274.

9. Prigogine, I., *Introduction to Thermodynamics of Irreversible Processes*.

10. Jost, J., *Diffusion in Solids, Liquids and Gases*.

11. Jones, R. C. and Furry W. H., *Rev. Mod. Phys.*, 1946, **18** : p. 151-224. On consultera aussi Landsberg, P. T., *Nature*, 1972. **238** : p. 229-231. L'évolution temporelle de la concentration vers l'état stationnaire de thermodiffusion a été analysée par de Groot, S. R., *Physica*, **9** (1952),

699 ; l'état stationnaire de thermodiffusion en présence de réactions chimique a été analysé par Prigogine, I., and Buess, R., *Bull. Acad. Roy. Belg.*, Cl. Sc. **38** (1952) 711.

CHAPITRE 17

1. Prigogine, I., *Étude Thermodynamique des Processus Irréversibles.*

2. Prigogine, I., *Introduction to Thermodynamics of Irreversible Processes.*

3. Rayleigh, L., *Proc. Math. Soc. London*, 1873., **4**: p. 357-363.

4. Onsager, L., *Phys. Rev.*, 1931, **37**: p. 405-426.

5. Feynman, R. P., *The Feynman Lectures on Physics* (Vol. II, chapter 19, page 19-14).

6. Glansdorff, P. and Prigogine I., *Thermodynamics of Structure Stability and Fluctuations.*

CHAPITRE 18

1. Glansdorff, P. and Prigogine I., *Physica*, 1954, **20**: p. 773.

2. Prigogine, I., *Introduction to Thermodynamics of Irreversible Processes.*

3. Glansdorff, P. and Prigogine, I., *Thermodynamics of Structure Stability and Fluctuations.*

4. Minorski, N., *Nonlinear Oscillations.*

CHAPITRE 19

1. Prigogine, I., *From Being to Becoming.*

2. Prigogine, I., et Stengers I., *La nouvelle alliance.*

3. Prigogine, I., *Introduction to Thermodynamics of Irreversible Processes.*

4. Hegstrom, R. and Kondepudi, D. K., *Sci. Am.*, 1990. **262**, Jan.: p. 108-115; cf. Pasteur, L., *Leçons sur la dissymétrie moléculaire.*

5. Mason, S. F. and Tranter, G. E., *Chem. Phys. Lett.*, 1983, **94** (1): p. 34-37.

6. Hegstrom, R. A., Rein, D. W., and Sandars, P. G. H., *J. Chem. Phys.*, 1980. **73**: p. 2329-2341.

7. Frank, F. C., *Biochem. Biophys. Acta*, 1953, **11**: p. 459.

8. Kondepudi, D. K. and Nelson, G. W., *Physica*, 1984. **125A**: p. 465-496.

9. Kondepudi, D. K.,Kaufman, R. , and Singh, N. *Science*, 1990, **250**: p. 975-976.

10. Kondepudi, D. K., et al., *J. Am. Chem. Soc.*, 1993. **115**: p. 10211-10216.

11. Bonner, W. A., *Origins of Life*, 1992, **21**: p. 407-420.

12. Bonner, W. A., *Origins of Life*, 1991, **21**: p. 59-111.

13. Bouchiat, M.-A. and Pottier, L., *Science*, 1986, **234**: p. 1203-1210.

14. Mason, S. F. and Tranter, G. E., *Proc. R. Soc. Lond.*, 1985, **A 397**: p. 45-65.

15. Kondepudi, D. K. and Nelson, G. W., *Physica*, 1984, **125A**: p. 465-496.

16. Kondepudi, D. K. and Nelson, G. W., *Nature*, 1985, **314**: p. 438-441.

17. Hegstrom, R., *Nature*, 1985, **315**: p. 749.

18. Kondepudi, D. K., *BioSystems*, 1987. **20**: p. 75-83.

19. Cline, D. B., ed. *Physical Origin of Homochirality in Life* (AIP conference proceedings 379), 1996, American Institute of Physics: New York. *Biological Asymmetry and Handedness*, 1991. New York: Wiley.

20. Winfree, A. T., *J. Chem. Ed.*, 1984, **61**: p. 661-3.

21. Prigogine, I., and Lefever, R., *J. Chem. Phys.*, 1968. **48**: p. 1695-1700.

22. Belusov, B. P., *Sborn referat. radiat. Meditsin za 1958*; Zhabotinsky, A. M., *Biophysika*, 1964.

23. Field, R. J., Körös, E., and Noyes, R. M., *J. Am. Chem. Soc.*, 1972, *94*: p. 8649-64.

24. Field, R. J. and Burger, M., ed. *Oscillations and Traveling Waves in Chemical Systems*, 1985, New York : Wiley.

25. Gray, P. and Scott, K. S., *Chemical Oscillations and Instabilities*, 1990, Oxford : Clarendon Press.

26. Epstein, I. R. and Orban, M., "Halogen-Based oscillators in a flow reactor", in *Oscillations and traveling waves in chemical systems*, Field, R.J., and Burger, M. eds., 1985, New York : Wiley.

27. Epstein, I., et al., *Sci. Am.*, 1983, **248** : p. 112.

28. Epstein, I. R., *J. Chem. Ed.*, 1989, **69** : p. 191.

29. Goldbeter, A., *Biochemical oscillations and cellular rhythms*.

30. Turing, A., 1952.

31. Kapral, R. and Showalter K., ed. *Chemical Waves and Patterns*. 1994, New York : Kluwer.

32. Boissonade, J. and Dekepper, P., *J. Phys. Chem.*, 1980, **84**, 501-506.

33. Epstein, I. R. and Showalter, K., *J. Phys. Chem.*, 1996, **100**, 13132-13143.

34. Prigogine, I., Nicolis, Gr., and Babloyantz, A., *Physics Today*, 1972, **25**, 11, p. 23 and 12, p. 38.

35. Eigen, M., and Schuster, P., *The Hypercyle*.

36. Nicolis, Gr., and Prigogine, I., *Self-organization in nonequiliibrium systems*.

37. Küppers, B. O., *Molecular theory of evolution*, 1983, Berlin : Springer.

CHAPITRE 20

1. Mareschal, M., ed., Microscopic Approach to Complexity in Non-Equilibrium Molecular Simulations, *Physica* **A 240** (1997) ; Jou D., *Extended Irreversible Thermodynamics*.

2. Alder, B., and Wainwright, T., *Phys. Rev.* A1 (1970) **18**.

3. Résibois, P., and de Leener, M., *Classical Kinetic Theory of Fluids*.

4. Petrosky, T., and Prigogine, I., (à paraître).

5. Walgraef, D., *Spatio-Temporal Pattern Formation*.

6. Nicolis, Gr., et Prigogine, I., *À la recherche du complexe*.

7. Eigen, M., and Schuster, P., *The Hypercyle* ; Kaufman, St., *The Origin of Order* ; Goldbeter, A., *Biochemical oscillations and cellular rhythms* ; Theraulaz, G., Bonabeau, É., Deneubourg, J. L., La Recherche, 313, octobre 1998. 84-90 ; Theraulaz, G. et Spitz, F., Intelligence collective, 1994, Paris : Hermès ; Theraulaz, G., Goss, S., Bonabeau, E., Deneubourg, J.-L., *Pour la Science*, 198 (1994), pp. 90-95.

BIBLIOGRAPHIE

Actes du colloque : Sadi Carnot et l'essor de la thermodynamique, tenu à Paris, École polytechnique, 11-13 juin 1974, Paris : CNRS 1976.

Alder, B. J., and Wainright, T., "Molecular Dynamics by Electronic Computers", in *Transport Processes in Statistical Mechanics*, 1958, New York : Wiley.

Atkins, P. W., *Physical Chemistry*, 4th ed., 1990, New York : Freeman ; tr. fr. Gallet, F., *Chaleur et désordre : le deuxième principe de la thermodynamique*, 1987, Paris : Belin.

Avogadro, A. *Journal de Physique*, **73**, 1811, p. 58-76.

Baras, Fl., and Walgraef D., eds., *Nonequilibrium Chemical Dynamics : From Experiment to Microscopic Simulation* (*Physica* A (Special Issue), Vol.188). 1992, Amsterdam : North-Holland.

Belusov, B. P., *Sborn referat. radiat. Meditsin za 1958*, p. 145, Medgiz, Moskva 1959.

Berthelot, M., *Bull. Soc Chim. Paris*, XIX, 1873, p. 160 ; *Calorimétrie. Essai de mécanique chimique fondée sur la thermochimie*, Paris : Dunod, 1879.

Bertin, M., Faroux, J.-P., Renault, J., *Thermodynamique*, 1990, Paris : Dunod (3e éd).

Bertrand, J.-L. F., *Thermodynamique*, 1887, Paris : Gauthier-Villars.

Biebricher, C., Nicolis, Gr., and Schuster, P., *Self-Organization in the Physico-Chemical and Life Sciences*, Report on review studies for the Commission of the European Communities, DG XII, 1994 (Ref. PSS 0396).

Boltzmann, L., *Vorlesungen über Gastheorie*, Leipzig 1896-1898, 2 vols. ; tr. fr. *Leçons sur la théorie des gaz*, 2 t. en 1 vol., Gauthier-Villars, Paris, 1902-1905 ; repr., Sceaux : Gabay, 1987

Bridgman, P. W., *The Nature of Thermodynamics*, 1943, Cambridge, Mass. : Harvard University Press.

Broda, E., *Ludwig Boltzmann, Mensch, Physiker und Philosoph*, , 2e éd, 1986, Wien : Deuticke.

Brouzeng, P., *L'Œuvre scientifique de Pierre Duhem*, Thèse, Univ. de Bordeaux-I, 2 vols., 1981 ; « Duhem's Contribution to the Development of Modern Thermodynamics », contribution au recueil *Thermodynamics : History and Philosophy*, Martinás, K., Ropolyi, L., and Szegedi, P., eds., 1991, London, Singapore : World Scientific, p. 72-80.

Brunold, C., *L'Entropie*, 1930, Paris : Masson.

Brush, S., *The Kind of Motion we call Heat : A History of the Kinetic Theory of Gases in the 19th century*, 2 vols, 1976, Amsterdam : North Holland.

Cardwell, D. S. L., *Steam power in the 18th century*, 1963, London : Sheed and Ward ; « Power technologies and the advance of science, 1700-1825 », in *Technology and Culture*, **VI**, no 2, 1965 ; *From Watt to Clausius. The Rise of Thermodynamics in the Early Industrial Age*, 1971, Ithaca : Cornell University Press.

Carnot, S., *Réflexions sur la puissance motrice du feu*, édition critique par Fox, R., de la publication de 1824, avec introduction et commentaire, augmentée de documents d'archives et de divers manuscrits de Carnot, 1978, Paris : Vrin.

Callen, H. B., *Thermodynamics*, 2d ed., 1985, New York : Wiley.

Clausius, R., *Poggendorffs Ann*, **LXXIX**, pp. 368-500, 1850, **LXLIII**, p. 481, 1854 ; *Abhandlungen über die mechanische Wärmetheorie*, 3e éd., 1887, Vieweg ; tr. angl. *Mechanical Theory of Heat*, 1867, London : John van Voorst ; tr. fr. *Théorie mécanique de la chaleur*, 1868, Paris : Lacroix ; réimpr. Sceaux : Gabay, 1991 ; "Über die bewegende Kraft der Wärme" *Annalen der Physik und Chemie*, **79**, 1850, 368-97 et 500-24 ; cf. l'édition de Planck, M., 1921, Leipzig ; *Annalen der Physik und Chemie*, **125**, 1865, 353.

Conant, J. B., ed., *Harvard Case Histories in Experimental Science*, **1**, 1957, Cambridge, Mass. : Harvard University Press.

Costabel, P., « L'œuvre de Sadi Carnot, son contexte, ses suites », in *Actes du colloque : Sadi Carnot et l'essor de la thermodynamique*, p. 121-124.

Curie, P., « Sur la symétrie des phénomènes physiques », *Journal de physique*, 3e série, **III**, 1894.

Dagognet, Fr., « Sur Lavoisier », in *Cahiers pour l'analyse*, Paris, no 9, 1968.

De Donder, Th., *Lecons de Thermodynamique et de Chimie-Physique*, 1920, Paris : Gauthier-Villars ; *L'Affinité*, 1927, Paris : Gauthier-Villars ; *réédition* par Van Rysselberghe, P., 1936, Paris : Gauthier-Villars ; tr. angl., De Donder, Th., and Van Rysselberghe, P., *Affinity*, 1936, Menlo Park : Stanford University Press.

Defay, R., Prigogine, I., and Bellemans, A., *Surface Tension and Absorption*, 1966, New York : Wiley.

Denbigh, K., *The Principles of Chemical Equilibrium*, 1955, Cambridge, UK : Cambridge University Press.

de Groot, S. R., and Mazur, P., *Non-Equilibrium Thermodynamics*, 1969, Amsterdam : North Holland.

Dornberg, J., "Count Rumford : the most successful Yank abroad, ever". *Smithsonian*, 1994, December, p. 102-115.

Dugas, R., *La Théorie physique au sens de Boltzmann et ses prolongements modernes*, 1978, Neuchâtel : Griffon.

Duhem, P., *Traité élémentaire de Mécanique Chimique fondée sur la thermodynamique*, Paris : Hermann 1897. *Thermodynamique et chimie*, 1910 Paris : Hermann, 2e éd. augm. *Energétique*, 1911, Paris : Gauthier- Villars.

Eigen, M., and Schuster, P., *The Hypercyle, a principle of natural self-organization*, 1979, Berlin : Springer.

Everett, D. H., *An Introduction to the Study of Chemical Thermodynamics*, 1965, London : Longman & Green ; tr. fr. *Thermodynamique chimique*, 1965, Paris : Dunod.

Fermi, E., *Thermodynamics*, 1956, New York : Dover.

Feynman, R. P., Leighton, R. B., and Sands, M., *The Feynman Lectures on Physics*, (Vol. I, I and III). 1964, Reading, Mass: Addison-Wesley.

Field, R. J., and Burger, M., *Oscillations and Traveling Waves in Chemical Systems*, 1985, New York: Wiley.

Forland, K. S., *Irreversible thermodynamics: theory and applications*, 1988, New York: Wiley.

Fox, R., "The fire piston and its origin in Europe", *Technology and Culture*, **X** (1969), p. 355-370.

Gibbs, J. W., *The Scientific Papers of J. Willard Gibbs*, Vol.1: *Thermodynamics*, 1961, New York: Dover. "On the Equilibrium of Heterogeneous Substances", *Transactions of the Connecticut Academy*, vol. III, 1876-1878; tr. fr. par Le Châtelier, H. *Équilibre des systèmes chimiques*, 1889, Paris: Gauthier-Villars.

Gillispie, Ch. C., ed., *Dictionary of Scientific Biography*, 1970-1980, New York: Scribner.

Glansdorff, P., « From the Carnot-Clausius inequality to the dissipative structures », in *Proceedings 6th Conf. on Thermodynamics*, p. 73-82, 1980, Merseburg; « Irreversibility in macroscopic physics. From Carnot Cycle to dissipative structure », in *Foundations of Physics*, vol. XVII, no 7, 1987; *Non-Equilibrium Thermodynamics, Variational Techniques and Stability*, Chicago, University of Chicago Press; Glansdorff, P., et Prigogine, I., *Structure, stabilité et fluctuation*, 1971 Paris: Masson; tr. angl. *Thermodynamics of Structure Stability and Fluctuations*, 1971, New York: Wiley; Glansdorff, P., et Prigogine, I., « Thermodynamique, Lois fondamentales » Paris: *Encyclopædia Universalis*, Paris *s.v.*; Glansdorff, P., et Grecos, Al., « Entropie », in *Encyclopædia Universalis*, Paris, *s.v.*.

Goldbeter, A., *Rythmes et chaos dans les systèmes biochimiques et cellulaires*, 1990, Paris: Masson; *Biochemical oscillations and cellular rhythms: the molecular bases of periodic and chaotic behaviour*, 1996, Cambridge, UK: Cambridge University Press; Les bases moléculaires des rythmes biologiques, *Chimie nouvelle*,- **16**, 61, 3/1998, pp. 1871-1878.

Goldstein, M. and Goldstein, I., *The Refrigerator and the Universe*, Harvard University Press 1995.

Gray, P., and Scott, K. S., *Chemical Oscillations and Instabilities*, 1990, Oxford: Clarendon Press.

Guggenheim, E. A., *Modern Thermodynamics*, 1933, London: Methuen; tr. fr. Doukhan, J. C., *Thermodynamique*, 1965, Paris: Dunod.

Haase, R., *Thermodynamics of irreversible processes*, 1990, New York: Dover.

Hirn, G. A., *Exposition analytique et expérimentale de la théorie mécanique de la chaleur*, 1862.

Hoffmann, D., und Laitko, H., *Ernst Mach. Studien und Dokumente zu Leben und Werk*, Berlin: Akademie-Verlag 1991.

Jost, J., *Diffusion in Solids, Liquids and Gases*, 1960, New York: Academic Press.

Jou, D., Casas-Vázquez, J., Libon, G., *Extended irreversible thermodynamics*, 1996, Berlin: Springer.

Kapral, R., and Showalter, K., eds., *Chemical Waves and Patterns*, 1994, New York: Kluwer.

Katchalsky, A., *Nonequilibrium Thermodynamics and Biophysics*, 1965, Cambridge, Mass.: Harvard University Press.

Kauffman, St., *The Origin of Order: Self-Organization and Selection in Evolution*, 1993, Oxford: Oxford University Press.

Kuiken, G. D. C., *Thermodynamics of Irreversible Processes*, 1994, New York: Wiley.

Kuhn, Th., *The Essential Tension*, 1977, Chicago: University of Chicago Press.

Laidler, K. J., *The World of Physical Chemistry*, 1993, Oxford: Oxford University Press.

Lauzeral J., Halloy J., Golbeter A., *PNAS*, **94** (1997), pp. 9153-9158.

Leicester, H. M., "Germain Henri Hess and the Foundations of Thermochemistry", *J. Chem. Ed*, 1951. 28: p. 581-583; *The Historical Background of Chemistry*, 1971, New York: Dover.

Lewis, G. N., and Randall, M., *Thermodynamics and Free Energy of Chemical Substances*, 1923, New York: McGraw-Hill.

Ma, S.-K., *Modern Theory of Critical Phenomena*, 1976, New York: Addison-Wesley.

Mach, E., *Die Geschichte und die Würzel des Satzes von der Erhaltung der Arbeit*, Prague, 1872, 2e éd. 1909; tr. angl. *History and Root of the Principle of the Conservation of Energy*, 1911, Chicago: Open Court. *Prinzipien der Wärmelehre. Historisch-kritisch entwickelt*, 1896, Leipzig; tr. angl. *Principles of the Theory of Heat*, 1986, Boston: Reidel; tr. fr. Dufour, M., *La connaissance et l'erreur*, 1997, Paris: Vigdor.

Manneville, P., *Dissipative Structures and Weak Turbulence*, 1990, San Diego: Academic Press.

Mason, S. F., *A History of the Sciences*, 1962, New York: Collier Books; *Chemical Evolution*, 1991, Clarendon Press, Oxford.

McKie, D. and Robinson, E., eds., *Partners in science: letters of James Watt and Joseph Black*, 1970, London: Constable.

Mendoza, E., ed., *Reflections on the Motive Force of Fire by Sadi Carnot and other Papers on the Second Law of Thermodynamics by E. Clapeyron and R. Clausius*, 1977, Glouster: Peter Smith.

Miller, D. G., "Thermodynamics of Irreversible Processes". *Chem. Rev*, 1960. **60**: p. 15-37.

Minorski, N., *Nonlinear Oscillations*, 1962, Princeton: Van Nostrand.

Müller, I., and Ruggeri, T., *Extended Thermodynamics*, 1993, Berlin: Springer.

Nernst, W., *A New Heat Theorem*, New York: Dover.

Nickel, U., *Lehrbuch der Thermodynamik*, München: Carl Hanser 1995.

Nicolis Gr., and Prigogine I., *Self-organization in nonequilibrium systems*, 1977, New York: Wiley. *Exploring Complexity*, 1989, New York: Freeman; tr. fr. *À la recherche du complexe*, 1992, Paris: Presses universitaires de France.

Onsager, L., *Phys. Rev*, 1931, **37**: p. 405-426.

Pasteur, L. « Recherches sur le dimorphisme », *Annales de chimie et de physique*, 3e série, **23**, 1848, p. 267-294 ; « Mémoire sur la fermentation appelée lactique », *Annales de chimie et de physique*, **52**, troisième série, 404-418, 1858 ; *Leçons sur la dissymétrie moléculaire*, 1861, Paris.

Pauling, L., *The Nature of the Chemical Bond*, 1960, Ithaca : Cornell University Press.

Payen, J., *Capital et machine à vapeur au XVIIIe siècle. Les frères Périer et l'introduction en France de la machine à vapeur de Watt*, 1969, Den Haag : Mouton.

Pérez, J.-Ph., et Romulus, A.-M., *Thermodynamique : fondements et applications*, Paris : Masson 1993.

Pfeuty, P., and Toulouse, G., *Introduction to the Renormalization Group and Critical Phenomena*, 1977, New York : Wiley.

Pipard, A. B., *The Elements of Thermodynamics*, 1957, Cambridge, UK : Cambridge University Press.

Planck, M., *Vorlesungen über Thermodynamik* (1e édition 1897) ; tr. angl. *Treatise on Thermodynamics*, 3d ed., 1945, New York : Dover ; tr. fr. Chevassus, R., et Hermann, A., *Leçons de thermodynamique*, Paris, 1913 ; *Physikalische Abhandlungen und Vorträge*, 3 vol., Brunswick, 1958 ; *Wissenschaftliche Selbstbiographie*, 1948 ; tr. fr. George, A., *Autobiographie scientifique et derniers écrits*, Paris : Flammarion, 1991.

Poincaré, H., *Thermodynamique*, Paris : Gauthier-Villars, 1908.

Prigogine, I., *Étude Thermodynamique des Processus Irréversibles*, 1947, Liège : Desoer ; *The Molecular Theory of Solutions*, Amsterdam : North Holland 1957 ; *Introduction to Thermodynamics of Irreversible Processes*, 3e éd., 1968, New York : Wiley ; tr. fr. Chaunu, J., *Introduction à la thermodynamique des processus irréversibles*, 1968 : Paris : Dunod. *From Being to Becoming*, 1980, New York : Freeman ; tr. fr. Chaunu, J., *Physique, temps et devenir*, 1980 Paris : Masson. *La fin des certitudes*, 1996, Paris : Odile Jacob ; Prigogine, I., and Defay R., *Chemical Thermodynamics*, 4th ed., 1967, London : Longmans ; Prigogine, I., et Glansdorff P., « Débat autour de la thermodynamique », Paris : *Dictionnaire encyclopédique Quillet*, 1989-1990, Supplément ; « Entropie, structure et dynamique », in *Actes du colloque : Sadi Carnot et l'essor de la Thermodynamique* ; Prigogine, I., and Lefever R., *J. Chem. Phys.*, 1968. **48** : p. 1695-1700 ; *Adv. Chem. Phys.*, 1975, **29**, 1- 28 ; Prigogine, I., et Stengers I., *La nouvelle alliance*, Paris : Gallimard 1979 ; *Entre le temps et l'éternité*, 1992, Paris : Flammarion.

Rayleigh, L., *Proc. Math. Soc.*, London, 1873, **4** : p. 357-363.

Redondi, P. *L'accueil des idées de Sadi Carnot et la technologie française de 1820 à 1860*, Paris : Vrin 1980.

Résibois, P., and de Leener, M., *Classical Kinetic Theory of Fluids*, 1977, New York : Wiley.

Salamon, P., and Sieniutycz, S., eds., *Extended Thermodynamic Systems*, 1992, New York : Taylor and Francis.

Samohyl, I., *Thermodynamics of irreversible processes in fluid mixtures, approached by rational thermodynamics*, 1987, Leipzig : Teubner.

Segrè, E., *From Falling Bodies to Radio Waves*, 1984, New York : Freeman.

Smith, C. W., and Wise, M. N., *Energy and Empire : A Biographical Study of Lord Kelvin*, Cambridge, UK : Cambridge University Press, 1989

Stanley, H. E., *Introduction to Phase Transitions and Critical Phenomena*, 1971, Oxford, New York : Oxford University Press.

Steffens, H. J., *James Prescott Joule and the Concept of Energy*, 1979, New York : Science History Publications.

Stratonovich, R. L., « Nonlinear Nonequilibrium Thermodynamics », in *Synergetics*, Haken H., ed., 1992, Berlin : Springer.

Taylor, R. J., *The Origin of the Chemical Elements*, 1975, London : Wykeham Publications.

Thévenot, R., *Essai pour une histoire du froid artificiel dans le monde*, 1978, Paris : Inst. int. du froid.

Thomson, W., *Mathematical and Physical Papers*, vol. I, , 1882, Cambridge, UK : Cambridge University Press ; vol. II, *ibid.*, 1884 ; vol. III, 1890, MacMillan ; « On the economy of the heating and cooling of the buildings by means of currents of air », in *Phil. Soc. Proc. Glasgow*, **V**, 3, 1852 ; *Proc. Roy. Soc. Edinburgh*, 1854. 3 : p. 225.

Turing, A., *Philos. Trans. Roy. Soc.*, London, 1952, **B237** : p. 37.

Van Ness, H. C., and Abbott, M. M., *Classical Thermodynamics of Nonelectrolyte Solutions*, 1982, New York : McGraw-Hill.

Vidal, C., and Pacault A., eds., *Non-Linear Phenomena in Chemical Dynamics*, 1981, Berlin : Springer.

Vidal, C., Dewel G., et Borckmans P., *Au-delà de l'équilibre*, 1994, Paris : Hermann.

Volterra, V., *Théorie mathématique de la lutte pour la vie*, 1931, Paris : Gauthier-Villars.

Walgraef, D., *Spatio-Temporal Pattern Formation*, 1997, Berlin : Springer.

Weinberg, S., *The First Three Minutes*, 1980, New York : Bantam ; tr. fr. *Les trois premières minutes de l'univers*, Paris : Seuil 1983.

Wisniewski, S., *Thermodynamics of nonequilibrium processes*, 1976, Dordrecht : Reidel.

Zemansky, M. W., *Heat and Thermodynamics*, New York : McGraw-Hill, 6e éd. 1981.

Zhabotinsky, A. M., *Biofyzika*, 1964, **2**, p. 306.

DONNÉES, CONSTANTES ET NOTATIONS

DONNÉES

[A] National Bureau of Standard, "Table of chemical and thermodynamic properties", *J. Phys. and Chem. Reference Data*, **11**, Sup. 2 (1982).

[B] Laye, G. W. C., and Laby, T. H., *Tables of physical and chemical constants*, 1986, London : Longmans.

[C] Prigogine, I., and Defay, R., *Chemical thermodynamics*, 1967, London : Longmans.

[D] Emsley, J., *The Elements*, 1989, Oxford : Oxford University Press.

[E] Pauling, L., *The Nature of the Chemical Bond*, 1960, Ithaca : Cornell University Press.

[F] Lide, D. R., ed. *Handbook of Chemistry and Physics*, Ann Arbor : CRC Press.

[G] http://webbook.nist.gov/ Serveur du National Institute for Standards and Technology.

[H] *Le système international d'unités SI*, Sèvres, 1991 : Bureau International des Poids et Mesures.

CONSTANTES ET VALEURS UTILES

c, vitesse de la lumière : 2.997925×10^8 m/s

F, constante de Faraday : 9.6485×10^{-19} C mol^{-1}

G, constante gravitationnelle : 6.67×10^{-11} N m^2 kg^{-2}

$\hbar$, constante de Planck : 6.6262×10^{-34} J s

k_B, constante de Boltzmann : 1.38066×10^{-23} J/K

N_A, nombre d'Avogadro : 6.022×10^{23} particules/mole

R, constante des gaz : 0.0821ℓ atm K^{-1} mol^{-1}

ϵ_0, constante de permittivité : 0.0821×10^{-12} C^2 N^{-1} m^{-2}

μ_0, constante de perméabilité : $4\pi \times 10^{-7}$ N/A^2

charge de l'électron : $e = 1.60219 \times 10^{-19}$ C

masse de l'électron au repos : $m_e = 9.1095 \times 10^{-31}$ kg

masse du neutron au repos : $m_n = 1.6749 \times 10^{-27}$ kg

masse du proton au repos : $m_p = 1.6726 \times 10^{-27}$ kg

masse de la Terre : 5.98×10^{24} kg

rayon de la Terre : 6.37×10^6 m

densité de la Terre : 5.57 g/cm^3

accélération gravitationnelle sur la Terre : $g = 9.80665$ m/s^2

distance moyenne Terre-Lune : 3.84×10^8 m

distance moyenne Terre-Soleil : 1496×10^{11} m

masse du Soleil : 1.99×10^{30} kg

rayon du Soleil : 7×10^8 m

rayonnement solaire sur la Terre : 0.134 J cm^{-2} s^{-1}

UNITÉS COMMUNES

A, ampère : unité de courant électrique

atm, atmosphère : 760 torr

bar : 100 kPa

C, coulomb : quantité de charge transportée en 1 s par un courant d'1 A.

J, joule : travail produit par un newton sur un mètre, ou énergie correspondante

K, Kelvin : unité de température

kg, kilogramme : unité de poids

ℓ, litre : unité de volume

m, mètre : unité de longueur

mol, mole : quantité de particules correspondant au nombre d'Avogadro

N, newton : force qui donne à un corps d'1 kg une accélération d'1 m par s

Pa, pascal : 1 N m^{-2}

rad, radian (unité d'angle) : 1 cercle = 2 π rad

s, seconde : unité de temps

Torr, toricelli : pression due à 1 mm de colonne de mercure dans les conditions standard.

W, watt : 1 J/s

°C, degré Celsius : T en degrés Celsius est identiquement T en K + 273.15

NOTATIONS ET CONVENTIONS COMMUNES

$\mathcal{A}$ affinité

α coefficient d'expansion thermique

c_p chaleur spécifique molaire à pression constante

E énergie

F énergie libre de Helmholtz

G énergie libre de Gibbs

γ coefficient d'activité

H enthalpie

I intensité de courant électrique

κ coefficient de compressibilité

μ potentiel chimique

N nombre de moles

ν coefficient stœchiométrique

p pression

π pression osmotique

Q chaleur

ϱ densité

S entropie

T température absolue

t temps

U énergie totale

Ψ_k vecteur propre

u vitesse de diffusion ou de déplacement

v vitesse de réaction

V volume

v volume molaire partiel

ξ degré d'avancement de réaction

TABLE

II   LA THERMODYNAMIQUE D'ÉQUILIBRE

V LOIN DE L'ÉQUILIBRE : L'ORDRE PAR FLUCTUATIONS

Imprimé par Lightning Source France
1 avenue Gutenberg
78310 Maurepas

N° d'édition : 7381-0646-Y